普通高等教育"十一五"国家级规划教材

高等学校电气类专业系列教材

电机及拖动基础

第二版

刘景林 付朝阳 鲁家栋 公 超 编著

U0205610

化学工业出版社

·北京·

内容简介

本书主要内容包括：电力拖动系统动力学，直流电机，直流电动机的启动调速及四象限运行，变压器，交流电机电枢绕组电动势与磁动势，异步电动机，异步电动机的各种运行方式分析，同步电机，现代交流电机调速技术，微特电机，电动机的选择等。

本书适合普通高等学校的电气工程及其自动化、自动化、机器人工程、车辆工程、机械工程等专业作为教材使用，也可供有关科技人员参考。

图书在版编目（CIP）数据

电机及拖动基础/刘景林等编著. —2 版. —北京：
化学工业出版社，2023.2（2023.11 重印）
普通高等教育"十一五"国家级规划教材
ISBN 978-7-122-42571-3

Ⅰ.①电… Ⅱ.①刘… Ⅲ.①电机-高等学校-教材
②电力传动-高等学校-教材 Ⅳ.①TM3②TM921

中国版本图书馆 CIP 数据核字（2022）第 220400 号

责任编辑：郝英华　唐旭华　　　　　　　　　　　文字编辑：孙月蓉
责任校对：宋　夏　　　　　　　　　　　　　　　装帧设计：史利平

出版发行：化学工业出版社（北京市东城区青年湖南街 13 号　邮政编码 100011）
印　　装：涿州市般润文化传播有限公司
787mm×1092mm　1/16　印张 22　字数 571 千字　　2023 年 11 月北京第 2 版第 2 次印刷

购书咨询：010-64518888　　　　　　　售后服务：010-64518899
网　　址：http://www.cip.com.cn
凡购买本书，如有缺损质量问题，本社销售中心负责调换。

定　　价：68.00 元

前言

电能是现代能源的主要形式，易于转换、传输、分配和控制。电能的产生是由发电机完成的，发电机把从原动机输入的机械能转换为电能。而电能的生产集中在距离城市较远的发电厂进行，然后进行输送。为了减少长途输电过程中的电能损失，均采用高电压输电，到达目的地后再降压供给用户使用。电压的升高和降低都是由变压器完成的。电能转换为机械能主要由电动机完成，电动机拖动生产机械运转称为电力拖动。在现代生产中绝大多数生产机械都采用电力拖动，各种生产机械包括：各类机床、轧钢机械、矿山机械、纺织机械、印刷机械、造纸机械、化工机械、石化机械、起重机械、电力机车、风机、水泵、电动工具和家用电器等。在电力拖动中，大量应用各种类型的电动机。电机及电力拖动在国民经济和国防建设中起着至关重要的作用，比如："和谐号"和"复兴号"动车组列车采用了大功率交流电机传动系统作为列车动力；我国自主研制的北斗导航卫星、各种通信卫星和玉兔号月球车等航天器都装备着多种电动机驱动系统，实现天线展开、伺服跟踪和太阳能帆板展开、对日定向等功能。

为适应高等院校电气类专业人才培养目标，本教材将"电机学"及"电力拖动"两门课程的主要内容系统地、有机地融为一体，以满足教学改革、科技进步和人才培养的需要。

本教材包含了上述两门课程的主要内容，兼顾了不同专业和不同深度的教学要求，可根据不同的教学内容选用。

"电机及拖动基础"是电气类专业重要的核心专业课程，也是后续其他专业课程的基础。

本书第二版保留了第一版的架构及主要内容，并根据科技发展、教学改革和人才培养的需要，对主要章节内容进行了一定的充实和修订。

本教材具有以下特点：

（1）教材总体结构上体现了本领域知识的系统性和完整性。

（2）教材力图反映本领域的最新科技成果，书中对近年来不断发展的现代交流电机调速技术进行了较为详尽的分析介绍。

（3）随着智能系统的不断发展和应用，微特电机发挥着越来越重要的作用，应用也越来越广泛。书中对各种各样的微特电机进行了较为系统的分析和介绍。

（4）教材除了对电动机的相关内容进行系统的阐述之外，对发电机相关内容也有所加强，以拓宽知识的广度和适应性。

（5）教材用简练和通俗易懂的语言对基本概念和原理进行讲解和阐述，并借助丰富的图形辅助理解，力求言简意赅，深入浅出，富有启发性。

（6）为了有助于对内容的理解、掌握和复习，书中提供了较多的典型例题，每一章都对主要内容进行了小结，并给出了丰富的思考题和习题。

本书内容共有十二章，分别是：第一章绪论，第二章电力拖动系统动力学，第三章直流电机，第四章直流电动机的启动调速及四象限运行，第五章变压器，第六章交流电机电枢绕组的电动势与磁动势，第七章异步电动机，第八章异步电动机的各种运行方式分析，第九章同步电机，第十章现代交流电机调速技术，第十一章微特电机，第十二章电动机的选择。

本书相关电子教案可免费提供给采用本书作为教材的院校和读者使用，如有需要请登录教学资源网 www.cipedu.com.cn，注册后下载使用。

本书第一版由刘景林、罗玲、付朝阳三位老师编写。第二版由刘景林、付朝阳、鲁家栋和公超四位老师编写。具体分工为：第一章和第二章由公超老师编写，第三章、第四章、第九章、第十章、第十一章和第十二章由刘景林老师编写，第五章和第六章由鲁家栋老师编写，第七章和第八章由付朝阳老师编写。本书由刘景林负责全书的规划及统稿工作。

本书的出版得到了化学工业出版社、西北工业大学教务处的大力支持，在此表示衷心的感谢。

由于作者水平有限，书中难免存在疏漏之处，请读者批评指正。

作者

2022 年 6 月于西北工业大学

目录

第四章　直流电动机的启动调速及四象限运行

第五章　变压器

第六章 交流电机电枢绕组的电动势与磁动势

第七章 异步电动机

第八章　异步电动机的各种运行方式分析

第九章 同步电机

第十章 现代交流电机调速技术

第十一章 微特电机

第十二章　电动机的选择

参考文献

第一章
绪论

第一节　基本电磁定律

　　基本电磁定律是各种电机运行原理的基础，主要包括：全电流定律、电磁感应定律和电磁力定律等。

一、全电流定律（安培环路定律）

　　磁场和电流之间有着内在的联系，磁场是因电流的作用而产生的，即磁场与产生它的电流同时存在。全电流定律就是描述电与磁内在联系的基本电磁定律。

　　设空间有 n 根导体，导体中流过的电流分别为 $I_1, I_2, \cdots, I_n$，则沿任意围绕这 n 根导体的闭合路径 l 对磁场强度 H 的线积分就等于该闭合路径所包围的导体电流的代数和，即

$$\oint_l \boldsymbol{H} \cdot \mathrm{d}\boldsymbol{l} = \sum_{i=1}^{n} I_i \tag{1.1}$$

　　式中电流的正负号根据右手螺旋法则确定，即拇指指向导体电流的方向，其余四指指向闭合积分路径的方向，当两者符合右手螺旋法则时，电流为正，反之为负。这就是全电流定律，也称为安培环路定律。

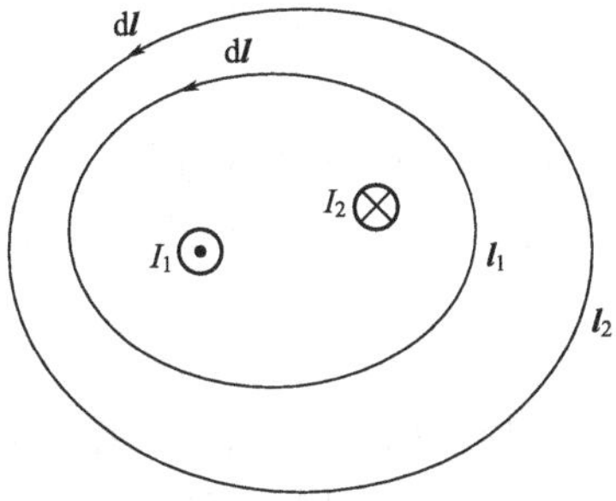

　　图 1.1 中，两个不同的积分路径 $\boldsymbol{l}_1$ 和 $\boldsymbol{l}_2$，包围同样的载流导体，积分结果是相等的，即

$$\oint_{l_1} \boldsymbol{H} \cdot \mathrm{d}\boldsymbol{l} = \int_{l_2} \boldsymbol{H} \cdot \mathrm{d}\boldsymbol{l} = I_1 - I_2 \tag{1.2}$$

图 1.1　全电流定律

　　由此可见，积分结果与积分路径无关，仅取决于闭合路径包围的导体电流数量和方向。

　　全电流定律是电机磁路计算的基础。

二、电磁感应定律

　　变化的磁场会产生电场，使导体中产生感应电动势，这就是电磁感应现象。

　　将线圈放置在磁场之中，设线圈交链的磁链为 $\varPsi$。若磁场本身发生变化或线圈与磁场存在相对运动，使磁链 $\varPsi$ 发生变化，那么线圈就会感应出电动势。该电动势会在线圈内产生电流，以阻止磁链 $\varPsi$ 的变化，称为楞次定律。

　　设电流的正方向与电动势的正方向一致，而电流方向与磁通方向符合右手螺旋法则，如

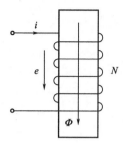

图 1.2　电磁感应定律

图 1.2 所示。则电磁感应定律可表示为

$$e = -\frac{\mathrm{d}\Psi}{\mathrm{d}t} \tag{1.3}$$

若线圈匝数为 N，每匝线圈中通过的磁通量均为 Φ，则磁链

$$\Psi = N\Phi \tag{1.4}$$

那么，式(1.3) 即为

$$e = -N\frac{\mathrm{d}\Phi}{\mathrm{d}t} \tag{1.5}$$

在电机中电磁感应现象主要表现在两个方面：①线圈与磁场有相对运动，线圈边切割磁力线时，线圈产生感应电动势，称为切割电动势或运动电动势；②线圈交链的磁通发生变化时，线圈产生感应电动势，称为变压器电动势。下面介绍这两种情况下产生的感应电动势。

1. 切割电动势

长度为 l 的直导线在磁场中与磁场相对运动，磁场的磁感应强度为 B，导线与磁场相对运动速度为 v。若磁场均匀，磁感应强度 B、导线长度 l、导线相对磁场运动速度 v 三者互相垂直，则导线中的感应电动势为

$$e = Blv \tag{1.6}$$

采用右手定则可以确定电动势 e 的方向：右手伸开五指在一个平面内，拇指与其他四指成 90°，磁力线垂直进入手心，拇指指向导线运动方向，其他四指的指向就是导线中感应电动势的方向，如图 1.3 所示。

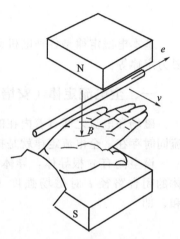

图 1.3　右手定则

2. 变压器电动势

设线圈与磁场相对静止，线圈交链的磁通是交变的，假设按正弦规律变化，即

$$\Phi = \Phi_{\mathrm{m}}\sin\omega t \tag{1.7}$$

式中，Φ_{m} 为磁通幅值；$\omega = 2\pi f$ 为磁通交变角频率，单位是 $\mathrm{rad \cdot s^{-1}}$。

根据式(1.5) 可得线圈感应电动势

$$e = -N\omega\Phi_{\mathrm{m}}\cos\omega t = E_{\mathrm{m}}\sin\left(\omega t - \frac{\pi}{2}\right) \tag{1.8}$$

式中，$E_{\mathrm{m}} = N\omega\Phi_{\mathrm{m}}$ 为感应电动势的幅值。

式(1.8) 表明，线圈的感应电动势变化呈正弦规律，与磁通变化规律相同，但相位滞后 90°，如图 1.4 所示。

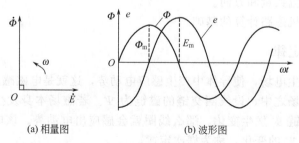

(a) 相量图　　　　　　(b) 波形图

图 1.4　电动势与磁通的相位关系

在正弦交流量的分析中，相量大小常采用有效值表示。感应电动势的有效值

$$E = \frac{E_m}{\sqrt{2}} = \frac{N\omega\Phi_m}{\sqrt{2}} = \sqrt{2}\pi f N\Phi_m = 4.44 f N\Phi_m \qquad (1.9)$$

上式为变压器电动势有效值的计算公式。

三、电磁力定律

磁场对电流的作用是磁场的基本特征之一。将长度为 l 的导体通入电流 i，放置在磁感应强度为 B 的磁场中，导体就会受到力的作用，这种力就称为电磁力，也称为安培力。其表达式为

$$F = \sum dF = i\sum dl \times B \qquad (1.10)$$

对于长直导体，若磁场方向与导体垂直，则电磁力公式可简化为

$$F = Bli \qquad (1.11)$$

上式即为电磁力定律的表达式，也称为毕奥-萨伐定律。

显然，当磁场与载流导体相互垂直时，电磁力有最大值。

常用左手定则确定电磁力 F 的方向：左手伸开五指在一个平面内，大拇指与其他四指成 90°，磁力线垂直进入手心，其他四指指向导体中电流的方向，则大拇指指向就是导体所受电磁力的方向，如图 1.5 所示。

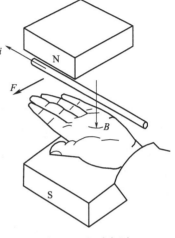

图 1.5 左手定则

第二节 铁磁材料特性

一、铁磁材料的磁导率

按照磁化效应，所有物质可分为铁磁材料和非铁磁材料两类。

根据电磁学原理，磁介质的磁导率为

$$\mu = \frac{B}{H} \qquad (1.12)$$

式中，μ 为磁导率；B 为磁感应强度（或称磁通密度）；H 为磁场强度。对于均匀各向同性磁介质，B 和 H 是同方向的。

研究表明，非导磁材料的磁导率均为常数，且近似等于真空磁导率 μ_0，$\mu_0 = 4\pi \times 10^{-7}$H/m。铁磁材料通常指铁、钴、镍以及它们的合金，其磁导率 μ_{Fe} 是非线性的，在较大的范围内变化，且远大于 μ_0，通常为 μ_0 的数百至数千倍。电机中常用的铁磁材料，其磁导率 μ_{Fe} 在 $2000\mu_0 \sim 6000\mu_0$ 之间。

根据磁畴假说，铁磁材料之所以有良好的导磁性能，是因为微观上在其内部存在着一系列微小的磁性确定的磁化区域，且其磁化强度较强，类似于一系列微型磁铁，称为磁畴，如图 1.6(a) 所示。铁磁材料磁化前，众多的磁畴随机排列，杂乱无章，磁性相互抵消，整体对外不显示磁性。但在外部磁场的作用下，磁畴将沿外磁场方向重新作出排列，与外磁场同方向的磁畴不断增加。如果外部磁场足够强大，所有磁畴方向均与外部磁场方向排列一致，

被完全磁化，如图 1.6(b) 所示。铁磁材料磁化后，整体对外显示磁性，产生的磁场要比非铁磁材料中的磁场大得多，其磁导率 $\mu_{Fe} \gg \mu_0$。

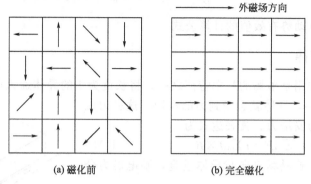

(a) 磁化前   (b) 完全磁化

图 1.6　铁磁材科中的磁畴

下面介绍铁磁材料的磁化过程。

当外磁场强度 H 变化时，磁感应强度 B 也随之变化，二者之间的变化关系曲线 $B = f(H)$ 称为磁化曲线。与此同时，将磁导率与磁场强度的关系曲线 $\mu = f(H)$ 描绘出来，称为磁导率曲线。铁磁材料的磁化曲线和磁导率曲线如图 1.7 所示。通常，磁化曲线由材料生产厂家提供。

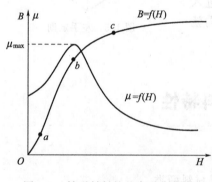

图 1.7　铁磁材料的基本磁化曲线

图 1.7 中的磁化曲线可分为四段。在 Oa 段，外磁场强度 H 较弱，与外磁场方向相近的磁畴发生偏转，因而与外磁场方向一致的磁畴数量缓缓增加，此时 B 增长较为缓慢，呈线性增长趋势。在 ab 段，随着 H 的不断增加，绝大部分与外磁场方向不一致的磁畴开始转向并与外磁场保持一致，使 B 迅速线性增加。在 bc 段，外磁场进一步加强，与外磁场方向不一致的磁畴数量不断减少，B 的增长趋势逐渐开始减缓，曲线开始弯曲，产生了磁饱和现象。至 c 点以后，所有磁畴都转到与外磁场一致的方向，即使 H 再继续增加，B 也基本不再增加，曲线趋近于水平方向，出现了深度饱和现象。

图 1.7 中还画出了磁导率曲线。由于在 bc 段随着外磁场强度 H 的增加，磁感应强度 B 的增长开始减缓，出现了饱和现象，使磁导率变小，因此，在磁导率曲线上有最大值 μ_{max} 存在。

二、磁滞现象

磁化后的铁磁材料在外磁场消失后，部分磁畴的排列将回到原始状态，但不可能所有磁畴都恢复到原始状态，即初始状态下的随机排列已不复存在，铁磁材料对外仍然会呈现一定的磁性。这种磁感应强度 B 的变化滞后于外磁场强度 H 的现象称为磁滞现象。

图 1.8 为铁磁材料循环磁化过程的磁滞回线。分析如下：外磁场强度 H 由 0 开始增加直至最大值 H_m，铁磁材料的磁感应强度 B 沿 Oa 上升至 B_m；随后 H 由最大值 H_m 开始下降直至为 0，但 B 不是沿原路径 aO 返回到 0，而是沿 ab 下降到 B_r，B_r 称为剩余磁感应强度，简称剩磁。如果要使 B 从 B_r 下降至 0，就需要施加反向外磁场 H 至 $-H_c$，即曲线中

的 c 点，H_c 称为矫顽力。如果 H 继续增大至 $-H_m$，铁磁材料则反向磁化，B 沿着 cd 变化至 $-B_m$；如果 H 再从 $-H_m$ 开始，一路上升，分别经过 0 和 H_c 直至增加到 H_m，B 则沿着 $defa$ 分别从 $-B_m$ 到 $-B_r$ 再经过 0 变化到 B_m。经历了一个循环，就得到了闭合曲线 $abcdefa$，称为铁磁材料的磁滞回线。

　　磁滞回线表明，外磁场增加时的磁化曲线与降低时的磁化曲线不重合，即铁磁材料的磁化过程是不可逆的。铁磁材料不同，其磁滞回线亦不同。即使是同一铁磁材料，外磁场越大，B_m 亦越大，磁滞回线所包围的面积也越大。用不同的 B_m 值可得到不同的磁滞回线，将所有磁滞回线在第 I 象限内的顶点（a 点）连接起来就得到了基本磁化曲线或平均磁化曲线，如图 1.9 所示。基本磁化曲线避免了磁滞回线上 B 与 H 取值不唯一的问题，虽然使用时与磁滞回线相比存在一定的误差，但误差不大，可以满足工程需要，因而得到了广泛的应用。

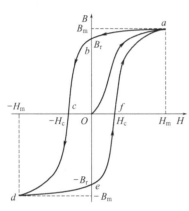

图 1.8　铁磁材料的磁滞回线

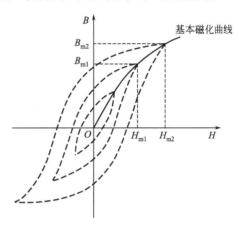

图 1.9　基本磁化曲线

　　当 B_r 和 H_c 都很小时，即磁滞回线很窄，这样的铁磁材料称为软磁材料，在电机中常用的软磁材料有硅钢片、铸铁、铸钢、低碳钢等。

　　当 B_r 和 H_c 都比较大时，即磁滞回线很宽，这样的铁磁材料通常称为硬磁材料或永磁材料。电机中常用的永磁材料有铁氧体、稀土钴、钕铁硼等。

　　与软磁材料相比，硬磁材料的磁导率很小，如常用永磁材料的磁导率都接近于 μ_0。

　　铁磁材料在外界交变磁场作用下反复磁化的过程中，磁畴会为了保持磁场方向与外磁场方向一致而不停地转动，彼此之间会不断摩擦产生功率损耗。这种损耗称为磁滞损耗。

第三节　磁路基本定律及计算方法

　　工程中对磁场的求解处理与电场类似，也引进了磁路的概念，将磁场求解简化为磁路求解，并沿用电路分析的基本原理和方法。

　　电路和磁路有许多相似之处，主要表现在电路和磁路的构成、电路参数和磁路参数、求解电路和磁路所用到的基本定律等方面。

　　磁通类似于电流，磁路则类似于电路，是电机磁通经过的路径。磁通又分为主磁通和漏磁通。把主磁通经过的路径称为主磁路，漏磁通经过的路径称为漏磁路。电机内部实现机电能量转换所需要的是主磁通，因此，磁路需要对主磁通经过的路径进行重点研究。

进行磁路分析计算的目的是确定磁路结构及组成（材料、形状、尺寸等参数），研究磁动势（磁通势）F 和磁通 Φ 的内在规律。表征磁路特性的基本定律有磁路欧姆定律、磁路基尔霍夫第一定律和第二定律等。

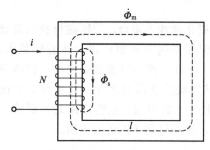

图 1.10　闭合磁路示意图

一、磁路基本定律

1. 磁路欧姆定律

闭合铁芯构成的磁路如图 1.10 所示。铁芯截面积为 S，平均磁路长度为 l，铁芯材料的磁导率为 μ。铁芯上励磁线圈的匝数为 N，线圈通入的电流为 i，产生的主磁通和漏磁通分别为 Φ_m 和 Φ_s。

由于漏磁通路径经过空气，磁导率很低，磁阻很大，因此漏磁通很小，可以忽略不计。且磁路 l 各处的磁场强度 H 相等，根据全电流定律有

$$\oint H \cdot \mathrm{d}l = Hl = Ni \tag{1.13}$$

将 $H = B/\mu$，$B = \Phi_m/S$ 代入式(1.13)，即

$$\frac{B}{\mu}l = \frac{\Phi_m l}{S\mu} = Ni$$

因此主磁通

$$\Phi_m = \frac{Ni}{l/\mu S} = \frac{F}{R_m} = \Lambda_m F \tag{1.14}$$

式中，$F = Ni$ 为磁动势；$R_m = \dfrac{l}{\mu S}$ 为磁路的磁阻；$\Lambda_m = 1/R_m = \mu S/l$ 为磁路的磁导。

式(1.14) 即为磁路欧姆定律。它表明，磁通量 Φ_m 与磁动势 F 成正比，与磁路的磁阻 R_m 成反比。这与电路欧姆定律 $I = \dfrac{U}{R}$ 是相似的，并且磁动势与电压（电动势）、磁通与电流、磁阻与电阻相对应。

2. 磁路基尔霍夫第一定律

磁路计算时，为简化起见，可根据磁路材料、截面积的不同而将磁路进行分段。图 1.11 所示主磁路可分为三段（下标分别标示为 1、2、3），各段磁路的磁动势、主磁通、平均磁场强度、平均长度、截面积和磁导率等特征如表 1.1 所示。

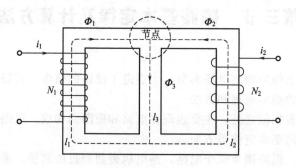

图 1.11　分段磁路示意图

表 1.1 各段磁路特征

分段磁路	磁动势	主磁通	平均磁场强度	磁路平均长度	截面积	磁导率
1	$F_1 = N_1 i_1$	Φ_1	H_1	l_1	S_1	μ_1
2	$F_2 = N_2 i_2$	Φ_2	H_2	l_2	S_2	μ_2
3	$F_3 = 0$	Φ_3	H_3	l_3	S_3	μ_3

忽略漏磁通，在主磁通 Φ_1、Φ_2 和 Φ_3 的汇合处相当于磁路的节点，由磁通连续性原理，通过节点的总磁通的代数和为零，即

$$\sum \Phi = 0 \tag{1.15}$$

上式即为磁路基尔霍夫第一定律。

根据图 1.11 中磁通的正方向，式 (1.15) 可改写为

$$\Phi_1 + \Phi_2 = \Phi_3 \tag{1.16}$$

磁路基尔霍夫第一定律表明，进入或流出任一节点或闭合面的总磁通量的代数和等于零，或进入任一节点或闭合面的磁通量等于流出该节点或闭合面的磁通量。

3. 磁路基尔霍夫第二定律

磁路如图 1.11 所示。针对由路径 l_1 和 l_3 构成的闭合磁路，忽略漏磁通，根据全电流定律有

$$\oint H \mathrm{d}l = N_1 i_1 \tag{1.17}$$

即

$$H_1 l_1 + H_3 l_3 = N_1 i_1 = F_1 \tag{1.18}$$

而

$$H_1 = B_1 / \mu_1 = \frac{\Phi_1}{\mu_1 S_1}$$

$$H_3 = B_3 / \mu_3 = \frac{\Phi_3}{\mu_3 S_3}$$

故

$$F_1 = \frac{\Phi_1 l_1}{\mu_1 S_1} + \frac{\Phi_3 l_3}{\mu_3 S_3} = \Phi_1 R_{m1} + \Phi_3 R_{m3}$$

式中，$R_{m1} = \dfrac{l_1}{\mu_1 S_1}$，为磁路 l_1 的等效磁阻；$R_{m3} = \dfrac{l_3}{\mu_3 S_3}$，为磁路 l_3 的等效磁阻。

同理，由 l_1 和 l_2 组成的闭合磁路。取 l_1 绕行方向为正方向，根据全电流定律有

$$\oint H \mathrm{d}l = N_1 i_1 - N_2 i_2$$

可得

$$H_1 l_1 - H_2 l_2 = \Phi_1 R_{m1} - \Phi_2 R_{m2} = N_1 i_1 - N_2 i_2 = F_1 - F_2 \tag{1.19}$$

根据式 (1.18) 和式 (1.19)，有

$$\sum F = \sum Hl \tag{1.20}$$

式中，Hl 称为磁压降，$\sum Hl$ 为闭合磁路上磁压降的代数和。

这就是磁路基尔霍夫第二定律。它表明，沿任一闭合磁路上磁动势的代数和等于各段磁路磁压降的代数和。它实质上是全电流定律的另一种表达形式。这与电路的基尔霍夫第二定律是类似的。

为了更好地理解磁路基本定律及磁路中各物理量的含义，准确把握磁路与电路的类比关系，表1.2列出了磁路和电路中有关物理量及基本方程的对应关系。

表1.2　磁路和电路的类比关系

磁　路		电　路	
基本特征	单位	基本特征	单位
磁路非线性		电路线性	
磁动势 F	A	电动势 e	V
磁通 Φ	Wb	电流 i	A
磁通密度 B	T	电流密度 j	A/m^2
磁压降 $Hl=\Phi R_m$	A	电压降 $u=iR$	V
磁阻 $R_m=l/(\mu S)$	H^{-1}	电阻 $R=\rho l/S$	Ω
欧姆定律 $\Phi=F/R_m$		$i=e/R$	
基尔霍夫第一定律 $\sum\Phi=0$		基尔霍夫第一定律 $\sum i=0$	
基尔霍夫第二定律 $\sum F=\sum Hl$		基尔霍夫第二定律 $\sum e=\sum u$	

虽然磁路和电路有着相似的对应关系，但在实际分析计算时仍有较大差别。电路一般是线性的。不考虑温度变化时，导电材料的电阻率 ρ 随电流变化不明显，即电阻 R 可作为常数。但铁磁材料构成的磁路一般是非线性的。铁磁材料的磁导率 μ 随着磁感应强度 B 的不同而变化显著，如图1.7所示。也就是说，磁路磁阻 R_m 是磁感应强度 B 和磁场强度 H 的函数，呈非线性，很难用数学表达式进行描述。因此，磁路的分析计算要比电路复杂得多。

二、磁路计算

磁路计算是电机分析设计中的重要环节，包括两种类型问题：第一种是给定磁通 Φ 求磁动势 F；第二种是给定磁动势 F 求磁通 Φ。电机的磁路计算通常属于第一种类型的问题，对于第二种类型的问题，一般要用迭代法进行计算。

对于第一种类型的问题，给定磁通求磁动势，采用分段式计算法，具体步骤如下：
（1）将磁路根据材料相同、截面积相同的原则，均匀分段。
（2）计算各段磁路的平均长度 l_i 和截面积 S_i。
（3）由给定磁通 Φ，根据 $B_i=\Phi/S_i$ 计算各段磁路的平均磁感应强度。
（4）由磁感应强度 B_i 确定对应的磁场强度 H_i，铁磁材料根据基本磁化曲线求解，非铁磁材料由 $H_i=B_i/\mu_0$ 进行计算。
（5）计算各段磁路上的磁压降 H_il_i，并求得所需的磁动势 $F=\sum H_il_i$。

对于第二种类型的问题，即给定磁动势求磁通，常采用迭代法计算，简要介绍如下：

假设一个磁通 Φ'，计算所需磁动势 F'。若计算结果与给定磁动势 F 相等或二者偏差满足精度要求，则 Φ' 即为所求结果；反之，则根据前面计算结果，对 Φ' 进行适当调整，再重复上述过程继续计算，直至计算结果满足精度要求。

由此可知，第二类问题实质上是运用迭代法将其转化为第一类问题进行计算，然后根据结果加以修正，反复迭代，直至逼近要求的结果。

三、永磁体磁路计算

由于永磁体磁性能的不断提高，永磁电机特别是稀土永磁电机的性能较传统电机有很大的优势，应用范围越来越广泛。因此，永磁体磁路分析计算也成为电气工程领域一个必不可少的技术过程。

假设有一个环形永磁体，其气隙长度为 δ，磁路截面积为 S，平均磁路长度为 l，如图 1.12 所示。

永磁体放置于外磁场进行充磁后，从外磁场中移出，磁化曲线回到剩磁 B_r 处。因此，永磁体是利用剩磁 B_r 进行工作的。永磁体磁滞回线的去磁段 RC 称为退磁曲线，如图 1.13 所示。永磁体磁路计算需要在退磁曲线的基础上进行，这与常规磁路计算是完全不同的。

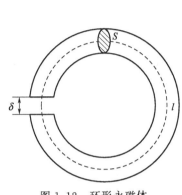

图 1.12　环形永磁体

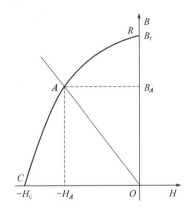

图 1.13　永磁体退磁曲线

永磁体磁路计算也可分为已知磁路结构求解磁通和给定磁通设计永磁体两类问题。简单起见，漏磁忽略不计。下面分别进行分析讨论。

1. 已知磁路结构，求解气隙磁通

由于气隙的影响，磁路总磁阻增大，气隙磁感应强度 B 将低于 B_r，相当于产生了去磁作用，实际工作点沿着退磁曲线下降至 A 点，如图 1.13 所示。设永磁体内的磁场强度为 H，气隙磁场强度为 H_δ。沿着虚线所示的路径运用全电流定律：

$$\oint \boldsymbol{H} \cdot \mathrm{d}\boldsymbol{l} = \sum_{i=1}^{n} I_i = 0$$

即

$$Hl + H_\delta \delta = 0 \tag{1.21}$$

不计边缘效应，$B_\delta = B$。又由于 $H_\delta = B/\mu_0$，因此

$$Hl + \delta B/\mu_0 = 0 \tag{1.22}$$

可得

$$B = -\frac{\mu_0 l}{\delta} H \tag{1.23}$$

上式为第 Ⅱ 象限内一条过原点的直线，斜率为 $-\mu_0 l/\delta$。它与退磁曲线的交点 A 即为工作点。气隙磁通为

$$\Phi = B_A S \tag{1.24}$$

工作点 A 位于第 Ⅱ 象限，其磁场强度 H 为负值，说明永磁体工作时，内部的实际磁场与原磁化场方向相反。

根据上述分析可知，已知永磁体磁路结构确定气隙磁通的过程是一个对永磁体退磁曲线的图解过程。工作点气隙磁密 B_A 不但与永磁体的剩磁 B_r、矫顽力 H_c 有关，而且还与永

磁体长度 l 与气隙长度 δ 的比值有关。l/δ 愈大则过原点的直线斜率愈大，B_A 就愈接近于 B_r；反之，l/δ 愈小则过原点的直线斜率愈小，B_A 偏离 B_r 愈远，数值就愈小，所以，对于同样性能参数的永磁体，增加磁化方向的长度并减少气隙就能够获得较强的磁场。

2. 已知工作磁通 Φ，设计永磁体

这属于前一类计算的逆向问题，设计方案不是唯一的，通常需要根据性能要求、使用环境、成本等因素综合考虑，确定方案。

首先，选择适当的永磁体材料。可根据工作磁通要求、使用环境条件、可靠性要求及成本等因素，选择合适的永磁体种类及牌号。

其次，合理选择永磁体的工作点。为使永磁体达到最佳效能，应使其工作点 A 的磁能积 $H_A B_A$ 最大，可由作图法确定。分别由 B_r 作平行于 H 轴的直线，由 $-H_c$ 作平行于 B 轴的直线，两者交于 F 点，连接 OF，与退磁曲线交于 A 点，则 A 点即为最大磁能积点，亦为最佳工作点。永磁体不同工作点的磁能积曲线在第 I 象限如图 1.14 所示。

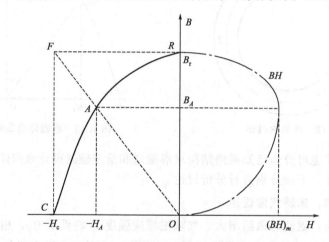

图 1.14 永磁体最大磁能积点

永磁体设计结果如下：

已知永磁体牌号及磁性能 B_r，H_c 等。

由磁路基尔霍夫第二定律可得

$$-H_A l + \delta B_A / \mu_0 = 0$$

永磁体长度

$$l = \frac{\delta B_A}{\mu_0 H_A} \tag{1.25}$$

永磁体截面积

$$S = \Phi / B_A \tag{1.26}$$

实际上，永磁体的结构形式是多种多样的，有矩形、瓦片形、圆柱形、圆环形、异型等，但设计原理是普遍适用的，可根据不同的结构进行具体的设计。

小 结

本章介绍了基本电磁定律、铁磁材料的特性和基于磁路求解的磁场分析方法，它们是学习"电机及拖动基础"这门课程所必须了解的基础理论知识。

　　基本电磁定律包括全电流定律、电磁感应定律和电磁力定律，是电机磁路、电动势和内部受力分析的基础，所涉及的法则包括右手螺旋定则、右手定则和左手定则。

　　铁磁材料的重要属性包括导磁性能和磁滞特性，磁导率、磁畴、磁滞回线、磁化曲线和磁滞损耗等概念的提出有助于理解和分析电机整体特性。

　　磁路基本定律包括磁路欧姆定律、磁路基尔霍夫第一定律和第二定律等，是磁路磁通和磁动势分析计算的关键。

思 考 题

　1.1　硬磁材料的磁化过程是什么样的？

　1.2　根据永磁体磁化特性解释磁铁磁性减弱或消失的现象。

　1.3　电机中磁路的构成包括哪几部分？各部分材料有什么特性？

第二章
电力拖动系统动力学

第一节　单轴电力拖动系统

电力拖动是指电动机作为动力源，拖动生产机械运行。由于电能具有清洁、高效、无污染、使用便利等优点，以各种各样电动机为主构成的电力拖动系统得到了日益广泛的应用。

电力拖动系统通常由电源、控制器、电动机、传动机构和负载组成，如图2.1所示。

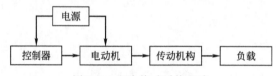

图2.1　电力拖动系统组成

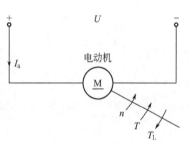

图2.2　单轴电力拖动系统

最简单的电力拖动系统是电动机与负载直接相连，电动机与负载同轴相连，转速相同。这种简单系统称为单轴电力拖动系统。图2.2所示为单轴电力拖动系统，涉及的系统主要性能参数包括：电动机电磁转矩 T、电动机转速 n、电动机轴上的实际负载转矩 T_F、电动机空载转矩 T_0 等。图中的箭头方向为各量的正方向。

电动机的空载转矩 T_0 与转速方向相反，为阻力矩。通常把 $T_L = T_F + T_0$ 统称为负载转矩。电动机负载运行时，实际负载转矩 T_F 通常远大于空载转矩 T_0，因此可以忽略 T_0，认为 $T_L = T_F$。

单轴电力拖动系统中，由电磁转矩、负载转矩和角速度组成的运动方程式如下：

$$T - T_L = J \frac{\mathrm{d}\Omega}{\mathrm{d}t} \tag{2.1}$$

在工程实际中，经常用飞轮矩 GD^2 替代转动惯量 J 来表示系统的机械惯性，用转速 n 替代角速度 Ω 来表示系统的转动速度，存在以下关系：

$$J = m\rho^2 = \frac{GD^2}{4g}$$

$$\Omega = \frac{2\pi n}{60}$$

式中，m 为转动体质量，kg；ρ 为转动体的回转半径，m；G 为转动体的重量，N；D 为转动体的回转直径，m；g 为重力加速度，$\mathrm{m/s}^2$。

把上述两关系式代入运动方程，经过化简可得

$$T - T_L = \frac{GD^2}{375} \frac{\mathrm{d}n}{\mathrm{d}t} \tag{2.2}$$

式中，GD^2 为转动体的飞轮矩，单位为 N·m^2；常数 375 的单位为 m/(min·s)。

当 $T > T_L$ 时，$\frac{\mathrm{d}n}{\mathrm{d}t} > 0$，系统处于加速运动状态；当 $T = T_L$ 时，$\frac{\mathrm{d}n}{\mathrm{d}t} = 0$，系统处于恒转速运动；当 $T < T_L$ 时，$\frac{\mathrm{d}n}{\mathrm{d}t} < 0$，系统处于减速运动状态。

通常，电力拖动系统基本上都是电动机通过传动机构拖动负载。如图 2.3 所示，该电力拖动系统通过三级齿轮减速机构拖动负载运行，减速机构的减速比分别为 j_1、j_2、j_3，相应的传动效率分别为 η_1、η_2、η_3。

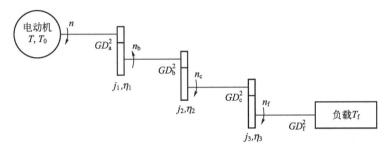

图 2.3　多轴电力拖动系统

该系统中，存在四个转轴，转速分别为 n、n_b、n_c 和 n_f，四个转轴上的飞轮矩和转矩也各不相同。在求解时，需要分别对每个转轴列出运动方程，然后对四个运动方程联立求解，便可得出系统的运行参数和性能。显然，对于多轴电力拖动系统，上述求解方法十分繁琐，特别是当转轴较多的时候。为了简化分析计算，通常把负载转矩与系统飞轮矩等效折算到电动机轴上来，即等效成单轴系统。这样，只需列出一个运动方程即可进行求解。按照上述方法，把图 2.3 所示的多轴电力拖动系统，可以等效为图 2.4 所示的单轴电力拖动系统。

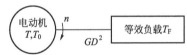

图 2.4　等效的单轴电力拖动系统

等效折算的原则是：保持系统的功率及系统的动能恒定。分析计算该类系统时，需要进行两个折算：负载转矩的折算和系统飞轮矩的折算。

第二节　多轴电力拖动系统

对于多轴电力拖动系统，为了简化分析计算，需要进行等效折算，把多轴电力拖动系统等效成单轴电力拖动系统。

一、转动系统转矩与飞轮矩的折算

1. 转矩折算

折算的原则是折算前后功率不变。理想情况下，不考虑传动机构的损耗，有

$$T_f \Omega_f = T_F \Omega$$

即

$$T_F = \frac{T_f \Omega_f}{\Omega} = \frac{T_f}{j} \quad (2.3)$$

式中，T_f 为实际负载转矩；T_F 为折算到电动机轴上的等效转矩；Ω_f 为负载的角速度；Ω 为电动机转轴的角速度；$j = \frac{\Omega}{\Omega_f} = \frac{n}{n_f}$ 为传动机构总的减速比，$j = j_1 j_2 j_3 \cdots j_n$，即等于各级减速比乘积。

式（2.3）表明，折算后的负载转矩与传动机构总的减速比成反比。

实际上，传动机构总是有摩擦等损耗，存在着传动效率。根据功率不变的原则，负载转矩的折算值为

$$T_F = \frac{T_f}{j\eta} \quad (2.4)$$

式中，η 为传动总效率，取决于各级传动机构效率，即 $\eta = \eta_1 \eta_2 \eta_3 \cdots \eta_n$。

传动机构的转矩损耗 ΔT 可由式（2.4）与式（2.3）相减得到：

$$\Delta T = \frac{T_f}{j\eta} - \frac{T_f}{j} = \frac{T_f}{j}\left(\frac{1}{\eta} - 1\right)$$

由于电动机提供了系统的所有功率，ΔT 最终也由电动机承担。

2. 飞轮矩的折算

折算的原则是折算前后动能不变。

转动体的动能为

$$E = \frac{1}{2}J\Omega^2 = \frac{1}{2} \cdot \frac{GD^2}{4g} \cdot \left(\frac{2\pi n}{60}\right)^2$$

图 2.3 所示多轴电力拖动系统中，负载轴 n_f 的飞轮矩为 GD_f^2，折合到电动机轴上以后的飞轮矩为 GD_F^2。根据折算原则，有

$$\frac{1}{2} \cdot \frac{GD_f^2}{4g} \cdot \left(\frac{2\pi n_f}{60}\right)^2 = \frac{1}{2} \cdot \frac{GD_F^2}{4g} \cdot \left(\frac{2\pi n}{60}\right)^2$$

可得

$$GD_F^2 = \frac{GD_f^2}{j^2} \quad (2.5)$$

上式为负载轴上飞轮矩的折算公式。该式表明，折算后的飞轮矩与减速比的平方成反比。

同理，对于转轴 n_b 和 n_c，按照同样的原则进行折算，可得

$$GD_B^2 = \frac{GD_b^2}{j_1^2}$$

$$GD_C^2 = \frac{GD_c^2}{(j_1 j_2)^2}$$

因此，可以得到电力拖动系统折算到电动机轴上的总飞轮矩 GD^2：

$$GD^2 = GD_a^2 + \frac{GD_b^2}{j_1^2} + \frac{GD_c^2}{(j_1 j_2)^2} + \frac{GD_f^2}{(j_1 j_2 j_3)^2} \quad (2.6)$$

设多轴电力拖动系统中有 n 级传动，总飞轮矩为

$$GD^2 = GD_a^2 + \frac{GD_b^2}{j_1^2} + \frac{GD_c^2}{(j_1 j_2)^2} + \frac{GD_d^2}{(j_1 j_2 j_3)^2} + \cdots + \frac{GD_f^2}{(j_1 j_2 \cdots j_n)^2} \tag{2.7}$$

通常，电动机通过传动机构减速后拖动负载，即传动机构各轴的转速比电动机的转速低。由于各轴飞轮矩的折算与相应减速比平方成反比，因此等效折算到电动机轴上的飞轮矩都比较小，只占系统总飞轮矩中的很小一部分。而电动机转子本身的飞轮矩，却占据了系统总飞轮矩中的大部分。

【例 2.1】 一电力拖动系统通过二级齿轮减速机构拖动负载，飞轮矩 $GD_a^2 = 18.5 \text{N} \cdot \text{m}^2$，$GD_b^2 = 22 \text{N} \cdot \text{m}^2$，$GD_f^2 = 130 \text{N} \cdot \text{m}^2$，传动效率 $\eta_1 = 0.90$，$\eta_2 = 0.91$，转矩 $T_f = 85 \text{N} \cdot \text{m}$，转速 $n = 2850 \text{r/min}$，$n_b = 950 \text{r/min}$，$n_f = 190 \text{r/min}$，忽略电动机空载转矩，计算：

(1) 折算到电动机轴上的负载转矩 T_F；

(2) 折算到电动机轴上的系统总飞轮矩 GD^2。

解 (1)

$$T_F = \frac{T_f}{\frac{n}{n_f} \eta_1 \eta_2} = \frac{85}{\frac{2850}{190} \times 0.9 \times 0.91} = 6.92 (\text{N} \cdot \text{m})$$

(2)

$$GD^2 = \frac{GD_f^2}{\left(\frac{n}{n_f}\right)^2} + \frac{GD_b^2}{\left(\frac{n}{n_b}\right)^2} + GD_a^2$$

$$= \frac{130}{\left(\frac{2850}{190}\right)^2} + \frac{22}{\left(\frac{2850}{950}\right)^2} + 18.5 = 21.52 (\text{N} \cdot \text{m}^2)$$

二、平移运动系统转矩与飞轮矩的折算

1. 转矩的折算

龙门刨电力拖动系统如图 2.5 所示。通过齿轮与工作台齿条啮合，把电动机的旋转运动变成直线运动带动工作台，待加工的零部件固定在工作台上。传动机构效率为 η，切削时工作台的速度为 v，作用在零部件上的切削力为 F。

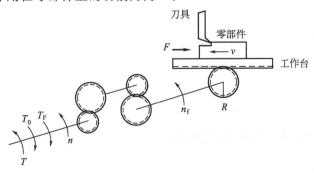

图 2.5 龙门刨电力拖动系统

切削功率为

$$P = Fv$$

电动机轴上的输出转矩 T_F 最终承受了切削力 F，作用到电动机轴上的切削功率为

$$T_F \Omega = \frac{2\pi n}{60} T_F$$

忽略传动系统的传动损耗，切削功率与电动机输出功率相平衡，则

$$\frac{2\pi n}{60} T_F = Fv$$

可得

$$T_F = \frac{Fv}{\frac{2\pi n}{60}} = 9.55 \frac{Fv}{n} \tag{2.8}$$

若考虑传动系统的传动损耗，设系统传动效率为 η，则

$$T_F = 9.55 \frac{Fv}{n\eta} \tag{2.9}$$

式(2.8) 和式(2.9) 分别为忽略和考虑传动损耗时折算到电动机轴上的转矩。

传动机构的转矩损耗 ΔT 为

$$\Delta T = 9.55 \frac{Fv}{n\eta} - 9.55 \frac{Fv}{n} = 9.55 \frac{Fv}{n} \left(\frac{1}{\eta} - 1 \right)$$

转矩损耗 ΔT 最终也由电动机来承担。

2. 飞轮矩的折算

做平移运动的物体总重量为 $G_f = m_f g$，其动能为

$$E = \frac{1}{2} m_f v^2 = \frac{G_f}{2g} v^2$$

折算前后的动能不变，因此

$$\frac{G_f}{2g} v^2 = \frac{1}{2} \cdot \frac{GD_F^2}{4g} \cdot \left(\frac{2\pi n}{60} \right)^2$$

折算到电动机轴上的总飞轮矩：

$$GD_F^2 = 365 \frac{G_f v^2}{n^2} \tag{2.10}$$

【例 2.2】 图 2.5 所示龙门刨电力拖动系统，切削力 $F = 8000\text{N}$，工作台与零部件运动速度 $v = 0.6\text{m/s}$，传动机构总效率 $\eta = 0.75$，电动机转速 $n = 2800\text{r/min}$。计算切削时折算到电动机轴上的负载转矩。

解 切削功率为

$$P = Fv = 8000 \times 0.6 = 4800 (\text{W})$$

折算到电动机轴上的负载转矩

$$T_F = 9.55 \frac{Fv}{n\eta} = 9.55 \times \frac{4800}{2800 \times 0.75} = 21.83 (\text{N} \cdot \text{m})$$

三、升降系统转矩与飞轮矩的折算

1. 负载转矩折算

图 2.6 所示为起重机升降电力拖动系统示意图，电动机通过传动机构带动滚筒转动，滚

筒上缠绕着钢丝绳，滚筒通过钢丝绳提升或下放重物。

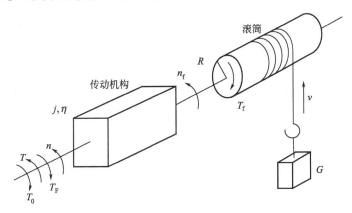

图 2.6　升降电力拖动系统

设滚筒半径为 R，转速为 n_f，重物升降的速度均为 v，传动机构减速比为 j，重物提升时传动机构效率为 η，重物的重量为 $G=mg$。

（1）提升重物时转矩的折算　滚筒提升重物时的负载转矩为 GR。忽略传动机构损耗时，折算到电动机轴上的转矩为

$$T_F = \frac{GR}{j}$$

考虑传动机构的损耗时，折算到电动机轴上的转矩为

$$T_F = \frac{GR}{j\eta} \tag{2.11}$$

传动机构损耗所消耗的转矩为

$$\Delta T = \frac{GR}{j\eta} - \frac{GR}{j} = \frac{GR}{j}\left(\frac{1}{\eta} - 1\right)$$

（2）下放重物时负载转矩的折算　滚筒下放重物时的负载转矩仍为 GR，不计传动机构损耗时，折算到电动机轴上的转矩仍为 $\dfrac{GR}{j}$，负载转矩的方向也不变。

忽略电动机的空载转矩 T_0。图 2.7 给出了电动机轴上的电磁转矩 T、负载转矩折算值 $\dfrac{GR}{j}$ 及传动机构的损耗转矩 ΔT 三者的关系。由于传动机构损耗转矩 ΔT 属于摩擦转矩性质，其方向与滚筒转动方向始终相反。因此，提升重物时，ΔT 与 $\dfrac{GR}{j}$ 方向一致；下放重物时，ΔT 与 $\dfrac{GR}{j}$ 方向相反。

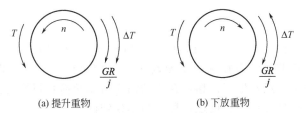

(a) 提升重物　　　　　　　　　(b) 下放重物

图 2.7　起重机工作时的转矩关系

由图 2.7 可知，提升重物时电动机输出转矩 $T=\dfrac{GR}{j}+\Delta T$；下放重物时，电动机输出转矩 $T=\dfrac{GR}{j}-\Delta T$。

2. 飞轮矩的折算

其与平移运动时相同。需要说明的是，提升和下放运动只是平移运动的一种特殊形式。因此，提升和下放运动中的负载转矩折算和飞轮矩的折算，完全可以应用平移运动的计算方法。

【例 2.3】 图 2.6 所示的起重机中，传动机构的减速比 $j=34$，提升重物时效率 $\eta=0.85$，滚筒直径 $d=0.22\text{m}$，吊钩重量 $G_0=1500\text{N}$，重物 $G=10000\text{N}$，电动机的飞轮矩 $GD_{\text{D}}^2=10\text{N}\cdot\text{m}^2$，提升速度为 $v=0.5\text{m/s}$，计算：

（1）电动机的转速；

（2）电动机所带的负载转矩，忽略空载转矩；

（3）以 $v=0.5\text{m/s}$ 下放重物时，电动机的负载转矩。

解 （1）滚筒的转速

$$n_{\text{f}}=\frac{60v}{\pi d}=\frac{60\times0.5}{\pi\times0.22}=43.4(\text{r/min})$$

电动机的转速

$$n=n_{\text{f}}j=43.4\times34=1475.6(\text{r/min})$$

（2）提升重物时总负载转矩为

$$T_{\text{f}}=\frac{d}{2}(G_0+G)=\frac{0.22}{2}\times(1500+10000)=1265(\text{N}\cdot\text{m})$$

电动机的负载转矩为

$$T_{\text{F}}=\frac{T_{\text{f}}}{j\eta}=\frac{1265}{34\times0.85}=43.77(\text{N}\cdot\text{m})$$

（3）传动机构损耗转矩

$$\Delta T=\frac{T_{\text{f}}}{j\eta}-\frac{T_{\text{f}}}{j}=43.77-\frac{1265}{34}=6.57(\text{N}\cdot\text{m})$$

电动机的负载转矩为

$$T=\frac{T_{\text{f}}}{j}-\Delta T=\frac{1265}{34}-6.57=30.64(\text{N}\cdot\text{m})$$

第三节　电力拖动系统稳定运行的条件

电动机拖动生产机械能否稳定运行，取决于电动机的转矩特性与负载特性是否匹配合适。所谓稳定运行，指的是电力拖动系统驱动生产机械运行于某一工作点，若外界出现扰动，如负载变化等使工作点发生了偏移，在扰动消失后系统能自行恢复到原来的工作点继续运行，则称系统的运行是稳定的；反之，称之为不稳定的。

典型的生产机械的负载特性如图 2.8 所示，共有 4 种：

曲线 1 为风机、泵类负载特性，转矩与转速的平方成正比，即 $T\propto n^2$；

曲线 2 为线性的负载特性，转矩与转速成正比，即 $T \propto n$，如电机等；

曲线 3 为位能性、牵引类负载特性，特征为恒转矩，即 T 不变；

曲线 4 为机床等负载特性，特征为恒功率，即 Tn 不变。

图 2.9(a) 和（b）分别给出了两种情况下的电动机转矩特性 $n = f(T)$ 和负载转矩特性 $n = f(T_L)$ 的示意图。

首先分析图 2.9(a) 的情况。在两条特性曲线的交点 a 处，$T_a = T_L$，电机转矩与负载转矩平衡，a 点为稳态运行工作点，系统转速为 n。当外界扰动使工作点

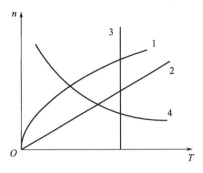

图 2.8 典型的负载特性
1—风机、泵类；2—线性；
3—恒转矩；4—恒功率

偏离 a 点，转速从 n 变化到 $n+\Delta n$ 后，工作点移至电动机转矩特性的 c 点，此时，电机转矩 $T_c < T_a$，转矩减小；而该转速对应于负载转矩特性的 d 点，$T_L > T_a$。则电机转矩小于负载转矩，系统将减速，重新回到工作点 a，此时，$T_a = T_L$，电机转矩与负载转矩平衡，系统可以继续稳态运行。同理可分析，扰动使 n 降至 $n-\Delta n$ 后，系统仍可自行回到 a 点。即对于图 2.9(a) 中所示的特性曲线，系统能稳定工作于两曲线的交点 a，在扰动消失后系统能自行恢复到原来的工作点 a 继续运行。

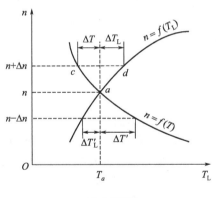

(a) 稳定运行

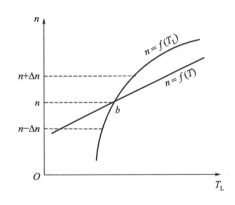

(b) 不稳定运行

图 2.9 电力拖动系统稳定运行条件

同理可以分析，图 2.9（b）所示的电机转矩特性和负载转矩特性的匹配不能稳定运行，即任意扰动使工作点偏离了 b 点后，就再也不能回到 b 点。

综上所述，系统能稳定运行的条件是：当 $\Delta n > 0$ 时，要求 $\Delta T < 0$，速度能够自行下降；而当 $\Delta n < 0$ 时，要求 $\Delta T > 0$，速度能够自行上升。其数学表达式为：

$$\frac{\mathrm{d}\Delta T}{\mathrm{d}n} < 0$$

将 $\Delta T = T - T_L$ 代入上式：

$$\frac{\mathrm{d}(T - T_L)}{\mathrm{d}n} = \frac{\mathrm{d}T}{\mathrm{d}n} - \frac{\mathrm{d}T_L}{\mathrm{d}n} < 0$$

可得

$$\frac{\mathrm{d}T}{\mathrm{d}n} < \frac{\mathrm{d}T_L}{\mathrm{d}n} \tag{2.12}$$

上式为电力拖动系统稳态运行的条件，即电动机转矩特性曲线斜率要小于负载转矩特性曲线斜率。

当然，工作点也要同时满足电动机运行的要求：

$$T = T_L$$

对于图2.8中的典型负载特性，电动机具有下降的转矩特性就可以满足稳定运行的要求。对于具有上升转矩特性的电动机，只要能够满足式(2.12)的要求，系统仍然可以稳定运行。

小 结

本章介绍了单轴电力拖动系统和多轴电力拖动系统动力学基本知识。单轴电力拖动系统是直驱系统，负载转矩和飞轮矩由负载直接决定，而多轴电力拖动系统分析需要将负载转矩与飞轮矩折算到电动机轴上，分析过程相对比较复杂。针对多轴电力拖动系统，详细介绍了转动系统、平移运动系统和升降系统的负载转矩和飞轮矩折算原则与计算方法。电力拖动系统稳定运行需要使电动机的转矩特性与负载转矩特性相匹配，针对典型负载机械特性，明确了系统稳定运行的基本条件。

思 考 题

2.1 单轴电力拖动系统结构简单，但为何多轴电力拖动系统应用得更加普遍？

2.2 单轴电力拖动（直驱）系统广泛应用可能面临哪些问题？前景是否广阔？

2.3 除齿轮外，比较高效的传动机构还有哪些？

习 题

2.1 为什么要进行电力拖动系统的等效折算？折算的原则是什么？

2.2 电动机经过速比 $j=10$ 的减速器拖动工作机构，工作机构的实际转矩为 $40N \cdot m$，飞轮矩为 $1.5N \cdot m^2$，不计传动机构损耗，试计算折算到电动机轴上的转矩与飞轮矩。

2.3 电力拖动系统中电动机的转速为 $1450r/min$，工作机构转速为 $145r/min$，传动效率为0.9，工作机构的实际转矩为 $120N \cdot m$，电动机的电磁转矩为 $20N \cdot m$，忽略电动机空载转矩，试分析该系统运行于何种状态（加速、恒速还是减速过程）。

2.4 起重机提升重物与下放重物时，传动机构损耗由电动机还是由重物负担？

2.5 如图2.10所示的车床电力拖动系统中，切削力 $F=2000N$，工件直径 $d=150mm$，电动机转速 $n=1450r/min$，减速箱的三级速比分别是 $j_1=2$，$j_2=1.5$，$j_3=2$，各转轴的飞轮矩为 $GD_a^2=3.5N \cdot m^2$，$GD_b^2=2N \cdot m^2$，$GD_c^2=2.7N \cdot m^2$，$GD_d^2=9N \cdot m^2$，各级传动效率均为 $\eta=0.9$，计算：

(1) 切削功率；

(2) 电动机输出功率；

(3) 系统总飞轮矩；

(4) 忽略电动机空载转矩时，电动机电磁转矩；

(5) 车床开车但未切削时，若电动机加速度 $\dfrac{dn}{dt}=800r/(min \cdot s)$，忽略电动机空载转矩，但不忽略传动机构的转矩损耗，求电动机电磁转矩。

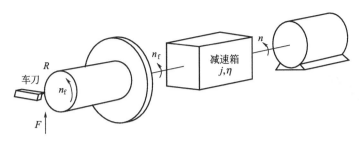

图 2.10　车床切削示意图

2.6　龙门刨床的主传动机构如图 2.11 所示，齿轮 1 与电动机转轴直接相连，经过齿轮 2、3、4、5 依次传动到齿轮 6，再与工作台 G_1 的齿条啮合，各齿轮及运动物体的数据列表如表 2.1。

表 2.1　各齿轮及运动物体的数据

符号	名称	齿数	重力/N	$GD^2/N \cdot m^2$
1	齿　轮	20		8.25
2	齿　轮	55		40.20
3	齿　轮	38		19.60
4	齿　轮	64		56.80
5	齿　轮	30		37.25
6	齿　轮	78		137.20
G_1	工作台		14700	
G_2	工　件		9800	

切削力 $F = 10000N$，切削速度 $v = 45m/min$，传动效率 $\eta = 0.8$，齿轮 6 的节距 $t_{k6} = 20mm$，电动机转子飞轮矩 $GD^2 = 230N \cdot m^2$，工作台与导轨的摩擦系数 $\mu = 0.1$。试计算：

(1) 折算到电动机轴上的总飞轮矩及负载转矩（包括切削转矩及摩擦转矩两部分）；

(2) 切削时电动机输出的功率。

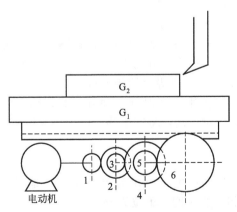

图 2.11　龙门刨床的主传动机构图

2.7　电力拖动系统稳定运行的条件是什么？试分析直流电机拖动泵类负载的运行稳定性（直流电机的机械特性 T-n 为一条向下倾斜的直线）。

第三章
直流电机

第一节　直流电机的基本工作原理

一、直流电机的特点

直流电机是实现直流电能与机械能相互转换的电磁装置。把直流电能转换为机械能的电机是直流电动机，把机械能转换为直流电能的电机是直流发电机。

直流电机是最早得到应用的电机，它的电源是直流电（电池）。目前，工业生产的各个领域里仍大量地使用直流电动机，这是由于直流电动机具有一系列突出的优点：速度调节方便，调速范围宽广，平滑性好，启动制动转矩大，过载能力强，系统构成简单，易于控制，可靠性较高，等等。

直流电动机多用于对调速要求较高和特殊性能要求的电气传动装置上，如无轨电车、轨道交通、轧钢机、起重机械、挖掘机械、纺织机械、印刷机械等。

直流发电机主要用于发出直流电作为直流电源。

直流电机的主要缺点是电刷与换向器的机械接触式换向，它影响了电机的寿命及可靠性，需要定期维护，也限制了直流电机的转速和极限容量。

二、基本工作原理

图 3.1 是一台直流发电机的模型。图 3.1 中，N、S 是主磁极，位于电机的定子，是静止不动的。abcd 是装在可以转动的转子上的一个线圈，把线圈的两端分别接到两个相对放置的导电片（称换向片）上，换向片之间用绝缘材料隔开。换向片与绝缘材料构成了换向器，安装在转子上。转子也称为电枢。在每个换向片上放置固定不动的电刷 A 和 B。通过电刷 A、B 把旋转着的线圈 abcd 与外界电路相连接。

当原动机拖动电枢以恒定转速 n 逆时针方向旋转时，线圈的两条边 ab 和 cd（称为导体）与主磁极建立的磁场有相对运动，将产生感应电动势。感应电动势（单位 V）可由下式确定：

$$e = Blv$$

式中，B 是线圈边所在处的磁密，单位为 Wb/m^2；l 是线圈边的长度，单位为 m；v 是线圈边与磁密 B 之间的相对线速度，单位为 m/s。

根据右手定则可确定感应电动势的方向。在图 3.1 所示位置，导体 ab、cd 的感应电动势方向分别由 b 指向 a 和由 d 指向 c。此时电刷 A 呈高电位，电刷 B 呈低电位。当电枢逆时针方向转过 180°，导体 ab 与 cd 互换了位置。此时，导体 ab、cd 的感应电动势方向都与前一位置的相反，即分别由 a 指向 b 和由 c 指向 d。但是，由于换向片随着线圈一道旋转，本来与电刷 B 相接触的那个换向片，现在却与电刷 A 接触了；本来与电刷 A 相接触的换向片现在却与电刷 B 接触了。显然这时电刷 A 仍呈正极性，电刷 B 呈负极性。从图 3.1 看出，和电刷 A 接触的导体永远位于 N 极下，同样，和电刷 B 接触的导体永远位于 S 极下。可见，A 电刷总是呈正极性，B 电刷总是呈负极性。

如果电枢继续逆时针方向旋转 180°，导体 ab、cd 又回到图 3.1 所示的初始位置，电刷 A 依然为高电位，电刷 B 为低电位。

由此可见，尽管线圈 $abcd$ 中的感应电势方向是交变的，但由于电刷和换向器的作用，电刷 A、B 的极性始终不变，即电刷 A、B 两端输出直流电能。

图 3.1 只是一个简单的直流发电机物理模型，实际的直流发电机电枢上有多个线圈均匀分布在电枢铁芯上，按照一定的规律连接起来构成电枢绕组。

图 3.2 所示为直流电动机的物理模型，与发电机模型不同的是电刷 A、B 连接到直流电源上。于是在线圈 $abcd$ 中有电流流过，电流的方向为 $a{\rightarrow}b{\rightarrow}c{\rightarrow}d$，如图 3.2 所示。根据电磁力定律可知，导体 ab、cd 上受到的电磁力 F 可由下式确定：

$$F = Bli$$

式中，i 是流过导体的电流。

可由左手定则确定导体受力的方向。导体 ab 的受力方向水平向左，cd 的受力方向水平向右，如图 3.2 所示。因此就产生了转矩，称为电磁转矩，方向为逆时针。在电磁转矩的作用下，电枢就按逆时针的方向旋转起来。

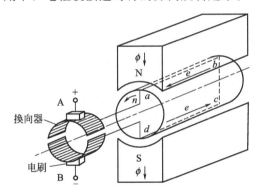
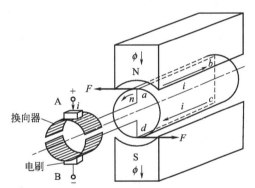

图 3.1　直流发电机模型　　　　　　　　图 3.2　直流电动机模型

当电枢旋转了 180°后，导体 ab 与 cd 互换了位置，cd 转到 N 极下，ab 转到 S 极下。虽然直流电源方向不变，但线圈 $abcd$ 中电流的方向却与前一位置相反，为 $d{\rightarrow}c{\rightarrow}b{\rightarrow}a$。导体 cd 受力方向变为水平向左，导体 ab 受力方向是水平向右，产生的电磁转矩的方向不变，仍为逆时针方向。电枢就能继续按逆时针方向旋转。

由此可见，虽然直流电动机电枢线圈里的电流方向是交变的，但产生的电磁转矩的方向是不变的，这也是电刷和换向器作用的结果。

三、主要结构

直流电机的结构形式是多种多样的，但主要由定子和转子两大部分构成。图 3.3 给出了一台小型直流电机的结构示意图，图 3.4 是一台两极直流电机的剖面示意图。除了定子和转子之外，还有前后两个端盖起到连接和支承的作用。

1.定子部分

定子部分主要包括机座、主磁极、换向极和电刷装置等。

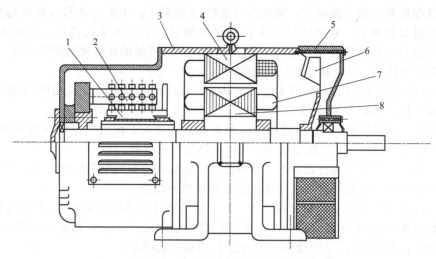

图 3.3 小型直流电机结构示意图

1—换向器；2—刷架；3—机座；4—主磁极；5—端盖；6—风扇；7—电枢绕组；8—电枢铁芯

机座有两方面的作用：一是导磁，二是机械支承。由于机座是主磁路的一部分，需要满足导磁要求，也称为定子磁轭，一般多采用导磁的铸钢或厚钢板制成。主磁极、换向极以及前后两个端盖都固定在电机的机座上，所以机座又起了机械支承的作用，需要满足机械强度的要求。

主磁极又称主极，它的作用是在气隙中产生按照一定波形分布的气隙磁密。主磁极上还装有励磁线圈，通入直流电后，使主极产生磁场。微型和中小型直流电机的主磁极也常用永久磁铁取代励磁线圈产生磁场，这种电机称为永磁直流电机，其体积、重量通常更小。

图 3.5 是主磁极截面示意图。主极铁芯通常是用 0.5～1.0mm 厚的硅钢片冲制后叠装而成的。然后把绕制好的励磁线圈套在主极铁芯上，经过绝缘处理后，再把整个主磁极紧固在机座的内表面上。

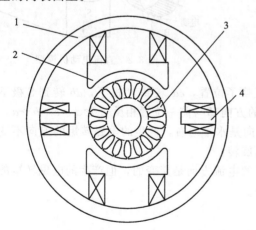

图 3.4 直流电机截面示意图

1—机座；2—主极；3—电枢；4—换向极

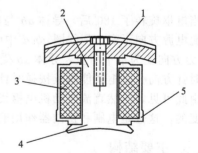

图 3.5 主磁极截面示意图

1—机座；2—极身；3—励磁线圈；

4—极靴；5—支承架

主极中较窄的部分称为极身，较宽的部分为极靴。为了保证气隙磁密沿电枢圆周方向分布得更加合理，主磁极极靴下方做成规定的圆弧状，如图 3.5 所示。

容量较大的直流电机，通常需要在相邻两主磁极之间加装换向极。换向极又称附加极，其作用是改善直流电机的换向。

换向极的形状比较简单，一般用整块钢板制成。换向极套有换向极绕组。

电刷通过换向片把电机转动部分的电流引出，或者把外部电路里的电流引入到电枢回路里。电刷与换向极需要配合使用。

2. 转子部分

直流电机转子部分包括电枢铁芯、电枢绕组、换向器、风扇和转轴等。

电枢铁芯是直流电机主磁路的一部分。当电枢旋转时，经过不同极性的主磁极，铁芯中磁通方向是交变的，会在铁芯中产生涡流损耗与磁滞损耗。因此，电枢铁芯通常采用较薄的硅钢片冲制后再叠装起来，以抑制这部分损耗。电枢铁芯沿圆周上均匀分布着一系列的槽，以嵌放电枢绕组。

用带有绝缘层的导线绕制成电枢线圈，然后嵌放在电枢铁芯的槽中。每个线圈有两个出线端，与换向器的换向片按照一定的规律相连，构成电枢。

图 3.6 为直流电机电枢示意图。

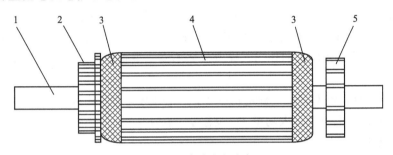

图 3.6　直流电机电枢
1—转轴；2—换向器；3—电枢绕组；4—电枢铁芯；5—风扇

换向器安装在转轴上，由一系列换向片组成，每两个相邻的换向片用绝缘薄片隔开。通常换向片数与线圈元件数相同。

3. 端盖

端盖通过螺钉等把定、转子连成一个整体，前后两个端盖分别固定在定子机座的两端，并通过轴承支承着转子，端盖还对电机起着防护作用。

四、直流电机的额定值

通常，直流电机的额定数据有：
(1) 额定功率（容量）P_N，单位为 W 或 kW；
(2) 额定电压 U_N，单位为 V；
(3) 额定电流 I_N，单位为 A；
(4) 额定转速 n_N，单位为 r/min；
(5) 额定励磁电压 U_{fN}，单位为 V；
(6) 额定励磁电流 I_{fN}，单位为 A。
此外，有些物理量虽然不标在铭牌上，但它也是额定值，如：
(1) 额定转矩 T_{2N}，单位为 N·m；
(2) 额定效率 η_N。

直流电动机的额定功率，定义为转轴上输出的机械功率；直流发电机的额定容量，定义为电刷端的输出电功率。

直流发电机的额定容量为

$$P_N = U_N I_N \tag{3.1}$$

直流电动机的额定功率为

$$P_N = U_N I_N \eta_N \tag{3.2}$$

电动机轴上输出的额定转矩为额定功率除以额定角速度，即

$$T_{2N} = \frac{P_N}{\Omega_N} = \frac{P_N}{\frac{2\pi n_N}{60}} = 9.55 \frac{P_N}{n_N} \tag{3.3}$$

式中，P_N 的单位为 W，T_{2N} 的单位是 N·m。此式不仅适用于直流电动机，也适用于交流电动机。

直流电机运行时，若各个物理量都达到额定值，就称为额定运行状态。在额定运行状态下工作，电机具有良好的性能，能够经济、可靠地运行，总体上处于最佳状态。

如果电机电流小于额定电流，称为轻载或欠载运行；超过额定电流，称为过载运行。无论是过载还是欠载运行，都不是最佳状态。过载会造成电机寿命缩短甚至由于过热而被烧毁；轻载则不能充分发挥电机的作用，导致效率不高，浪费资源。因此应尽量使电机工作在额定状态。

【例 3.1】 一台直流发电机，额定功率 $P_N = 160kW$，额定电压 $U_N = 230V$，额定效率 $\eta_N = 90\%$，计算该发电机的输入功率 P_1 及额定电流 I_N。

解 输入功率

$$P_1 = \frac{P_N}{\eta_N} = \frac{160}{0.9} = 177.8 \ (kW)$$

额定电流

$$I_N = \frac{P_N}{U_N} = \frac{160 \times 10^3}{230} = 695.7 \ (A)$$

【例 3.2】 一台直流电动机，额定功率 $P_N = 100kW$，额定电压 $U_N = 220V$，额定效率 $\eta_N = 85\%$，额定转速 $n_N = 1450r/min$，计算电动机的额定输入功率、额定电流及额定输出转矩。

解 额定输入功率

$$P_1 = \frac{P_N}{\eta_N} = \frac{100}{0.85} = 117.6 \ (kW)$$

额定电流

$$I_N = \frac{P_1}{U_N} = \frac{117.6 \times 10^3}{220} = 534.5 \ (A)$$

额定输出转矩

$$T_{2N} = 9.55 \frac{P_N}{n_N} = 9.55 \times \frac{100 \times 10^3}{1450} = 658.6 \ (N·m)$$

第二节　直流电机的电枢绕组

一、绕组的基本特点

电枢绕组是直流电机实现机电能量转换的枢纽。电枢绕组在电机的磁场中旋转，会感应出电动势；当电枢绕组中有电流流过时，会产生电枢磁势，它与气隙磁场相互作用，又产生了电磁转矩。有了电动势与电流就可产生电磁功率。在能量转换的过程中，电枢绕组起着核心的作用。

对直流电机电枢绕组的基本要求如下：

(1) 产生尽可能大的电动势，且波形良好；

(2) 能通过足够大的电流；

(3) 结构简单，工艺性好，可靠性高；

(4) 换向良好。

电枢绕组是由若干个完全一样的线圈按照一定的规律连接起来的。为了方便，将每个线圈都称为元件，元件的个数用 S 表示。

用 N_y 代表元件的匝数。图 3.7(a) 就是一个多匝元件，$N_y = 2$。元件的引出线只有两根：一根叫首端，一根叫尾端。同一个元件的首端和尾端分别连接到不同的换向片上，而各个元件之间又是通过换向片彼此连接起来的。因此，在同一个换向片上既要连接一个元件的首端，又要连接另一元件的尾端。用 K 表示换向片的数目。所以，电枢绕组总的元件数 S 应等于换向片数 K，即 $S = K$。

元件嵌放在电枢铁芯的槽里，如图 3.7 (b) 所示。元件的一个边占用半个电枢槽，即元件的一个边占据了某个槽的上半槽（该元件边称为上层边），另一元件边占了另一槽的下半槽（该元件边称为下层边）。而同一个槽里能嵌放两个元件边，因为每一个元件有两个元件边，所以电枢槽数等于元件数。

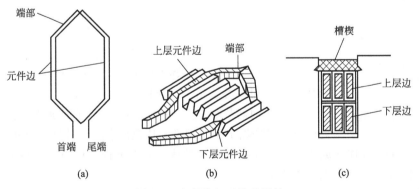

图 3.7　电枢绕组元件及嵌放

元件嵌放在槽内的部分处于主磁极磁场覆盖区域，能切割气隙磁通，产生感应电动势，称为有效部分；槽外的部分是端接部分，简称端部，在主磁极磁场之外，不产生感应电动势。

为了提高绕组效能，通常在直流电机电枢槽的上层和下层并列嵌放几个元件边。图 3.7 (c) 中，槽的上层和下层均并列放置了三个元件边。把一个上层元件边与一个下层元件边视为一个虚槽，把电枢实际的槽称为实槽，以示区别。虚槽数等于实槽中上层或下层并列的元件边数，用 u 表示。图 3.7（c）中，虚槽数 $u=3$。用 Z_e 代表电机的总虚槽数，Z 代表总实槽数，则有

$$Z_e = uZ = S = K$$

电枢绕组总的导体数 N 为

$$N = 2uN_y Z = 2N_y Z_e$$

式中，N_y 是每个元件的匝数。

在分析电枢绕组连接规律时，要着重研究总虚槽数、极对数、绕组节距、元件连接次序和并联支路数等。

直流电机电枢绕组分为以下三种类型：

叠绕组，又分为单叠绕组和复叠绕组，基本形式为单叠绕组。

波绕组，又分为单波绕组和复波绕组，基本形式为单波绕组。

蛙绕组，由叠绕组和波绕组混合绕制。

本书只介绍最基本的单叠和单波绕组。

二、单叠绕组

电枢绕组中任何两个串联元件都是后一个叠在前一个上面的绕组称为叠绕组。

1. 节距

是指被连接起来的两个元件边或换向片之间的距离，用所跨过的虚槽数或换向片数来度量，如图 3.8 所示。

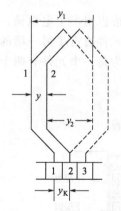

图 3.8　单叠绕组节距

（1）第一节距 y_1　第一节距是同一个元件的两个元件边之间的跨距。确定 y_1 的原则是使元件中感应电动势最大，即 y_1 等于或接近一个极距 τ。

$$\tau = \frac{Z_e}{2p}$$

$$y_1 = \frac{Z_e}{2p} \pm \varepsilon = 整数$$

式中，ε 是小于 1 的分数，将 y_1 凑成整数。

（2）合成节距 y　相邻串联的两个元件对应边之间的跨距称为合成节距。对单叠绕组有 $y=1$。

（3）换向器节距 y_K　每个元件首、末端所连两个换向片之间的跨距称为换向器节距，用换向片数目表示。对单叠绕组有 $y_K=1$。

当把每一个元件连接成绕组时，连接的顺序是从左向右进行，称为右行绕组。反之，为左行绕组。图 3.8 所示就是右行绕组。

（4）第二节距 y_2　与同一个换向片相连的两个元件中元件 1 的下层元件边到元件 2 的上层元件边之间的跨距称为第二节距。常用虚槽数表示。对单叠绕组有

$$y_2 = y_1 - y$$

2. 单叠绕组的展开图

绕组展开图就是将电枢槽中沿圆周方向分布的绕组展开成平面，以清楚表示各元件之间的联结关系。

在画绕组展开图时，必须考虑槽里各元件在气隙磁场里的相对位置。

在画绕组展开图之前，首先要根据电机的参数如虚槽数 Z_e、极对数 p、元件数 S 和换向片数 K 等计算出元件的各种节距。下面通过一个具体的例子加以说明。

【例 3.3】　一台直流电机的极数 $2p=4$，$Z_e=S=K=16$，画出右行单叠绕组的展开图。

解　（1）节距计算　第一节距 y_1 有

$$y_1=\frac{Z_e}{2p}\pm\varepsilon=\frac{16}{4}=4$$

合成节距 y

$$y=1$$

换向器节距 y_K

$$y_K=1$$

第二节距 y_2

$$y_2=y_1-y=4-1=3$$

（2）画出虚槽　画出 16 根长度一致、距离相等的实线，代表各槽上层元件边。在实线的旁边分别再画 16 根等长、等距的虚线，代表各槽下层元件边。一根实线和一根虚线代表一个虚槽，依次把槽编上号码，如图 3.9 所示。

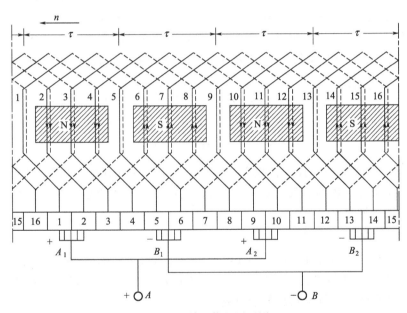

图 3.9　单叠绕组展开图

（3）放置磁极　每个磁极的宽度约为 0.7 倍极距，图中用 τ 表示极距，4 个磁极均匀分布在各槽之上，并标上 N、S 极性。

（4）画换向器　在槽的下方，画 16 个小方块代表换向片，并标上号码。

为了能连出形状对称的元件，换向片的编号应与槽的编号要有一定对应关系。如元件 1 的上层边与换向片 1 相连，下层边与换向片 2 相连，依次类推。

（5）连接绕组　元件 1 首端与换向片 1 相连，上层边在第 1 槽，跨过节距 $y_1=4$，下层边连到第 5 槽，然后尾端回到换向片 2。从图 3.9 中可以看出，这时元件的几何形状是对称的。由于是右行单叠绕组，所以元件 2 由换向片 2 经第 2 槽上层和第 6 槽下层相连，然后回到换向片 3。按此规律依次连接，直到把 16 个元件全部连起来为止。

（6）确定导体感应电动势方向　各元件中感应电动势的方向可根据右手定则确定。在图 3.9 中，磁极位于电枢绕组上方，因此 N 极的磁场方向为进纸面，S 极为出纸面。电枢从右向左旋转，故 N 极下的导体感应电动势方向向下，在 S 极下是向上的。图 3.9 所示位置，1、5、9、13 四个元件正好位于两个主磁极的中间，该处气隙磁场为零，所以不感应电动势。

（7）放置电刷　在直流电机里，电刷组数与主磁极数量相等。它们均匀地放置在换向器圆周表面。每个电刷的宽度大于等于一个换向片的宽度。

放置电刷的原则是正、负电刷之间获得的感应电动势最大，或被电刷所短路元件中的感应电动势最小，这两个要求本质上是一致的。在图 3.9 里，由于每个元件的几何形状对称，只需把电刷中心线对准主极中心线，上述要求就能满足。图 3.9 中所示位置，被电刷所短路的元件是 1、5、9、13，而这 4 个元件中的电动势恰好为零。电刷通过这四个元件把由 16 个元件构成的闭合回路分成四段，每段再串联三个电动势方向相同的元件。由于对称关系，这四段电路中的电动势大小相等，方向两两相反，因此整个闭合回路内的电动势恰好相互抵消，故电枢绕组内不会产生"环流"。

完整的单叠绕组的展开图如图 3.9 所示。

3. 单叠绕组元件连接顺序

根据绕组的各节距，可以确定绕组各元件之间的连接关系。如第 1 虚槽上层元件边经 $y_1 = 4$ 连接到第 5 虚槽的下层元件边，构成了第 1 个元件。第 2 虚槽上层元件边经 $y_1 = 4$ 连接到第 6 虚槽的下层元件边，构成了第 2 个元件。第 5 虚槽的下层元件边经 $y_2 = 3$ 连接到第 2 虚槽的上层元件边，这样就把第 1、2 两个元件连接起来了。依此类推，如图 3.10 所示。

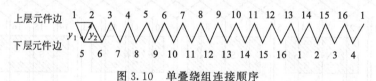

图 3.10　单叠绕组连接顺序

图 3.10 所示单叠绕组元件连接顺序表明，从第 1 个元件开始，相邻元件依次串联，绕电枢一周，把全部元件边都串联起来，之后又回到第 1 个元件的起始点 1。因此，所有绕组元件构成一个闭合回路。

4. 单叠绕组的并联支路图

根据图 3.9 所示绕组展开图各元件连接的规律，可以得到单叠绕组的并联支路图，如图 3.11 所示。因此，单叠绕组并联支路数等于主磁极数，$2a = 2p$，即 $a = p$，并联支路对数等于极对数。单叠绕组电刷组数也等于极数。

综上所述，单叠绕组具有以下特点：

（1）每一个磁极下的所有元件串联起来组成一条支路，有几个磁极就构成几条支路，支路数等于主磁极数。

（2）对于对称元件，电刷的位置与主磁极中心线位置一致时，正、负电刷间获得的感应电动势最大。

（3）电刷组数等于极数。

电刷的位置虽然对准主磁极的中心线，但被电刷所短路元件的两条边则位于几何中性线处。简单起见，今后凡是提到电刷放在几何中性线上，指的是被电刷所短路元件的元件边位于几何中性线处。

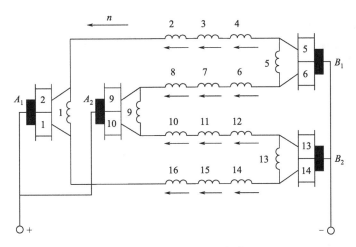

图 3.11 单叠绕组并联支路图

三、单波绕组

单叠绕组是把同一个磁极下的元件串联起来组成一个支路，以保证支路中的元件电动势同方向。如果把相同极性磁极下的元件都串联起来组成一个支路，相邻串联元件对应边的距离约为两个极距，就形成了如图 3.12 所示的波浪形态，称为波绕组。

1. 节距

（1）第一节距 y_1　确定原则与单叠绕组一样，即 y_1 等于或接近一个极距。

（2）换向器节距 y_K　单波绕组应使相串联的元件感应电动势同方向。需要把相邻两个串联的元件放在同极性磁极的下面，使它们在空间位置上相距约两个极距。当 p 个串联的元件沿着圆周方向绕行一周后，其末尾所连的换向片必须与起始的换向片 1 相邻，才能使第二周继续连接下去，即

$$py_K = K \mp 1$$

因此

$$y_K = \frac{K \mp 1}{p}$$

式中正负号的选取，首先要使 y_K 成为一个整数。在满足 y_K 为整数的前提下，通常都取负号，这表明连接的顺序是从右向左进行，称左行绕组，如图 3.12 所示。如果取正号，连接的顺序则是从左向右进行，称右行绕组。

（3）合成节距 y　合成节距 y 与换向器节距 y_K 相等。即

$$y = y_K$$

（4）第二节距 y_2

$$y_2 = y - y_1$$

单波绕组各节距如图 3.12 所示。

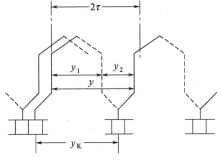

图 3.12 单波绕组节距

2. 单波绕组的展开图

下面通过一个具体的例子加以说明。

【例 3.4】 一台直流电机，$2p=4$，$Z_e=S=K=15$，试连成左行单波绕组。

解 节距计算

$$y_1=\frac{Z_e}{2p}\pm\varepsilon=\frac{15}{4}+\frac{1}{4}=4$$

$$y_K=\frac{K\mp1}{p}=\frac{15-1}{2}=7$$

$$y=y_K=7$$

$$y_2=y-y_1=7-4=3$$

其余步骤同例 3.3，不再赘述。

绕组展开图如图 3.13 所示。

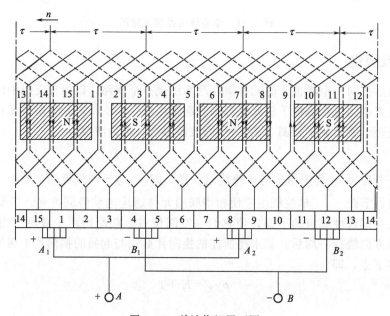

图 3.13　单波绕组展开图

3. 单波绕组的并联支路图

按照图 3.13 各元件连接的顺序，可以得到如图 3.14 所示的并联支路图。

可以看出，单波绕组把所有 N 极下的全部元件串联起来构成一条支路，所有 S 极下的全部元件串联起来构成另一支路。所以单波绕组的支路对数 a 恒等于 1，与极对数无关。即

$$a=1$$

从支路对数来看，单波绕组有两个电刷就能进行工作。实际使用中，一般仍然要装上全额电刷，这样可以降低电刷的电流密度，延长电刷的使用寿命，有利于提高可靠性，改善电机换向。

综上所述，单波绕组具有以下特点：

（1）同极性磁极下所有元件串联起来组成一个支路，因此，支路对数 $a=1$。

（2）对于对称元件，电刷位置与主磁极中心线位置一致时，支路电动势最大。

（3）电刷组数也应等于极数。

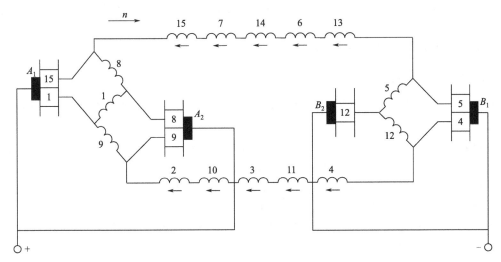

图 3.14 单波绕组并联支路图

对比分析单叠与单波绕组，单叠绕组并联支路数多，支路元件数少，更适合低电压大电流电机。单波绕组支路对数恒等于 1，支路元件数较多，更适合高电压小电流电机。

第三节 直流电机的空载磁场

一、直流电机的励磁方式

直流电机的励磁方式是指励磁绕组的供电方式。直流电机可分为以下几种类型。

1. 他励直流电机

励磁电流由其他直流电源单独供电的直流电机称为他励直流电机，如图 3.15(a) 所示。

2. 并励直流电机

励磁绕组与电机电枢的两端并联，电枢电压等于励磁电压。如图 3.15（b）所示。

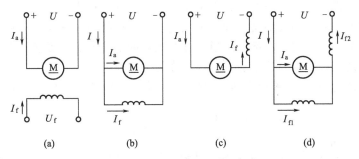

图 3.15 直流电机的励磁方式

3. 串励直流电机

励磁绕组与电枢回路串联，电枢电流即为励磁电流。如图 3.15（c）所示。

4. 复励直流电机

励磁绕组分为两部分，一部分与电枢回路串联，一部分与电枢回路并联。如图 3.15

（d）所示，并励绕组先与电枢回路并联后再与串励绕组串联，也可以串励绕组先与电枢串联后再与并励绕组并联。

不同励磁方式的直流电机特性也不相同。

二、直流电机的磁场

直流电机的磁场可以由永久磁铁或直流励磁绕组产生。通常，永久磁铁主要应用于中小型和微型直流电机，大中型直流电机的主磁场都是由励磁绕组通以直流电产生的。

磁场是由电流产生的。直流电机在负载运行时，其磁场是由电机励磁绕组电流和电枢绕组电流共同产生的，其中励磁绕组起着主要作用。为简单起见，先分别讨论，然后在磁路不饱和的假设条件下，运用叠加原理进行分析。首先研究励磁绕组通入励磁电流，电枢绕组无电流时的磁场情况。这种情况称为电机的空载运行。

图 3.16 为一台直流电机在忽略端部效应时的空载磁场分布图，下面结合该示例讨论直流电机空载磁场的特点。

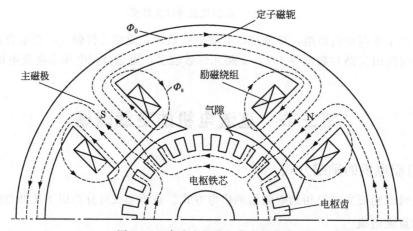

图 3.16　直流电机的空载磁场分布

1. 磁通与磁动势

空载时电机中的磁场分布是关于主磁极对称的。磁通可分为两部分，大部分从主磁极 N 极出发穿过气隙、进入电枢，再穿过相邻主极 S 极下的气隙进入该主磁极，最后经定子磁轭闭合。该部分磁通同时交链励磁绕组和电枢绕组，在电枢绕组中感应电动势，实现机电能量转换，称为主磁通。剩余的一小部分磁通经过主极间的空气或定子磁轭闭合，只交链励磁绕组而不交链电枢绕组，不参与机电能量转换，称为漏磁通。

设每极主磁通为 Φ_0，漏磁通为 Φ_s，则通过每个主极铁芯中的总磁通为

$$\Phi_m = \Phi_0 + \Phi_s = \Phi_0\left(1 + \frac{\Phi_s}{\Phi_0}\right) = k_s\Phi_0 \tag{3.4}$$

式中，$k_s = 1 + \dfrac{\Phi_s}{\Phi_0}$ 称为主极漏磁系数，其数值与磁路结构有关，通常 $k_s = 1.15 \sim 1.25$。

设产生电机磁场所需要的每对极励磁磁动势为 F_0，沿着主磁通闭合路径运用全电流定律可得

$$F_0 = \oint \boldsymbol{H} \cdot \mathrm{d}\boldsymbol{l} = 2I_f N_f \tag{3.5}$$

式中，N_f 为每个主极上的励磁绕组匝数。

针对直流电机的特点，为便于求解，将主磁路分为五部分：定、转子之间的气隙，电枢齿，电枢磁轭，主磁极和定子磁轭，如图 3.17 所示。其中，气隙是空气介质，其磁导率 μ_0 是常数，其余各段磁路的材料均为铁磁材料，它们的磁导率彼此并不相等，即使是同一种铁磁材料，磁密不同，磁导率也不同。各部分磁路参数如下：

（1）两个气隙，磁路长度为 2δ，磁场强度为 H_δ。

（2）两个电枢齿，磁路长度为 $2h_z$，磁场强度为 H_z。

（3）两个主磁极，磁路长度为 $2h_m$，磁场强度为 H_m。

（4）一个定子磁轭，平均磁路长度为 L_j，磁场强度为 H_j。

（5）一个转子（电枢）轭，平均磁路长度为 L_a，磁场强度为 H_a。

参照第一章中的磁路计算第一种类型问题进行求解，即可求得磁动势 F_0，以及相应的励磁电流 I_f。

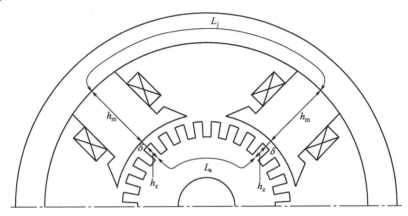

图 3.17　直流电机的主磁路

2. 主磁场分布

为简单起见，设电枢表面光滑无齿。气隙磁动势为 F_δ，x 处的气隙长度为 $\delta(x)$，气隙磁密为 $B_\delta(x)$，则有

$$B_\delta(x) = \mu_0 \frac{F_\delta}{\delta(x)} \tag{3.6}$$

由上式可知，$B_\delta(x)$ 与 $\delta(x)$ 成反比。主极下的气隙大部分是均匀的，在极靴附近开始变大。故气隙磁密在一个极下的分布规律如图 3.18 所示，通常为一平顶波。

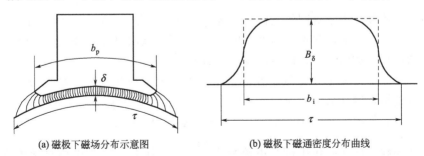

(a) 磁极下磁场分布示意图　　　　　　(b) 磁极下磁通密度分布曲线

图 3.18　气隙磁密分布

3. 磁化曲线

直流电机每极主磁通与励磁磁动势的关系曲线 $\Phi_0 = f(F_0)$ 称为直流电机的磁化曲线，

如图 3.19 所示。该曲线可由第一章中磁路计算的第一种类型问题求得，即给定不同的 Φ_0，求出一系列对应的 F_0，便可得到曲线 $\Phi_0 = f(F_0)$。

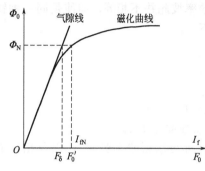

图 3.19　直流电机的磁化曲线

由图 3.19 可知，磁化曲线的起始部分为一条过原点的直线。此时主磁通很小，磁路中的铁磁材料没有饱和，磁路中总的磁动势主要消耗在气隙中，曲线所反映的基本上就是 Φ_0 与 F_δ 的关系，为线性关系。把磁化曲线的起始部分延长，得到电机的气隙磁化曲线 $\Phi_0 = f(F_\delta)$，也称为气隙线，可用于非饱和即线性磁路的特性分析。随着 Φ_0 的增大，磁通密度也相应增加，铁磁材料逐渐开始饱和，所需磁动势显著增长，磁化曲线就偏离气隙线而出现弯曲，最后进入深度饱和，磁化曲线愈来愈平坦，斜率逐渐趋近于零。

由直流电机的磁化曲线可知，产生同样大小的磁场，磁路饱和时，需要提供更大的励磁磁动势。

电机磁路的饱和程度对电机的运行性能和经济性有着重要的影响。为了充分利用导磁材料，电机磁路的额定工作点一般设计在磁化曲线开始弯曲的拐点附近。

磁化曲线的横坐标也可以用 I_f 表示，与 F_0 之间只差励磁绕组的匝数；纵坐标也可以用空载时的电枢端电压 U 或感应电动势 E 替代。当电机转速不变时，U 或 E 与 Φ_0 成正比，只相差一个比例系数。因此，磁化曲线可表示为 $\Phi_0 = f(F_0)$、$U = f(I_f)$、$\Phi_0 = f(I_f)$ 或 $U = f(F_0)$ 等多种形式，只是比例系数不同而已。

第四节　直流电机的电枢磁场

当直流电机负载运行时，电枢绕组中就有电流流过，产生电枢磁动势，从而在电机中产生磁场，称为电枢磁场。下面分别针对电刷位于几何中性线和偏离几何中性线的两种情况，对电枢磁场进行分析。

一、电刷位于几何中性线上

只考虑电枢磁场。由于电刷的位置与主极轴线重合，即被电刷短路的元件边在电枢的几何中性线上，因此，为方便起见，不再画出换向器，将电刷直接画在电枢表面被电刷短路的元件边所在的位置，亦即电枢几何中性线上，如图 3.20(a)。

图 3.20(a) 中，根据右手定则定性地给出了电枢电流所建立的磁场的分布情况。为便于分析，将电枢沿左侧几何中性线处展开成直线，画出电刷和主极，以主极轴线与电枢表面的交点为原点 O，如图 3.20(b)所示。在一个极距范围内，取距原点为 $+x$ 和 $-x$ 的两点形成一矩形闭合回路，该回路包围的总电流数为 $\dfrac{2xNi_a}{\pi D}$，其中，N 为电枢总导体数，i_a 为导体电流，D 为电枢外径。由全电流定律可知：

$$\oint \boldsymbol{H} \cdot \mathrm{d}\boldsymbol{l} = \frac{2xNi_a}{\pi D} = \sum F$$

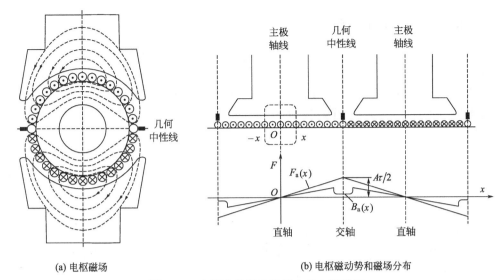

(a) 电枢磁场   (b) 电枢磁动势和磁场分布

图 3.20 电刷在几何中性线上的电枢磁场

式中，$\dfrac{2xNi_a}{\pi D}$ 为消耗在该闭合回路各段磁路上的总磁动势。假设磁路不饱和，则铁磁材料中的磁压降可忽略不计，全部磁动势都消耗在两个气隙上，则全电流定律转化为下式：

$$2F_a(x) = \frac{2xNi_a}{\pi D}$$

式中，$F_a(x)$ 为 x 处的电枢磁动势。

故

$$F_a(x) = \left(\frac{Ni_a}{\pi D}\right)x = Ax \tag{3.7}$$

式中，$A = \dfrac{Ni_a}{\pi D}$ 为电机的线负荷，表示沿电枢表面单位长度上安培导体数。

在一个极距范围内 $(-\tau/2 \leqslant x \leqslant \tau/2)$ 运用式(3.7)，可得到电枢磁动势沿电枢表面的分布，如图 3.20(b) 中所示。规定磁场方向以出电枢进入主极为正，反之为负。分布曲线表明，电枢磁动势沿电枢圆周空间分布为三角形波，为奇函数，在主极轴线（直轴）处过零，在几何中性线处（交轴）有最大值：

$$F_a = \frac{A\tau}{2} \tag{3.8}$$

因此，当电刷位于几何中性线上时，电枢磁动势分布以几何中性线（交轴）为对称轴线，与主极轴线（直轴）正交。故称为交轴电枢磁动势，其最大值用 F_{aq} 表示，即

$$F_{aq} = \frac{A\tau}{2} \tag{3.9}$$

上述分析已假定电枢表面光滑无槽且导体均匀分布在电枢表面。若导体放在电枢槽中，$F_a(x)$ 分布的形状则由三角形变为阶梯形，但奇函数特征不变，仍然以几何中性线（交轴）为对称轴线，与主极轴线（直轴）正交。

在主极下面，气隙基本上是均匀的，电枢磁通密度随着电枢磁动势的增加而线性增加。在主极边沿气隙开始变大，且相邻两主极之间的气隙很大，磁通密度减小。因此电枢磁通密度 $B_a(x)$ 分布曲线为马鞍形，如图 3.20(b) 所示。

二、电刷偏离几何中性线

工程实际中，由于多种原因，电刷难以准确地位于电机的几何中性线上。假设电刷偏离几何中性线的电角度为 β，对应于电枢表面偏移的弧长为 b_β，如图 3.21(a) 所示。由于电刷两侧导体电流方向相反，因此，可以作一条辅助线把电枢表面划分为两个区域进行分析，如图 3.20(b) 和 (c) 所示。一个区域为 $\tau - 2b_\beta$ 范围内的导体电流产生的交轴电枢磁动势，其最大值为

$$F_{aq} = A\left(\frac{\tau}{2} - b_\beta\right) \tag{3.10}$$

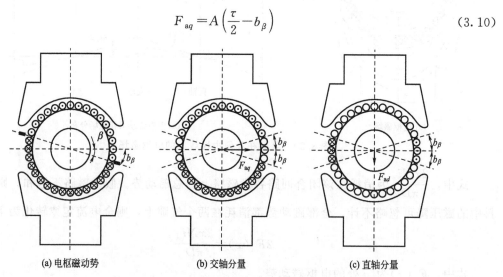

(a) 电枢磁动势   (b) 交轴分量   (c) 直轴分量

图 3.21　电刷偏离几何中性线的电枢磁动势

另一个区域为 $2b_\beta$ 范围内的导体电流产生的磁动势，该磁动势的轴线与主极轴线（直轴）重合，如图 3.21(c) 所示，称为直轴电枢磁动势，其最大值为

$$F_{ad} = Ab_\beta \tag{3.11}$$

图 3.22 给出了电刷偏离几何中性线时的电枢磁动势分布曲线。与图 3.20(b) 相比，$F_a(x)$ 的波形不变，但位置发生了变化，从几何中性线向右平移了 b_β 的距离。它包括两个分量，交轴分量 $F_{aq}(x)$ 和直轴分量 $F_{ad}(x)$，分布曲线如图 3.22 所示。

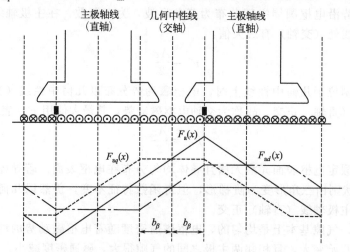

图 3.22　电刷偏离几何中性线上时电枢磁动势分布

综上所述，电刷偏离了电机的几何中性线后，电枢电流产生的电枢磁动势既有交轴分量，还有直轴分量。

三、电枢反应

对于负载运行的电机而言，电机的负载磁场是由励磁磁场（空载磁场）和电枢磁场共同产生的。或者说，负载磁场与空载磁场之间的差别是由电枢磁场引起的。电枢磁场对励磁磁场的作用就称为电枢反应。

前面已把电枢磁场单独进行了讨论，还进一步讨论了电枢磁场的交轴分量和直轴分量。接着要讨论的就是交轴分量和直轴分量对励磁磁场的作用与影响，前者称为交轴电枢反应，后者称为直轴电枢反应。

1. 交轴电枢反应

当电刷在电机的几何中性线上时，电枢磁场只有交轴分量，没有直轴分量。此时，电机合成磁场由励磁磁动势和交轴磁动势共同建立，如图 3.23 所示。$B_\delta(x)$ 为合成气隙磁密，$B_0(x)$ 为空载气隙磁密，$B_a(x)$ 为电枢磁场产生的气隙磁密。

从图 3.23 可知，合成后的气隙磁场波形发生了畸变，而且磁通密度的过零点即实际的几何中性线也偏移了一个 α 角度，电枢表面磁通密度过零点之间的连线称为物理中性线。

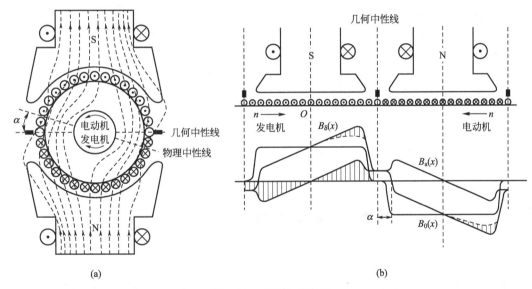

图 3.23　交轴电枢反应

综上所述，交轴电枢反应对气隙磁场的影响总结如下：

（1）电枢表面磁通密度过零点即物理中性线偏离几何中性线一个 α 角。对电动机而言，偏移方向是逆着电枢的转向，对发电机则是顺着电枢转向。

（2）若不考虑饱和影响，合成磁场 $B_\delta(x)$ 由空载磁场 $B_0(x)$ 和电枢磁场 $B_a(x)$ 叠加而成，如图 3.23(b) 所示。主极下的磁场一半被加强，另一半被削弱，总磁场不变，既不去磁，也不增磁。

（3）若考虑饱和影响，合成磁场 $B_\delta(x)$ 为图 3.23(b) 中的虚线。对于被加强的一半，由于饱和影响，磁密曲线并没有线性增长，而是出现了弯曲；但对于被削弱的一半，磁密波形与不考虑饱和时相同；因此，呈现总体去磁作用。

因此，交轴电枢反应不但使气隙磁场发生畸变，还有去磁效应。

2. 直轴电枢反应

由于直轴电枢磁场轴线与主磁极轴线重合，其对主磁场的影响只是增强或者减少每极磁通量。参照图 3.24（a），以电动机为例，当电刷逆着电枢转向从几何中性线偏移 β 角度时，直轴电枢磁场与励磁磁场方向相反，使每极磁通量减少，起去磁作用。反之，顺着电枢转向偏移，如图 3.24（b）所示，直轴电枢磁场将起助磁作用。考虑饱和影响，此时每极磁通量 Φ 可把 F_{ad} 与 F_0 相加后通过电机的磁化曲线确定。

电机作发电机运行时的情况正好与电动机相反，此处不再赘述。

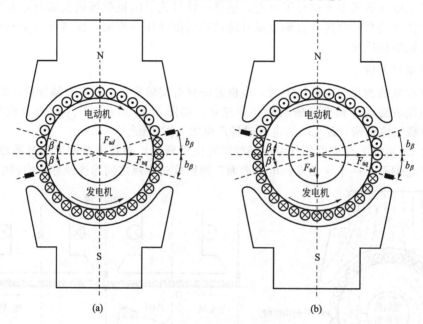

图 3.24 电刷偏离几何中性线的电枢反应

第五节 电枢电动势与电磁转矩

直流电机运行时，电枢绕组在磁场中运动产生感应电动势，同时由于绕组中有电流流过，会受到电磁力，从而产生电磁转矩。感应电动势和电磁转矩是直流电机的基本物理量。下面分别进行讨论。

一、电枢电动势

电枢电动势是直流电机正、负电刷之间的感应电动势，与绕组每个支路的感应电动势相等。

电枢的各个支路所含元件数量相等，各支路的电动势相等且方向不变。求解时可以先求出一根导体切割气隙磁场产生的平均电动势，再乘上支路总导体数 $\dfrac{N}{2a}$，即为电枢电动势。

设直流电机每极磁通量为 Φ，气隙平均磁密为 B_{av}，极距为 τ，电枢的轴向有效长度为 l_i，则一根导体的平均电动势为

$$e_{av} = B_{av} l_i v \tag{3.12}$$

其中，气隙平均磁密为

$$B_{av} = \frac{\Phi}{\tau l_i} \tag{3.13}$$

导体的线速度为

$$v = 2p\tau \frac{n}{60} \tag{3.14}$$

式中，n 是电机的转速，p 是极对数。

将式(3.13)、式(3.14)代入式(3.12)后，可得

$$e_{av} = 2p\Phi \frac{n}{60} \tag{3.15}$$

电枢电动势为

$$E_a = \frac{N}{2a} e_{av} = \frac{pN}{60a}\Phi n = C_e \Phi n \tag{3.16}$$

式中，$C_e = \dfrac{pN}{60a}$ 为常数，称为电动势常数。

从上式可以看出，对于已经制成的电机，电动势常数一定，电枢电动势与每极磁通量 Φ 和转速 n 成正比。

电枢电动势的方向由电机的转向和主磁场方向决定，其中只要有一个方向改变，电动势方向也就随之改变，但两个方向同时改变时，电动势方向不变。

【例 3.5】 一台 4 极直流发电机，电枢绕组是单波绕组，电枢总导体数为 360。当转速为 2850r/min 时，发出的电动势 $E_a = 240$V，求气隙每极磁通量 Φ。

解 电动势常数

$$C_e = \frac{pN}{60a} = \frac{2 \times 360}{60 \times 1} = 12$$

由公式 $E_a = C_e \Phi n$，得气隙每极磁通 Φ 为

$$\Phi = \frac{E_a}{C_e n} = \frac{240}{12 \times 2850} = 7.02 \times 10^{-3} \text{(Wb)}$$

二、电磁转矩

根据电磁力定律，单根导体所受的平均电磁力为

$$F_{av} = B_{av} l_i i_a \tag{3.17}$$

式中，$i_a = \dfrac{I_a}{2a}$ 为导体中流过的电流；I_a 是电枢总电流；a 是支路对数。

单根导体受平均电磁力的作用而产生的转矩 T_1 为

$$T_1 = F_{av} \frac{D}{2} = B_{av} l_i \frac{I_a}{2a} \frac{D}{2} \tag{3.18}$$

式中，$D = \dfrac{2p\tau}{\pi}$ 是电枢的直径。

总电磁转矩 T 为

$$T = N B_{av} l_i \frac{I_a}{2a} \frac{D}{2} \tag{3.19}$$

又由于

$$B_{av}=\frac{\Phi}{\tau l_i}$$

代入式(3.19)得

$$T=\frac{pN}{2a\pi}\Phi I_a=C_T\Phi I_a \tag{3.20}$$

式中 $C_T=\frac{pN}{2a\pi}$ 是一个常数，称为转矩常数。

由电磁转矩表达式看出，直流电动机的电磁转矩与每极磁通 Φ 和电枢电流 I_a 成正比。

电磁转矩的方向由磁场方向和电流方向决定。只要改变其中一个方向，电磁转矩方向将随之改变，但两个方向同时改变，电磁转矩方向不变。

三、电动势常数与转矩常数的关系

将电动势常数 C_e 和转矩常数 C_T 相比可得

$$\frac{C_e}{C_T}=\frac{\dfrac{pN}{60a}}{\dfrac{pN}{2\pi a}}=\frac{\pi}{30}$$

即

$$C_e=\frac{\pi}{30}C_T=\frac{C_T}{9.55} \tag{3.21}$$

二者相差一常数。而角速度 Ω 和转速 n 之间存在下述关系：

$$\Omega=\frac{2\pi n}{60}=\frac{\pi}{30}n \tag{3.22}$$

则电枢电动势表达式(3.16) 可改写为

$$E_a=\frac{\pi}{30}C_T\Phi\frac{30}{\pi}\Omega=C_T\Phi\Omega \tag{3.23}$$

上式表明，若在感应电动势表达式中用机械角速度替代转速 n，那么感应电动势和电磁转矩表达中就都可以统一使用转矩常数 C_T，此时，可将转矩常数 C_T 称为电机常数。

【例3.6】 一台4极直流电动机，额定功率为150kW，额定电压为440V，额定转速为850r/min，额定效率为92.0%，单波绕组，电枢总导体数为200，额定每极磁通为 8.8×10^{-2}Wb，求额定电磁转矩是多少？

解 转矩常数

$$C_T=\frac{pN}{2a\pi}=\frac{2\times200}{2\times1\times3.1416}=63.66$$

额定电流

$$I_N=\frac{P_N}{U_N\eta_N}=\frac{150\times10^3}{440\times0.92}=370.6(A)$$

额定电磁转矩

$$T_N=C_T\Phi_N I_N=63.66\times8.8\times10^{-2}\times370.6=2076.1(N\cdot m)$$

第六节　直流发电机工作原理

一、基本方程

直流发电机把机械能转换为电能，是直流电机的基本运行状态。

直流电机的基本方程指的是电机稳态运行时内部物理过程的数学描述。由于电机中存在着机电能量转换关系，稳态运行时必须满足机械和电磁方面内在的稳定平衡关系，因此，电机的基本方程将包括电动势平衡方程、转矩平衡方程等。

在列写基本方程式之前，首先要规定好各物理量的正方向，犹如建立坐标系。各有关物理量实际方向与规定正方向一致，就为正，否则为负。

图 3.25 给出了直流发电机各物理量的正方向。图中 T_1 为原动机的拖动转矩，T 为电磁转矩，T_0 为空载转矩，n 为电机的转速，U 为电机的端电压，I_a 为电枢电流，Φ 为主磁通，U_f 为励磁电压，I_f 为励磁电流。

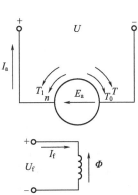

图 3.25　直流发电机
物理量正方向
（发电机惯例）

根据基尔霍夫第二定律，可得到电动势平衡方程：

$$E_a = U + I_a R_a \tag{3.24}$$

电枢电动势为

$$E_a = C_e \Phi n$$

直流发电机在稳态运行时，作用在电枢上的转矩共有三个：原动机输入给发电机的转矩 T_1、电磁转矩 T 和电机的空载转矩 T_0。T_0 为机械摩擦及铁损耗（铁耗）引起的转矩，与转速方向相反，属于制动性的转矩。稳态运行时转矩平衡方程为：

$$T_1 = T + T_0 \tag{3.25}$$

电磁转矩 T

$$T = C_T \Phi I_a$$

发电机的励磁电流

$$I_f = \frac{U_f}{R_f} \tag{3.26}$$

式中，U_f 是励磁绕组的端电压；R_f 是励磁回路总电阻。

气隙每极磁通 Φ 为

$$\Phi = f(I_f, I_a) \tag{3.27}$$

与励磁电流和电枢反应相关。

以上六个方程就是直流发电机稳态运行的基本方程式。

二、功率平衡关系

把电动势平衡方程两边乘以电枢电流 I_a 得

$$E_a I_a = U I_a + I_a^2 R_a = P_2 + p_{Cua} \tag{3.28}$$

式中，$P_2 = U I_a$ 是直流发电机输出的电功率；$p_{Cua} = I_a^2 R_a$ 是电枢回路总电阻损耗，也称为铜损耗（铜耗）。

把转矩平衡方程乘以电枢机械角速度 Ω，得

$$T_1\Omega = T\Omega + T_0\Omega$$

即

$$P_1 = P_M + p_0 \tag{3.29}$$

式中，$P_1 = T_1\Omega$ 为发电机从原动机输入的机械功率；$P_M = T\Omega$ 为电磁功率；$p_0 = T_0\Omega = p_m + p_{Fe}$ 为发电机空载损耗功率，其中 p_m 是发电机机械摩擦损耗，p_{Fe} 是铁损耗。

铁损耗是指转子在磁场中旋转时，电枢铁芯中的交变磁场产生的磁滞与涡流损耗，与磁密大小及交变磁场频率有关。当电机的励磁电流不变和转速恒定时，即磁密及交变频率不变，铁损耗也基本不变。

机械摩擦损耗包括电刷与换向器接触的摩擦损耗、轴承摩擦损耗、电机转子与空气的摩擦损耗以及风扇所消耗的功率，与电机的转速有关。当转速恒定时，基本上也是常数。

式(3.29)表明，发电机从原动机输入的机械功率 P_1 分成两部分：一部分为发电机的空载损耗 p_0；剩下的转变为电磁功率 P_M。需要说明的是，上式中的电磁功率 $T\Omega$，从其构成可以看出，仍然属于机械性质的功率。

$$P_M = T\Omega = \frac{pN}{2a\pi}\Phi I_a \frac{2\pi n}{60} = \frac{pN}{60a}\Phi n I_a = E_a I_a \tag{3.30}$$

上式表明，直流发电机将具有机械功率性质的电磁功率 $T\Omega$ 转变为电功率性质的电磁功率 $E_a I_a$ 后输出给负载。反映了直流发电机中机电能量转变的内在联系。

根据以上功率关系，可得

$$P_1 = P_M + p_0 = P_2 + p_{Cua} + p_m + p_{Fe} \tag{3.31}$$

直流发电机的总损耗为

$$\sum p = p_{Cuf} + p_m + p_{Fe} + p_{Cua} + p_s$$

式中，p_{Cuf} 为励磁损耗。在他励时，由其他直流电源供给，并励时，由发电机本身供给；p_s 是杂散损耗，也称附加损耗，包括电枢反应使磁场分布产生畸变及电枢齿槽效应引起的磁场脉动导致的铁耗增加等。该损耗很难准确计算，对于有补偿绕组的直流电机，按额定功率的 0.5% 估算；对于无补偿绕组的直流电机，按额定功率的 1% 估算。

如果是他励直流发电机，总损耗 $\sum p$ 中不包括励磁损耗 p_{Cuf}。

发电机的效率 η 为

$$\eta = \frac{P_2}{P_1} = 1 - \frac{\sum p}{P_2 + \sum p} \tag{3.32}$$

【例 3.7】 一台四极并励直流发电机，额定数据为：$P_N = 6\text{kW}$，$U_N = 230\text{V}$，$n_N = 1450\text{r/min}$。电枢回路电阻 $R_a = 0.92\Omega$，并励回路电阻 $R_f = 177\Omega$，电刷压降 $2\Delta U_b = 2\text{V}$，空载损耗 $p_0 = 355\text{W}$。试求额定负载下的电磁功率、电磁转矩及效率。

解 额定电流

$$I_N = \frac{P_N}{U_N} = \frac{6000}{230} = 26.1(\text{A})$$

励磁电流

$$I_f = \frac{U_f}{R_f} = \frac{230}{177} = 1.3(\text{A})$$

电枢电流

$$I_a = I_N + I_f = 26.1 + 1.3 = 27.4(\text{A})$$

电枢电动势

$$E_a = U + I_a R_a + 2\Delta U_b = 230 + 27.4 \times 0.92 + 2 = 257.2(\text{V})$$

电磁功率

$$P_M = E_a I_a = 257.2 \times 27.4 = 7047.3(W)$$

电磁转矩

$$T = \frac{P_M}{\Omega} = \frac{7047.3 \times 30}{1450\pi} = 46.4(N \cdot m)$$

输入功率

$$P_1 = P_M + p_0 = 7047.3 + 355 = 7402.3(W)$$

效率

$$\eta = \frac{P_2}{P_1} \times 100\% = \frac{6000}{7402.3} \times 100\% = 81.1\%$$

三、他励直流发电机的运行特性

从直流发电机基本方程式看出，电枢端电压 U、励磁电流 I_f、负载电流 I_a、转速 n 这四个物理量是主要的。一般情况下，若无特殊说明，认为发电机由原动机拖动的转速是恒定的，并且为额定值 n_N。在此基础上，另外三个物理量只要保持一个不变，就可以得出另外两个物理量之间的关系曲线，用以表征发电机的性能，称之为特性曲线，并有如下四种。

1. 空载特性

他励直流发电机空载端电压就等于电枢电动势，空载特性指的是在转速不变的条件下，空载时电枢电动势与励磁电流的关系，即 $E_0 = E_a = f(I_f)$。

前面分析过电机的空载磁化曲线，即 Φ 与 I_f 的关系，同时又分析了电枢电动势 $E_a = C_e \Phi n$，因此 $E_a \propto \Phi$。显然空载特性与电机的空载磁化曲线是一致的，只不过纵坐标比例系数不同而已。

2. 外特性

他励直流发电机保持励磁电流为额定值，改变其负载的大小，端电压 U 随负载电流 I_a 变化的曲线 $U = f(I_a)$ 即为外特性，如图 3.26(a) 中曲线 1 所示。从曲线可以看出，电流增大时，端电压下降，原因有两个：一是电流增大后，电枢反应的去磁效应增强，从而导致电枢电动势减小；二是电枢回路电阻上的压降随电流增大而增大，致使端电压下降。

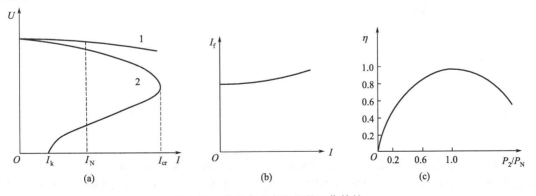

图 3.26 他励直流发电机的工作特性

1—他励；2—并励

由空载到额定负载，电压下降的程度用电压变化率来表示，即

$$\Delta U = \frac{U_0 - U_N}{U_N} \times 100\%$$

式中，U_0 是空载时的端电压。一般他励直流发电机的电压变化率约为 $5\% \sim 10\%$。

3. 调节特性

当负载电流变化时，保持他励直流发电机的端电压不变，需要调节励磁电流，负载电流增大时，励磁电流也增大，调节特性如图 3.26（b）所示。

4. 效率特性

负载运行时，电枢绕组的铜损耗与 I_a^2 成正比，称为可变损耗；铁芯损耗和机械损耗等与负载大小无关，称为不变损耗。当负载很小，I_a 很小时，以不变损耗为主，但因输出功率小，效率低。随着负载增加，P_2 增大，效率增高。当可变损耗与不变损耗相等时，可达最高效率。若继续增加负载，可变损耗随着 I_a 的增大而急剧增加，成为总损耗的主要部分，效率便反而随着输出增大而降低。图 3.26(c) 所示为他励直流发电机的效率特性。通常将最高效率点设计在额定点附近。

四、并励直流发电机

图 3.27 所示为并励直流发电机的接线图。发电机空载时，负载电流 I 虽然为零，但电枢电流 I_a 等于 I_f。

并励直流发电机的励磁电流 I_f 是由发电机自身的端电压 U 产生的，而端电压 U 则是发电机工作后产生的。可见，并励发电机存在着在内部自己建立电压的过程，称为自励。

1. 并励直流发电机的自励条件

图 3.28 中曲线 1 是发电机的空载特性曲线，即 $E_0 = f(I_f)$，曲线 2 是励磁回路的伏安特性曲线，即 $U = f(I_f)$ 关系。

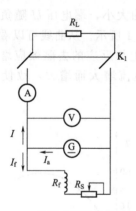

图 3.27 并励直流发电机接线图

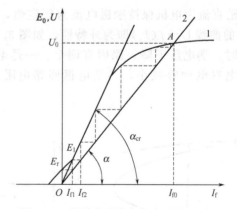

图 3.28 并励直流发电机电压建立过程
1—空载特性；2—励磁回路的伏安特性

并励直流发电机电压建立的过程分析如下：当发电机以额定转速 n_N 运转时，由于主磁极有剩磁，则电枢绕组会在剩磁的作用下产生电动势 E_r，从而在电枢两端建立剩磁电压，并在励磁回路产生励磁电流 I_{f1}。如果励磁回路极性正确，I_{f1} 在磁路里产生的磁通与剩磁方向相同，使主磁路里的磁通增加，于是电枢电动势增大为 E_1，电枢端的剩磁电压又增大，

产生更大的励磁电流 I_{f2}。该过程不断增长，直到稳定的工作点 A。此时，励磁电流 I_{f0} 与端电压 U_0 相对应。

曲线 2 的斜率为

$$\tan\alpha = \frac{U_0}{I_{f0}} = \frac{I_{f0}(R_f + R_S)}{I_{f0}} = R_f + R_S$$

式中，R_f 是励磁绕组的电阻；R_S 是励磁回路外串的电阻。

当增大 R_S 时，α 会增大。从图 3.28 看出，当 α 大于 α_{cr} 时，发电机也不能自励。对应 α_{cr} 的励磁回路的总电阻称为临界电阻，用 R_{cr} 表示，即

$$R_{cr} = \tan\alpha_{cr}$$

综上所述，并励直流发电机的自励条件为：

（1）电机的主磁路有剩磁；

（2）励磁绕组极性正确；

（3）励磁回路的电阻小于该转速下的临界电阻。

2. 外特性曲线

图 3.26(a) 中的曲线 2 是并励直流发电机的外特性曲线。比较曲线 1 和 2 可以看出，并励时的电压变化率要大得多。这是因为，在并励时，除了像他励时存在的电枢反应去磁效应和电枢回路电阻压降外，当端电压降低时会引起励磁电流的减小，进一步降低端电压。其电压变化率可达 25% 左右。

并励发电机外特性还有一个特点就是负载电流有"拐弯"现象。由于 $I = U/R_L$，当电压下降得不多时，电机的磁路处于饱和状态，励磁电流的减小使端电压下降不多，于是负载电流随负载的增大而增大；而当负载电流增大到临界电流 I_{cr} 后，端电压的持续下降使得励磁电流显著减小，磁路不饱和，励磁电流的减小使端电压急剧下降，从而反倒使得负载电流不断减小，直至短路。此时，$R_L = 0$，端电压为零，励磁电流为零，短路电流

$$I_k = \frac{E_r}{R_a}$$

式中，E_r 为剩磁电动势，数值很小。

因此，并励发电机的稳态短路电流很小。

第七节　直流电动机工作原理

一、电机的可逆原理

一台电机在某一种条件下可以作为发电机运行，而在另外一种条件下又可以作为电动机运行，并且这两种运行状态可以相互转换，称为电机的可逆原理。直流电机也不例外。

以他励直流电机为例来说明可逆原理。

一台他励直流发电机向直流电网供电，电网电压 U 保持不变，电机中各物理量的正方向仍为图 3.25 所示。

发电机在原动机的拖动下运行时，把从原动机输入的机械功率转换为电功率输送给电网。电机的功率和转矩平衡关系为

$$P_1 = P_M + p_0$$

$$T_1 = T + T_0$$

如果保持发电机的励磁电流不变，撤去原动机，则 $P_1 = 0$，$T_1 = 0$。在撤去的瞬间，因发电机有机械惯性，转速来不及变化，因此，感应电势、电枢电流和电磁转矩都不能立即变化，而作用在电机转轴上仅剩下两个制动性质的转矩 T 和 T_0 了，于是电机的转速 n 就开始下降。

随着电机转速 n 的下降，感应电势下降，电枢电流和电磁转矩也要下降。当转速 n 降到某一转速 n_0 时，感应电势恰好与端电压平衡，即 $C_e \Phi n_0 = U$，此时，电枢电流 $I_a = 0$，发电机输出的电功率 $P_2 = U I_a = 0$。也就是说，直流发电机不再向电网输出电功率了，并且电磁转矩 T 也等于零了，这一点就成为电机工作的转折点。

由于电机还作用着制动性质的空载转矩 T_0，电机的转速 n 仍要继续下降。当直流发电机的转速 n 下降到 n_0 以下，电机的工作状态就发生了本质性的变化。此时 $E_a < U$，电枢电流 I_a 就变为负值，电机从电网输入电流，电机由原来向电网发出电功率变为从电网吸收电功率，即 $U I_a < 0$。电磁转矩 T 也就为负，从原来与转速 n 方向相反，变成了相同方向，成为拖动性质的转矩。当转速降低到某一数值时，产生的电磁转矩 T 与空载转矩 T_0 相平衡，转速 n 就不再降低，电机恒速运行。这种状态的直流电机已经不是发电机而是电动机运行状态了。如果电机轴带上机械负载，它的转矩大小为 T_L，方向与转速 n 相反，则电机转速还要进一步降低，电枢电流和电磁转矩的数值就会进一步增大，当产生的拖动转矩与负载转矩平衡时，电动机就恒速稳态运转，这时电机输出机械功率。

同样，上述的物理过程也可以反过来进行。

直流发电机和直流电动机只是直流电机的不同运行状态，在一定条件下这两种运行状态是可以相互转换的。

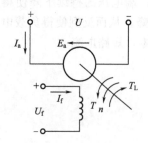

图 3.29　电动机物理量正方向
（电动机惯例）

二、直流电动机的基本方程

以他励直流电机为例来进行分析。

为了分析方便，当直流电动机运行时，对各物理量的正方向需要重新规定，他励直流电动机各物理量采用电动机惯例时的正方向如图 3.29 所示。在该正方向下，如果 $U I_a$ 乘积为正，表明电源向电机输入电功率；T 和 n 都为正，表明电磁转矩与转速同方向，为拖动性转矩，输出转矩 T_2 也为正，电机轴上带的负载转矩是制动性质的转矩。稳态运行时，他励直流电动机的基本方程式如下。

电动势平衡方程：

$$U = E_a + I_a R_a \qquad\qquad (3.33)$$
$$E_a = C_e \Phi n$$

转矩平衡方程：

$$T = T_2 + T_0 = T_L \qquad\qquad (3.34)$$
$$T = C_T \Phi I_a$$
$$I_f = \frac{U_f}{R_f}$$
$$\Phi = f(I_f, I_a)$$

以上六个方程就是他励直流电动机的基本方程。直流电动机稳态运行时，负载转矩 T_L 影响电动机的运行状态，各物理量都随着负载的变化而发生改变。

三、直流电动机的功率平衡关系

把电动势平衡方程两边都乘以 I_a，得到：

$$UI_a = E_a I_a + I_a^2 R_a$$

即

$$P_1 = P_M + p_{Cua} \tag{3.35}$$

式中，$P_1 = UI_a$ 为电动机从电源输入的电功率；$P_M = E_a I_a$ 为电磁功率，表示电功率向机械功率转换；p_{Cua} 为电枢回路总的铜损耗。

把转矩平衡方程两边都乘以机械角速度 Ω，得

$$T\Omega = T_2\Omega + T_0\Omega$$

即

$$P_M = P_2 + p_0 \tag{3.36}$$

式中，$P_M = T\Omega$ 为电磁功率，属于机械性质的功率；$P_2 = T_2\Omega$ 为电动机转轴上输出的机械功率；$p_0 = T_0\Omega$ 为空载损耗，包括机械摩擦损耗 p_m 和铁损耗 p_{Fe}。

他励直流电动机的总损耗

$$\sum p = p_{Cua} + p_0 + p_S = p_{Cua} + p_{Fe} + p_m + p_S \tag{3.37}$$

若是并励直流电动机，在总损耗 $\sum p$ 中还应包括励磁损耗 p_{Cuf}。

电动机的效率

$$\eta = \frac{P_2}{P_1} = 1 - \frac{\sum p}{P_2 + \sum p}$$

【例 3.8】 一台他励直流电动机，四极，单波绕组，电枢总导体数 $N = 400$，电枢回路总电阻 $R_a = 0.2\Omega$。电源电压 $U = 220V$，电机的转速 $n = 1500r/min$，气隙每极磁通 $\Phi = 0.01025Wb$，此时电机的铁损耗 $p_{Fe} = 400W$，机械摩擦损耗 $p_m = 220W$，忽略附加损耗。计算：

（1）电枢电动势；

（2）电磁转矩；

（3）输入功率；

（4）效率。

解 （1）电枢电动势 E_a

$$E_a = \frac{pN}{60a}\Phi n = \frac{2 \times 400}{60 \times 1} \times 0.01025 \times 1500 = 205(V)$$

（2）电枢电流

$$I_a = \frac{U - E_a}{R_a} = \frac{220 - 205}{0.2} = 75(A)$$

电磁转矩

$$T = \frac{P_M}{\Omega} = \frac{E_a I_a}{\frac{2\pi n}{60}} = \frac{205 \times 75}{\frac{2\pi \times 1500}{60}} = 97.9(N \cdot m)$$

（3）输入功率

$$P_1 = UI_a = 220 \times 75 = 16500(W)$$

（4）输出功率

$$P_2 = P_M - p_{Fe} - p_m = E_a I_a - p_{Fe} - p_m$$
$$= 205 \times 75 - 400 - 220 = 14755(W)$$

总损耗
$$\sum p = P_1 - P_2 = 16500 - 14755 = 1745(\mathrm{W})$$

效率

$$\eta = \frac{P_2}{P_1} = 1 - \frac{\sum p}{P_1} = 1 - \frac{1745}{16500} = 89.4\%$$

四、直流电动机的工作特性

1. 转速特性

当直流电动机接额定电压 U_N，励磁回路通入额定励磁电流 I_{fN} 时，电机转速与电枢电流的变化关系 $n = f(I_a)$ 就称为转速特性。

把感应电动势的表达式代入电动势平衡方程中，整理后得

$$n = \frac{U_N}{C_e \Phi_N} - \frac{R_a}{C_e \Phi_N} I_a \tag{3.38}$$

上式为他励直流电动机的转速特性公式。

转速特性是一条向下倾斜的直线，如图 3.30 所示。通常，R_a 较小，特性的斜率不大。考虑到电枢反应去磁效应，随着 I_a 的增加，磁通 Φ 会有所减小，转速有可能上升，造成电动机运行不稳定，电机运行时需要注意这个问题。

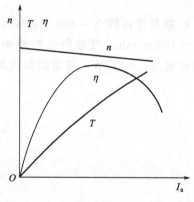

图 3.30　他励直流电动机的工作特性

2. 转矩特性

当直流电动机接额定电压 U_N，励磁回路通入额定励磁电流 I_{fN} 时，电机电磁转矩与电枢电流的变化关系 $T = f(I_a)$ 的关系称为转矩特性。

电磁转矩 T 与电枢电流 I_a 成正比。考虑到电枢反应去磁效应，随着 I_a 的增大，磁通 Φ 有所减小，使得 T 略有减小。转矩特性如图 3.30 所示。

3. 效率特性

当直流电动机接额定电压 U_N，励磁回路通入额定励磁电流 I_{fN} 时，电机效率与电枢电流的变化关系 $\eta = f(I_a)$ 的关系叫效率特性。

$\eta = f(I_a)$ 的曲线如图 3.30 所示。负载电流 I_a 从零开始增大时，效率 η 逐渐增大；当 I_a 增大到一定程度后，效率 η 又逐渐减小了。通常，电机在额定功率附近效率最大，此时电机的可变损耗与不变损耗基本相等。

第八节　直流电动机的机械特性

一、机械特性的表达式

直流电动机的机械特性是指电磁转矩与转速之间的关系，即 $n = f(T)$。是直流电动机最为重要的特性。

不失一般性，在电枢回路中串入电阻 R。

把电机感应电动势 $E_a = C_e \Phi n$ 和电枢电流 $I_a = \dfrac{T}{C_T \Phi}$ 代入到电动势平衡方程中,可得

$$n = \frac{U - I_a(R_a + R)}{C_e \Phi} = \frac{U}{C_e \Phi} - \frac{R_a + R}{C_e C_T \Phi^2} T = n_0 - \beta T \quad (3.39)$$

式中,$n_0 = \dfrac{U}{C_e \Phi}$ 称为电动机的理想空载转速;$\beta = \dfrac{R_a + R}{C_e C_T \Phi^2}$ 称为机械特性的斜率。

式(3.39)为他励和并励直流电动机机械特性的表达式。

二、固有机械特性

当直流电动机接额定电压 U_N、气隙每极磁通量为额定值 Φ_N、电枢回路不串电阻,此时的机械特性称为固有机械特性。

$$n = \frac{U_N}{C_e \Phi_N} - \frac{R_a}{C_e C_T \Phi_N^2} T \quad (3.40)$$

他励和并励直流电动机固有机械特性曲线如图 3.31 所示。

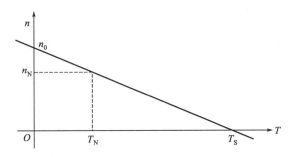

图 3.31 他励和并励直流电动机的固有机械特性

他励和并励直流电动机固有机械特性具有以下几个特点:

(1)是一条向下倾斜的直线。随着转矩的增加,转速下降。

(2)特性曲线与纵轴的交点,为理想空载转速,$n_0 = \dfrac{U_N}{C_e \Phi_N}$,在该点 $T = 0$,$E_a = U_N$,$I_a = 0$。

(3)特性曲线与横轴的交点,称为启动转矩,$T_S = C_T \Phi_N \dfrac{U_N}{R_a}$。此时,启动电流为 $I_S = \dfrac{U_N}{R_a}$。由于电枢电阻 R_a 很小,I_S 和 T_S 都比额定值大得多。

(4)特性曲线斜率 $\beta = \dfrac{R_a + R}{C_e C_T \Phi^2}$。当斜率很小时,特性较平坦,这种性质的特性称为硬特性;斜率 β 大时,特性较陡峭,这种性质的特性称为软特性。

(5)当 $T = T_N$ 时,$n = n_N$,转速降 $\Delta n_N = n_0 - n_N = \beta T_N$,为额定转速降。

【例 3.9】 一台他励直流电动机,额定功率 $P_N = 120\text{kW}$,额定电压 $U_N = 450\text{V}$,额定电流 $I_N = 300\text{A}$,额定转速 $n_N = 500\text{r/min}$,电枢回路总电阻 $R_a = 0.1\Omega$,忽略电枢反应的影响,求:

(1)理想空载转速 n_0;

（2）固有机械特性斜率 β。

解 （1）
$$C_e\Phi_N = \frac{U_N - I_N R_a}{n_N} = \frac{450 - 300 \times 0.1}{500} = 0.84$$

理想空载转速
$$n_0 = \frac{U_N}{C_e\Phi_N} = \frac{450}{0.84} = 535.7(\text{r/min})$$

（2）由于
$$C_T\Phi_N = 9.55 C_e\Phi_N$$

斜率
$$\beta = \frac{R_a}{C_e\Phi_N C_T\Phi_N} = \frac{R_a}{9.55(C_e\Phi_N)^2} = \frac{0.1}{9.55 \times 0.84^2} = 0.0148$$

【例 3.10】 他励直流电动机额定功率 $P_N = 20\text{kW}$，额定电压 $U_N = 220\text{V}$，额定电流 $I_N = 100\text{A}$，额定转速 $n_N = 2000\text{r/min}$，电枢回路总电阻 $R_a = 0.1\Omega$，忽略空载转矩，电动机拖动恒转矩负载 $T_L = 0.75T_N$ 运行，计算电动机转速和电枢电流。

解

$$C_e\Phi_N = \frac{U_N - I_N R_a}{n_N} = \frac{220 - 100 \times 0.1}{2000} = 0.105$$

理想空载转速
$$n_0 = \frac{U_N}{C_e\Phi_N} = \frac{220}{0.105} = 2095.2(\text{r/min})$$

额定转速降
$$\Delta n_N = n_0 - n_N = 2095.2 - 2000 = 95.2(\text{r/min})$$

负载时转速降
$$\Delta n = \beta T_L = \beta \times 0.75 T_N = 0.75 \Delta n_N = 0.75 \times 95.2 = 71.4(\text{r/min})$$

电机运行转速
$$n = n_0 - \Delta n = 2095.2 - 71.4 = 2023.8(\text{r/min})$$

电枢电流
$$I_a = \frac{T_L}{C_T\Phi_N} = \frac{0.75 T_N}{C_T\Phi_N} = 0.75 I_N = 0.75 \times 100 = 75(\text{A})$$

三、人为机械特性

他励和并励直流电动机的电压、电枢回路电阻、励磁电流等参数发生变化后，其机械特性也随之改变。如果人为地改变其中的一个，而另外两个保持不变，得到的机械特性称为人为机械特性。人为机械特性有以下三种。

1. 电枢回路串电阻的人为机械特性

直流电动机电枢接额定电压 U_N，每极磁通为额定值 Φ_N，电枢回路串入电阻 R 后，机械特性为

$$n = \frac{U_N}{C_e\Phi_N} - \frac{R_a + R}{C_e C_T \Phi_N^2} T \tag{3.41}$$

电枢回路串入不同电阻值的人为机械特性如图 3.32 所示。

与固有机械特性相比，理想空载转速 $n_0 = \dfrac{U_N}{C_e \Phi_N}$ 不变，斜率 $\beta = \dfrac{R_a + R}{C_e C_T \Phi_N^2}$ 增大，串入的电阻值 R 越大，特性越陡峭。

电枢回路串电阻的人为机械特性是一组向下倾斜的放射状直线，均过理想空载转速点，电枢回路串入的电阻值 R 越大，特性斜率就越大。

2. 改变电枢电压的人为机械特性

保持每极磁通为额定值 Φ_N，电枢回路不串电阻，只改变电枢电压时，机械特性为

$$n = \frac{U}{C_e \Phi_N} - \frac{R_a}{C_e C_T \Phi_N^2} T \tag{3.42}$$

为保证电机运行的安全可靠，电压 U 的数值不能超过额定值，只能向下调节。改变电压的人为机械特性如图 3.33 所示。

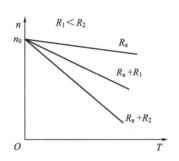

图 3.32　电枢串电阻的人为机械特性

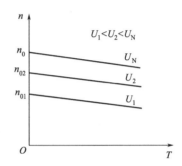

图 3.33　改变电枢电压的人为机械特性

显然，理想空载转速 $n_0 = \dfrac{U}{C_e \Phi_N}$ 随着 U 不同而发生变化，并成正比例关系。但特性斜率不变，与固有机械特性斜率相同。

改变电枢电压 U 的人为机械特性是一组平行直线，随着端电压 U 的下降，机械特性向下平移。

3. 减少气隙磁通量的人为机械特性

减小气隙每极磁通的方法是减小励磁电流。因电机磁路接近于饱和，改变磁通，只能是减少磁通。

电枢电压为额定电压 U_N，电枢回路不串电阻，仅改变每极磁通的人为机械特性表达式为

$$n = \frac{U_N}{C_e \Phi} - \frac{R_a}{C_e C_T \Phi^2} T \tag{3.43}$$

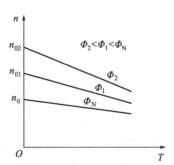

图 3.34　减少每极磁通的
人为机械特性

显然，理想空载转速 n_0 与每极磁通 Φ 成反比，Φ 越小，n_0 越高；而斜率 β 与 Φ^2 成反比，Φ 越小，特性越陡峭。

减少每极磁通的人为机械特性如图 3.34 所示。

减少每极磁通的人为机械特性是一组在固有机械特性之上的既不平行又不呈放射状的直线。每极磁通越小，机械特性的位置就越靠上。

第九节 串励和复励直流电动机

一、串励直流电动机

串励直流电动机的励磁绕组串联在电枢回路中，其原理图如图3.35所示。励磁电流 I_f 等于电枢电流 I_a，即

$$I_a = I_f$$

假设电机磁路不饱和，气隙每极磁通与励磁电流 I_f 成正比。

$$\Phi = K_f I_f = K_f I_a \tag{3.44}$$

式中，K_f 是比例常数。

电机的电磁转矩

$$T = C_T \Phi I_a = C_T K_f I_a^2$$

电枢电流

$$I_a = \sqrt{\frac{T}{C_T K_f}} \tag{3.45}$$

由于电枢电流 I_a 随电机负载变化，所以磁通 Φ 也随着负载的变化而不同。

将上式代入电机的电压平衡方程式，可得

$$n = \frac{\sqrt{\frac{30}{\pi}}}{\sqrt{C_e K_f}} \times \frac{U}{\sqrt{T}} - \frac{R_a + R}{C_e K_f} \tag{3.46}$$

式（3.46）为串励直流电动机的机械特性，用曲线表示时，如图3.36中的曲线3所示。

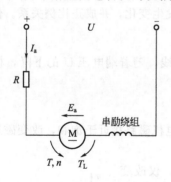

图3.35 串励直流电动机原理图

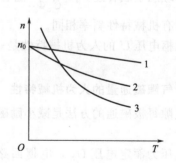

图3.36 直流电动机的机械特性
1—他励；2—复励；3—串励

从式（3.46）中可以看出，串励直流电动机随着电磁转矩 T 增大，转速 n 迅速下降，机械特性呈非线性关系，且特性很软。该式是在电机磁路不饱和的条件下得到的，若电磁转矩 T 很大，使电流也很大，从而电机磁路饱和，磁通 Φ 接近常数，上式的关系就不成立了。这种情况下，串励电动机的机械特性开始变硬，接近于他励电动机的特性。

综上所述，串励直流电动机的机械特性有如下特点：

（1）特性呈非线性，且很软。

（2）当电磁转矩 $T \to 0$ 时，$n_0 \to \infty$。即理想空载转速很大。因此串励直流电动机不允许空载运行。

（3）由于电磁转矩与电枢电流的平方成正比，故启动转矩大，过载能力强。

二、复励直流电动机

图 3.37 是复励直流电动机的电路图。若并励与串励两个励磁绕组的极性相同，称为积复励；极性相反，称为差复励。

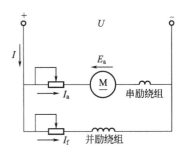

图 3.37　复励直流电动机原理图

积复励直流电动机的机械特性介于他励与串励直流电动机特性之间，具有串励电动机启动转矩大、过载能力强的优点，而避免了空载转速很高的缺点。其机械特性曲线如图 3.36 中曲线 2。

第十节　直流电机的换向

一、换向过程

由电枢绕组分析可知，当旋转着的电枢绕组中的某元件从一条支路进入另一条支路时，该元件中的电流将改变方向。这种元件中电流方向发生变换的过程称为换向。

图 3.38 表示一个单叠绕组元件（编号为 1）的换向过程。换向片宽度为 b_k，电刷宽度为 b_s，且 $b_k = b_s$，电刷保持静止，换向器以线速度 v_k 向左运动。

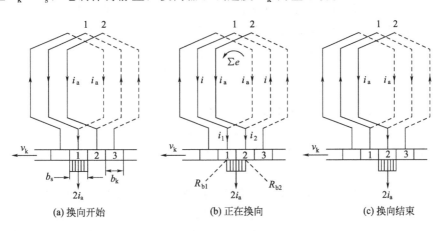

(a) 换向开始　　　　(b) 正在换向　　　　(c) 换向结束

图 3.38　单叠绕组元件换向过程

当电刷仅仅与换向片 1 接触时，元件 1 属于电刷右边的支路，其中电流为 i_a，方向从下层边流向上层边，如图 3.38（a）所示。随着换向器向左移动，电刷同时与换向片 1 和 2 接触，元件 1 被电刷短路，如图 3.38（b）所示，换向过程开始。到电刷与换向片 2 完全接触，元件 1 属于电刷左边的支路，电流值仍为 i_a，方向从上层边流向下层边，方向相反，如图 3.38（c）所示。

元件 1 换向过程的理想电流曲线如图 3.39 所示。换向过程从 t_a 开始，到 t_c 结束，周期为 $T_k = t_c - t_a$。通常，T_k 的持续时间约为几毫秒，换向过程非常短暂。

换向会直接影响直流电机的运行质量。换向不良会导致电刷与换向器间产生火花。当换

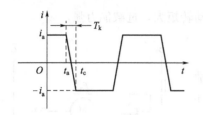

图 3.39　理想条件下换向元件中的电流

向火花超过一定限度时，造成电刷与换向器加剧磨损，严重时会损坏电刷与换向器表面，使电机不能正常工作。

研究表明，换向过程不仅仅是上述电磁过程，还伴随着复杂的化学、热力学、机械等因素，且相互影响，至今尚无完整的理论分析。目前还只能用经典换向理论进行分析。

二、经典换向理论简介

经典换向理论只考虑换向的电磁过程。

1. 换向元件中的电动势

换向元件中存在着两种不同的电动势，下面分别进行讨论。

（1）旋转电动势 e_k　换向元件在换向过程中与磁场有相对运动，产生旋转电动势。

换向元件的边在换向过程中转过的范围称为换向区域。设换向区域内的磁通密度为 B_k，换向元件匝数为 N_k，元件边长为 l，电枢旋转时表面线速度为 v_a，则换向元件中的旋转电动势为

$$e_k = 2N_k B_k l v_a \tag{3.47}$$

（2）电抗电动势 e_r　换向元件在换向周期内电流从 $+i_a$ 变为 $-i_a$，产生的磁通会发生变化，并在元件中感应电动势。根据楞次定律，该电动势试图阻止换向元件电流的变化，称为电抗电动势。换向元件中的电抗电动势包括自感电动势 e_L 和互感电动势 e_M 两部分，前者为换向元件本身电流变化引起漏磁场变化产生的感应电动势，后者为其他换向元件电流变化引起漏磁场变化产生的感应电动势。因而电抗电动势 e_r 为

$$e_r = e_L + e_M = -L_r \frac{di}{dt} \tag{3.48}$$

式中，i 为换向电流；L_r 为换向元件的等效漏电感，且

$$L_r = 2N_k^2 l\lambda \tag{3.49}$$

式中，λ 称为等效比漏磁导，与漏磁路的结构和绕组电流的分布有关，一般取值为 $4\sim 8\mu H/m$。

由此可知，换向元件中总的电动势为旋转电动势和电抗电动势的代数和，即

$$\sum e = e_k + e_r \tag{3.50}$$

如果 e_k 和 e_r 大小基本相等，方向相反，相互抵消，$\sum e \approx 0$，则电机换向良好，可以正常运行；如果 $\sum e \neq 0$，则电机换向不良，有可能在电刷与换向器间产生火花，严重时会影响电机的运行正常。

2. 电流变化规律

换向元件、换向片和电刷构成的电路如图 3.38（b）所示，列写电压平衡方程式，找出电流变化的规律。

图 3.38（b）中，元件 1 中的换向电流为 i，元件首尾端引线经换向片 1 和 2 流过电刷的电流分别 i_1 和 i_2。元件 1 和首尾端引线的电阻分别为 R_k、R_1 和 R_2，换向片 1 和 2 与电刷间的接触电阻分别为 R_{b1} 和 R_{b2}，根据基尔霍夫定律，回路的电压平衡方程式为

$$iR_k + i_1(R_{b1} + R_1) - i_2(R_{b2} + R_2) = \sum e = e_k + e_r \tag{3.51}$$

式中，e_r 与换向电流 i 的变化规律相关，R_{b1} 和 R_{b2} 也是变化的。因此，要由上式直接求解出 i 是很困难的。为简化求解过程，作出以下假设：

（1）换向元件中的合成电动势 $\sum e$ 在换向周期内保持不变；

（2）电刷与换向片呈面接触，且电流分布均匀；

（3）电刷与换向片单位接触面积的电阻不变，接触面积越大，接触电阻就越小，即接触电阻与接触面积成反比。

设 R_b 为换向片与电刷完整接触时的接触电阻，换向开始后的 t 时刻，接触电阻为

$$R_{b1}=R_b\frac{T_k}{T_k-t},\ R_{b2}=R_b\frac{T_k}{t} \tag{3.52}$$

图 3.38(b) 中，换向元件 1 端部与首尾端引线节点存在以下电流关系

$$i_1=i_a+i,i_2=i_a-i \tag{3.53}$$

将上述两式代入式(3.51)，考虑到 $R_k\ll R_b$，$R_1\ll R_b$，$R_2\ll R_b$，因此忽略 R_1、R_2 和 R_k，可得

$$i=i_a\left(1-\frac{2t}{T_k}\right)+\frac{\sum e}{R'_b}=i_L+i_k \tag{3.54}$$

式中，$i_L=i_a\left(1-\dfrac{2t}{T_k}\right)$，为直线换向电流分量；$i_k=\dfrac{\sum e}{R'_b}$，为附加换向电流分量；$R'_b=R_{b1}+R_{b2}=R_b\left(\dfrac{T_k}{t}+\dfrac{T_k}{T_k-t}\right)$，为回路串联总电阻。

针对 $\sum e=0$、$\sum e>0$ 和 $\sum e<0$ 三种不同情况，图 3.40 分别绘出了 i_L、i_k 和 i 的变化曲线。

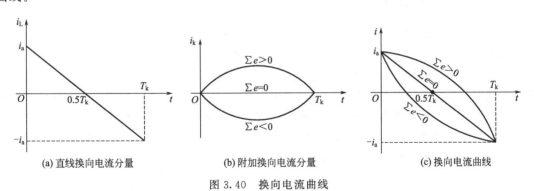

(a) 直线换向电流分量　　　　(b) 附加换向电流分量　　　　(c) 换向电流曲线

图 3.40　换向电流曲线

（1）当 $\sum e=0$ 时，为直线换向。换向电流只有直线分量，从 $+i_a$ 线性变化到 $-i_a$，电刷下的电流密度均匀分布，无换向火花，属于最理想的换向情况。换向电流曲线为图 3.40(c) 中间的直线。

（2）当 $\sum e>0$ 时，为延迟换向。换向电流同时包含 i_L 和 i_k 分量，且 $i_k\geqslant 0$，换向电流对应于图 3.40(c) 中上面的曲线。换向电流过零点滞后于直线换向，延迟换向由此而得名。

延迟换向时，后刷边（如图 3.38 中，电刷与换向片 1 接触的部分，即结束换向的电刷边）的电流密度会大于前刷边（如图 3.38 中，电刷与换向片 2 接触部分，即开始换向的电刷边）的值。当电刷从换向片 1 离开时，电流突然断路，换向回路中贮存的能量要释放，导致在后刷边产生火花。

（3）当 $\sum e<0$ 时，为超越换向。此时，$i_k\leqslant 0$，换向电流对应于图 3.40(c) 中下面的曲线。换向电流过零点提前，故称为超越换向。与延迟换向相反，超越换向导致前刷边电流密

度大于后刷边，在前刷边产生火花。

3.换向理论的补充

经典电磁换向理论的前提是电刷与换向器处于良好的面接触状态，且单位面积接触电阻为常数。实际上，电刷和换向器之间只是有限的点接触。当电流较小时，由这些接触点传导电流；而当电流较大时，接触点处的电流密度就非常大，导致接触点温度急剧升高，达到了热放射条件，放射出带电的离子，在接触点之间形成电弧导电。由于换向器旋转引起了振动，接触点不断变化，在接触点通断瞬间形成高电压，这也将导致火花和电弧产生。总之，当电流足够大时，离子传导将起主要作用，这就是电刷与换向器点接触与离子导电理论，是经典电磁换向理论的补充。

此外，还有化学方面的原因。

由于空气中含有水蒸气，电刷和换向器表面都会覆盖一层很薄的水膜。电流通过时，产生电解作用，电刷和换向器就成为电解的两个电极，正极产生氧，负极产生氢，结果在换向器表面形成一层氧化亚铜薄膜。而电刷与换向器之间的摩擦又在破坏这层薄膜，但电流产生的局部高温又会持续形成新的氧化膜，呈现出一种破坏与形成的动态平衡，使得氧化膜始终存在。由于氧化膜电阻较大，能有效地抑制附加换向电流分量 i_k，对改善换向有积极作用。以上称为接触面的氧化膜理论。

综上所述，经典换向理论仅仅考虑了电磁方面的原因，还不够完整，因而只适于定性分析。虽然工程实际中也用它作为直流电机换向状况的设计依据，但通常还要对电机进行试验，调节电刷位置，以达到良好的换向。

三、改善换向的措施

根据经典换向理论，减小换向元件中的合成电动势 $\sum e$ 就可以有效地改善换向。装换向极是改善换向的最有效方法，一般较大容量的直流电机都安装有换向极。

换向极装在主磁极之间的几何中性线上，换向极绕组与电枢绕组串联，如图 3.41 所示。换向极绕组产生的磁动势与电枢反应磁动势方向相反，且大于电枢反应磁动势。换向极磁动势除了抵消电枢反应磁动势之外，还在换向元件中产生感应电动势，抵消换向元件中的自感电动势和互感电动势，使得换向元件中的合成电动势 $\sum e$ 接近于零，以消除电刷与换向器之间的火花，改善换向，如图 3.42 所示。

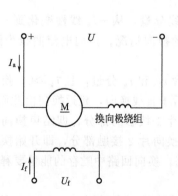

图 3.41 带有换向极的他励直流电机原理图

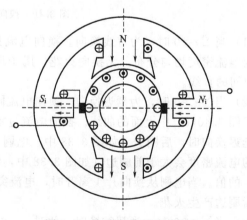

图 3.42 加装换向极改善换向

小　结

把直流电能转换为机械能的电机是直流电动机，把机械能转换为直流电能的电机是直流发电机。直流电机的工作原理建立在电磁感应定律和电磁力定律的基础之上。

虽然绕组元件中的电流、感应电势都是交变的，但直流电机电刷两端的电压、电流、电枢感应电势都是直流的，这一转换过程是由换向器和电刷实现的。

直流电机的电枢绕组是机电能量转换的核心部件，电枢绕组的基本形式为单叠绕组和单波绕组。单叠绕组是把处于同一磁极下的元件串联而构成一个支路，其支路对数 $a = p$。而单波绕组则是将处于相同极性磁极下的所有元件串联构成一条支路，其支路对数 $a = 1$。

电机的气隙磁场是电机实现机电能量转换的桥梁。运用全电流定律可对电机的磁场进行求解。当电机负载运行时，气隙磁场由主极磁场和电枢磁场共同建立。电枢磁场对气隙磁场的影响称为电枢反应。电枢反应分为交轴电枢反应和直轴电枢反应。

交轴电枢反应使气隙磁场发生畸变，物理中性线发生偏移，磁路饱和时，还有一定的去磁作用；直轴电枢反应对气隙磁场起着去磁或助磁作用。

电枢感应电势和电磁转矩是直流电机重要的物理量，电枢感应电势与每极磁通量 Φ 和转速 n 成正比，电磁转矩与每极磁通量 Φ 和电枢电流 I_a 成正比。

直流发电机的电动势平衡方程式、转矩平衡方程式等构成了直流发电机的基本方程。其功率关系反映了直流发电机的输入功率、电磁功率、输出功率及各种损耗之间内在的联系。

并励直流发电机的励磁电流 I_f 是由发电机自身的端电压 U 产生的，当满足自励条件时，并励直流发电机方可正常工作。

电机满足可逆原理，即直流电机在某一种条件下作为发电机运行，而在另外一种条件下又可以作为电动机运行，并且这两种运行状态可以相互转换。

表征直流电动机各物理量之间内在联系的仍然是由电动势平衡方程式、转矩平衡方程式等构成的基本方程和电动机的功率关系。

电磁转矩与转速之间的关系 $n = f(T)$ 称为直流电动机的机械特性。固有机械特性为一向下倾斜的直线，与两个坐标轴的交点分别为理想空载转速和启动转矩。改变直流电动机的电压、电枢回路电阻、励磁电流等参数后，可获得人为机械特性。

电枢绕组中的元件从一条支路进入另一条支路时，该元件中的电流将改变方向，这个过程称为换向。改善换向的最有效方法是加装换向极。

思　考　题

3.1　为什么直流发电机能发出直流电？如果没有换向器，电机能不能发出直流电？

3.2　试判断下列情况下电刷两端的电压性质：

(1) 电枢固定，电刷与磁极同时旋转。

(2) 磁极固定，电刷与电枢同时旋转。

3.3　在直流发电机中，为了把交流电动势转变成直流电压而采用了换向器，但在直流电动机中，加在电刷两端的电压已是直流电压，那么换向器有什么用呢？

3.4　直流电机主磁路包括哪几部分？磁路不饱和时，励磁磁动势主要消耗在哪一部分？

3.5　直流电机中以下哪些物理量的方向不变，哪些是交变的：①电枢电流；②电枢导条中的电流；③电枢元件感应电动势；④电枢感应电动势；⑤励磁电流；⑥主磁极中的磁通；⑦电枢铁芯中的磁通。

3.6 主磁通既链着电枢绕组又链着励磁绕组，为什么却只在电枢绕组里感应电动势？

3.7 单叠绕组与单波绕组在绕法上、节距上、并联支路数上的主要区别是什么？

3.8 什么是电枢的几何中性线？什么是换向器上的几何中性线？换向器上几何中性线由什么决定？它在实际电机中的位置在何处？

3.9 对一台4极单叠绕组的直流电机，问：

(1) 如果取出相邻的两组电刷，只用剩下的另外两组电刷是否可以？对电机的性能有何影响？端电压有何变化？

(2) 如有一元件断线，电刷间的电压有何变化？此时发电机能供给多大的负载？

(3) 若只用相对的两组电刷是否能够运行？

(4) 若有一个磁极失磁，将会产生什么后果？

3.10 如果是单波绕组，试问上题的结果如何？

3.11 什么是电枢反应？电枢反应对气隙磁场有什么影响？试比较直流发电机和直流电动机的电枢反应的特点。

3.12 有一台直流电动机，磁路饱和。当电机带负载后，电刷逆着电枢旋转方向移动了一个不大的角度。试分析此时电枢反应对气隙磁场的影响。若是发电机，则情况又如何？

3.13 直流发电机的感应电动势与哪些因素有关？若一台直流发电机的额定空载电动势是240V，试问在下列情况下电动势的变化如何？①磁通减少20%；②励磁电流减少20%；③磁通不变，速度增加30%；④磁通减少20%，同时速度增加30%。

3.14 如何改变他励直流发电机电枢电动势的方向？如何改变他励直流电动机空载运行的方向？

3.15 并励发电机正转时能自励，反转时还能自励吗？

3.16 直流发电机的损耗主要有哪些？铁损耗和电枢铜损耗随负载变化吗？

3.17 电磁功率代表了直流发电机中的哪一部分功率？

3.18 为什么他励直流发电机的外特性是下垂的曲线？

3.19 他励直流电动机运行在额定状态，如果负载为恒转矩负载，减小磁通，电枢电流如何变化？

3.20 改变并励直流电动机电源的极性能否改变它的转向？

3.21 并励电动机正在运行时励磁绕组突然断开，试问在电机有剩磁或没有剩磁的情况下有什么后果？若启动时就断了线又有何后果？

3.22 改变串励直流电动机电源的极性能否改变它的转向？

3.23 换向的概念是什么？

3.24 换向元件在换向过程中产生哪些电动势？是什么原因引起的？它们对换向各有什么影响？

3.25 换向极的作用是什么？它装在哪里？它的绕组怎么连接？如果将已调整好换向极的直流电机的换向极绕组的极性接反，那么运行时会出现什么现象？

3.26 一台直流电动机运行在电动机状态时换向极能改善换向，运行在发电机状态后还能改善换向吗？

习 题

3.1 试计算下列各绕组的节距 y_1、y_2、y 和 y_k，并画出绕组展开图。

(1) 右行短距单叠绕组，$2p=4$，$Z=S=22$；

(2) 右行整距单叠绕组，$2p=4$，$Z=S=20$；

(3) 左行单波绕组，$2p=4$，$Z=S=19$；

(4) 左行单波绕组，$2p=4$，$Z=S=21$。

3.2 直流发电机的额定功率 $P_N=240\text{kW}$，额定电压 $U_N=460\text{V}$，额定转速 $n_N=600\text{r/min}$，试求电机的额定电流。

3.3 一台直流发电机参数如下：$2p=6$，总导体 $N_a=780$，并联支路数 $2a=6$，运行角速度 $\Omega=40\pi\text{rad/s}$，每极磁通 $\Phi=0.0392\text{Wb}$。试计算：

(1) 发电机的感应电动势；

(2) 当转速 $n=900\text{r/min}$，磁通不变时发电机的感应电动势。

3.4 一台四极他励直流发电机，82kW，230V，970r/min。如果每极的合成磁通等于空载额定转速下具有额定电压时每极的磁通，试求当电机输出额定电流时的电磁转矩。

3.5 一台并励直流发电机，$P_N=26\text{kW}$，$U_N=230\text{V}$，$n_N=960\text{rmin}$，$2p=4$，单波绕组，电枢总导体数 $N=444$ 根，额定励磁电流 $I_{fN}=2.592\text{A}$，空载额定电压时的磁通 $\Phi=0.0174\text{Wb}$。电刷安放在几何中性线上，忽略交轴电枢反应的去磁作用，试求额定负载时的电磁转矩及电磁功率。

3.6 一台直流电机的极对数 $p=3$，单叠绕组，电枢总导体数 $N=398$，气隙每极磁通 $\Phi=0.021\text{Wb}$，当转速分别为 1500r/min 和 500r/min 时，求电枢感应电动势的大小。若电枢电流 $I_a=10\text{A}$，磁通不变，电磁转矩是多大？

3.7 某他励直流电动机的额定数据为：$P_N=6\text{kW}$，$U_N=220\text{V}$，$n_N=1000\text{r/min}$，$p_{Cua}=500\text{W}$，$p_0=395\text{W}$，计算额定运行时电动机的 T_{2N}、T_0、T_N、P_M、η_N 及 R_a。

3.8 他励直流电动机的额定数据为：$P_N=7.5\text{kW}$，$U_N=220\text{V}$，$I_N=40\text{A}$，$n_N=1000\text{r/min}$。$R_a=0.5\Omega$，拖动 $T_L=0.5T_N$ 恒转矩负载运行时电动机的转速及电枢电流是多大？

3.9 两台完全相同的并励直流电机，同轴相连，并联于 230V 的电网上运行，轴上不带其他负载。在 1000 r/min 时空载特性如下：

I_f	1.3 A	1.4 A
U_0	186.7 V	195.9 V

电机甲的励磁电流为 1.4A，电机乙的为 1.3A，转速为 1200 r/min，电枢回路总电阻均为 0.1Ω，若忽略电枢反应的影响，试问：

(1) 哪一台是发电机？哪一台为电动机？

(2) 总的机械损耗和铁耗是多少？

(3) 只调节励磁电流能否改变两机的运行状态（保持转速不变）？

(4) 是否可以在 1200 r/min 时两台电机都从电网吸取功率或向电网送出功率？

3.10 一直流电机并联于 $U=220\mathrm{V}$ 电网上运行，已知 $a=1$，$p=2$，$N_a=398$，$n_N=1500\mathrm{r/min}$，$\Phi=0.0103\mathrm{Wb}$，电枢回路总电阻 $R_a=0.17\Omega$，$I_{fN}=1.83\mathrm{A}$，$p_{Fe}=276\mathrm{W}$，$p_m=379\mathrm{W}$，$p_s=0.86\%P_1$。试问此电机是发电机还是电动机？计算电磁转矩和效率。

第四章
直流电动机的启动调速及四象限运行

第一节　直流电动机的启动

直流电动机启动时，要求电动机能够产生足够大的启动转矩来克服系统静止摩擦转矩、惯性转矩以及负载转矩，使电机在尽可能短的时间里从静止状态进入到稳定运行状态。

直流电动机若在额定电压 U_N 下直接启动，启动瞬间转速为零，感应电动势为零，启动电流 $I_S = \dfrac{U_N}{R_a} \gg I_N$，启动转矩 $T_S = C_T \Phi_N I_S \gg T_N$。启动电流 I_S 很大，通常为额定电枢电流的十几倍甚至更大，以致电网电压突然降低，影响其他用户的用电，也使电机换向恶化；由于启动转矩太大，电机本身遭受很大电磁力的冲击，严重时还会损坏电机。因此，适当限制电机的启动电流是必要的。除了微型直流电机由于电枢电阻 R_a 较大可以直接启动外，一般直流电动机都不允许直接启动。

直流电动机的常用启动方法有电枢回路串电阻启动和降压启动两种。下面分别介绍。

一、电枢回路串电阻启动

电枢回路串电阻 R 启动时，电机感应电动势为零。根据电压平衡方程式，可得启动电流为

$$I_S = \frac{U_N}{R_a + R}$$

工程实际中，根据负载转矩 T_L 大小及启动条件的要求，可确定所串电阻 R 值。为了保持启动过程中的平稳性，可以采用逐步切除启动电阻的方法，启动结束后，启动电阻全部切除，机械特性如图 4.1 所示，电机稳定运行在 A 点。

二、降电压启动

降低电源电压 U，可以有效地限制启动电流。

$$I_S = \frac{U}{R_a}$$

根据负载大小及启动要求确定启动电压 U 的大小。启动过程可以逐渐升高电压 U，直至最后升到 U_N，机械特性如图 4.2 所示，电机稳定运行在 A 点。

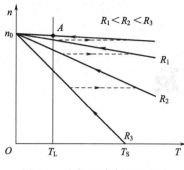

图 4.1 电枢回路串电阻启动

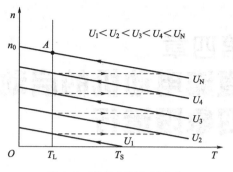

图 4.2 降低电源电压启动

降压启动对抑制启动电流最有效，能量消耗也比较少，但需要专用调压直流电源。随着电力电子技术的发展，现在已广泛采用可控硅整流电源，无论是调节性能还是经济性能都已经很理想，因此，降压启动有越来越广泛的应用，尤其是在大容量直流电动机和各类直流电力电子传动系统领域。

【例 4.1】 一台他励直流电动机，额定功率 $P_N = 80kW$，额定电压 $U_N = 400V$，额定电流 $I_N = 235A$，额定转速 $n_N = 1000r/min$，电枢回路总电阻 $R_a = 0.1\Omega$，拖动额定的恒转矩负载运行，忽略空载转矩。

(1) 若采用电枢回路串电阻启动，启动电流 $I_S = 2.5I_N$ 时，计算应串入的电阻值及启动转矩。

(2) 若采用降压启动，条件同上，电压应降至多少并计算启动转矩。

解 (1) 应串电阻

$$R_S = \frac{U_N}{I_S} - R_a = \frac{400}{2.5 \times 235} - 0.1 = 0.581(\Omega)$$

额定转矩

$$T_N = 9.55 \frac{P_N}{n_N} = 9.55 \times \frac{80 \times 10^3}{1000} = 764(N \cdot m)$$

启动转矩

$$T_S = 2.5T_N = 1910(N \cdot m)$$

(2) 启动电压

$$U_S = I_S R_a = 2.5 \times 235 \times 0.1 = 58.75(V)$$

启动转矩

$$T_S = 2.5T_N = 1910(N \cdot m)$$

第二节 直流电动机的调速

一、直流电动机的调速方法

调速是电力拖动系统运行的最基本要求，直流电动机具有在宽广范围内平滑经济调速的优良性能。通过改变电动机机械特性的方法，可以达到调速的目的。在前一章中学习过直流电动机的三种人为机械特性，在这个基础上介绍直流电动机的三种调速方法。

1. 电枢串电阻调速

保持其他条件不变，直流电动机运行时在电枢回路中串入不同的电阻时，电动机运行于不同的转速，如图4.3所示。图中负载是恒转矩负载。显然，串入电枢回路的电阻值越大，电动机运行的转速越低。通常把电动机运行于固有机械特性上的转速称为基速，电枢回路串电阻调速的方向只能从基速向下调节。

电枢回路串电阻调速时，如果拖动恒转矩负载，电动机运行在不同转速时，电动机电枢电流 I_a 不变，这是由于电枢电流取决于负载转矩：

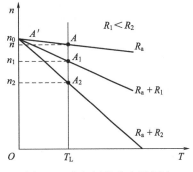

图 4.3　电枢回路串电阻调速

$$I_a = \frac{T_L}{C_T \Phi_N}$$

只要负载转矩不变，电枢电流就不变。即 I_a 与电动机转速 n 无关。

电枢回路串不同的电阻，可以获得不同的转速。其机械特性是一组过理想空载转速点 n_0 向下倾斜的直线，调速电阻越大，机械特性斜率就越大，特性也就越倾斜。这样在低速运行时，即使负载变化范围不大，也会引起转速发生较大的变化，转速的稳定性较差。

2. 降低电源电压调速

保持其他条件不变，降低电枢端电压时，电动机带动负载运行于不同的转速，如图4.4所示。图中所示的负载为恒转矩负载。电压越低，转速也越低，调速方向也是从基速向下调节。

降低电源电压调速时，如果拖动恒转矩负载，在不同的转速上运行，电动机电枢电流 I_a 也不变，这是由于电枢电流取决于负载转矩：

$$I_a = \frac{T_L}{C_T \Phi_N}$$

只要负载转矩不变，电枢电流就不变。因此，电枢电流与电动机转速无关。

不同的电源电压，可以获得不同的转速。其机械特性是一组平行直线，斜率不变，转速稳定性较好。

当电源电压连续变化时，转速的变化也是连续的，这种调速称为无级调速。与电枢回路串电阻调速相比，这种速度调节要平滑得多。

3. 弱磁调速

保持其他条件不变，减小直流电动机的磁通，可以使电动机转速升高，称为弱磁升速。图4.5所示为直流电动机带恒转矩负载时弱磁升速的机械特性，显然，磁通减得越多，转速升得越高。弱磁升速是从基速向上调速的方法。

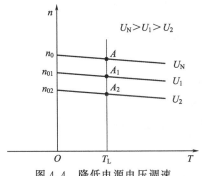

图 4.4　降低电源电压调速

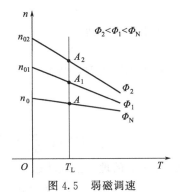

图 4.5　弱磁调速

由于励磁电路容量小，控制方便，可以连续调节励磁电流，实现转速的无级调节，因此，该调速方法可以平滑地较大范围地调节电机的速度。

若电动机拖动的是恒转矩负载，调速前后有

$$C_T \Phi_1 I_{a1} = C_T \Phi_2 I_{a2}$$

或

$$\frac{I_{a1}}{I_{a2}} = \frac{\Phi_2}{\Phi_1} \tag{4.1}$$

假设磁路不饱和，忽略电枢反应和电枢回路电阻的影响，可得

$$\frac{n_2}{n_1} \approx \frac{\Phi_1}{\Phi_2} \approx \frac{I_{f1}}{I_{f2}} \tag{4.2}$$

上式表明在负载转矩不变的情况下，减小励磁电流将使电机转速升高，电机输出功率随之增加。

电动机的电磁功率为

$$P_M = T\Omega = E_a I_a = U_N I_a - I_a^2 R$$

若电动机拖动的是恒功率负载时，即

$$T_L \Omega = 常数$$

则有

$$P_M = T\Omega = T_L \Omega = 常数$$

$$I_a = 常数$$

若负载功率为电动机的额定功率 P_N 时，电动机电枢电流 $I_a = I_N$。

【例 4.2】 他励直流电动机，额定功率 $P_N = 15\text{kW}$，额定电压 $U_N = 220\text{V}$，额定电流 $I_N = 80\text{A}$，额定转速 $n_N = 1500\text{r/min}$，电枢回路总电阻 $R_a = 0.1\Omega$，忽略空载转矩 T_0，电动机带额定负载运行时，要求把转速降到 1200r/min，计算：

(1) 采用电枢串电阻调速需串入的电阻值；

(2) 采用降低电源电压调速，电源电压是多少；

(3) 上述两种调速情况下，电动机输入功率与输出功率各是多少。

解 (1)

$$C_e \Phi_N = \frac{U_N - I_N R_a}{n_N} = \frac{220 - 80 \times 0.1}{1500} = 0.141$$

理想空载转速

$$n_0 = \frac{U_N}{C_e \Phi_N} = 1556.6(\text{r/min})$$

额定转速降

$$\Delta n_N = n_0 - n_N = 1556.6 - 1500 = 56.6(\text{r/min})$$

电枢串电阻后转速降

$$\Delta n = n_0 - n = 1556.6 - 1200 = 356.6(\text{r/min})$$

设电枢串电阻为 R，则有

$$\frac{R_a + R}{R_a} = \frac{\Delta n}{\Delta n_N}$$

$$R = R_a \left(\frac{\Delta n}{\Delta n_N} - 1 \right) = 0.1 \times \left(\frac{356.6}{56.6} - 1 \right) = 0.53(\Omega)$$

(2) 降压后的理想空载转速

$$n_{01} = n + \Delta n_N = 1200 + 56.6 = 1256.6(\text{r/min})$$

降压后的电源电压为 U_1，则

$$\frac{U_1}{U_N} = \frac{n_{01}}{n_0}$$

$$U_1 = \frac{n_{01}}{n_0} U_N = \frac{1256.6}{1556.6} \times 220 = 177.6(\text{V})$$

（3）电动机输出转矩

$$T_2 = 9550 \frac{P_N}{n_N} = 9550 \times \frac{15}{1500} = 95.5(\text{N} \cdot \text{m})$$

输出功率

$$P_2 = T_2 \Omega = T_2 \frac{2\pi}{60} n = 95.5 \times \frac{2\pi}{60} \times 1200 = 12000(\text{W})$$

电枢串电阻降速时输入功率

$$P_1 = U_N I_N = 220 \times 80 = 17600(\text{W})$$

降低电源电压降速时输入功率

$$P_1 = U_1 I_N = 177.6 \times 80 = 14208(\text{W})$$

二、调速的性能指标

调速的性能指标反映了对调速的要求，也是决定电动机选择何种调速方法的依据，主要性能指标有四个。

1. 调速范围

调速范围是指电动机在额定负载转矩下调速时，最高转速与最低转速之比。

$$D = \frac{n_{\max}}{n_{\min}} \tag{4.3}$$

2. 静差率

静差率也称转速变化率，是指电动机由理想空载到额定负载时转速的变化率，用 δ 表示。

$$\delta = \frac{\Delta n}{n_0} = \frac{n_0 - n_N}{n_0} = 1 - \frac{n_N}{n_0} \tag{4.4}$$

静差率 δ 越小，转速的稳定性越好，负载变化时，转速变化也越小。

根据式（4.4），对静差率 δ 讨论如下。

（1）当机械特性斜率一定时，理想空载转速 n_0 越高，静差率 δ 就越小。图 4.6 中给出了他励直流电动机的固有机械特性和降低电源电压调速时的人为机械特性，当电动机拖动额定负载 T_N 时，两条特性的转速降落相同，都等于 $\Delta n_N = n_0 - n_N$，但是固有机械特性的理想空载转速比人为机械特性的高，即 $n_0 > n_{01}$，因此，人为机械特性上的静差率 δ 就大。

在降低电源电压调速时，当电压最低的机械特性的静差率满足要求时，其他各条机械特性上的静差率就都满足了要求。这条电压最低的人为机械特性上 $T = T_N$ 时的转速，即为调速时的最低转速 $n_{\min}$，而 n_N 则为最高转速 $n_{\max}$。

（2）当理想空载转速 n_0 一定时，机械特性斜率越小，即特性越平坦，额定转矩时的转速降落 Δn 就越小，静差率也就 δ 越小。图 4.7 中给出了他励直流电动机的固有机械特性与电枢串电阻的人为机械特性。当拖动额定负载 T_N 时，固有机械特性上转速降落为 Δn_N，而人为机械特性上转速降落为 Δn，显然，$\Delta n > \Delta n_N$。因此，固有机械特性上的静差率 δ 比人为机械特性上的要小。

如果电枢串电阻调速时，所串电阻最大的机械特性上的静差率 δ 满足要求，其他各条特性上的静差率便都能满足要求，这条串电阻值最大的机械特性上 $T = T_N$ 时的转速，就是串电阻调速时的最低转速 n_{min}，而电动机的额定转速 n_N 便是最高转速 n_{max}。

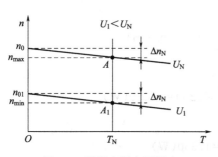

图 4.6　降低电源电压调速

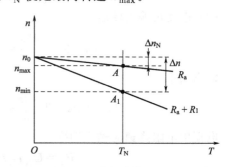

图 4.7　电枢串电阻调速

静差率 δ 与调速范围 D 之间是相互关联的。

当采用同一种方法调速时，若静差率 δ 较大，则调速范围 D 较宽。从图 4.6 和图 4.7 可以看出，δ 大则 D 亦大；反之，δ 小则 D 亦小。

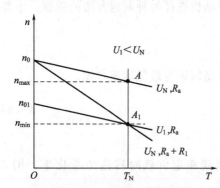

图 4.8　调速范围一定时，不同的调速方法

静差率 δ 一定时，不同的调速方法，其调速范围 D 也不同。比较图 4.6 与图 4.7 可以看出，若 δ 一定，降低电源电压调速比电枢串电阻调速的调速范围大。

调速范围 D 一定时，不同的调速方法，其静差率 δ 也不同。如图 4.8 所示，相同的调速范围 D，由于 $\delta = 1 - n/n_0$，降压调速的理想空载转速小，静差率 δ 就比串电阻调速的小。

调速范围与静差率之间相互关联和影响，因此当负载需要调速时，必须同时考虑静差率和调速范围两项指标，以便选择适当的调速方法。

3. 调速的平滑性

有级调速的平滑性用平滑系数 φ 表示，为相邻两级转速中，高一级转速 n_i 与低一级转速 n_{i-1} 之比，即

$$\varphi = \frac{n_i}{n_{i-1}}$$

φ 越接近 1，调速越平滑。无级调速时，φ 趋近于 1。

4. 调速的经济性

调速的经济性主要包括调速设备的投资、运行时的能耗、日常维护、维修费用及成本回收周期等。

【例 4.3】 某他励直流电动机，$P_N = 40\text{kW}$，$U_N = 220\text{V}$，$I_N = 210\text{A}$，$n_N = 1500\text{r/min}$，电枢回路总电 $R_a = 0.1\Omega$，求下列各种情况下电动机的调速范围：

（1）静差率 $\delta \leqslant 30\%$，电枢串电阻调速；

（2）静差率 $\delta \leqslant 20\%$，电枢串电阻调速；

（3）静差率 $\delta \leqslant 20\%$，降低电源电压调速。

解　（1）电动机的 $C_e\Phi_N$

$$C_e\Phi_N = \frac{U_N - I_N R_a}{n_N} = \frac{220 - 210 \times 0.1}{1500} = 0.133$$

理想空载转速

$$n_0 = \frac{U_N}{C_e\Phi_N} = 1658.3 (\text{r/min})$$

由

$$\delta = \frac{n_0 - n_{min}}{n_0}$$

得静差率 $\delta = 30\%$ 时的最低转速

$$n_{min} = n_0(1-\delta) = 1658.3(1-30\%) = 1160.8 (\text{r/min})$$

调速范围

$$D = \frac{n_N}{n_{min}} = \frac{1500}{1160.8} = 1.29$$

（2）最低转速

$$n_{min} = n_0(1-\delta) = 1658.3(1-20\%) = 1326.6 (\text{r/min})$$

调速范围

$$D = \frac{n_{max}}{n_{min}} = \frac{1500}{1326.6} = 1.13$$

（3）额定转矩时的转速降落

$$\Delta n_N = n_0 - n_N = 1658.3 - 1500 = 158.3 (\text{r/min})$$

最低转速相应机械特性的理想空载转速

$$n_{01} = \frac{\Delta n_N}{\delta} = \frac{158.3}{0.2} = 791.5 (\text{r/min})$$

最低转速

$$n_{min} = n_{01} - \Delta n_N = 791.5 - 158.3 = 633.2 (\text{r/min})$$

调速范围

$$D = \frac{n_{max}}{n_{min}} = \frac{1500}{633.3} = 2.37$$

三、调速方式

调速方式包括恒转矩调速方式与恒功率调速方式。

恒转矩调速方式指的是，在调速过程中，保持电枢电流 $I_a = I_N$ 不变，若电动机电磁转矩恒定不变，则称这种调速方法为恒转矩调速方式。

恒功率调速方式指的是，在调速过程中，保持电枢电流 $I_a = I_N$ 不变，若电动机电磁功率恒定不变，则称这种调速方法为恒功率调速方式。

电动机采用恒转矩调速方式时，拖动恒转矩负载运行，并且使电动机额定转矩与负载转矩相等 $T_N = T_L$，那么不论运行在什么转速上，电动机的电枢电流 $I_a = I_N$ 不变，电动机得到了充分利用。我们称这种恒转矩调速方式与恒转矩负载的配合关系为匹配。

同样，电动机采用恒功率调速方式时，拖动恒功率负载运行，电枢电流 $I_a = I_N$ 不变，恒功率调速方式与恒功率负载相匹配。

若电动机的调速方式与负载性质不同，是否也匹配呢？下面分两种情况进行分析。

(1) 电动机采用恒转矩调速方式，拖动恒功率负载运行　使电动机低速运行时的额定转矩等于负载转矩，此时，电动机的电流等于额定电流，电动机利用是充分的。但是，当系统运行在高速时，由于负载恒功率，高速时转矩小，低于额定转矩，因此电动机电磁转矩也低于额定转矩。而恒转矩调速方式磁通为 Φ_N 保持不变，$T = C_T \Phi_N I_a$，T 减小，I_a 也必然减小，因此 $I_a < I_N$，电动机的利用就不充分。这种情况下，电动机调速方式与所拖动的负载不匹配。从以上分析可知，拖动恒功率负载时，恒转矩调速的电动机，只能按低速运行转速选配合适的电动机，做到 $T = T_N$，而高速时电动机容量则有所浪费。

图 4.9 中，低速运行时，矩形 $OEDT_N$ 的面积代表电动机输出的功率，此时与负载功率平衡；高速时，矩形 $OABT'$ 的面积代表负载的功率。而矩形 $OACT_N$ 的面积代表电动机在高速下能够输出的功率，可见，电动机的能力没有充分发挥。

实际上，电动机在恒转矩调速方式下，其输出功率的能力由矩形 $OACT_N$ 的面积代表，而恒功率负载的功率由曲边形 $OABDT_N$ 的面积代表。显然，电动机的能力超出了负载功率。

(2) 恒功率调速方式的电动机，调速方式为弱磁升速，拖动恒转矩负载运行　使系统在高速运行时负载转矩等于电动机额定转矩，这时电动机电枢电流等于额定电流 I_N，电动机得到了充分利用。由于负载恒转矩，电动机的电磁转矩也不变，但是低速时的磁通 Φ 比高速时数值要大，$T = C_T \Phi I_a$，因此电枢电流 I_a 变小了，$I_a < I_N$，电动机没能得到充分利用。调速方式与负载性质不匹配。从以上分析可知，拖动恒转矩负载的电动机，若采用恒功率调速方式，只能按高速运行转速选配合适的电动机，而低速时电动机容量则有所浪费。

图 4.10 中，高速运行时，矩形 $OABT_N$ 的面积代表电动机输出的功率，此时与负载功率平衡；低速时，矩形 $OEDT_N$ 的面积代表负载的功率。而矩形 $OECT'$ 的面积代表电动机在低速下能够输出的功率，可见，电动机的能力没有充分发挥。

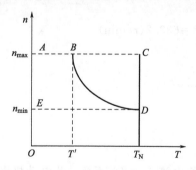

图 4.9　恒转矩调速方式拖动
恒功率负载运行

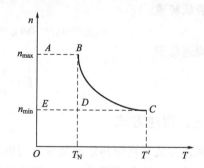

图 4.10　恒功率调速方式拖动
恒转矩负载运行

实际上，电动机在恒功率调速方式下，其输出功率的能力由曲边形 $OABCT'$ 的面积代表，而恒转矩负载的功率由矩形 $OABT_N$ 的面积代表。显然，电动机的能力超出了负载功率。

对于泵类负载，既非恒转矩，也非恒功率，那么采用恒转矩调速方式或恒功率调速方式的电动机拖动泵类负载时，无论怎样都不能做到调速方式与负载性质匹配。

上述关于调速方式的分析，归纳如下：

(1) 恒转矩调速方式与恒功率调速方式都是用来表征电动机采用某种调速方法时所具有的能力，并不是指电动机的实际负载。

(2) 电动机的调速方式与其实际负载匹配时，电动机的能力才会得到充分利用。匹配时，电动机的额定转矩或额定功率与负载实际转矩或功率相等，但实际上，由于电动机的容量并不连续分布，而是分成若干等级，有时只能尽量接近负载而不能做到完全相等。

【例 4.4】 某他励直流电动机，额定功率 $P_N = 19kW$，额定电压 $U_N = 220V$，额定电流 $I_N = 100A$，电枢电阻 $R_a = 0.1\Omega$，额定转速 $n_N = 1500r/min$，额定励磁电压 $U_f = 110V$，电动机在额定电压额定磁通时，拖动某负载运行的转速为 $n = 1550r/min$，当负载要求向下调速，最低转速 $n_{min} = 500r/min$，采用降压调速方法，计算下面两种情况下电枢电流的变化范围。

(1) 负载为恒转矩负载；

(2) 负载为恒功率负载。

解 额定电动势

$$E_{aN} = U_N - I_N R_a = 220 - 100 \times 0.1 = 210(V)$$

转速为 $n = 1550r/min$ 时的感应电动势

$$E_a = \frac{n}{n_N} E_{aN} = \frac{1550}{1500} \times 210 = 217(V)$$

电枢电流

$$I_a = \frac{U_N - E_a}{R_a} = \frac{220 - 217}{0.1} = 30(A)$$

(1) 若负载为恒转矩时，电动机降压调速，为恒转矩调速方式，电枢电流不变，有

$$I_a = 30A$$

(2) 若负载为恒功率时，负载功率为

$$P = T_L \Omega = T_L \frac{2\pi n}{60}$$

式中，T_L 为转速为 $n = 1550r/min$ 时的负载转矩。

降低电源电压调速后的负载功率为

$$P = T_L' \frac{2\pi n_{min}}{60} = T_L \frac{2\pi n}{60}$$

式中，T_L' 为降压调速转速为 n_{min} 时负载转矩的值。

因此

$$T_L' = \frac{n}{n_{min}} T_L$$

降压调速时，保持 $\Phi = \Phi_N$，由 $T = T_L = C_T \Phi_N I_a$，因此对应 n_{min} 的电枢电流 I_{amin} 为

$$I_{amin} = \frac{n}{n_{min}} I_a = \frac{1550}{500} \times 30 = 93(A)$$

因此，电流变化范围是 30~93A。

第三节　直流电动机的四象限运行

通常，当电动机的工作点在其机械特性与负载转矩特性的交点上，电动机就可以稳定运行。

根据上一章对直流电动机的固有机械特性与各种人为机械特性的分析可知，机械特性在四个象限内分布。

根据负载性质的不同，其转矩特性也不同。有反抗性恒转矩、位能性恒转矩、泵类等典型负载转矩特性，它们也分布在四个象限之内。

由此可知，他励直流电动机拖动各种类型负载运行时，若改变其相关参数，包括端电压、磁通及电枢回路所串电阻，电动机的机械特性和工作点就会分布在四个象限之内，也就是说电动机会在四个象限内运行，即处于各种不同的运行状态。本节将具体分析直流电动机在各个象限内不同的运行状态。

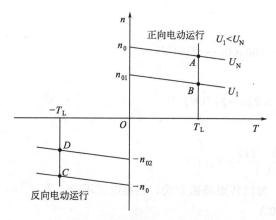

图 4.11　直流电动机电动运行

一、电动运行

1. 正向电动运行

直流电动机的端电压为正，其机械特性与负载特性的交点在第 I 象限，如图 4.11 所示的 A 点和 B 点，电磁转矩与转速同方向，为拖动性质的转矩。这种运行状态称为正向电动运行。

正向电动运行时的功率流向关系为：电机的输入功率 $P_1 = UI_a > 0$，电机从电网吸收电功率；电磁功率 $P_M = E_a I_a = T\Omega > 0$，电机将吸收的电功率通过电磁作用转换为机械功率；输出功率 $P_2 = T_2\Omega > 0$，电机向负载提供机械功率。

2. 反向电动运行

直流电动机的端电压为负，电动机反转，拖动反抗性负载，电动机的工作点在第 Ⅲ 象限，如图 4.11 的 C 点和 D 点。电磁转矩 T 与转速 n 仍然同方向，为拖动性质的转矩。其功率流向关系与正向电动运行完全相同。

电动运行是电动机最基本的运行状态。电动机除了电动运行状态之外，还经常运行在电磁转矩 T 与转速 n 反方向的状态，即电磁转矩是制动性质的转矩，这种运行状态统称为制动状态。下面分别进行介绍。

二、制动运行

1. 能耗制动

直流电动机拖动反抗性负载运行时，其接线如图 4.12(a) 所示。当把开关从电源侧断开拉至下边时，就切除了电动机电源并在电枢回路中串入了电阻 R，直流电动机的机械特性就发生了变化，由图 4.12(b) 中的曲线 1 而变成了曲线 2。切换后的瞬间，电动机的工作点从 A 点切换至 B 点。

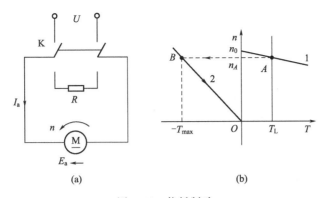

图 4.12　能耗制动
1—固有机械特性；2—能耗制动时的机械特性

此时电枢电流

$$I_a = \frac{-E_a}{R_a + R} < 0$$

电磁转矩

$$T_B = C_T \Phi_N I_a < 0$$

电磁转矩反向，与电动机转速相反，系统减速。在减速过程中，电动机工作点沿着曲线 2 从 B 点逐渐减速直至原点。

在上述过程中，电动机的电磁转矩 $T < 0$，而转速 $n > 0$，T 与 n 反方向，T 起制动作用，电动机把能量消耗在电枢回路中，称为能耗制动。

能耗制动的功率流向关系为：电机的输入功率 $P_1 = UI_a = 0$，电机与电网脱开，不吸收电功率；电磁功率 $P_M = E_a I_a = T\Omega < 0$，电机将动能的机械功率通过电磁作用转换为电功率；输出功率 $P_2 = T_2 \Omega < 0$，负载向电动机输入了机械功率，扣除了空载损耗 p_0 后，其余的变成电枢回路的能耗。

2. 反接制动

把直流电动机的电源突然反接，同时在电枢回路串入限流的制动电阻 R，电动机就进入了反接制动。电动机拖动反抗性恒转矩负载，反接制动时的机械特性如图 4.13 所示。电动机的初始工作点在 A 点。反接制动开始后，电动机工作点从 A 点经过 B 到达 C 点，转速 $n = 0$，制动过程结束，应将电动机的电源切除。反接制动过程中，电动机运行于第 Ⅱ 象限，电磁转矩 $T < 0$，转速 $n > 0$，T 是制动性质的转矩。

反接制动过程的功率流向关系为：电机的输入功率 $P_1 = UI_a > 0$，电机从电网吸收电功率；电磁功率 $P_M = E_a I_a = T\Omega < 0$，电机将吸收的机械功率通过电磁作用转换为电功率；输出功率 $P_2 = T_2 \Omega < 0$，负载向电机提供机械功率。反接制动将从电源吸收的电功率和输入的机械功率都消耗在电枢回路电阻 $R + R_a$ 上了，电动机轴上输入的机械功率来源于系统释放的动能。

3. 倒拉反转运行

直流电动机拖动位能性负载运行时，电枢回路串入电阻后，转速就开始下降。如果所串电阻大到一定程度后，就会使转速反向，工作点进入第 Ⅳ 象限，此时，电磁转矩 T 方向仍然不变，与转速方向相反，电机处于制动运行状态，称为倒拉反转运行。如图 4.14 所示。

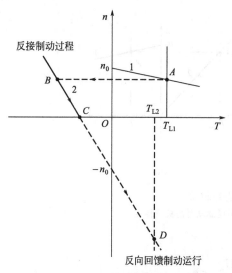

图 4.13　直流电动机反接制动过程
1—固有机械特性；2—反接制动时的机械特性

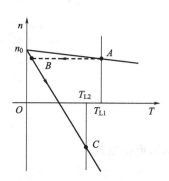

图 4.14　倒拉反转运行

倒拉反转过程中的功率流向关系为：电机的输入功率 $P_1 = UI_a > 0$，电机从电网吸收电功率；电磁功率 $P_M = E_a I_a = T\Omega < 0$，电机将吸收的机械功率通过电磁作用转换为电功率；输出功率 $P_2 = T_2\Omega < 0$，负载向电机提供机械功率。倒拉反转运行时，电机将从电源吸收的电功率和从负载吸收的机械功率都消耗在电枢回路上了。

三、回馈制动运行

1. 正向回馈制动运行

电动机原来运行在固有机械特性曲线的 A 点上，电压从额定电压 U_N 降为 U_1 后，机械特性向下平移，电动机工作点从 A 点经过 B 和 C 到达 D 点，最后稳定运行在 D 点，如图 4.15 所示。从 B 点到 C 点过程中，电动机的转速 n 大于降压后新机械特性的理想空载转速 n_{01}，而电磁转矩 T 与转速 n 方向相反，T 属于制动性质的转矩，电动机处于发电状态，称为正向回馈制动运行状态。

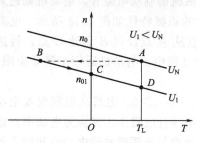

图 4.15　正向回馈制动运行

功率流向关系为：电机的输入功率 $P_1 = UI_a < 0$，表明电机向电网输出电功率；电磁功率 $P_M = E_a I_a = T\Omega < 0$，表明电机将吸收的机械功率通过电磁作用转换为电功率；输出功率 $P_2 = T_2\Omega < 0$，表明负载向电机提供机械功率。回馈制动将输入的机械功率转换为电功率向电网输出。

电机输入的机械功率是系统从高速向低速运行过程中释放出来的动能，而不是原动机所提供的。这种运行状态称为回馈制动过程。"回馈"指电动机把功率回馈给电源，"过程"指没有稳定工作点，而是一个运行的过程。回馈制动运行状态的重要特征是转速高于理想空载转速。

回馈制动运行状态的功率关系与发电机一致，因此又称为发电状态。

2. 反向回馈制动运行

直流电动机拖动位能性负载运行时，如果电源电压改变方向，那么电机工作点从第Ⅰ象限变到第Ⅳ象限，如图 4.16 所示的 C 点，这时电磁转矩 $T>0$，转速 $n<0$，T 与 n 反方向，称为反向回馈制动运行。

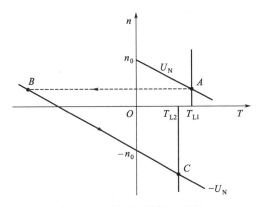

图 4.16　反向回馈制动运行

他励直流电动机如果拖动位能性负载进行反接制动，当转速下降到 $n=0$ 时，如果不切除电源，由于电磁转矩与负载转矩不相等，系统即开始反转，运行轨迹沿着虚线直到机械特性与负载特性的交点 D，才达到稳定运行状态，如图 4.13 所示。D 点的运行状态也是反向回馈制动运行。

反向回馈制动运行的功率关系与正向回馈制动运行时是一样的。

综上所述，他励直流电动机拖动各种类型负载运行时，若改变端电压、电枢回路所串电阻等运行条件，电动机工作点将分布在四个象限之内。其中，在第Ⅰ、Ⅲ象限内，电磁转矩 T 与转速 n 同方向，属于电动运行状态；第Ⅱ、Ⅳ象限内，电磁转矩 T 与转速 n 反方向，属于制动运行状态，回馈制动运行也属于制动运行的范畴。

【例 4.5】　他励直流电动机，额定功率 $P_N=22kW$，额定电压 $U_N=220V$，额定电流 $I_N=115A$，额定转速 $n_N=1500r/min$，电枢回路总电阻 $R_a=0.1\Omega$，忽略空载转矩 T_0，带负载 $T_L=0.8T_N$ 运行。制动时，要求最大电枢电流 $I_{amax}\leqslant2.5I_N$。

(1) 若采用能耗制动过程停车，电枢回路应至少串入多大的制动电阻？

(2) 若采用反接制动停车，电枢回路应串入的制动电阻最小值是多少？

(3) 若负载为位能性负载，忽略传动损耗，采用反向回馈制动运行，电枢回路不串电阻时电动机转速是多少？

解　(1) $C_e\Phi_N=\dfrac{U_N-I_NR_a}{n_N}=\dfrac{220-115\times0.1}{1500}=0.139[V/(r\cdot min^{-1})]$

理想空载转速

$$n_0=\frac{U_N}{C_e\Phi_N}=\frac{220}{0.139}=1582.7(r/min)$$

额定转速降落

$$\Delta n_N=n_0-n_N=1582.7-1500=82.7(r/min)$$

额定运行时感应电动势为

$$E_{aN}=C_e\Phi_Nn_N=0.139\times1500=208.5(V)$$

$T_L=0.8T_N$ 时的转速降落

$$\Delta n=\frac{0.8T_N}{T_N}\Delta n_N=0.8\times82.7=66.2(r/min)$$

$T_L=0.8T_N$ 时的转速

$$n=n_0-\Delta n=1582.7-66.2=1516.5(r/min)$$

制动开始时的电枢感应电动势

$$E_a=\frac{n}{n_N}E_{aN}=\frac{1516.5}{1500}\times208.5=210.8(V)$$

串入的制动电阻最小值

$$R_{min} = \frac{E_a}{I_{amax}} - R_a = \frac{210.8}{2.5 \times 115} - 0.1 = 0.633(\Omega)$$

(2) $$R_{min} = \frac{U_N + E_a}{I_{amax}} - R_a = \frac{220 + 210.8}{2.5 \times 115} - 0.1 = 1.4(\Omega)$$

(3) $$n = -n_0 - \frac{I_a}{I_N}\Delta n_N = -1582.7 - 0.8 \times 82.7 = -1648.9(r/min)$$

第四节 电力拖动系统的过渡过程

当电力拖动系统的负载发生变化时，系统的转矩平衡或功率平衡关系就被打破，系统从一个稳态工作点向另一个稳态工作点转移，这个转移过程就是电力拖动系统的过渡过程。根据系统运动方程，可以分析研究过渡过程中的转矩、转速、电流的变化规律等问题，对研究电力拖动系统稳定工作、合理控制过渡过程时间、减少能量损耗等，具有重要的意义。

一、他励直流电动机过渡过程分析

忽略电气参数引起的电磁过渡过程，只考虑机械过渡过程。同时，假定在过渡过程中，电源电压、每极磁通 Φ 和负载转矩不变。

根据电力拖动系统的运动方程，对过渡过程进行求解。

系统的运动方程如下，它描述了电磁转矩与转速之间的函数关系：

$$T - T_L = \frac{GD^2}{375}\frac{dn}{dt}$$

电动机的机械特性如下，它描述了转速与电磁转矩的关系：

$$n = \frac{U}{C_e\Phi} - \frac{R_a + R}{C_e C_T \Phi^2}T$$

将运动方程和机械特性联立，得到以下微分方程：

$$\frac{R_a + R}{C_e C_T \Phi^2}\frac{GD^2}{375}\frac{dn}{dt} + n = \frac{U}{C_e\Phi} - \frac{R_a + R}{C_e C_T \Phi^2}T_L \tag{4.5}$$

可将上式简化为

$$T_M \frac{dn}{dt} + n = n_L$$

式中，T_M 为机电时间常数，有

$$T_M = \frac{R_a + R}{C_e C_T \Phi^2}\frac{GD^2}{375}$$

n_L 为系统拖动负载 T_L 的稳态转速，有

$$n_L = \frac{U}{C_e\Phi} - \frac{R_a + R}{C_e C_T \Phi^2}T_L \tag{4.6}$$

式（4.5）为非齐次常系数一阶微分方程，其初始条件为：$t = 0$，$n = n_{F0}$。

求解可得

$$n = n_L + (n_{F0} - n_L) e^{-t/T_M} \qquad (4.7)$$

上式表明，转速 n 包括了两个分量，强制分量 n_L 和自由分量 $(n_{F0} - n_L) e^{-t/T_M}$。前者代表了系统过渡过程结束后的稳态转速，后者则是按照指数规律衰减至零。因此，在过渡过程中，转速 n 的变化从初始值 n_{F0} 开始，按照指数曲线规律逐渐变化至过渡过程终止的稳态值 n_L，$n = f(t)$ 曲线如图 4.17(a) 所示。

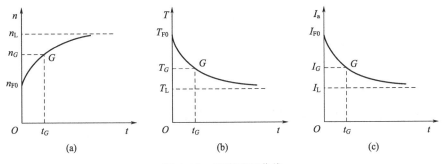

图 4.17　过渡过程曲线

通常，过渡过程曲线决定于三要素：起始值、稳态值和时间常数。曲线 $n = f(t)$ 也不例外。初始转速 n_{F0} 与稳态转速 n_L 已知，需要注意的是时间常数 T_M。

$$T_M = \frac{R_a + R}{C_e C_T \Phi^2} \frac{GD^2}{375}$$

式中，$\dfrac{R_a + R}{C_e C_T \Phi^2}$ 为机械特性斜率。

显然，T_M 是表征机械过渡过程快慢的量，其大小与系统飞轮矩 GD^2 成正比，还与电动机机械特性斜率成正比，即与 $R_a + R$ 和 Φ 等电气参数也有关系，因此称 T_M 为电力拖动系统的机电时间常数。

将式(4.7) 代入到他励电动机的机械特性中，可得电磁转矩的变化关系 $T = f(t)$ 有

$$T = T_L + (T_{F0} - T_L) e^{-t/T_M} \qquad (4.8)$$

显然 T 也包括了一个强制分量 T_L 和一个按指数规律衰减的自由分量 $(T_{F0} - T_L) e^{-t/T_M}$，时间常数亦为 T_M。$T = f(t)$ 曲线如图 4.17(b) 所示。

将电枢电流与电磁转矩的关系 $T = C_T \Phi I_a$ 代入式(4.8) 中，便得到电动机电枢电流的变化关系 $I_a = f(t)$：

$$I_a = I_L + (I_{F0} - I_L) e^{-t/T_M} \qquad (4.9)$$

可以看出，电枢电流也包括强制分量 I_L 和自由分量 $(I_{F0} - I_L) e^{-t/T_M}$，时间常数亦为 T_M。$I_a = f(t)$ 曲线如图 4.17(c) 所示。

从上面的分析结果可以看出，在电力拖动系统的过渡过程中，转速、电磁转矩和电枢电流的变化也都经历各自的过渡过程，都按照指数规律从初始值变化到稳态值。

二、过渡过程时间

在工程实际中，往往需要知道过渡过程阶段需要的时间。

从初始值变化到稳态值，理论上需要经过的时间相当长。实际上，经过 $t = (3 \sim 4) T_M$ 的时间后，各物理量即可达到稳态值的 95%～98%，便可以认为过渡过程结束了。

设 G 为过渡过程中的任意一点，所对应时间为 t_G，转速为 n_G，转矩为 T_G，电枢电流为 I_G。若已知 $n=f(t)$ 曲线及 G 点的转速 n_G，代入式（4.7）可计算出 t_G：

$$t_G = T_M \ln \frac{n_{F0} - n_L}{n_G - n_L} \tag{4.10}$$

若已知 $T=f(t)$ 及 G 点的转矩 T_G，用同样的方法可计算出 t_G：

$$t_G = T_M \ln \frac{T_{F0} - T_L}{T_G - T_L} \tag{4.11}$$

若已知 $I_a = f(t)$ 及 G 点的电枢电流 I_G，则

$$t_G = T_M \ln \frac{I_{F0} - I_L}{I_G - I_L} \tag{4.12}$$

三、机电时间常数

设电动机的初始转速为零，即 $n_{F0} = 0$。则式（4.7）就变为

$$n = n_L(1 - e^{-t/T_M}) \tag{4.13}$$

其变化曲线如图 4.18 所示。将 $t = T_M$ 代入式（4.13），可得，$n = 0.632 n_L$。也就是说，机电时间常数在数值上等于电动机加阶跃电压后，转速从零上升到 0.632 倍稳态转速所需的时间。因此，它表征着电动机过渡过程的快慢。

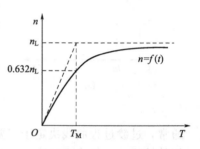

图 4.18　电动机启动过程的速度曲线

机电时间常数也可表示为

$$T_M = \frac{R_a + R}{C_e C_T \Phi^2} \frac{GD^2}{375} = \frac{2\pi J(R_a + R)}{60 C_e C_T \Phi^2} \tag{4.14}$$

上式表明，机电时间常数与系统旋转部分的飞轮矩或转动惯量、电枢回路总电阻成正比。

还可以把电动机机械特性的斜率与机电时间常数联系起来。式（4.14）分子分母同时乘以电动机堵转电流可得

$$T_M = \frac{2\pi J(R_a + R)I_S}{60 C_e C_T \Phi^2 I_S}$$

由于堵转时，$(R_a + R)I_S = U$，$C_T \Phi I_S = T_S$，$U/(C_e \Phi) = n_0$，所以，上式变为

$$T_M = \frac{2\pi J}{60} \frac{n_0}{T_S} \tag{4.15}$$

式中，$n_0/T_S = \beta$ 为机械特性的斜率。所以式（4.15）变为

$$T_M = \frac{2\pi J}{60} \beta \tag{4.16}$$

式（4.16）表明了电动机机械特性斜率与过渡过程的关系：机械特性斜率小，特性硬，则机电时间常数小，过渡过程快；反之，斜率大，特性软，则机电时间常数大，过渡过程慢。

由于理想空载角速度为

$$\Omega_0 = \frac{2\pi n_0}{60}$$

式(4.15)可写成

$$T_M = \frac{J\Omega_0}{T_S} \qquad (4.17)$$

或改写为

$$T_M = \frac{J}{\dfrac{T_S}{\Omega_0}} \qquad (4.18)$$

或

$$T_M = \frac{\Omega_0}{\dfrac{T_S}{J}} \qquad (4.19)$$

式(4.18)中的 T_S/Ω_0 称为电动机的阻尼系数。可以看出，阻尼系数实际上是用角速度表示的机械特性斜率的倒数。显然，阻尼系数越大，则机械特性斜率越小，机电时间常数就越小，过渡过程越快；反之，阻尼系数越小，机电时间常数就越大，过渡过程越慢。

式(4.19)中的 T_S/J 称为电动机的力矩-惯量比。力矩-惯量比越大，则机电时间常数就越小，过渡过程就越短；力矩-惯量比越小，过渡过程就越长。

总之，机电时间常数、阻尼系数、力矩-惯量比等参数，都是表征电动机动态特性的系数，它们之间都是有直接联系的。

四、考虑电感时的启动过渡过程

在可控硅整流供电的直流电力拖动系统中，为了滤波，电枢回路中常串入平波电抗器，此时，电感较大，不能忽略。则电动机的电压平衡方程式为

$$U = E_a + i_a R_a + L_a \frac{di_a}{dt} \qquad (4.20)$$

系统的运动方程为

$$T - T_L = \frac{GD^2}{375} \frac{dn}{dt}$$

电磁转矩为

$$T = C_T \Phi I_a$$

上述三式联立，得到二阶系统转速变化规律的二阶常系数线性微分方程

$$T_M T_a \frac{d^2 n}{dt^2} + T_M \frac{dn}{dt} + n = n_L \qquad (4.21)$$

式中，T_a 为电枢回路的电磁时间常数，$T_a = L_a/R_a$。

特征方程为

$$T_M T_a s^2 + T_M s + 1 = 0 \qquad (4.22)$$

两个根为

$$s_{1,2} = -\frac{1}{2T_a}(1 \pm \sqrt{1 - 4T_a/T_M}) \qquad (4.23)$$

设电动机的负载转矩为 T_L，电枢电流的稳态值为 I_L，稳态转速为 n_L。过渡过程分析如下。

(1) 当 $4T_a < T_M$ 时，特征方程有两个负实根，过渡过程为非振荡动态过程。转速、电枢电流和电磁转矩变化曲线如图4.19所示。

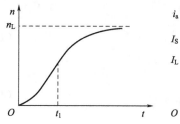 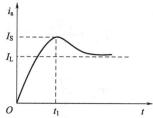 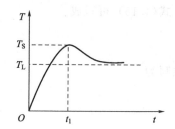

图 4.19　电动机启动的非振荡动态特性

（2）当 $4T_a > T_M$ 时，特征方程有一对共轭复根，过渡过程为衰减振荡的动态过程。转速、电枢电流和电磁转矩变化曲线如图 4.20 所示。

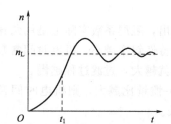 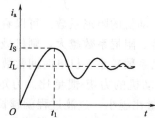 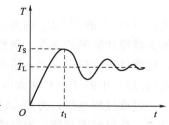

图 4.20　电动机启动的衰减振荡动态特性

综上所述，当考虑电枢回路电感时，其动态过程的方程式是两个惯性环节的微分方程，简称二阶系统。该系统具有电感和转动惯量（或飞轮矩）两个惯性环节，或者说具有两个储能元件。在一定条件下，在两个储能元件之间进行能量的不断交换，就会产生振荡。若不考虑回路电感，系统为一阶系统，就不可能产生振荡。

小　结

直流电动机的常用启动方法有电枢回路串电阻启动和降压启动两种。

直流电动机的调速方法建立在三种人为机械特性的基础之上，包括电枢串电阻调速、降低电源电压调速和弱磁调速。

调速的性能指标反映了对调速的要求，主要性能指标有：调速范围、静差率、调速的平滑性和经济性。这也是决定电动机选择何种调速方法的依据。

直流电动机调速方式有恒转矩调速方式与恒功率调速方式。为了使电动机运行得更加合理，调速方式应与负载性质相匹配，即恒转矩调速方式与恒转矩负载相对应，恒功率调速方式与恒功率负载相对应。

他励直流电动机负载运行时，若改变端电压、磁通及电枢回路所串电阻等相关参数，电动机的机械特性和工作点就会分布在四个象限之内，即电动机会在四个象限内运行，处于各种不同的运行状态。

电动机的运行状态有三类：电动运行、制动运行和回馈制动运行。

电动运行包括正向电动运行和反向电动运行，分别工作于第一和第三象限，特征是电磁转矩 T 与转速 n 同方向。

制动运行包括能耗制动、反接制动和倒拉反转运行等，分别工作于第二、第二和第四象限，电磁转矩 T 与转速 n 方向相反。

回馈制动运行包括正向回馈制动运行和反向回馈制动运行，分别工作于第二和第四象限，电磁转矩 T 与转速 n 方向相反。

每一种运行方式均有着不同的机械特性和功率流向关系。

当电力拖动系统的负载发生变化时，系统的平衡关系就被打破，系统从一个稳态工作点向另一个稳态工作点转移，这个转移过程就是电力拖动系统的过渡过程。

机电时间常数 T_M 是表征电力拖动系统惯性的物理量，其大小反映了过渡过程时间的长短。

思　考　题

4.1　一般的直流电动机通常采用什么启动方法？

4.2　判断下列各结论是否正确。

(1) 他励直流电动机降低电源电压调速属于恒转矩调速方式，因此只能拖动恒转矩负载运行。（　　）

(2) 他励直流电动机电源电压为额定值，电枢回路不串电阻，减弱磁通时，无论拖动恒转矩负载还是恒功率负载，只要负载转矩不过大，电动机的转速都升高。（　　）

(3) 他励直流电动机拖动负载运行时，只要转矩不超过额定转矩 T_N，不论采用哪一种调速方法，电动机都可以长期运行而不致过热损坏。（　　）

(4) 他励直流电动机降压或串电阻调速时，最大静差率数值越大，调速范围也越大。（　　）

(5) 不考虑电动机在电枢电流大于额定电流的条件下运行时是否因过热而损坏的问题，他励电动机带很大的负载转矩运行，减弱电动机的磁通，电动机转速也一定会升高。（　　）

(6) 他励直流电动机降低电源电压调速与弱磁调速，都可以做到无级调速。（　　）

(7) 降低电源电压调速的他励直流电动机带额定转矩运行时，不论转速高低，电枢电流 $I_a = I_N$。（　　）

4.3　$n_N = 1500\text{r/min}$ 的他励直流电动机拖动转矩 $T_L = T_N$ 的恒转矩负载，在固有机械特性、电枢回路串电阻、降低电源电压及减弱磁通的人为特性上运行，请在下表中填满有关数据。

U	Φ	$(R_a+R)/\Omega$	$n_0/(\text{r/min})$	$n/(\text{r/min})$	I_a/A
U_N	Φ_N	0.5	1650	1500	58
U_N	Φ_N	3.0			
$0.75U_N$	Φ_N	0.5			
U_N	$0.7\Phi_N$	0.5			

4.4　他励直流电动机的调速方法有哪些？分别属于恒转矩调速还是恒功率调速方式？

4.5　他励直流电动机拖动恒转矩负载调速机械特性如图 4.21 所示，分析工作点从 A_1 向 A 调节时，电动机可能经过哪些不同的运行状态。

4.6　什么是调速范围和静差率？两者有什么联系？

4.7　恒转矩调速方式和恒功率调速方式的特点是什么？

4.8　为什么调速方式要与负载类型相匹配？

4.9　下列各种情况下，采用电动机惯例的一台他励直流电动机运行在什么状态：

(1) $E_a > U_N$，$n > 0$；

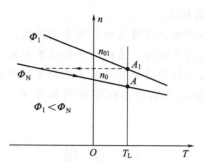

图 4.21 弱磁调速的转速下降过程

(2) $P_1 > 0$，$P_M < 0$；

(3) $E_a < 0$，$E_a I_a > 0$；

(4) $P_1 > 0$，$P_M > 0$；

(5) $T > 0$，$n < 0$，$U = U_N$；

(6) $U_N I_a < 0$，$E_a I_a < 0$；

(7) $U = U_N$，$I_a < 0$；

(8) $n < 0$，$U = -U_N$，$I_a > 0$；

(9) $T\Omega < 0$，$P_1 = 0$，$E_a < 0$；

(10) $U = 0$，$n < 0$。

4.10 一台他励直流电动机拖动一台电动小车行驶，小车前进时电动机转速为正。当小车走在斜坡路上，负载的摩擦转矩比位能性转矩小，小车在斜坡上前进和后退时电动机可能工作在什么状态？并在机械特性上标出工作点。

4.11 采用电动机惯例时，他励直流电动机电磁功率 $P_M = E_a I_a = T\Omega < 0$，说明了电动机内机电能量转换的方向是机械功率转换成电功率，那么是否可以认为该电动机运行于回馈制动状态，或者说就是一台他励直流发电机？为什么？

4.12 一台他励直流电动机拖动的卷扬机，当电枢所接电源电压为额定电压，电枢回路串入电阻时拖动着重物匀速上升，若把电源电压突然反向，电动机最后稳定运行于什么状态？重物提升还是下放？画出机械特性，并说明中间经过了什么运行状态？

4.13 机电时间常数是什么过渡过程的时间常数？其大小与哪些量有关？

4.14 如何测量电动机的机电时间常数？

习 题

4.1 一台 15kW、220V 的并励电动机，额定效率 $\eta_N = 85.3\%$，电枢回路的总电阻 $R_a = 0.2\Omega$，并励回路励磁电阻 $R_f = 44\Omega$。今欲使启动电流限制为额定电流的 1.5 倍，试求启动电阻应为多少？若启动时不接启动电阻则启动电流为额定电流的多少倍？

4.2 他励直流电动机，$P_N = 13kW$，$U_N = 220V$，$I_N = 68.7A$，$n_N = 1500r/min$，$R_a = 0.224\Omega$，电枢串电阻调速，要求 $\delta_{max} = 30\%$，求：

(1) 电动机带额定负载转矩时的最低转速；

(2) 调速范围；

(3) 电枢需串入的电阻最大值；

(4) 运行在最低速带额定负载转矩时，电动机的输入功率、输出功率（忽略 T_0）及外串电阻上的损耗。

4.3 习题 4.2 中的电动机，降低电源电压调速，要求 $\delta_{max}=30\%$，求：

(1) 电动机带额定负载转矩时的最低转速；

(2) 调速范围；

(3) 电源电压需调到的最低值；

(4) 电动机带额定负载转矩在最低转速运行时，电动机的输入功率及输出功率（忽略空载损耗）。

4.4 某一生产机械采用他励直流电动机作原动机，该电动机用弱磁调速，数据为：$P_N=18.5kW$，$U_N=220V$，$I_N=103A$，$n_N=500r/min$，最高转速 $n_{max}=1500r/min$，$R_a=0.18\Omega$。

(1) 若电动机带动恒转矩负载 $T_N=T_L$，求当把磁通减弱至 $\Phi=\frac{1}{3}\Phi_N$ 时电动机的稳定转速和电枢电流。能否长期运行？为什么？

(2) 若电动机带动恒功率负载，求 $P_N=P_L$，求 $\Phi=\frac{1}{3}\Phi_N$ 时电动机的稳定转速和转矩。此时能否长期运行？为什么？

4.5 一台并励直流电动机，$P_N=7.2kW$，$U_N=110V$，$n_N=900r/min$，$\eta_N=85\%$，$R_a=0.08\Omega$，$I_{fN}=2A$。若总制动转矩不变，在电枢回路串入一电阻使转速降低到 $450r/min$，试求串入电阻的数值、输出功率和效率（忽略空载损耗）。

4.6 某直流电动机，$P_N=17kW$，$U_N=220V$，$I_N=90A$，$n_N=1500r/min$，$R_a=0.147\Omega$。计算：

(1) 直接启动时的启动电流；

(2) 拖动额定负载启动，启动电流 $I_S=2.5I_N$。若采用电枢回路串电阻启动，应串入多大电阻？若采用降电压启动，电压应降到多大？

4.7 一台他励直流电动机的额定指标为：$P_N=17kW$，$U_N=110V$，$I_N=185A$，$n_N=1000r/min$，$R_a=0.05\Omega$。电动机最大允许电流 $I_{amax}=1.8I_N$，电动机拖动 $T_L=0.8T_N$ 负载运行，计算：

(1) 若采用能耗制动停车，电枢应串入多大电阻？

(2) 若采用反接制动停车，电枢应串入多大电阻？

(3) 两种制动方法在制动开始瞬间的电磁转矩各是多大？

(4) 两种制动方法在制动到 $n=0$ 时的电磁转矩各是多大？

4.8 某他励直流电动机，$P_N=29kW$，$U_N=440V$，$I_N=76A$，$n_N=1000r/min$，$R_a=0.376\Omega$。采用减小磁通和降低电源电压的方法调速，要求最低理想空载转速 $n_{0min}=250r/min$，最高理想空载转速 $n_{0max}=1500r/min$，试计算：

(1) 该电动机拖动恒转矩负载 $T_N=T_L$ 时的最低转速及此时的静差率 δ_{max}；

(2) 该电动机拖动恒功率负载 $P_L=P_N$ 时的最高转速；

(3) 系统的调速范围。

4.9 一台他励直流电动机，$P_N=13kW$，$U_N=220V$，$I_N=68.7A$，$n_N=1500r/min$，$R_a=0.195\Omega$，拖动一台升降机，吊装时将转轴堵住，使重物停在空中。若提某重物时，堵转机构故障，需要电动机采用电气措施把重物吊在空中不动。已知重物的负载转矩 $T_N=T_L$，问此时电动机电枢回路应串入多大电阻才能使重物停在空中？

4.10 一台他励直流电动机拖动起重机提升机构，$P_N=30kW$，$U_N=220V$，$I_N=$

158A，$n_N=1000r/min$，$R_a=0.069\Omega$。当下放重物时，已知负载转矩 $T_L=0.7T_N$，若欲使重物在电动机电源电压不变时，以 $n=-550r/min$ 转速下放，问电动机可能运行在什么状态？计算该状态下电枢回路应串入的电阻值。

4.11　他励直流电动机的额定指标为：$P_N=7.5kW$，$U_N=220V$，$I_N=41A$，$n_N=1500r/min$，$R_a=0.376\Omega$。拖动恒转矩负载运行，$T_L=T_N$，把电源电压降到 $U=150V$，计算：

(1) 电源电压降低的瞬间，电动机的电枢电流及电磁转矩。

(2) 稳定运行转速。

4.12　一台他励直流电动机数据为：$P_N=29kW$，$U_N=440V$，$I_N=76.2A$，$n_N=1050r/min$，$R_a=0.393\Omega$。

(1) 电动机在反向回馈制动运行下放重物，设 $I_a=60A$，电枢回路不串电阻，电动机的转速与负载转矩各为多少？回馈电源的电功率多大？

(2) 若采用能耗制动运行下放同一重物，要求电动机转速 $n=-300r/min$，问电枢回路应串入多大电阻？该电阻上消耗的电功率是多大？

(3) 若采用倒拉反转下放同一重物，电动机转速 $n=-850r/min$，问电枢回路应串入多大电阻？电源送入电动机的电功率多大？串入的电阻上消耗多大电功率？

4.13　并励直流电动机的额定指标为：$P_N=10kW$，$U_N=220V$，$\eta_N=84.5\%$，$I_{fN}=1.178A$，$n_N=1500r/min$，$R_a=0.354\Omega$。试求采用下列制动方式制动时，进入制动状态的瞬间，电动机的电枢回路损耗及电磁转矩。

(1) 电动机拖动恒转矩负载在额定状态下运行，电枢回路串电阻使转速下降到 $n=200r/min$ 时稳定运行，然后采用反接制动。

(2) 采用能耗制动，制动前的运行状态同 (1)。

(3) 电机带位能性负载采用回馈制动运行，当 $n=2000r/min$ 时。

第五章
变压器

第一节　概述

变压器是一种静止的电气设备，利用电磁感应原理，它可以实现从一种电压等级的交流电能到同频率的另一种电压等级的交流电能的转换。

在电力系统中，需要将发电厂发出的电能输送到远距离的用户区，为减少线路损耗，采用升压变压器将发电机发出的电压（通常为 $10.5\sim20\text{kV}$）升高到 $110\sim500\text{kV}$ 或更高的电压，再进行输送。到达用户地区后，采用降压变压器和配电变压器降压，以满足用户对不同用电电压的需求。为保证电力系统的各个组成部分都在它们最适合的电压等级下运行，通常需要变压器多次变压，变压器的安装容量是发电机容量的 $5\sim8$ 倍。因此，在电力系统中，变压器具有重要的作用。

除电力系统之外，变压器的应用也十分广泛，如给整流设备供电的整流变压器、给实验设备供电的调压变压器、测量设备用的仪用变压器、控制设备用的控制变压器，还有其他特种变压器，如电抗器、隔离变压器、电焊变压器等。

一、变压器的分类

变压器可以按用途、相数、绕组数目、冷却方式、铁芯结构等进行分类。

按用途分类为：电力变压器、调压变压器、仪用互感器、特殊变压器、控制用变压器；

按相数分类为：单相变压器、三相变压器、多相变压器；

按绕组数目分类为：双绕组变压器、三绕组变压器、自耦变压器、多绕组变压器；

按冷却方式分类为：干式变压器、油浸变压器；

按铁芯结构分类为：心式变压器和壳式变压器。

二、变压器的工作原理

变压器由绕在一个铁芯上的两个或者多个绕组组成，绕组之间通过交变的磁通互相联系。以单相双绕组变压器为例，介绍变压器的工作原理。

单相双绕组变压器的示意图如图 5.1 所示。一次绕组 AX 接交流电源 U_1，在一次绕组中产生交流电流 I_1，因此在铁芯中产生交变的磁通 Φ_m，忽略漏磁通。该磁通 Φ_m 交链一次绕组和二次绕组，在两个绕组中感应出电动势，分别为 E_1 和 E_2。E_2 在二次绕组中产生电流 I_2，并在负载上产生压降 U_2。

忽略绕组电阻和漏抗压降，有：$U_1\approx E_1$，$U_2\approx E_2$。感应电动势 E_1、E_2 与共同交链的

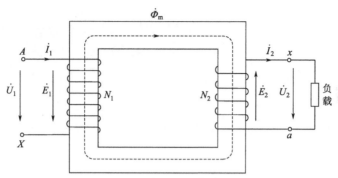

图 5.1　变压器工作原理

磁通和对应绕组匝数成正比。电动势 E_1 与 E_2 之比称为变比，用 k 表示。即

$$k = \frac{E_1}{E_2} = \frac{N_1}{N_2} = \frac{U_1}{U_2} \tag{5.1}$$

式中，N_1 与 N_2 分别为一、二次绕组的匝数。

只要 $N_1 \neq N_2$，即 $k \neq 1$，一、二次侧绕组的电压也就不相等，就实现了电压等级的变换，这就是变压器的工作原理。

三、变压器的基本结构

铁芯和绕组是变压器最主要的部分。此外，变压器的基本结构还包括油箱、套管等。

1. 铁芯

铁芯是变压器的磁路部分，由铁芯柱和铁轭两部分组成，铁轭将铁芯柱连接起来构成闭合磁路，如图 5.2 所示。为了降低交变磁场在铁芯中产生的涡流损耗和磁滞损耗，变压器铁芯通常由很薄的冷轧硅钢片叠装而成。为了进一步降低损耗，铁芯叠片采用不同的排法交错叠压，每层将接缝错开，如图 5.3 所示。

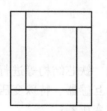

图 5.2　单相变压器铁芯叠片

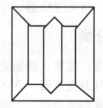

图 5.3　三相变压器铁芯叠片

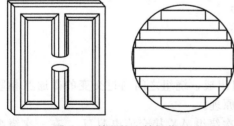

图 5.4　铁芯柱和铁轭截面

铁芯柱截面是内接于圆的多级矩形，铁轭与铁芯柱截面相等，如图 5.4 所示。

2. 绕组

绕组是变压器的电路部分，由带有绝缘层的导线绕制而成。一种圆筒式绕组如图 5.5 所示。低压绕组套在铁芯上，高压绕组则在低压绕组的外面。高、低压绕组之间有油道或气道，以增强绝缘性能和改善散热条件。变压器的铁芯和绕组装配到一起称为变压器的器身，如图 5.6 所示。

3. 油箱

通常，电力变压器的器身都放置在充满变压器油的油箱中，以提高绝缘强度，加强散热。

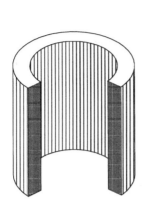

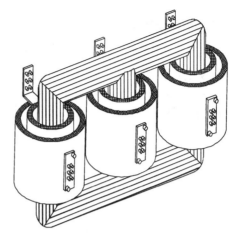

| 图 5.5　圆筒式绕组 | 图 5.6　三相变压器器身 |

4. 套管

变压器绕组的引出线穿过油箱时，必须通过绝缘套管，以保证引出线和油箱绝缘。绝缘套管一般由陶瓷制成，为了增强绝缘性能，套管外形通常都做成多级伞形。

变压器还有许多其他的附件，例如油枕（又称储油柜）、测温装置、气体继电器、安全气道、无载或有载分接开关、散热器等。

图 5.7 是一台油浸式电力变压器示意图。

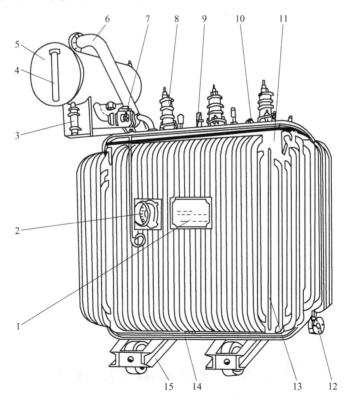

图 5.7　三相油浸式电力变压器外形图

1—铭牌；2—信号式温度计；3—吸湿器；4—油表；5—储油柜；6—安全气道；7—气体继电器；
8—高压套管；9—低压套管；10—分接开关；11—油箱；12—放油阀门；13—器身；14—接地板；15—小车

四、变压器型号和额定数据

变压器铭牌上有变压器的型号、额定数据等。变压器的型号由多位汉语拼音大写字母和数字组成，可从变压器的型号了解其基本结构。图 5.8 为常用变压器型号字母数字排列顺序及含义。如：SL-3000/20，为三相自然冷却双绕组铝线变压器，额定容量为 3000kVA，高压侧额定电压为 20kV。

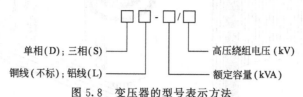

图 5.8　变压器的型号表示方法

变压器在一定条件下正常运行时，对电压、电流、功率等物理量有统一的规定，所规定的数值称为变压器的额定值。变压器的额定值是反映产品重要技术性能的数据，可当作变压器的生产、设计、制造和使用时的技术依据。通常最重要的几项数据都刻在产品的铭牌上，因此又称为铭牌值，主要有：

(1) 额定容量 S_N，它也是变压器的视在功率。单位为 VA 或 kVA。一次绕组、二次绕组的额定容量相等。

(2) 额定电压 U_{1N}/U_{2N}，指线电压，单位为 V 或 kV。U_{1N} 是电源加到一次绕组上的额定电压，U_{2N} 是一次绕组加上额定电压后二次侧开路即空载运行时二次绕组的端电压。

(3) 额定电流 I_{1N}/I_{2N}，指线电流，单位为 A。

(4) 额定频率 f，我国规定标准工业用电频率为 50Hz。

(5) 额定运行时绕组温升，单位为 K。油浸变压器的线圈温升限值为 65K。

此外，额定值还有联结组别、短路阻抗、空载损耗、短路损耗、空载电流等。

单相、三相变压器的额定容量、额定电压和额定电流之间的关系是：

单相变压器

$$S_N = U_{1N} I_{1N} = U_{2N} I_{2N}$$

三相变压器

$$S_N = \sqrt{3} U_{1N} I_{1N} = \sqrt{3} U_{2N} I_{2N}$$

【例 5.1】　一台三相变压器，额定容量 $S_N = 200$kVA，$U_{1N}/U_{2N} = 12000/400$V，计算额定电流。

解

$$I_{1N} = \frac{S_N}{\sqrt{3} U_{1N}} = \frac{200 \times 10^3}{\sqrt{3} \times 12000} = 9.62 \text{(A)}$$

$$I_{2N} = \frac{S_N}{\sqrt{3} U_{2N}} = \frac{200 \times 10^3}{\sqrt{3} \times 400} = 288.68 \text{(A)}$$

第二节　变压器的空载运行

在理想状态下，三相电力变压器的三相参数相同。若变压器的一次侧接三相对称的电源电压（幅值相等，相位互差 120°），同时，二次侧带上三相对称的负载，变压器的运行状态称为对称运行状态。三相变压器对称运行的情况可以由三个单相变压器进行等效。因此，以单相变压器为例，分析其空载运行和负载运行。

变压器的一次绕组接在电源上，二次绕组开路，称为空载运行。

一、空载运行时的磁通、感应电动势

图 5.9 是单相变压器空载运行的示意图。一次绕组接交流电源，二次绕组开路。一次绕组中流过的电流为 i_0，称为空载电流，产生的磁动势 i_0N_1 为空载磁动势 F_0。在空载磁动势 F_0 的作用下，磁路中产生磁通，因此空载电流又称为励磁电流，空载磁动势又称为励磁磁动势。

励磁磁动势产生的磁通分为两部分：一部分同时交链着一次绕组和二次绕组的，称为主磁通，其幅值用 Φ_m 表示；另一部分只交链一次绕组本身而不交链二次绕组，称为一次绕组的漏磁通，其幅值用 Φ_{s1} 表示。

交流电压 u_1 随时间以频率 f 做正弦变化，因此励磁电流 i_0、主磁通 Φ_m 及一次绕组漏磁通 Φ_{s1} 也都随时间交变，频率均为 f。

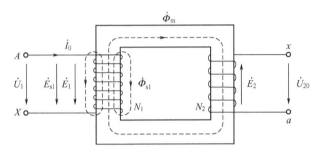

图 5.9　变压器空载运行

一次绕组中的励磁电流 i_0 产生励磁磁动势 F_0，在 F_0 的作用下，磁路中产生磁通；交变的磁通在与它交链的绕组中感应电动势，主磁通 Φ_m 在一次绕组中感应电动势为 e_1，在二次绕组中感应电动势为 e_2；一次绕组漏磁通 Φ_{s1} 在一次绕组中感应电动势为 e_{s1}。同时，励磁电流 i_0 还会在一次绕组中产生电阻压降 i_0R_1。根据以上分析，得到变压器空载运行时，基本电磁关系流程图，如图 5.10 所示。

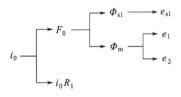

图 5.10　变压器空载运行时的基本电磁关系

变压器各物理量的正方向规定如图 5.9 所示，一次绕组中，$\dot{I}_0$、$\dot{U}_1$、$\dot{E}_1$ 正方向一致，磁通的方向与励磁电流的方向符合右手螺旋定则。

当电源电压按正弦规律交变时，变压器的主磁通也按正弦规律交变，设其瞬时值为

$$\Phi = \Phi_m \sin\omega t \tag{5.2}$$

根据电磁感应定律，主磁通在一次绕组、二次绕组中感应电动势的瞬时值 e_1、e_2 为

$$e_1 = -N_1 \frac{d\Phi}{dt} = -\omega N_1 \Phi_m \cos\omega t = \omega N_1 \Phi_m \sin(\omega t - 90°) \tag{5.3}$$

$$e_2 = -N_2 \frac{d\Phi}{dt} = \omega N_2 \Phi_m \sin(\omega t - 90°) \tag{5.4}$$

其相量形式为

$$\dot{E}_1 = -j\frac{\omega N_1}{\sqrt{2}}\dot{\Phi}_m = -j\frac{2\pi f N_1}{\sqrt{2}}\dot{\Phi}_m = -j4.44 f N_1 \dot{\Phi}_m \tag{5.5}$$

$$\dot{E}_2 = -\mathrm{j}\frac{\omega N_2}{\sqrt{2}}\dot{\Phi}_\mathrm{m} = -\mathrm{j}\frac{2\pi f N_2}{\sqrt{2}}\dot{\Phi}_\mathrm{m} = -\mathrm{j}4.44 f N_2 \dot{\Phi}_\mathrm{m} \tag{5.6}$$

式（5.4）和式（5.5）说明，绕组中感应电动势与绕组的匝数及主磁通的最大值成正比，相位则落后于主磁通 90°。

二、电压平衡方程式

根据基尔霍夫第二定律，可得一次绕组电压平衡方程式：

$$\dot{U}_1 = -\dot{E}_1 - \dot{E}_{\mathrm{s}1} + \dot{I}_0 R_1$$

将漏磁通在绕组中产生的电动势看成是励磁电流 $\dot{I}_0$ 在漏电抗 X_1 上产生的电压降。即

$$\dot{E}_{\mathrm{s}1} = -\mathrm{j}\dot{I}_0 \omega L_{\mathrm{s}1} = -\mathrm{j}\dot{I}_0 X_1$$

式中，$L_{\mathrm{s}1}$ 为一次绕组的漏电感；$X_1 = \omega L_{\mathrm{s}1}$，为对应一次绕组漏磁通的漏电抗。

因此，一次绕组电压平衡方程式为

$$\dot{U}_1 = -\dot{E}_1 + \mathrm{j}\dot{I}_0 X_1 + \dot{I}_0 R_1 = -\dot{E}_1 + \dot{I}_0 Z_1 \tag{5.7}$$

式中，Z_1 为一次绕组的漏阻抗，$Z_1 = R_1 + \mathrm{j}X_1$，为常数。

二次侧电压平衡方程式：

$$\dot{U}_{20} = \dot{E}_2 \tag{5.8}$$

忽略一次绕组漏阻抗时，空载运行的变压器一、二次侧电压关系为 $\dot{U}_1 \approx -\dot{E}_1$，$\dot{U}_{20} = \dot{E}_2$。此时，变压器的变比近似等于 U_1 与 U_{20} 的比值，即

$$k = \frac{E_1}{E_2} = \frac{N_1}{N_2} \approx \frac{U_1}{U_{20}} \tag{5.9}$$

三、空载电流

变压器空载运行时，由空载电流产生空载磁动势 F_0，建立主磁通。

1. 空载电流的波形

变压器在空载运行时，电源电压按正弦规律交变，主磁通也按正弦规律交变。若铁芯磁路不饱和，空载电流 i_0 也是正弦波。而变压器铁芯磁路通常都是饱和的。由图 5.11 可知，此时励磁电流已不再是正弦波，而是尖顶波，除了基波之外，还有三次谐波和其他高次谐波。

图 5.11 中，根据主磁通 Φ 的值，在磁化曲线 $\Phi = f(i_0)$ 上可以确定 i_0 的值，即可得到 i_0 的变化曲线 $i_0 = f(t)$。其中，$\Phi = f(i_0)$ 曲线可以根据硅钢片的基本磁化曲线 $B = f(H)$ 得到。通常，在变压器负载运行时，$I_0 = (2\% \sim 10\%)I_{1\mathrm{N}}$。容量越大，$I_0$ 相对越小。

2. 空载电流与主磁通的相量关系

如果变压器铁芯中没有损耗，$\dot{I}_0$ 与主磁通 $\dot{\Phi}_\mathrm{m}$ 同相位，超前 $\dot{E}_1$ 90°，为无功电流。但由于主磁通是交变的，在铁芯中产生涡流损耗和磁滞损耗，统称为铁耗 p_{Fe}。此时 $\dot{I}_0$ 将存在一个有功分量 $\dot{I}_{0\mathrm{P}}$，提供变压器铁耗 p_{Fe} 所需要的有功功率。该有功分量 $\dot{I}_{0\mathrm{P}}$ 与电压 $\dot{U}_1$ 同方向。由于 $\dot{U}_1 \approx -\dot{E}_1$，即与 $-\dot{E}_1$ 同方向。因此，$\dot{I}_0$ 就包括有功分量 $\dot{I}_{0\mathrm{P}}$ 和无功分量 $\dot{I}_{0\mathrm{Q}}$，领先 $\dot{\Phi}_\mathrm{m}$ 一个角度 α，α 称为铁耗角。空载时各物理量的相位关系如图 5.12 所示。

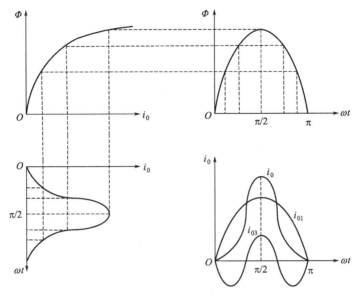

图 5.11 空载电流波形

四、空载运行相量图

根据空载运行时各物理量的相位关系和电压平衡方程式(5.7),画出变压器空载运行的相量图,如图 5.13 所示。

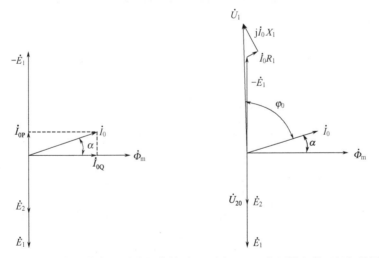

图 5.12 变压器空载时各物理量的相位关系　　图 5.13 变压器空载运行相量图

电源电压 $\dot{U}_1$ 与励磁电流 $\dot{I}_0$ 之间的夹角为 φ_0,称为空载运行的功率因数角。由于 $\dot{U}_1 \approx -\dot{E}_1$,从图 5.13 相量图中看出 $\varphi_0 \approx 90°$,因此变压器空载运行时功率因数很低。

五、空载运行时的等效电路

效仿漏磁通在绕组中产生的电动势可视为励磁电流 I_0 在漏电抗 X_1 上产生的电压降的处理办法,将 $\dot{E}_1$ 视为励磁电流 I_0 在励磁阻抗 Z_m 上产生的电压降。

励磁阻抗 Z_m 为

$$Z_m = R_m + jX_m \tag{5.10}$$

则

$$\dot{E}_1 = -\dot{I}_0 Z_m \tag{5.11}$$

式(5.10) 中，Z_m 为励磁阻抗；R_m 为励磁电阻，是铁耗 $I_0^2 R_m$ 的等效电阻；X_m 为励磁电抗，是表征铁芯磁化性能的一个参数。

通常，R_m 和 X_m 均随铁芯饱和程度而变化。当变压器电源电压为额定值时，R_m 和 X_m 为常数，Z_m 保持不变。

由式(5.10) 和式(5.11)，电压平衡方程式可表示为

$$\dot{U}_1 = \dot{I}_0 Z_m + \dot{I}_0 Z_1 \tag{5.12}$$

对应的等效电路如图 5.14 所示。变压器空载运行时，可视为一个电阻电感电路。

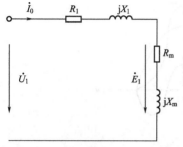

图 5.14　变压器空载时的等效电路

通常，励磁阻抗比一次绕组漏阻抗大得多，即 $Z_m \gg Z_1$。因此，变压器励磁电流主要取决于励磁阻抗 Z_m。为了提高变压器的效率和减少电网的无功功率负担，需要降低励磁电流 I_0，因而励磁阻抗 Z_m 的取值比较大。

第三节　变压器的负载运行

变压器的一次绕组接在电源上，二次绕组接负载，称为负载运行。变压器负载运行的原理图如图 5.15 所示。

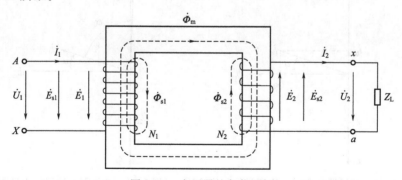

图 5.15　变压器的负载运行

负载运行时，二次绕组 ax 两端接上负载阻抗 $Z_L = R_L + jX_L$，二次侧回路中有电流 $\dot{I}_2$ 流过，称为负载电流。

负载运行时，各量正方向如图 5.15 所示。其中，一次绕组中，$\dot{I}_1$、$\dot{U}_1$、$\dot{E}_1$ 正方向一致，主磁通 $\dot{\Phi}_m$ 的方向与电流 $\dot{I}_1$ 的方向符合右手螺旋定则；二次绕组中，$\dot{I}_2$、$\dot{U}_2$、$\dot{E}_2$ 正方向一致，主磁通 $\dot{\Phi}_m$ 的方向与电流 $\dot{I}_2$ 的方向符合右手螺旋定则。

变压器负载运行时，一次绕组中的电流 i_1 产生磁动势 F_1，在 F_1 的作用下，磁路中产

生磁通；交变的磁通在与它交链的两个绕组中感应电动势。二次绕组回路由于接了负载，产生电流 i_2，对应产生的磁动势为 F_2，因此，磁路中总励磁磁动势为 $\dot{F}_1+\dot{F}_2$。在 $\dot{F}_1+\dot{F}_2$ 的作用下，磁路中产生磁通 Φ_{m}，在一次绕组中感应电动势为 e_1，在二次绕组中感应电动势为 e_2；一次绕组漏磁通 $\Phi_{\mathrm{s}1}$ 在一次绕组中感应电动势为 $e_{\mathrm{s}1}$，二次绕组漏磁通 $\Phi_{\mathrm{s}2}$ 在二次绕组中感应电动势为 $e_{\mathrm{s}2}$。

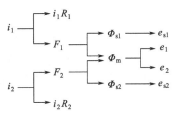

图 5.16 变压器负载运行时
各物理量的电磁关系

同时，一、二次绕组电流 i_1、i_2 还会在各自对应的绕组中产生压降 i_1R_1、i_2R_2。根据以上分析，得到变压器负载运行时，基本电磁关系流程图如图 5.16 所示。

一、磁动势平衡方程式

变压器负载运行时，一、二次侧绕组均有电流，都要产生磁动势，铁芯中的主磁通是由这两个磁动势共同产生的，即负载时的合成磁动势为

$$\dot{F}_1+\dot{F}_2$$

通常，变压器的一次绕组漏阻抗压降 I_1Z_1 很小，所以，负载时仍有 $U_1\approx E_1=4.44fN_1\Phi_{\mathrm{m}}$，即 E_1 基本不变，故产生 E_1 所需的主磁通 Φ_{m} 也基本不变，近似等于空载时的主磁通，因此，产生 Φ_{m} 的合成磁动势与空载磁动势近似相等，有

$$\dot{F}_1+\dot{F}_2=\dot{F}_0 \tag{5.13}$$

即

$$N_1\dot{I}_1+N_2\dot{I}_2=N_1\dot{I}_0 \tag{5.14}$$

式(5.13)和式(5.14)是变压器负载运行的磁动势平衡方程式，它不仅适用于负载 $I_2\neq0$ 的情况，也适用于空载 $I_2=0$，$I_1=I_0$ 的情况。

将式(5.13)两边同除以 N_1 得

$$\dot{I}_1+\left(\frac{N_2}{N_1}\right)\dot{I}_2=\dot{I}_0$$

即

$$\dot{I}_1=\dot{I}_0-\left(\frac{N_2}{N_1}\right)\dot{I}_2=\dot{I}_0+\left(-\frac{1}{k}\right)\dot{I}_2=\dot{I}_0+\dot{I}_{1\mathrm{L}} \tag{5.15}$$

式中，$\dot{I}_{1\mathrm{L}}=-\dfrac{1}{k}\dot{I}_2$，为一次侧电流的负载分量。

从式(5.15)可以看出，变压器负载运行时，一次侧绕组电流 $\dot{I}_1$ 存在两个分量 $\dot{I}_0$ 和 $\dot{I}_{1\mathrm{L}}$。$\dot{I}_0$ 的作用是建立铁芯中的主磁通 $\dot{\Phi}_{\mathrm{m}}$，负载分量 $\dot{I}_{1\mathrm{L}}$ 的作用是产生磁动势 $N_1\dot{I}_{1\mathrm{L}}$ 用于抵消二次侧绕组电流 $\dot{I}_2$ 产生的磁势 $N_2\dot{I}_2$，以确保主磁通 $\dot{\Phi}_{\mathrm{m}}$ 不变。

由于：

$$-\left(\frac{N_2}{N_1}\right)\dot{I}_2=\dot{I}_{1\mathrm{L}}$$

即

$$N_1\dot{I}_{1\mathrm{L}}+N_2\dot{I}_2=0$$

二、电压平衡方程式

变压器负载运行时，二次绕组电流 $\dot{I}_2$ 产生的磁通为漏磁通 $\dot{\Phi}_{\mathrm{s}2}$，它只交链二次绕组，

产生感应电动势 $\dot{E}_{s2}$，也可以等效为一个漏抗压降，即

$$\dot{E}_{s2}=-j\dot{I}_2\omega L_{s2}=-j\dot{I}_2X_2 \tag{5.16}$$

式中，L_{s2} 为二次绕组的漏电感；$X_2=\omega L_{s2}$，是对应的漏电抗。

二次绕组的漏阻抗 $Z_2=R_2+jX_2$。

根据基尔霍夫第二定律，得到二次侧回路电压平衡方程式：

$$\dot{U}_2=\dot{E}_2-\dot{I}_2Z_2$$

根据前面的各电磁量的关系，得到变压器稳态负载运行时的六个基本方程式如下：

$$\begin{cases} \dot{U}_1=-\dot{E}_1+\dot{I}_1Z_1 \\ \dot{U}_2=\dot{E}_2-\dot{I}_2Z_2 \\ \dfrac{\dot{E}_1}{\dot{E}_2}=k \\ \dot{I}_1N_1+\dot{I}_2N_2=\dot{I}_0N_1 \\ -\dot{E}_1=\dot{I}_0Z_m \\ \dot{U}_2=\dot{I}_2Z_L \end{cases} \tag{5.17}$$

根据这六个方程，可以计算变压器稳态对称运行时的各物理量量。

实际上，当变比 k 较大时，一、二次侧的电压，电流，阻抗等数值相差极大，计算起来不方便，画负载运行时的相量图也很困难。为了解决这一问题，通常采用折合算法，得到变压器折合后的基本方程式、等效电路和相量图，来分析计算变压器。

三、折合算法

变压器的一次侧绕组和二次侧绕组虽然是相互独立的，没有电路上的联系，但共同交链着主磁通，有磁路上的联系。从磁动势平衡关系中可以看出，变压器负载运行时，二次侧就会产生磁动势 $\dot{F}_2=\dot{I}_2N_2$，而一次侧磁动势同时也增加一个负载分量 $N_1\dot{I}_{1L}=-\dot{I}_2N_2$ 与二次侧磁动势相平衡。即二次侧是通过磁动势 $\dot{F}_2$ 影响一次侧，只要磁动势 $\dot{F}_2$ 不变，就不会对一次侧产生不同的影响。显然，进行绕组折算的条件就是折算前后磁动势不变。

实际绕组的各个量称为实际值，等效绕组的各个量称为折合值。折合值上角加 "'" 以示区别。

1. 二次侧电流的折算

把实际的二次绕组折算成匝数为 N_1、电流为 $\dot{I}_2'$ 的等效二次绕组，而保持磁动势不变。即

$$\dot{F}_2=\dot{I}_2N_2=\dot{I}_2'N_1$$

此时，磁动势平衡方程式就变成为

$$\dot{I}_1N_1+\dot{I}_2'N_1=\dot{I}_0N_1$$

化简为

$$\dot{I}_1+\dot{I}_2'=\dot{I}_0$$

磁动势平衡关系变成了简单的电流平衡关系。二次绕组电流折合前后的关系为

$$\dot{I}'_2 = \frac{N_2}{N_1}\dot{I}_2 = \frac{\dot{I}_2}{k} \tag{5.18}$$

2. 二次侧电动势的折算

由于折算前后 $\dot{F}_2$ 不变，从而铁芯中主磁通 $\dot{\Phi}_m$ 不变，于是折算后的二次绕组的感应电动势

$$E'_2 = -j4.44fN_1\Phi_m$$

即

$$E'_2 = E_1$$

折算前后的感应电动势之间的关系：

$$E'_2 = \frac{N_1}{N_2}E_2 = kE_2 \tag{5.19}$$

3. 二次侧阻抗的折算

折算后二次侧的阻抗为

$$Z'_2 + Z'_L = \frac{\dot{E}'_2}{\dot{I}'_2} = \frac{k\dot{E}_2}{\frac{1}{k}\dot{I}_2} = k^2\frac{\dot{E}_2}{\dot{I}_2} = k^2(Z_2 + Z_L) \tag{5.20}$$

则

$$\begin{cases} Z'_L = k^2 Z_L \\ R'_L = k^2 R_L \\ X'_L = k^2 X_L \\ Z'_2 = k^2 Z_2 \\ R'_2 = k^2 R_2 \\ X'_2 = k^2 X_2 \end{cases} \tag{5.21}$$

式（5.21）表明，阻抗折合值为实际值的 k^2 倍。由于电阻和电抗折合前后都有 k^2 倍关系，因此，阻抗角不变。

4. 二次侧端电压的折算

$$\dot{U}'_2 = \dot{E}'_2 - \dot{I}'_2 Z'_2 = k\dot{E}_2 - \frac{\dot{I}_2}{k}k^2 Z_2 = k(\dot{E}_2 - \dot{I}_2 Z_2) = k\dot{U}_2 \tag{5.22}$$

上述折算结果表明：阻抗类参数折合时，只改变大小，不改变阻抗角；电流、电动势、电压等折合时，只改变大小，不改变相位。

折合算法不改变变压器的功率关系。由于二次绕组进行的是等效折合，产生的磁动势不变，因而不影响一次绕组。下面分析一下二次绕组折合前后的功率关系。

二次侧输出的有功功率

$$P_2 = mU'_2 I'_2 \cos\varphi_2 = mkU_2 \frac{1}{k}I_2\cos\varphi_2 = mU_2 I_2\cos\varphi_2$$

式中，$\cos\varphi_2$ 为负载的功率因数；φ_2 为负载阻抗 Z_L 的阻抗角；m 为变压器的相数。

因此，二次侧输出的有功功率折合前后不变。

二次侧输出的无功功率

$$Q_2 = mU'_2 I'_2 \sin\varphi_2 = mkU_2 \frac{1}{k}I_2\sin\varphi_2 = mU_2 I_2\sin\varphi_2$$

因此，二次侧输出的无功功率折合前后也不变。

从以上分析可以看出，折合算法并不改变变压器原有的功率关系。

折合算法也可以由一次侧向二次侧折合，这时二次侧参数为实际值，一次侧参数为折合值。究竟向哪一边折合，主要取决于哪一边折合后分析问题方便。

四、等效电路

采用折合算法后，变压器的基本方程式为

$$\begin{cases} \dot{U}_1 = -\dot{E}_1 + \dot{I}_1 Z_1 \\ \dot{U}'_2 = \dot{E}'_2 - \dot{I}'_2 Z'_2 \\ \dot{E}_1 = \dot{E}'_2 \\ \dot{I}_1 + \dot{I}'_2 = \dot{I}_0 \\ -\dot{E}_1 = \dot{I}_0 Z_m \\ \dot{U}'_2 = \dot{I}'_2 Z'_L \end{cases} \quad (5.23)$$

1. T 形等效电路

根据以上方程式，可以得出变压器的等效电路如图 5.17 所示。其电路参数分布形状像英文字母 "T"，故称为 T 形等效电路。

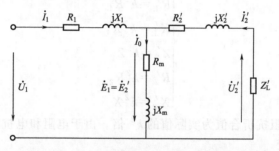

图 5.17 变压器的 T 形等效电路

事实上，变压器的一次侧和二次侧只有磁路上的联系，并无电路上的直接联系，使得分析起来比较复杂。由于采用了折合算法，一、二次侧感应电动势相等，即 $\dot{E}_1 = \dot{E}'_2$，就把一、二次侧的磁动势平衡方程转变成了电流节点方程，即 $\dot{I}_1 + \dot{I}'_2 = \dot{I}_0$。因此，一、二次侧绕组间就等同于建立了电路的联系。采用了等效电路，变压器的分析与计算就十分简单方便。

2. 简化等效电路

变压器负载运行时，由于 $I_1 \gg I_0$，因此可以忽略 I_0，认为含有 Z_m 的支路开路，就得到了以下简化等效电路，如图 5.18(a) 所示。

在图 5.18(a) 的简化等效电路，将电路参数合并，可得

$$\begin{cases} Z_k = R_k + jX_k \\ R_k = R_1 + R'_2 \\ X_k = X_1 + X'_2 \end{cases} \quad (5.24)$$

式中，Z_k 称为短路阻抗，R_k 称为短路电阻，X_k 称为短路电抗。简化等效电路如图 5.18(b) 所示。

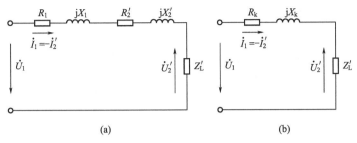

图 5.18 变压器的简化等效电路

五、相量图

根据折合后的变压器基本方程式，可以作出变压器负载运行的相量图。

已知 U_2、I_2、$\cos\varphi_2$，变压器参数 k、R_1、X_1、R_2、X_2、R_m、X_m。变压器负载运行相量图如图 5.19 所示，其中，图 5.19(a) 是带感性负载时的相量图，图 5.19(b) 是带容性负载的相量图。

作图步骤如下。

(1) 作出 $\dot{U}_2'$ 和 $\dot{I}_2'$，根据负载性质为感性还是容性，确定 $\dot{U}_2'$ 与 $\dot{I}_2'$ 哪一个领先功率因数角 φ_2。再根据二次侧回路电压平衡方程式 $\dot{U}_2' = \dot{E}_2' - \dot{I}_2' Z_2'$，作出 $\dot{E}_2'$，且 $\dot{E}_1 = \dot{E}_2'$；

(2) 作出领先 $\dot{E}_1$ 90° 的主磁通 $\dot{\Phi}_m$；

(3) 根据 $\dot{I}_0 = -\dot{E}_1 / Z_m$，作出 $\dot{I}_0$，它领先 $\dot{\Phi}_m$ 一个铁耗角；

(4) 根据电流平衡关系 $\dot{I}_1 + \dot{I}_2' = \dot{I}_0$，求得 $\dot{I}_1 = \dot{I}_0 - \dot{I}_2'$，作出 $\dot{I}_1$；

(5) 根据一次绕组电压平衡方程式 $\dot{U}_1 = -\dot{E}_1 + j\dot{I}_0 X_1 + \dot{I}_0 R_1$，作出 $\dot{U}_1$。

通过以上五步，完成了相量图。作相量图的过程中，每一步都依据着变压器的基本方程式。因此相量图是基本方程式的体现。

相量图最大的优点就是直观，它把变压器各个物理量相互之间的关系清晰地体现出来了。

图 5.19 中的相量图在理论分析上是有意义的，但对于现有的变压器，很难把 X_1 和 X_2' 区分开，因此工程上常根据简化等效电路，得到简化相量图，如图 5.20 所示。其中，图 5.20(a) 是带感性负载时的简化相量图，图 5.20(b) 是带容性负载的简化相量图。

变压器负载运行的基本方程式、等效电路、相量图是分析变压器运行的三种方法，其物理本质是一致的。在进行定量计算时，宜采用等效电路；定性讨论各物理量间关系时，宜采用方程式；而表示各物理量之间大小、相位关系时，相量图比较方便。

【例 5.2】 某三相电力变压器 $S_N = 550 \text{kVA}$，$U_{1N}/U_{2N} = 10000/400\text{V}$，$\triangle/Y$ 接，短路阻抗 $Z_k = (1.8 + j5)\Omega$。二次侧带 Y 接的三相负载，每相负载阻抗 $Z_L = (0.3 + j0.1)\Omega$，计算：

(1) 一次侧电流 I_1 及额定电流 I_{1N}；

(2) 二次侧电流 I_2 及额定电流 I_{2N}；

(3) 二次侧电压 U_2 及其与额定电压 U_{2N} 相比降低的百分率；

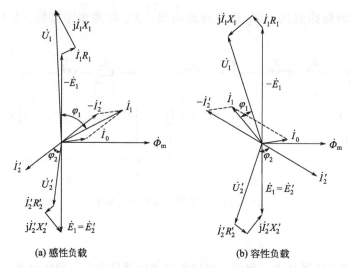

(a) 感性负载　　　　　　　　　　(b) 容性负载

图 5.19　变压器负载运行的相量图

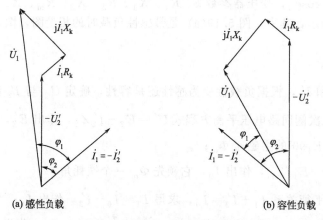

(a) 感性负载　　　　　　　　　　(b) 容性负载

图 5.20　带负载时的简化相量图

（4）变压器输出容量。

解　（1）变比

$$k = \frac{U_{1N}}{U_{2N}/\sqrt{3}} = \frac{10000}{400/\sqrt{3}} = 43.3$$

负载阻抗

$$Z_L = 0.3 + j0.1 = 0.316\angle 18.43°(\Omega)$$

$$Z'_L = k^2 Z_L = 562.5 + j187.5(\Omega)$$

每相总阻抗

$$Z = Z_k + Z'_L = R_k + jX_k + R'_L + jX'_L = 1.8 + j5 + 562.5 + j187.5 = 596.23\angle 18.84°(\Omega)$$

一次侧电流

$$I_1 = \frac{\sqrt{3}U_{1N}}{Z} = \frac{\sqrt{3}\times 10000}{596.23} = 29.05(A)$$

一次侧额定电流

$$I_{1N} = \frac{S_N}{\sqrt{3}U_{1N}} = \frac{550\times 10^3}{\sqrt{3}\times 10000} = 31.75(A)$$

（2）二次侧电流

$$I_2 = k\frac{I_1}{\sqrt{3}} = k\frac{U_{1N}}{Z} = 43.3 \times \frac{10000}{596.23} = 726.23(A)$$

二次侧额定电流

$$I_{2N} = \frac{S_N}{\sqrt{3}U_{2N}} = \frac{550 \times 10^3}{\sqrt{3} \times 400} = 793.86(A)$$

（3）二次侧电压

$$U_2 = \sqrt{3}I_2 Z_L = \sqrt{3} \times 726.23 \times 0.316 = 397.49(V)$$

二次侧电压比额定值降低

$$\Delta U = U_{2N} - U_2 = 400 - 397.49 = 2.51(V)$$

二次侧电压降低的百分率

$$\frac{\Delta U}{U_{2N}} = \frac{2.51}{400} = 0.63\%$$

（4）变压器的输出容量

$$S_2 = \sqrt{3}U_2 I_2 = \sqrt{3} \times 397.49 \times 726.23 = 499990(VA)$$

第四节　标幺值

标幺值，是指一个物理量的实际值与选定的一个同单位的固定值之比。该选定的值称为基值，这个比值称为该物理量的标幺值或相对值。即

$$标幺值 = \frac{实际值}{基值}$$

通常，基值都选取为额定值。对于变压器，电压基值一次侧是U_{1N}，二次侧是U_{2N}；电流基值一次侧是I_{1N}，二次侧是I_{2N}；阻抗的基值为电压基值除以电流基值，一次侧和二次侧分别是$\frac{U_{1N}}{I_{1N}}$和$\frac{U_{2N}}{I_{2N}}$。为了区别，在各物理量符号下边加"—"表示其标幺值。

采用标幺值具有下列优点：

（1）对于电力变压器，容量从几万伏安到几亿伏安，电压从几百伏到几十万伏，相差极其悬殊，参数若用实际值来表示，相差悬殊，采用标幺值表示时，所有的电力变压器的各个阻抗都在一个较小的范围内。例如$Z_k = 0.04 \sim 0.14$。

（2）采用标幺值表示电压和电流时，可以很直观地表示出变压器的运行情况。比如，变压器运行时一次侧的端电压和电流的标幺值分别为$U_1 = 1.0$，$I_1 = 1.0$，就可直观地看出变压器处于额定运行状态。又如，变压器运行时一次侧的端电压和电流的标幺值分别为$U_1 = 0.8$，$I_1 = 0.6$，就可直观地看出变压器一次侧电压和电流均未达到额定值。

（3）三相变压器由于绕组不同的联结方式（Y或△），电压和电流的线值（如线电压等）与相值（如相电压等）不相等，线值是相值的$\sqrt{3}$倍。但线值与相值的标幺值却相等，这是由于线值的基值也是相值的基值的$\sqrt{3}$倍。因此，如果采用了标幺值，只要给出电压和电流的标幺值即可，而不需要说明到底是线值还是相值。

（4）折合前后，电压和电流的数值是不一样的。采用标幺值表示电压和电流大小时，折

合前后是一样的，就不必考虑是折合到哪一边了，以电流为例说明如下：

电流折合前后的关系为

$$\dot{I}_2' = \frac{\dot{I}_2}{k}$$

其标幺值为

$$\underline{I}_2 = \frac{I_2}{I_{2N}} = \frac{\dfrac{I_2}{k}}{\dfrac{I_{2N}}{k}} = \frac{I_2'}{I_{1N}} = \underline{I}_2'$$

（5）变压器一次侧各阻抗参数折合到二次侧时，折合值为一次侧阻抗的 $1/k^2$ 倍，用标幺值表示时，二者是一样的。以 R_1 为例说明：

不用标幺值时：

$$R_1' = \frac{R_1}{k^2}$$

用标幺值时：

$$\underline{R}_1 = \frac{R_1}{\dfrac{U_{1N}}{I_{1N}}} = \frac{k^2 R_1'}{\dfrac{k U_{2N}}{\dfrac{I_{2N}}{k}}} = \frac{k^2 R_1'}{k^2 \dfrac{U_{2N}}{I_{2N}}} = \frac{R_1'}{\dfrac{U_{2N}}{I_{2N}}} = \underline{R}_1'$$

因此，对阻抗参数如 R_1、R_2、X_1、X_2、R_m 及 X_m 等采用标幺值时，折合前后的标幺值是一样的，不必考虑是否折合。

标幺值是一个相对值，它还可以使公式简化、计算简单等，具有一系列的优点，因此在电机领域得到了广泛的应用。

第五节　变压器参数的测定

已知变压器的电路参数如 R_m、X_m 等，就可以运用基本方程式、等效电路、相量图求解变压器的运行性能。这些参数决定了变压器的性能，在设计时可用计算方法求得，对于现成的变压器，可以通过空载试验、短路试验测定。

一、变压器的空载试验

根据变压器的空载试验，可以求出变比 k、铁损耗 p_{Fe}、励磁阻抗 Z_m 等。

单相变压器空载试验线路如图 5.21 所示。一次侧接额定电压 U_{1N}，二次侧开路，测量 U_1、U_{20}、I_0 及输入功率 P_0。

图 5.22 为空载试验的等效电路。空载试验时，虽然变压器没有输出功率，但有功率损耗，包括一次绕组铜损耗 $I_0^2 R_1$ 及铁芯中铁损耗 $I_0^2 R_m$ 两部分。由于 $R_1 \ll R_m$，因此 $I_0^2 R_1 \ll I_0^2 R_m$，可以近似认为只有铁损耗。

空载试验时，由于一次侧的电压为额定电压 U_{1N}，因此主磁通为正常负载运行时的磁通，铁芯中的涡流和磁滞损耗都是正常运行时的数值。

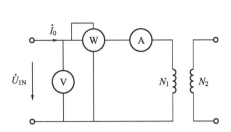

图 5.21　单相变压器空载试验线路图

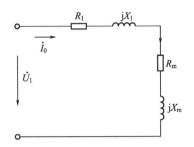

图 5.22　空载试验的等效电路

变压器变比

$$k = \frac{U_1}{U_{20}}$$

空载阻抗

$$Z_0 = \frac{U_1}{I_0}$$

空载电阻

$$R_0 = \frac{P_0}{I_0^2}$$

式中，$Z_0 = Z_1 + Z_m$，$R_0 = R_1 + R_m$。

由于 $R_1 \ll R_m$ 和 $Z_1 \ll Z_m$，因此励磁电阻

$$R_m \approx \frac{P_0}{I_0^2} \tag{5.25}$$

励磁阻抗

$$Z_m \approx \frac{U_1}{I_0} \tag{5.26}$$

励磁电抗

$$X_m = \sqrt{Z_m^2 - R_m^2} \tag{5.27}$$

空载试验可以在一次侧做，也可以在二次侧做，结果都是一样。通常为安全、方便起见，试验都在低压边做。

对于三相变压器的空载试验，上述参数计算公式中，电压、电流、空载损耗等均为每一相的数值。

二、变压器的短路试验

根据变压器的短路试验可以求出铜损耗 p_{Cu} 和短路阻抗 Z_k。

单相变压器短路试验线路图如图 5.23 所示。

在试验时，二次侧短路。为了使短路电流不至于很大，一次绕组所加电压必须控制在额定电压的 10% 以内。试验时，电压逐步增加，直到一次绕组中电流达到额定值。此时，根据磁动势平衡关系，二次绕组的电流也达到额定值，此时的铜损耗为额定负载时的铜损耗。一次侧电压 $U_k = I_{1N} Z_k$ 称为短路电压。通常，U_k 很低，取值范围一般在 （4% ～ 10%）U_{1N}。由于 $U_k \approx E_1 = 4.44 f N_1 \Phi_m$，所以，铁芯中主磁通 Φ_m 很小，铁芯中的损耗也很小，可以忽略不计，从电源输入的功率 P_k 基本上都是铜损耗。

图 5.24 为短路试验的等效电路。

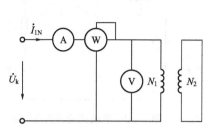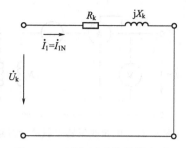

图 5.23　单相变压器短路试验线路图　　图 5.24　短路试验的等效电路

短路阻抗

$$Z_k = \frac{U_k}{I_1} \tag{5.28}$$

短路电阻

$$R_k = \frac{P_k}{I_1^2} \tag{5.29}$$

短路电抗

$$X_k = \sqrt{Z_k^2 - R_k^2} \tag{5.30}$$

变压器做短路试验，当 $I_1 = I_{1N}$ 时，一次侧绕组电压 U_{kN} 的标幺值为

$$\underline{U_{kN}} = \frac{U_{kN}}{U_{1N}} = \frac{I_{1N} Z_k}{U_{1N}} = \frac{Z_k}{\dfrac{U_{1N}}{I_{1N}}} = \underline{Z_k}$$

因此

$$\underline{U_{kN}} = \underline{Z_k}$$

短路阻抗的标幺值 $\underline{Z_k}$ 有时也称为短路电压标幺值 $\underline{U_k}$。$\underline{R_k}$ 为 $\underline{U_k}$ 的有功分量，$\underline{X_k}$ 为 $\underline{U_k}$ 的无功分量。

画 T 形等效电路时，可以将一次侧和二次侧绕组阻抗参数分开，$Z_1 \approx Z_2' = \frac{1}{2} Z_k$，$R_1 \approx R_2' = \frac{1}{2} R_k$，$X_1 \approx X_2' = \frac{1}{2} X_k$。

短路试验既可以在一次侧做，也可在二次侧做，结果是一样的。但为了安全和方便起见，都在高压边做。

对于三相变压器短路试验，参数计算过程中，电压、电流、铜损耗等均为每一相的数值。

【例 5.3】　一台三相电力变压器，$P_N = 750 \text{kVA}$，$U_{1N}/U_{2N} = 10000/400 \text{V}$，Y/y 接法。在低压边做空载试验，$U_2 = U_{2N} = 400 \text{V}$，$I_2 = I_{20} = 60 \text{A}$，$P_0 = 3800 \text{W}$。在高压边做短路试验，$U_1 = U_{1k} = 440 \text{V}$，$I_1 = I_{1N} = 43.3 \text{A}$，$P_k = 10900 \text{W}$。求该变压器每一相的参数值（用标幺值表示）。

解　变比

$$k = \frac{U_{1N}/\sqrt{3}}{U_{2N}/\sqrt{3}} = \frac{10000/\sqrt{3}}{400/\sqrt{3}} = 25$$

一次侧额定电流

$$I_{1N} = \frac{P_N}{\sqrt{3} U_{1N}} = \frac{750 \times 10^3}{\sqrt{3} \times 10000} = 43.3(A)$$

二次侧额定电流

$$I_{2N} = k I_{1N} = 25 \times 43.3 = 1083(A)$$

一次侧阻抗基值

$$Z_{1N} = \frac{U_{1N}}{\sqrt{3} I_{1N}} = \frac{10000}{\sqrt{3} \times 43.3} = 133.3(\Omega)$$

二次侧阻抗基值

$$Z_{2N} = \frac{U_{2N}}{\sqrt{3} I_{2N}} = \frac{400}{\sqrt{3} \times 1083} = 0.213(\Omega)$$

励磁阻抗

$$Z_m = \frac{U_{2N}}{\sqrt{3} I_{20}} = \frac{400}{\sqrt{3} \times 60} = 3.85(\Omega)$$

$$\underline{Z_m} = \frac{Z_m}{Z_{2N}} = \frac{3.85}{0.213} = 18.08$$

励磁电阻

$$R_m = \frac{P_0}{3 I_{20}^2} = \frac{3800}{3 \times 60^2} = 0.35(\Omega)$$

$$\underline{R_m} = \frac{R_m}{Z_{2N}} = \frac{0.35}{0.213} = 1.64$$

励磁电抗标幺值

$$\underline{X_m} = \sqrt{\underline{Z_m^2} - \underline{R_m^2}} = \sqrt{18.08^2 - 1.64^2} = 18$$

短路阻抗

$$Z_k = \frac{U_{1k}}{\sqrt{3} I_{1k}} = \frac{440}{\sqrt{3} \times 43.3} = 5.87(\Omega)$$

短路电阻

$$R_k = \frac{P_k}{3 I_{1k}^2} = \frac{10900}{3 \times 43.3^2} = 1.94(\Omega)$$

短路电抗

$$X_k = \sqrt{Z_k^2 - R_k^2} = \sqrt{5.87^2 - 1.94^2} = 5.54(\Omega)$$

标幺值

$$\underline{R_k} = \frac{1.94}{133.3} = 0.0146$$

$$\underline{X_k} = \frac{5.54}{133.3} = 0.0416$$

$$\underline{Z_k} = \frac{5.87}{133.3} = 0.044$$

绕组电阻

$$\underline{R_1} \approx \underline{R_2'} = 0.0073$$

绕组漏电抗

$$X_1 \approx X_2' = 0.0208$$

第六节 变压器的运行特性

一、电压调整率

当变压器二次侧带上负载以后，负载电流在漏阻抗上产生电压降，二次侧端电压 U_2 将随负载的变化而变化。与空载电压 U_{20}（即 U_{2N}）相比，变化量为 $U_{2N} - U_2$，它与额定电压 U_{2N} 的比值称为电压调整率或电压变化率，用 ΔU 表示为

$$\Delta U = \frac{U_{20} - U_2}{U_{2N}} \times 100\% = \frac{U_{2N} - U_2}{U_{2N}} \times 100\%$$

将上式分子分母同时乘以变比 k 可得用一次侧电压表示的电压调整率：

$$\Delta U = \frac{U_{1N} - U_2'}{U_{1N}} \times 100\%$$

若采用标幺值，则有

$$\Delta U = 1 - U_2' = 1 - U_2 \qquad (5.31)$$

电压调整率，可以用简化的等效电路及其相量图分析与计算。

图 5.25 是用标幺值表示的变压器的简化等效电路图。可以看出

$$\dot{U}_1 = \dot{I} Z_k - \dot{U}_2$$

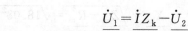

图 5.26 是采用标幺值表示的简化相量图，其中，图 5.26(a) 是带感性负载时的相量图，图 5.26(b) 是带容性负载时的相量图。从中可以推导出电压变化率 ΔU 与短路阻抗 Z_k、负载的大小和性质之间的关系表达式。

图 5.25　用标幺值表示的简化等效电路

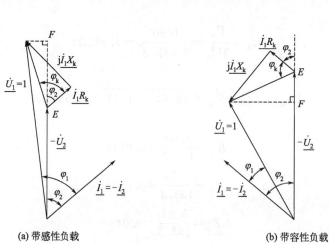

(a) 带感性负载　　　　　　　　(b) 带容性负载

图 5.26　用标幺值表示对简化相量图

$$\Delta U \approx \overline{EF} = \underline{I_1 Z_k} \cos(\varphi_k - \varphi_2) = \underline{I_1 Z_k}(\cos\varphi_k \cos\varphi_2 + \sin\varphi_k \sin\varphi_2) \qquad (5.32)$$
$$= \beta(\underline{R_k} \cos\varphi_2 + \underline{X_k} \sin\varphi_2)$$

式中，φ_k 为 Z_k 的阻抗角；$\beta = \underline{I_1} = \dfrac{I_1}{I_{1N}}$，负载系数。

感性负载时，$\varphi_2 > 0$；容性负载时，$\varphi_2 < 0$。

变压器带负载运行时，二次侧绕组流过负载电流，由于漏阻抗上有电压降，导致二次侧绕组的电压发生变化。当电流的标幺值相等、负载阻抗角 φ_2 相等时，变压器短路阻抗标幺值越大，它的电压变化率 ΔU 也越大。同一台变压器在 φ_2 相同的条件下，负载越大，ΔU 越大；带感性负载或纯电阻负载时，二次侧电压降低；带容性负载时，二次侧电压却有可能升高。

变压器带额定负载（即 $\beta = 1$）时的电压调整率称为额定电压调整率，它是变压器的一个重要的性能指标，反映了变压器输出电压的稳定度。

变压器二次侧端电压与负载电流的关系称为变压器的外特性，如图 5.27 所示。

式(5.32)表明，变压器短路阻抗标幺值 Z_k 越小则 ΔU 越小，供电稳定性越好。因此电力变压器的一、二次绕组漏阻抗都取值很小。

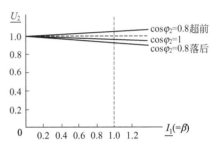

图 5.27 变压器的外特性

【例 5.4】 某三相电力变压器，$S_N = 550\text{kVA}$，$U_{1N}/U_{2N} = 10000/400\text{V}$，Y/y 接法。$Z_k = (1.8 + \text{j}5)$ Ω，一次侧接额定电压，二次侧带额定负载运行，负载功率因数 $\cos\varphi_2 = 0.75$（落后），计算该变压器额定电压调整率及二次侧电压值。

解 一次侧额定电流

$$I_{1N} = \frac{S_N}{\sqrt{3}\,U_{1N}} = \frac{550 \times 10^3}{1.732 \times 10000} = 31.76(\text{A})$$

负载功率因数 $\cos\varphi_2 = 0.75$，$\sin\varphi_2 = 0.661$，

额定电压调整率

$$\Delta U = \beta \frac{I_{1N}(R_k \cos\varphi_2 + X_k \sin\varphi_2)}{U_{1N}/\sqrt{3}} = 1 \times \frac{31.76 \times (1.8 \times 0.75 + 5 \times 0.661)}{10000/\sqrt{3}} = 2.56\%$$

二次侧电压

$$U_2 = (1 - \Delta U)U_{2N} = (1 - 0.0256) \times 400 = 389.8(\text{V})$$

二、变压器的效率

变压器的效率计算公式为

$$\eta = \frac{P_2}{P_1} = \frac{P_1 - \sum p}{P_1} = 1 - \frac{\sum p}{P_2 + \sum p} \qquad (5.33)$$

式中，P_2 为变压器输出的有功功率；P_1 为变压器输入的有功功率；$\sum p$ 为变压器的总损耗。

单相变压器输出的有功功率 P_2

$$P_2 = U_2 I_2 \cos\varphi_2 \approx U_{2N}\beta I_{2N} \cos\varphi_2 = \beta S_N \cos\varphi_2$$

三相变压器输出的有功功率 P_2

$$P_2 \approx \sqrt{3} U_{2N} \beta I_{2N} \cos\varphi_2 = \beta S_N \cos\varphi_2$$

忽略了二次侧端电压在负载时发生的变化，认为 $U_2 \approx U_{2N}$。

总损耗 $\sum p$ 包括铁损耗 p_{Fe} 和铜损耗 p_{Cu}，即

$$\sum p = p_{Fe} + p_{Cu}$$

变压器空载到负载铁芯中的主磁通基本不变，因此铁损耗就基本不变，称为不变损耗。额定电压下的铁损耗近似等于空载试验时的铁损耗，即空载试验时输入的有功功率 P_0。铜损耗 p_{Cu} 与负载电流的平方成正比，随负载大小而变，称为可变损耗。额定电流下的铜损耗等于短路试验电流为额定值时的铜损耗，即近似等于短路试验输入的有功功率 P_{kN}。铜损耗与负载系数的平方成正比，即 $p_{Cu} = \beta^2 P_{kN}$。

将 P_2、p_{Fe} 及 p_{Cu} 分别代入式(5.33)，可得

$$\eta = 1 - \frac{P_0 + \beta^2 P_{kN}}{\beta S_N \cos\varphi_2 + P_0 + \beta^2 P_{kN}} \tag{5.34}$$

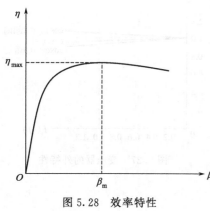

图 5.28　效率特性

从上式中看出，变压器的效率与负载的大小和负载性质有关：当负载功率因数 $\cos\varphi_2$ 一定时，效率 η 与负载系数有关，用 $\eta = f(\beta)$ 表示，称为效率特性，如图 5.28 所示。当变压器负载从零增加时，输出功率增加，铜损耗也随之增加，但铁损耗相对较大，因此总损耗虽然随负载增加而增加，但是输出功率增加得更快，因此效率 η 增加。当铜损耗随着负载增加而与铁损耗相等时，效率达到最大值，此时的负载系数称为 β_m。当负载继续增大，铜损耗 p_{Cu} 也继续增加超过了铁损耗，总损耗增加的速度超过了输出功率，因此效率 η 随着 β 增加反而降低了。

效率特性具有最大值，对 η 进行求导，并令 $\dfrac{d\eta}{d\beta} = 0$，求出的 β 即为最高效率时的负载系数 β_m。经推导可得

$$\beta_m = \sqrt{\frac{P_0}{P_{kN}}}$$

即

$$\beta_m^2 P_{kN} = P_0 \tag{5.35}$$

上式表明，当铜损耗与铁损耗相等时，变压器具有最大效率

【例 5.5】　三相变压器，$S_N = 600\text{kVA}$，$U_{1N}/U_{2N} = 10000/6300\text{V}$，绕组的联结方式为 Y/△。已知空载损耗 $P_0 = 3\text{kW}$，短路损耗 $P_{kN} = 10\text{kW}$。求：

（1）当变压器带额定负载，且 $\cos\varphi = 0.85$ 滞后时的效率；

（2）当负载 $\cos\varphi = 0.85$ 滞后时的最高效率；

（3）当负载 $\cos\varphi = 1.0$ 时的最高效率。

解　（1）

$$\eta = 1 - \frac{P_0 + P_{kN}}{S_N \cos\varphi_2 + P_0 + P_{kN}} = 1 - \frac{3 \times 10^3 + 10 \times 10^3}{6 \times 10^5 \times 0.85 + 3 \times 10^3 + 10 \times 10^3} = 97.51\%$$

（2）负载系数为

$$\beta_m = \sqrt{\frac{P_0}{P_{kN}}} = \sqrt{\frac{3}{10}} = 0.5477$$

最高效率为

$$\eta_{\max}=1-\frac{P_0+\beta_m^2 P_{kN}}{\beta_m S_N \cos\varphi_2+P_0+\beta_m^2 P_{kN}}=1-\frac{2\times 3\times 10^3}{0.5477\times 6\times 10^5\times 0.85+2\times 3\times 10^3}=97.90\%$$

（3）最高效率为

$$\eta_{\max}=1-\frac{P_0+\beta_m^2 P_{kN}}{\beta_m S_N \cos\varphi_2+P_0+\beta_m^2 P_{kN}}=1-\frac{2\times 3\times 10^3}{0.5477\times 6\times 10^5+2\times 3\times 10^3}=98.21\%$$

第七节 三相变压器

电力系统普遍采用三相制，因此三相变压器得到了广泛的应用。三相变压器的分析方法与单相变压器完全一致，本节将介绍三相变压器的铁芯结构，阐述联结组别的确定方法，分析不同的磁路系统、绕组联结方式对相电动势波形的影响。

一、三相变压器的磁路结构

根据磁路系统的不同，可以将三相变压器分为三相组式变压器和三相心式变压器。三相组式变压器由三个完全相同的单相变压器构成，磁路相互独立，如图 5.29 所示。当一次侧通入三相对称交流电时，各相产生的主磁通和电流也是对称的。

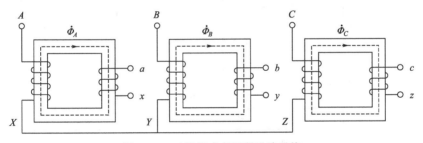

图 5.29 三相组式变压器磁路系统

三相心式变压器是由三相组式变压器发展而来的，通过将三个单相变压器的铁芯组合起来，可以得到如图 5.30(a) 所示的铁芯结构，由于三相主磁通对称，$\dot{\Phi}_A+\dot{\Phi}_B+\dot{\Phi}_C=0$，可以省去中间铁芯，得到如图 5.30(b) 所示的铁芯结构，为了改善变压器的空间占用情况，降低经济成本，可以将三相铁芯布置在同一平面内，这就得到了三相心式变压器的铁芯，其结构如图 5.30(c) 所示。

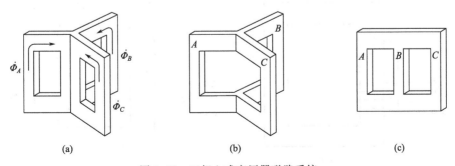

图 5.30 三相心式变压器磁路系统

三相心式变压器的磁路不对称。中间的 B 相磁路较短，磁阻较小，励磁电流较小。但由于励磁电流在变压器负载运行时所占比例很小，因此，通入三相对称交流电时，仍然可以正常对称运行。

二、变压器的联结组别

变压器除了能够变电压、变电流、变阻抗之外，还可以变相位。某些情况下，也需要知道变压器一、二次侧电压相位的变化，也就是要知道变压器绕组的联结组别。此外，电力变压器并联运行时对其联结组别也有严格的要求。

1. 单相变压器的联结组别

图 5.31（a）中给出了同一铁芯上的两个绕组。当磁通在图示方向上减小时，根据楞次定律，两个绕组中的感应电动势方向分别是由 1 指向 2 和由 3 指向 4，因此端点 1 和 3 为同极性端，端点 2 和 4 为同极性端，在 1 和 3 两端画出"·"作为标识。同极性端也称为同名端。图 5.32（b）中的两个绕组，由于绕向不同，1 和 4 为同极性端。

为了表示单相变压器中高、低压绕组的相位关系，通常采用时钟法。高压绕组首端和尾端分别标记为 A 和 X，低压绕组首端和尾端分别标记为 a 和 x。可以把同极性端标为 A 和 a，也可以把异极性端标为 A 和 a。各绕组电动势方向都规定为从首端指向尾端，则高压绕组和低压绕组的相电动势分别为 $\dot{E}_{AX}$ 和 $\dot{E}_{ax}$，简单起见，分别用 $\dot{E}_A$ 和 $\dot{E}_a$ 表示。

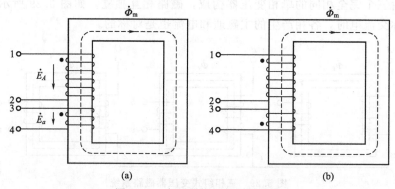

图 5.31 变压器绕组的同极性端

绕组的首端和尾端选择不同，高、低压绕组电动势的相位也就不同。若高、低压绕组的同极性端标为首端 A 和 a，则高、低压绕组电动势 $\dot{E}_A$ 和 $\dot{E}_a$ 同相位，如图 5.32(a) 所示。若高、低压绕组的异极性端标为首端 A 和 a，则高、低压绕组电势 $\dot{E}_A$ 与 $\dot{E}_a$ 相位相反，如图 5.32(b)。

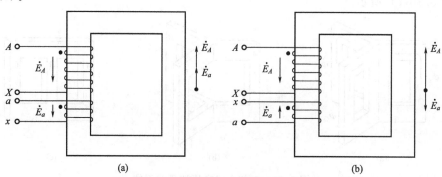

图 5.32 单相变压器高、低压绕组电动势的相位关系

所谓时钟法，就是用时间序号形象地表示高、低压绕组电势 $\dot{E}_A$ 与 $\dot{E}_a$ 相位关系，具体方法如下：把高压绕组电动势相量 $\dot{E}_A$ 作为钟表的分针，指向钟面上的 0 点（12 点），低压绕组电动势相量 $\dot{E}_a$ 作为钟表的时针。当 $\dot{E}_a$ 指向钟面上的"0"时，其联结组别的标号为 0，记为 Ii0。若 $\dot{E}_a$ 指向"6"时，联结组别的标号为"6"，记为 Ii6。字母 I、i 表示高、低压边都是单相。例如，图 5.32(a) 所示的联结组别就是 Ii0，图 5.32(b) 所示的联结组别是 Ii6。

2. 三相变压器的联结组别

三相变压器中，三相高压绕组的首端分别用 A、B、C 表示，尾端分别用 X、Y、Z 表示；低压绕组的首端用 a、b、c 表示，尾端用 x、y、z 表示。首端均为绕组引出端。三相绕组可以联结成星形（Y）接法或三角形（△）接法。

星形联结的接线图如图 5.33(a) 所示。

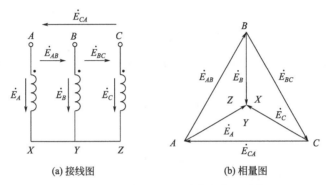

(a) 接线图　　　　　　(b) 相量图

图 5.33　Y 接法的相电动势与线电动势

相电动势为

$$\dot{E}_A = E\angle 0°$$
$$\dot{E}_B = E\angle -120°$$
$$\dot{E}_C = E\angle -240°$$

线电动势为

$$\dot{E}_{AB} = \dot{E}_A - \dot{E}_B$$
$$\dot{E}_{BC} = \dot{E}_B - \dot{E}_C$$
$$\dot{E}_{CA} = \dot{E}_C - \dot{E}_A$$

电动势相量图如图 5.33(b) 所示，为一个等边三角形表示的位形图，其特点是重合在一起的点等电位，且图中任意两点间的有向线段就表示这两点的电动势相量，如 $\overrightarrow{BY}$ 表示 $\dot{E}_B$、$\overrightarrow{AC}$ 表示 $\dot{E}_{AC}$ 等。三角形内部的三个相量代表了相电势相量，三角形的三条边代表了三个线电动势相量。

三角形接法，由于联结顺序的不同，存在两种接法。

第一种三角形接法的联结顺序是 $AX—BY—CZ—AX$，如图 5.34(a) 所示

相电动势与线电动势的关系为

$$\dot{E}_{AB} = \dot{E}_A$$

$$\dot{E}_{BC}=\dot{E}_B$$

$$\dot{E}_{CA}=\dot{E}_C$$

电动势相量图如图 5.34(b) 所示。

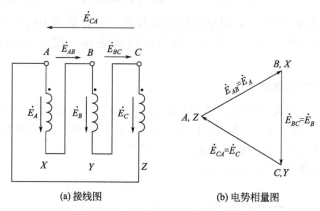

(a) 接线图　　　　　　　(b) 电势相量图

图 5.34　第一种△接法

第二种三角形接法的联结顺序是 $CZ—BY—AX—CZ$，如图 5.35(a) 所示，相电动势与线电动势的关系为

$$\dot{E}_{AB}=-\dot{E}_B$$

$$\dot{E}_{BC}=-\dot{E}_C$$

$$\dot{E}_{CA}=-\dot{E}_A$$

电动势相量图如图 5.35(b) 所示。

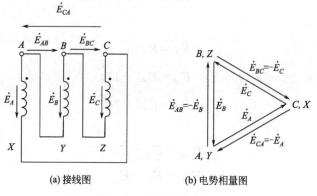

(a) 接线图　　　　　　　(b) 电势相量图

图 5.35　第二种△接法

从 Y 和△接法的电动势相量图看出，当三相对称，且相序为 $A—B—C$ 时，A、B、C 三个顶点按照顺时针依次排列，$\triangle ABC$ 为等边三角形。

三相变压器高、低压绕组相应线电动势之间的相位差总是 $30°$ 的整数倍。其相位关系仍采用时钟表示法，即高压边线电动势 $\dot{E}_{AB}$ 为分针，指向钟面上的 0 点（12 点），低压边线电动势 $\dot{E}_{ab}$ 为时针，指向钟面的数字，该数字则为联结组别的标号。联结组别表达形式为大写和小写的英文字母依次表示高、低压绕组接线方式，星形接法用 Y 或 y 表示，有中线引出用 YN 或 yn 表示，三角形接法用 D 或 d 表示。在英文字母后边写出数字，代表联结组别的标号。

下面举例说明。

1. Y/y 联结

三相变压器绕组接线图如图 5.36(a) 所示，一、二次侧联结方式为 Y/y。

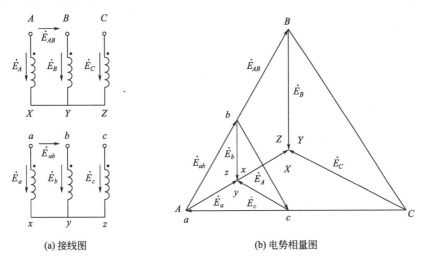

(a) 接线图   (b) 电势相量图

图 5.36 Yy0 联结组别

图 5.36 中，上下位置对齐的高、低压绕组套在同一铁芯柱上。即 A 与 a、B 与 b、C 与 c 为同极性端，三相对称。

确定变压器的联结组别的方法是：分别画出高压绕组和低压绕组的电动势相量图，确定高压边线电动势 $\dot{E}_{AB}$ 与低压边线电动势 $\dot{E}_{ab}$ 的相位关系，便可得到其联结组别的标号，具体步骤如下：

（1）在接线图上标出各个相电动势与线电动势的方向。如图 5.36(a) 所示。

（2）按照绕组接线方式，分别画出高压绕组和低压绕组电动势相量图。如图 5.36(b) 所示。

同一铁芯柱上的绕组 AX 和 ax，两绕组首端是同极性端，因此，高、低压绕组电动势 $\dot{E}_A$ 和 $\dot{E}_a$ 同相位；同理 $\dot{E}_B$ 和 $\dot{E}_b$，$\dot{E}_C$ 和 $\dot{E}_c$ 同相位。画低压绕组电动势相量图时，把 a 点与高压边的 A 点重合，先画出 $\dot{E}_A$ 相量，再画出 $\dot{E}_a$ 相量。$\dot{E}_A$ 与 $\dot{E}_a$ 不仅同方向，而且起点相同。

（3）根据相量图中 $\dot{E}_{AB}$ 与 $\dot{E}_{ab}$ 的相位关系，确定联结组标号。

$\dot{E}_{AB}$ 与 $\dot{E}_{ab}$ 方向相同，因此该变压器联结组别表示为 Yy0。

由于高、低压绕组的不同接法，Y/y 联结的三相变压器可以有 Yy0、Yy2、Yy4、Yy6、Yy8 和 Yy10 等六个偶数联结组别。

2. Y/△联结

（1）高压绕组为 Y 接法，低压绕组为△接法，联结顺序是 $AX—BY—CZ—AX$，如图 5.37(a) 所示。

采用上述方法，分别画出高压绕组和低压绕组的电动势相量图，就可确定联结组别为 Yd1，如图 5.37 所示。

（2）高压绕组为 Y 接法，低压绕组为△接法，联结顺序是 $CZ—BY—AX—CZ$，如图 5.38(a) 所示。

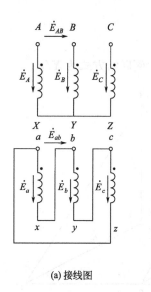
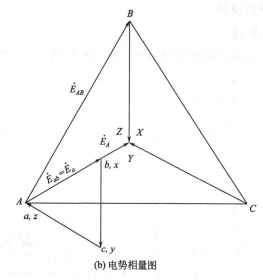

(a) 接线图　　　　　　　　　　　　(b) 电势相量图

图 5.37　Yd1 联结组别

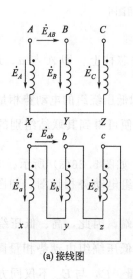
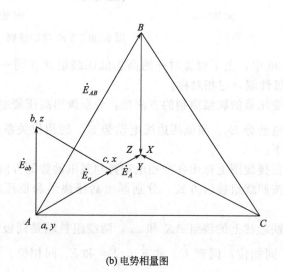

(a) 接线图　　　　　　　　　　　　(b) 电势相量图

图 5.38　Y1d11 联结组别

采用上述方法，分别画出高压绕组和低压绕组的电动势相量图，就可确定联结组别为 Yd11。

Y/△联结的变压器，可以有 Yd1、Yd3、Yd5、Yd7、Yd9 、Yd11 等六个奇数联结组别。

三相变压器可能的联结组别很多，为了便于制造、使用和并联运行，国家统一规定了五种标准联结组：Yyn0、Yd11、YNd11、YNy0、Yy0，其中前三种最为常用。Yyn0 的二次侧有中性线引出，高压侧不超过 35kV，因此常作配电变压器使用，为三相四线制供电，二次侧电压为 400V。当二次侧电压超过 400V 时，可用 Yd11 联结的变压器。YNd11 一次绕组可通过中性点接地，用于 110kV 以上的高压输电线路中。

三、三相变压器的空载电动势波形

在单相变压器分析中，由于铁芯通常处于饱和状态，如果主磁通 Φ_m 为正弦波，则单相

变压器的励磁电流 i_0 为尖顶波，其中除了基波分量，还包含着以三次谐波 i_{03} 为主的大量谐波分量。同理，如果励磁电流 i_0 为正弦波，则主磁通 Φ_m 为平顶波，其中仍包含以三次谐波 Φ_3 为主的大量谐波分量。

在三相变压器中，各相励磁电流中的三次谐波分量幅值、相位均一致，绕组联结方式决定着三次谐波电流是否在绕组中流通。各相主磁通中的三次谐波分量幅值、相位也相同，铁芯的磁路结构决定着三次谐波磁通是否在铁芯中存在。三次谐波电流的流通情况决定着主磁通的波形，三次谐波磁通的存在情况决定着各相的电动势波形，本节将对不同的绕组联结方式和铁芯磁路结构进行分析。

1. Y/y 联结的三相变压器

当三相变压器的绕组联结方式采用 Y/y 联结方式时，因为励磁电流中的三次谐波分量幅值、相位均一致，所以三次谐波电流不能流通。因此，励磁电流不包含三次谐波电流分量 i_{03}，波形为正弦波，主磁通的波形仅取决于铁芯的磁路结构。

（1）三相组式变压器

三相组式变压器具有各相独立的磁路结构，三次谐波磁通和基波磁通均可沿各相铁芯磁路闭合，其中基波磁通产生基波电动势 e_1，三次谐波磁通产生三次谐波电动势 e_3，由于三次谐波磁通沿铁芯磁路闭合，铁芯磁阻很小，三次谐波磁通较大，则由其产生的三次谐波电动势 e_3 很大（幅值可以达到基波幅值的 $45\% \sim 60\%$），导致相电动势产生较大尖峰，如图 5.39 所示，对绕组绝缘产生较大威胁，因此三相组式变压器不采用 Y/y 联结方式。

（2）三相心式变压器

三相心式变压器具有各相互相关联的磁路结构，三相对称的基波磁通可以沿铁芯磁路闭合。但是各相产生的三次谐波磁通分量幅值、相位均一致，不能沿铁芯磁路闭合，只能经变压器内的其他介质（如变压器油、变压器箱体）闭合，如图 5.40 所示，这些介质磁阻很大，三次谐波磁通很小，则由其产生的三次谐波电动势 e_3 也很小，主磁通和相电动势基本为正弦波。但是三次谐波磁通沿金属结构闭合会造成涡流损耗，降低变压器的工作效率，导致局部发热。因此大容量的三相心式变压器（1800kVA 以上）一般不采用 Y/y 联结。

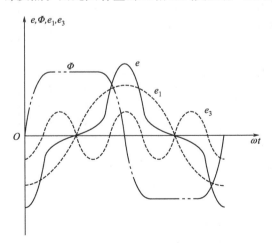

图 5.39　主磁通为平顶波时的相电动势波形

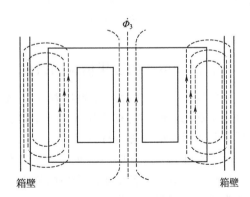

图 5.40　三相心式变压器中三次谐波磁通流通路径

2. Yd 及 Dy 联结的三相变压器

当三相变压器的绕组联结方式采用 Yd 联结方式时，与 Yy 联结方式同理，励磁电流不可能包含三次谐波电流分量，励磁电流为正弦波，主磁通的波形为平顶波，其中三次谐波磁

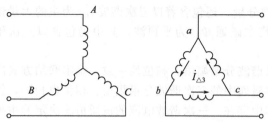

图 5.41 Yd 联结的三相变压器中的三次谐波电流

通 $\dot{\Phi}_3$ 会在三角形（△）联结的绕组中感应出三次谐波电动势 $\dot{E}_{\triangle 3}$，$\dot{E}_{\triangle 3}$ 滞后 $\dot{\Phi}_3$ 90°，$\dot{E}_{\triangle 3}$ 产生三次谐波电流 $\dot{I}_{\triangle 3}$，如图 5.41 所示。由于二次绕组电阻远小于其三次谐波电抗，所以 $\dot{I}_{\triangle 3}$ 滞后 $\dot{E}_{\triangle 3}$ 接近 90°。三次谐波电流 $\dot{I}_{\triangle 3}$ 产生的磁通 $\dot{\Phi}_{\triangle 3}$ 大大削弱了三次谐波磁通 $\dot{\Phi}_3$，结果使主磁通和相电动势波形基本为正弦波。

当三相变压器的绕组联结方式采用 Dy 联结方式时，由于三次谐波电流 i_{03} 可以在△联结的绕组中流通，所以励磁电流 i_0 波形为尖顶波，由于铁芯饱和，因此主磁通和相电动势波形均为正弦波。

为了使得三相变压器的主磁通和相电动势波形为正弦波，需要三相变压器有一侧绕组为△联结。国家标准规定，额定容量在 1600kVA 以上的三相电力变压器的二次绕组采用△联结。

第八节　变压器的并联运行

在电力系统中，常采用几台变压器并联的运行方式，即将这些变压器的一次、二次绕组分别并联到一次、二次侧的公共母线上，共同对负载供电，如图 5.42 所示。

变压器并联运行，能大大提高供电的可靠性。如果某一台变压器发生故障，可以将它从电网中切除检修而不会中断供电；可以根据负载的变化投入相应的变压器容量和台数，尽量使运行的变压器接近满载，提高系统的运行效率和改善系统的功率因数。但是并联运行的变压器台数也不宜过多，否则会增加设备的成本和安装面积，反而不经济。

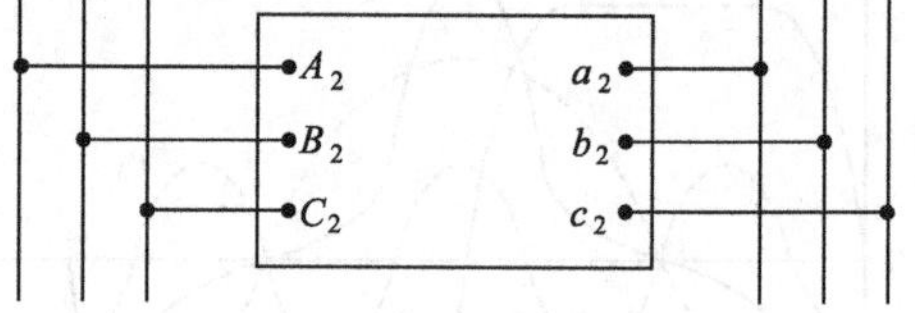

一、并联运行的理想情况和条件

变压器并联运行时，希望损耗小、效率高，各台变压器都能够得到充分利用，处于最佳状态。变压器并联运行的理想运行状况是：

图 5.42　两台变压器并联运行

（1）空载运行时并联的各变压器之间无环流。

（2）负载运行的各变压器分担的负载电流与其容量成比例。

为了满足理想运行状况，并联运行的变压器应满足以下条件：

（1）一、二次侧额定电压对应相同。

（2）联结组别相同。

（3）短路阻抗标幺值相等。

上述三个条件中，第二个条件必须严格满足，其他两个条件允许有一定的误差。下面将分析上述条件不满足时变压器并联运行将会出现的问题。

二、变比不等时的并联运行

设两台变压器的联结组别相同，但变比不相等，将各物理量折合到二次侧，简化等效电路如图 5.43 所示。根据电路的基尔霍夫定律，可得图中虚线构成的回路电压平衡方程式：

$$\dot{I}_c(Z'_{k\alpha}+Z'_{k\beta})-(\frac{U_{1\alpha}}{k_\alpha}-\frac{U_{1\beta}}{k_\beta})=0$$

因此，两变压器绕组间的环流 $\dot{I}_c$ 为

$$\dot{I}_c=\frac{\dfrac{U_{1\alpha}}{k_\alpha}-\dfrac{U_{1\beta}}{k_\beta}}{Z'_{k\alpha}+Z'_{k\beta}}$$

由于变压器的短路阻抗很小，即使变比相差很小，也能产生较大的环流。

变压器的环流既占用了容量，又增加了损耗。为了限制环流，通常规定并联运行的电力变压器变比误差不超过 0.5%。

三、短路阻抗标幺值不等的并联运行

设两台变压器 α、β 并联运行，其一、二次侧额定电压相同，联结组别相同，但短路阻抗标幺值不等。采用简化等效电路分析负载运行情况，如图 5.44 所示。

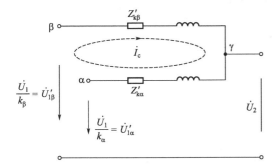

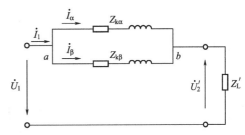

图 5.43　变比不等并联运行的变压器等效电路　　　　图 5.44　变压器并联运行等效电路

对于等效电路中 a、b 两点间的电压 $\dot{U}_{ab}$，有

$$\dot{U}_{ab}=\dot{I}_\alpha Z_{k\alpha}=\dot{I}_\beta Z_{k\beta}$$

用标幺值表示则有

$$U_{ab}=I_\alpha Z_{k\alpha}=I_\beta Z_{k\beta}=\beta_\alpha Z_{k\alpha}=\beta_\beta Z_{k\beta}$$

因此，并联运行的变压器之间有

$$\beta_\alpha : \beta_\beta=\frac{1}{Z_{k\alpha}} : \frac{1}{Z_{k\beta}} \tag{5.36}$$

上式表明并联运行的各台变压器负载系数与短路阻抗标幺值成反比。若各台变压器短路阻抗标幺值 Z_k 相同，则负载系数 β 也相等，负载分配最为合理，也就意味着它们可以按照其额定容量的大小成比例地分配负载，并可以同时达到额定负载。由于容量相近的变压器 Z_k 值相差较小，因此并联运行的变压器容量之比要小于 3。

在计算变压器并联运行时的负荷分配问题时，还经常采用下面的计算方法：
由于

$$S=\sqrt{3}U_{1N}I_1$$

因此实际各台变压器分担的容量比为

$$S_\alpha : S_\beta = I_\alpha : I_\beta$$

四、联结组别不等的并联运行

如果并联运行的变压器额定电压等级相同，而联结组别不一样时，就等于只保证了二次侧额定电压的大小相等，而电压相量的相位至少相差 30°，如图 5.45 所示，造成 $\Delta\dot{U}_2 = \dot{U}_{2\beta} - \dot{U}_{2\alpha}$（以两台并联为例）的数值较大，而电路内只有变压器很小的短路阻抗，就会产生很大的环流，这是绝对不允许的。因此并联运行的变压器必须保证联结组别相同。

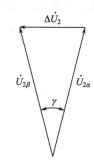

图 5.45　两台联结组别不等的变压器并联运行二次侧电压相量图

【例 5.6】 两台变压器并联运行，其额定数据为：

$S_{N\alpha} = 2000\text{kVA}$，联结组别为 Yd11，额定电压为 35/10kV，$Z_{k\alpha} = 0.0725$；

$S_{N\beta} = 1000\text{kVA}$，联结组别为 Yd11，额定电压为 35/10kV，$Z_{k\beta} = 0.0690$。

当负载为 3000kVA 时，计算：

(1) 每台变压器的电流、容量及负载系数；

(2) 若不使任何一台变压器过载，能带的最大负载是多少？

解　(1) 一次侧总负载电流

$$I_\alpha + I_\beta = I = \frac{3000 \times 10^3}{\sqrt{3} \times 35 \times 10^3} = 49.49(\text{A})$$

一次侧额定电流

$$I_{1N\alpha} = \frac{2000 \times 10^3}{\sqrt{3} \times 35 \times 10^3} = 33(\text{A})$$

$$I_{1N\beta} = \frac{1000 \times 10^3}{\sqrt{3} \times 35 \times 10^3} = 16.5(\text{A})$$

负载系数关系

$$\frac{\beta_\alpha}{\beta_\beta} = \frac{Z_{k\beta}}{Z_{k\alpha}} = \frac{0.0690}{0.0725} = 0.952$$

$$\beta_\alpha = 0.952\beta_\beta$$

电流关系

$$\frac{I_\alpha}{I_{1N\alpha}} = 0.952 \frac{I_\beta}{I_{1N\beta}}$$

$$I_\alpha = 0.952 \frac{I_{1N\alpha}}{I_{1N\beta}} I_\beta = 0.952 \frac{33}{16.5} I_\beta = 1.904 I_\beta$$

又因为

$$I = 1.904 I_\beta + I_\beta = 49.49(\text{A})$$

求得

$$I_\beta = 17.04(\text{A})$$
$$I_\alpha = 32.44(\text{A})$$

容量

$$S_\alpha = \sqrt{3}\,U_{1N}\,I_\alpha = \sqrt{3} \times 35 \times 10^3 \times 32.44 = 1.967 \times 10^6 \,(\text{VA})$$

$$S_\beta = \sqrt{3}\,U_{1N}\,I_\beta = \sqrt{3} \times 35 \times 10^3 \times 17.04 = 1.033 \times 10^6 \,(\text{VA})$$

实际负载系数

$$\beta_\alpha = \frac{I_\alpha}{I} = \frac{32.44}{33} = 0.983$$

$$\beta_\beta = \frac{I_\beta}{I} = \frac{17.04}{16.5} = 1.03$$

（2）最大负载时的负载系数

$$\beta_\beta = 1$$

$$\beta_\alpha = \frac{z_{k\beta}}{z_{k\alpha}} = \frac{0.0690}{0.0725} = 0.952$$

最大负载时各台变压器容量

$$S_\alpha = \beta_\alpha S_{N\alpha} = 0.952 \times 2000 = 1904\,(\text{VA})$$

$$S_\beta = \beta_\beta S_{N\beta} = S_{N\beta} = 1000\,(\text{VA})$$

最大负载

$$S = S_\alpha + S_\beta = 2904\,(\text{kVA})$$

第九节　其他常用的变压器

在工业应用中，为适应不同的功能需求，还有许多不同种类的变压器。本节介绍其中最常用的自耦变压器、三绕组变压器和仪用互感器。

一、自耦变压器

一、二次侧共用一部分绕组的变压器称为自耦变压器。自耦变压器结构示意图和绕组接线图分别如图 5.46(a) 和 (b) 所示。图中标出了各电磁量的正方向。这是一台降压的自耦变压器，一次绕组匝数 N_1 大于二次绕组匝数 N_2，绕组 ax 段为一、二次侧绕组共用，称为公共绕组。

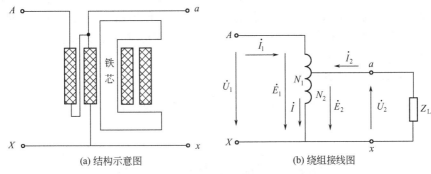

图 5.46　自耦变压器

1. 电压电流关系

当一次侧接额定电压 U_{1N}，二次侧开路，二次侧端电压为 U_{2N}。有

$$\frac{U_{1N}}{U_{2N}} \approx \frac{E_1}{E_2} = \frac{N_1}{N_2} = k_A > 1 \tag{5.37}$$

式中，k_A 为自耦变压器的变比。

自耦变压器带负载运行时，由于电源电压保持额定值，主磁通基本不变，因此也存在着磁动势平衡关系，即

$$\dot{I}_1 N_1 + \dot{I}_2 N_2 = \dot{I}_0 N_1$$

忽略 $\dot{I}_0$，则有

$$\dot{I}_1 N_1 + \dot{I}_2 N_2 \approx 0$$

即

$$\dot{I}_1 \approx -\frac{N_2}{N_1} \dot{I}_2 = -\frac{\dot{I}_2}{k_A} \tag{5.38}$$

式(5.37) 和式(5.38) 表明，自耦变压器负载运行时，一、二次侧电压数值之比为 k_A，电流之比为 $1/k_A$，与双绕组变压器的关系相同。

节点 a 的电流关系为

$$\dot{I} = \dot{I}_1 + \dot{I}_2 \approx -\frac{\dot{I}_2}{k_A} + \dot{I}_2 = \dot{I}_2 (1 - \frac{1}{k_A})$$

上式表明，$\dot{I}$ 与 $\dot{I}_2$ 同相位，且 $\dot{I} > \dot{I}_2$。

2. 容量关系

变压器的额定容量也称为通过容量，等于输入电压乘以输入电流（或输出电压乘以输出电流）。在双绕组变压器中，一次侧绕组和二次侧绕组只有磁路上的联系，只能依靠电磁感应传递容量；而自耦变压器一次侧绕组和二次侧绕组既有磁路上的联系，又有电路上的联系。因此，传递的容量为两部分，一部分是由电磁感应传递的容量称为电磁容量（又称为绕组容量），另一部分是由电路连接而直接传递的容量称为传导容量。

单相自耦变压器的容量为

$$S_N = U_{1N} I_{1N} = U_{2N} I_{2N} = (U_{Aa} + U_{ax}) I_{1N} = U_{Aa} I_{1N} + U_{ax} I_{1N} \tag{5.39}$$

上式表明，自耦变压器的额定容量可分为两部分，其中第一部分 $U_{Aa} I_{1N}$ 称为电磁容量 S_{Aa}，第二部分 $U_{ax} I_{1N}$ 称为传导容量 $S_{传导}$。

电磁容量 S_{Aa} 对应于以绕组 Aa 段（匝数为 $N_1 - N_2$）为一次侧，以公共绕组 ax（匝数为 N_2）为二次侧的一个双绕组变压器通过电磁感应而传递给负载的容量，也称为绕组容量或计算容量。第二部分 $S_{传导} = U_{ax} I_{1N}$ 对应的是一次侧电流 I_{1N} 直接传导给负载的容量，称为传导容量。

其中绕组（Aa 段）的容量为

$$S_{Aa} = U_{Aa} I_{1N} = U_{1N} \frac{N_1 - N_2}{N_1} I_{1N} = S_N (1 - \frac{1}{k_A}) \tag{5.40}$$

传导容量 $S_{传导}$ 为

$$S_{传导} = U_{ax} I_{1N} = \frac{N_2}{N_1} U_{1N} I_{1N} = \frac{1}{k_A} S_N \tag{5.41}$$

绕组 ax 段的容量为

$$S_{ax} = U_{ax} I = U_{2N} I_{2N} (1 - \frac{1}{k_A}) = S_N (1 - \frac{1}{k_A}) \tag{5.42}$$

由式(5.39)可知，自耦变压器的电磁容量比额定容量要小。

式(5.40)和式(5.42)表明，绕组 Aa 和 ax 的容量相等，均比自耦变压器的额定容量小。对于双绕组变压器，绕组容量（电磁容量）就是变压器的容量。因此，在容量一定的条件下，自耦变压器的绕组容量（电磁容量）比双绕组变压器的绕组容量要小。

3. 自耦变压器的特点

自耦变压器有如下特点：

（1）自耦变压器的额定容量大于电磁容量或绕组容量。与相同容量的双绕组变压器相比，自耦变压器体积小，所用材料少，运行效率高。

（2）自耦变压器的一、二次侧有电路的直接联系，因此变压器内部绝缘与防过电压的保护措施要加强。

二、三绕组变压器

1. 结构及用途

每相采用三个绕组结构的变压器称为三绕组变压器。通常将三绕组变压器的铁芯设计为心式结构，将三个绕组同心地套在铁芯上，三绕组变压器的剖面结构示意图如图 5.47 所示。考虑到三绕组变压器的绝缘要求，根据三个绕组所连接的电网电压等级不同，将高压绕组设置在最外层，中压绕组和低压绕组设置在里层。

三绕组变压器可以替代两台双绕组变压器，将三个电压等级不同的电网联结起来，可以提高系统的经济性，更加方便地实现电力调度。当其中一个

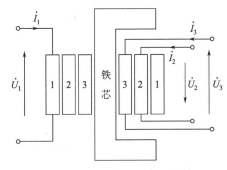

图 5.47　三绕组变压器剖面结构图

绕组连接电源，另外两个绕组可以为两个电压等级不同的电网供电，同理也可以将两个绕组连接电源，同时为第三个绕组连接的电网供电。

2. 等效电路

由于三绕组变压器的磁通耦合关系复杂，如果采用主磁通和漏磁通的方法分析三绕组变压器，则分析过程十分繁琐。因此，这里采用自感和互感概念的分析方法。

设 N_1、N_2、N_3 分别是一次绕组、二次绕组和三次绕组的匝数，k_{12}、k_{13}、k_{23} 分别为三个绕组之间的变比

$$k_{12} = \frac{N_1}{N_2} \approx \frac{U_1}{U_2}$$

$$k_{13} = \frac{N_1}{N_3} \approx \frac{U_1}{U_3}$$

$$k_{23} = \frac{N_2}{N_3} \approx \frac{U_2}{U_3}$$

将二次绕组和三次绕组的参数折合至一次绕组，根据基尔霍夫定律，三个绕组回路的电压方程式为

$$\dot{U}_1 = R_1 \dot{I}_1 + j\omega L_1 \dot{I}_1 + j\omega M'_{12} \dot{I}'_2 + j\omega M'_{13} \dot{I}'_3 \tag{5.43}$$

$$-\dot{U}'_2 = R'_2 \dot{I}'_2 + j\omega L'_2 \dot{I}'_2 + j\omega M'_{12} \dot{I}_1 + j\omega M'_{23} \dot{I}'_3 \tag{5.44}$$

$$-\dot{U}''_3=R'_3\dot{I}'_3+j\omega L'_3\dot{I}'_3+j\omega M'_{13}\dot{I}'_1+j\omega M'_{23}\dot{I}'_2 \tag{5.45}$$

当一次绕组两端电压 U_1 不变时，主磁通基本不变，铁芯磁导基本不变，可以近似认为绕组自感和互感为常数。忽略变压器励磁电流，三个绕组电流关系为

$$\dot{I}_1+\dot{I}'_2+\dot{I}'_3=0 \tag{5.46}$$

根据式(5.46)，将 $\dot{I}'_3=-(\dot{I}_1+\dot{I}'_2)$ 代入式(5.43) 和式(5.44)，两式相减可得

$$\dot{U}_1-(-\dot{U}'_2)=\dot{I}_1(R_1+jX_1)-\dot{I}'_2(R'_2+jX'_2)=\dot{I}_1Z_1+\dot{I}'_2Z'_2 \tag{5.47}$$

将 $\dot{I}'_2=-(\dot{I}_1+\dot{I}'_3)$ 代入式(5.43) 和式(5.45)，两式相减可得

$$\dot{U}_1-(-\dot{U}'_3)=\dot{I}_1(R_1+jX_1)-\dot{I}'_3(R'_3+jX'_3)=\dot{I}_1Z_1+\dot{I}'_3Z'_3 \tag{5.48}$$

式(5.47) 和式(5.48) 中有

$$Z_1=R_1+jX_1,X_1=\omega(L_1-M'_{12}-M'_{13}+M'_{23})$$
$$Z'_2=R'_2+jX'_2,X'_2=\omega(L'_2-M'_{12}-M'_{23}+M'_{13})$$
$$Z'_3=R'_3+jX'_3,X'_3=\omega(L'_3-M'_{13}-M'_{23}+M'_{12})$$

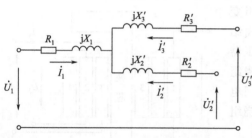

图 5.48　三绕组变压器等效电路

根据上式可以得到三绕组变压器的等效电路如图 5.48 所示，其中 X_1、X'_2、X'_3 为等效电抗，等效电抗由三个绕组的自感和绕组间的互感组成，具有与漏电抗相同的性质。

3. 参数测定

等效电路中的参数可以通过三次短路试验测定，每次短路试验将一个绕组开路，另外两个绕组进行短路试验，试验方法与双绕组变压器的短路试验方法相同：

第一次短路试验：三次绕组开路，一次绕组连接低电压电源，二次绕组短路，测得短路阻抗 Z_{k12}。由等效电路可知：$Z_{k12}=Z_1+Z'_2$。

第二次短路试验：二次绕组开路，一次绕组连接低电压电源，三次绕组短路，测得短路阻抗 Z_{k13}。由等效电路可知：$Z_{k13}=Z_1+Z'_3$。

第三次短路试验：一次绕组开路，二次绕组连接低电压电源，三次绕组短路，测得短路阻抗 Z_{k23}。由等效电路可知：$Z_{k23}=Z'_2+Z'_3$。

由三个短路试验得到的阻抗关系，即可求得等效电路中的等效阻抗、电阻和电抗。

三、仪用互感器

仪用互感器是一种用于测量的小容量变压器。在电力系统中往往需要测量电网中的电流和电压，测量大电流用的互感器称为电流互感器，测量高电压用的互感器称为电压互感器。

1. 电流互感器

电流互感器接线图如图 5.49 所示。一次侧与被测线路串联，被测电流为 $\dot{I}_1$。二次侧接电流表，由于其内阻小，

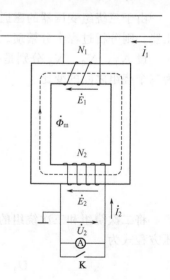

图 5.49　电流互感器

近似于短路。一次侧匝数 N_1 少，二次侧匝数 N_2 多。二次侧电流为 $\dot{I}_2$。显然，电流互感器是一个近似短路运行的单相变压器。

电流互感器的磁动势平衡关系式为

$$\dot{I}_1 N_1 + \dot{I}_2 N_2 = \dot{I}_0 N_1$$

或

$$\dot{I}_1 + \dot{I}_2' = \dot{I}_0$$

由于励磁电流 I_0 很小，可以忽略，可以得到：

$$\frac{\dot{I}_1}{\dot{I}_2} = -\frac{N_2}{N_1} \tag{5.49}$$

利用式(5.49)的电流关系可将一次侧的大电流 I_1 转换为二次侧的小电流 I_2 来测量。需要注意的是，I_1 只决定于被测线路，不决定于互感器。

实际上，电流互感器的励磁电流 I_0 并不为零。因此，电流互感器就存在着误差。根据误差的大小，电流互感器分为 0.2 和 0.5 级。0.5 级的电流互感器表示在额定电流时误差最大不超过 $\pm 0.5\%$，对各级的允许误差参照国家有关技术标准。

使用电流互感器的注意事项主要有：

（1）二次绕组绝对不允许开路。根据电流互感器的磁势平衡关系：

$$\dot{I}_1 = -\dot{I}_2' + \dot{I}_0$$

如果二次侧出现开路，电流互感器就成了一个空载运行的变压器，$\dot{I}_1 = \dot{I}_0$。而一次侧电流 I_1 是被测线路的电流，它是由电网决定的。这样，一次侧被测线路电流 $\dot{I}_1$ 就成了励磁电流，比正常工作时的励磁电流大得多，就会造成电流互感器铁损耗急剧上升，使它过热甚至烧毁，危及操作人员和其他设备的安全。

（2）二次侧接地。

（3）二次侧回路串入的阻抗值不超过有关技术标准的规定。如果二次侧串联的阻抗值过大，则二次侧电流 I_2' 变小，而 I_1 不变，导致励磁电流 I_0 增大，使得电流互感器的测量精度降低。

2. 电压互感器

电压互感器接线图见图 5.50 所示。一次侧与被测电路并联，被测电压为 $\dot{U}_1$。二次侧接电压表，阻抗很大，实际上二次侧近似于开路。一次侧匝数 N_1 多，二次侧匝数 N_2 少。二次侧电压为 $\dot{U}_2$。显然电压互感器是一个近似空载运行的单相变压器。

根据变压器原理，有

$$\frac{\dot{U}_1}{\dot{U}_2} \approx \frac{E_1}{E_2} = \frac{N_1}{N_2} = k \tag{5.50}$$

可以利用上式将一次侧的高压转换为二次侧的低压来测量。

实际上，电压互感器的一、二次侧绕组漏阻抗上都存在电压降，因此一、二次侧电压的比例关系存在着误差。根据

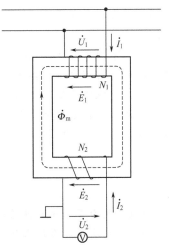

图 5.50 电压互感器

误差的大小电压互感器分为0.2、0.5两个等级，各等级允许误差参照有关技术标准。

使用电压互感器的注意事项主要有：

（1）二次绕组不允许短路。电压互感器正常运行时近似空载，如二次侧短路，则会出现很大短路电流，烧毁绕组。

（2）二次侧接地。

（3）二次侧接的阻抗值不能太小。否则电流 I_2 和 I_1 都将增大，一、二次侧漏阻抗压降增加，降低了电压互感器的测量精度。

小 结

变压器是一种静止的电气设备，利用电磁感应原理，可以实现从一种电压等级的交流电到同频率的另一种电压等级的交流电的转换。

变压器的主要部件是铁芯和绕组。变压器的额定值是反映其性能指标的数据，应掌握主要额定值的含义。

变压器负载运行的基本方程式、等效电路、相量图是分析变压器运行的三种方法，其物理本质是一致的。在进行定量计算时，宜采用等效电路；定性讨论各物理量间关系时，宜采用方程式；而表示各物理量之间大小、相位关系时，相量图比较方便。

标幺值是指一个物理量的实际值与同单位的基值之比。通常，基值都选取为额定值。

通过变压器的空载试验，可以求出变比 k、铁损耗 p_{Fe}、励磁阻抗 Z_m 等，其中，铁损耗近似等于变压器的空载损耗。短路试验则可以求出铜损耗 p_{Cu} 和短路阻抗 Z_k，铜损耗近似等于变压器的短路损耗。

电压调整率和效率是变压器运行时的重要指标。电压调整率可以反映二次侧电压的稳定性，效率的高低影响变压器运行的经济性，当铜损耗和铁损耗相等时，变压器的效率最高。

三相变压器可以根据各相磁路是否有关联分为三相组式变压器和三相心式变压器，变压器的联结组别可以表明绕组联结方式和一、二次侧相位差。不同绕组联结方式和磁路结构会影响三相变压器空载电动势波形。由于铁芯磁路饱和，为了使主磁通与相电动势波形为正弦波，通常将三相变压器二次侧绕组设计为三角形联结。

变压器的并联运行需满足三个条件，即一、二次侧额定电压对应相同、联结组别相同、短路阻抗标幺值相等。其中，联结组别必须相同，否则一、二次侧绕组中都会出现极大的环流。

其他常用的变压器包括自耦变压器、三绕组变压器和仪用互感器。与同容量的双绕组变压器相比，自耦变压器体积小，所用材料少，运行效率高。三绕组变压器是最常用的多绕组变压器，三绕组变压器可以代替两台双绕组变压器，可以将三个电压等级不同的电网联结起来。仪用互感器分为电压互感器和电流互感器，它们的工作原理与普通变压器相同。在使用时需要特别注意：电压互感器不允许二次绕组短路，电流互感器不允许二次绕组开路。

思 考 题

5.1　电力变压器的铁芯是软磁材料还是硬磁材料，为什么？

5.2　变压器能否用来改变直流电压的高低？

5.3　分析变压器时，能否把一次侧向二次侧折合？

5.4　为什么空载试验损耗可以近似看成铁损耗，短路试验损耗可以近似看成铜损耗？

5.5 如果需要加大负载，应怎样调节可变电阻的阻值？为什么？

5.6 变压器过载时，对绕组有什么危害？对铁芯是否有致命损伤？

5.7 分别在高压侧和低压侧做空载试验，两次试验电源送入变压器的有功功率与测出的参数有无差异？

5.8 在设计变压器时，为什么不将变压器的额定效率设计成最大效率？

5.9 当二次侧电压值过低时，高压分接头应该往哪个方向调？

5.10 为什么分接头一般都安装在变压器的高压侧？

5.11 三相变压器绕组可否采用有中性线的 Y/y 联结方式？试说明其原因。

5.12 若三相变压器的联结组别为 Yd5，如何将其改接为 Yd11？

5.13 若三相变压器的联结组别为 Yy2，如何将其改接为 Yy0？

5.14 变压器并联运行需要满足哪些条件？试说明其原因。

5.15 自耦变压器的变比可以设计得很大或很小吗？为什么？

5.16 三绕组变压器的一次绕组连接电源，如果二次绕组所带负载发生变化，是否会对三次绕组端电压产生影响？试说明其原因。

5.17 电压互感器和电流互感器在使用中有哪些注意事项？试说明其原因。

5.18 从设计制造方面考虑，如何减小互感器的测量误差？

习 题

5.1 变压器有哪些主要额定值？一次、二次侧额定电压的含义是什么？

5.2 三相变压器，额定容量 $S_N = 100\text{kVA}$，额定电压 $U_{1N}/U_{2N} = 35000/400\text{V}$，一、二次侧额定电流是多少？

5.3 计算下列变压器的变比：

(1) 额定电压 $U_{1N}/U_{2N} = 3300/220\text{V}$ 的单相变压器；

(2) 额定电压 $U_{1N}/U_{2N} = 10000/400\text{V}$，Yy 接法的三相变压器；

(3) 额定电压 $U_{1N}/U_{2N} = 10000/400\text{V}$，Yd 接法的三相变压器。

5.4 变压器额定电压为 220/110V，若把二次侧错当成一次侧接到 220V 交流电源上，主磁通和励磁电流会怎样变化？若把一次侧错接到直流 220V 电源上，会有什么问题？

5.5 试说明磁动势平衡的概念及其在分析变压器中的作用。

5.6 在分析变压器时，为何要进行折算？折算的条件是什么？如何进行具体折算？

5.7 两台变压器的一、二次绕组感应电动势和主磁通正方向如图 5.51(a)、(b) 所示，试分别写出 $\dot{E}_1 = f(\dot{\Phi}_m)$，$\dot{E}_2 = f(\dot{\Phi}_m)$ 的关系式。

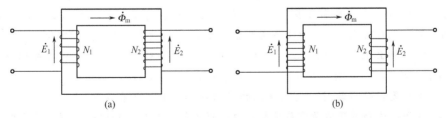

图 5.51 习题 5.7 图

5.8 单相变压器额定电压为 220/110V，如图 5.52 所示，高压边加 220V 时，励磁电流为 I_0，若把 X 和 a 连在一起，在 Ax 加 330V 电压，励磁电流是多大？若把 X 和 x 连在

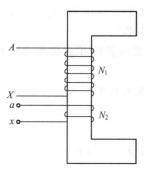

图 5.52　习题 5.8 图

一起，Aa 加 110V 电压，励磁电流又是多大？

5.9　变压器空载运行时，电源送入什么性质的功率？消耗在哪里？

5.10　为什么变压器空载运行时功率因数很低？

5.11　变压器采用从二次侧向一次侧折合算法的原则是什么？

5.12　分析变压器有哪几种方法，它们之间有何联系？

5.13　一台单相变压器，各物理量的正方向如图 5.53 所示。

（1）列出电动势和磁动势平衡方程式；

（2）作出 $\cos\varphi_2=1$ 时的相量图。

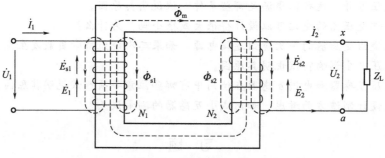

图 5.53　习题 5.13 图

5.14　为了得到正弦形的感应电动势，当铁芯饱和与不饱和时，空载电流各呈什么波形，为什么？

5.15　一台三相变压器，额定容量为 560kVA，额定电压 $U_{1N}/U_{2N}=10000/400V$，Yy0 接法，供给照明用电，若白炽灯额定值是 100W、220V，三相总共可接多少盏灯，变压器才不过载？

5.16　一台 600kVA，35/6.3kV，单相双绕组变压器，当有额定电流通过时，变压器内部的漏阻抗压降占额定电压的 6.5%，绕组中的铜耗为 9.50kW；当在一次绕组上外加额定电压时，空载电流占额定电流的 5.5%，功率因数为 0.10。

（1）求变压器的短路阻抗和励磁阻抗；

（2）当一次绕组外加额定电压，二次绕组外接一阻抗 $Z_L=80\angle40°\Omega$ 的负载时，求 U_2、I_1 及 I_2。

5.17　一台三相变压器，Y/y 接，$S_N=200kVA$，1000/400V。一次侧接额定电压，二次侧接三相对称负载，每相负载阻抗为 $Z_L=(0.96+j0.48)\Omega$，变压器每相短路阻抗 $Z_k=(0.15+j0.35)\Omega$。求变压器一次侧电流、二次侧电流、二次侧电压各为多少？输入的视在功率、有功功率和无功功率各为多少？输出的视在功率、有功功率、无功功率各为多少？

5.18　某台 1000kVA 的三相电力变压器，额定电压为 $U_{1N}/U_{2N}=10000/3300V$，Y/△联结。短路阻抗标幺值 $Z_k=0.015+j0.053$，带三相△接对称负载，每相负载阻抗为 $Z_L=(50+j85)\Omega$，试求：一次侧电流 I_1、二次侧电流 I_2 和电压 U_2。

5.19　变压器短路试验时，电源送入的有功功率主要消耗在哪里？

5.20　在高压边和低压边做空载试验，电源送入的有功功率相同吗？测出的参数相同吗？

5.21　三相变压器，额定电压为 10000/400V，Y/△联结。在低压边做空载试验数据为：电压 $U_{20}=400V$，电流 $I_0=65A$，空载损耗 $P_0=3.7kW$。在高压边做短路试验数据为：电压 $U_{1k}=450V$，电流 $I_{1k}=35A$，短路损耗 $P_k=7.5kW$。求变压器的参数，画出 T 形等效电路，假设 $Z_1 \approx Z'_2$，$R_1 \approx R'_2$，$X_1 \approx X'_2$。

5.22 在分析变压器时，采用标幺值是否还需要折算？

5.23 三相电力变压器带负载运行，电压变化率 ΔU 与负载性质有关吗？

5.24 三相变压器额定值为 $S_N = 5600\text{kVA}$，$U_{1N}/U_{2N} = 35000/6300\text{V}$，Y/△联结。从短路试验得：$U_{1k} = 2610\text{V}$，$I_{1k} = 92.3\text{A}$，$P_k = 53\text{kW}$。当 $U_1 = U_{1N}$ 时，$I_2 = I_{2N}$，测得电压恰为额定值 $U_2 = U_{2N}$，求此时负载的性质及功率因数角 φ 的大小。

5.25 额定频率为 50Hz，额定负载功率因数为 0.8 落后，电压变化率为 10% 的变压器，现将它接上 60Hz 的电源，电流与电压保持额定值，并仍使其在功率因数为 0.8 落后的负载下使用，试求此时的电压变化率。已知在额定状态下的电抗压降为电阻压降的 10 倍。

5.26 三相变压器的额定容量为 5600kVA，额定电压为 6000/400V，Y/△联结。在一次侧做短路试验，$U_k = 280\text{V}$，得到短路损耗 $P_{kN} = 56\text{kW}$；空载试验测得 $P_0 = 18\text{kW}$。当每相负载阻抗值 $Z_L = (0.1 + \text{j}0.06)\Omega$，△接，计算：

(1) U_2、I_1、I_2、β 及 η；

(2) 该变压器效率最高时的负载系数 β_m 及最高效率。

5.27 标出图 5.54 中单相变压器高、低压绕组的首端、尾端及同极性端，要求它们的联结组别分别是 Ii0 和 Ii6。

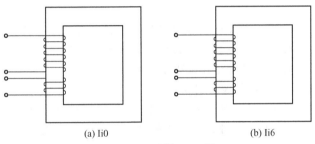

图 5.54 习题 5.27 图

5.28 如果依据高、低压边电动势 $\dot{E}_{BC}$ 和 $\dot{E}_{bc}$ 的相位关系确定联结组别，与依据 $\dot{E}_{AB}$ 和 $\dot{E}_{ab}$ 的相位关系的结果一样吗？

5.29 根据图 5.55 中的四台三相变压器绕组接线确定其联结组别，要求画出绕组电动势相量图。

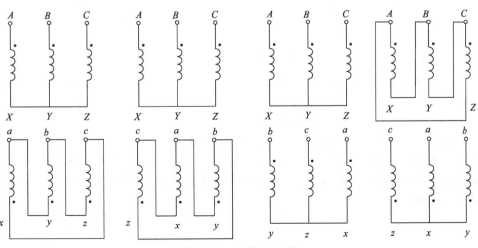

图 5.55 习题 5.29 图

5.30 画出下列联结组别的绕组接线图：

(1) Yd3；

(2) Dy1。

5.31 变压器并联运行的条件是什么？哪一个条件必须严格满足？

5.32 并联运行的变压器若短路阻抗的标幺值或变比不相等时会出现什么现象？如果各变压器的容量不相等，则以上两个量对容量大的变压器是大些好呢还是小些好呢？为什么？

5.33 两台变压器并联运行，其中一台额定容量为20000kVA，$Z_k = 0.08$，另一台容量为10000kVA，$Z_k = 0.06$，如果一次侧总负载电流为 $I_1 = 200A$。试求两台变压器的一次侧电流各为多少。

5.34 一次侧及二次侧额定电压相同、联结组别一样的两台变压器并联运行，其中 α 变压器的 $S_{N\alpha} = 30kVA$，$u_{k\alpha} = 3\%$；β 变压器的 $S_{N\beta} = 50kVA$，$u_{k\beta} = 5\%$。当输出 70kVA 的视在功率时，两台变压器的负载系数各是多少？各输出多少视在功率？

5.35 联结组别为 Yyn0 的三台变压器并联运行，数据如下：

(1) $S_N = 3200kVA$，$U_{1N}/U_{2N} = 35/6.3kV$，$u_k = 6.9\%$；

(2) $S_N = 5600kVA$，$U_{1N}/U_{2N} = 35/6.3kV$，$u_k = 7.5\%$；

(3) $S_N = 3200kVA$，$U_{1N}/U_{2N} = 35/6.3kV$，$u_k = 7.6\%$；

计算：

(1) 总输出容量为 10000kVA 时，各台变压器分担的负载容量是多少？

(2) 不允许任何一台过载时的最大输出容量是多少？

5.36 自耦变压器的绕组容量为什么小于额定容量？

5.37 一单相变压器，其数据如下：$S_N = 1kVA$，$U_{1N}/U_{2N} = 220/110V$，$I_{1N}/I_{2N} = 4.55/9.1A$。将它改接为自耦变压器，接法如图 5.56(a) 和 (b) 两种，求两种自耦变压器当低压边绕组 ax 接于 110V 电源时，AX 边的电压 U_1 及自耦变压器的额定容量 S_N 各为多少？

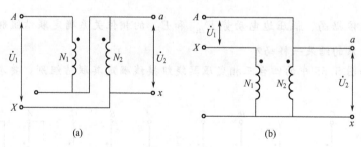

(a)　　　　　　　　　(b)

图 5.56 习题 5.37 图

5.38 一单相自耦变压器，$U_1 = 220V$，$U_2 = 180V$，$I_2 = 400A$。不计损耗和漏阻抗压降时，求：

(1) 自耦变压器 I_1 及公共绕组电流 I；

(2) 输入和输出功率、绕组电磁功率、传导功率各为多少？

5.39 单相双绕组变压器，$S_N = 10kVA$，$U_{1N}/U_{2N} = 220/110V$，改接为 330/110V 的自耦变压器，计算自耦变压器额定容量。若将变压器改接为 330/220V 的自耦变压器，其额定容量又是多少？

第六章
交流电机电枢绕组的电动势与磁动势

交流电机主要分为同步电机和异步电机两类。这两类电机虽然在结构和工作原理上有很大区别，但它们也有一些共性的问题，比如，定子绕组的结构是相同的，产生的感应电动势和磁动势性质及分析方法也都是相同的。由于定子绕组是交流电机进行机电能量转换的核心部件，因此，本章对这些问题统一进行分析研究。

交流电机电枢绕组的基本功能是能感应出具有一定幅值的、对称的正弦波电动势。因此，这就要求电枢绕组在定子内按照一定的规律分布与连接，同时能够满足产生所需电动势和磁动势的要求。

第一节　交流电机电枢绕组电动势

方便起见，在下面的分析中，用同步发电机来进行分析，所得结论对同步电机和异步电机都同样适用。

一、导体电动势

图 6.1(a) 是一台简单的交流同步发电机模型。其定子铁芯呈圆环形状，在定子内圆的槽中，嵌放了一根导体 A。转子安放着磁极，一对极，极性分别是 N 和 S。

当原动机拖动转子以转速 n 逆时针方向旋转时，定子上的导体 A 与磁场有了相对运动，导体 A 中就会产生感应电动势。

将直角坐标放置在转子的表面，坐标原点选在两个主磁极的中间位置，横坐标为磁极表面各点距坐标原点的距离，用空间电角度 α 表示，纵坐标为气隙磁密 B。坐标系随着转子一道旋转。

将图 6.1(a) 所示的发电机模型在导体 A 处沿轴向剖开，并展成平面，如图 6.1(b) 所示。电机中一对主磁极所占的空间电角度为 360°或 2π 弧度。如果电机有 p 对磁极，那么所占的空间电角度为 $p \times 360°$。而电机整个转子表面所占空间的机械角度是 360°或 2π 弧度，用 β 表示。则空间电角度 α 与机械角度 β 之间的关系为

$$\alpha = p\beta$$

当 $p=1$，即电机只有一对磁极时，空间电角度 α 与机械角度 β 相等。电机分析时，通常都使用空间电角度。

为了便于分析，规定正方向如下：气隙磁密从磁极穿出进入定子为正，感应电动势出纸

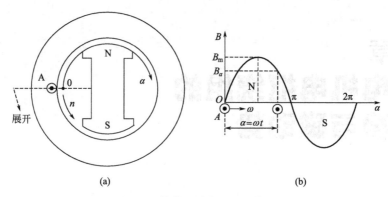

图 6.1　简单的同步发电机模型

面为正，用 ⊙ 表示。

　　假设电机的气隙磁密波沿气隙圆周方向分布为正弦形，波长等于一个极距，称为基波磁密。如图 6.1(b) 所示。其表达式为

$$B_\alpha = B_m \sin\alpha$$

式中 B_m 是气隙磁密的最大值。

　　根据电磁感应定律，导体切割磁场所产生的感应电动势为

$$e = B_\alpha l v$$

式中，B_α 是导体在 α 处的气隙磁密；l 是导体长度；v 是导体与磁场的相对线速度。

　　则导体 A 中感应的基波电动势瞬对值为

$$e = B_\alpha l v = (B_m \sin\alpha) l v = E_m \sin\alpha = \sqrt{2} E \sin\alpha \tag{6.1}$$

式中，$E_m = B_m l v$ 是导体中基波感应电动势的最大值；E 是基波感应电动势的有效值。

　　设转子旋转的转速为 n，电角速度为

$$\omega = 2\pi p \frac{n}{60}$$

　　假定在时间 $t=0$ 时，导体 A 位于图 6.1(b) 所示的坐标原点，经过时间 t 后，导体 A 的位置为

$$\alpha = \omega t$$

　　则导体 A 的感应电势为

$$e = \sqrt{2} E \sin\omega t \tag{6.2}$$

　　因此，导体中感应的基波电动势的波形与气隙磁密的波形一致，为正弦波。如图 6.2 (a) 所示。由图 6.1(b) 可知，经过了时间 t，导体从坐标原点位移到 α 空间电角度处所需的时间电角度是 ωt，因而有 $\alpha = \omega t$，即在空间上转过的电角度 α 等于所经历的时间电角度 ωt。

　　根据图 6.1(b)，当导体 A 经过一对主磁极，其感应电动势就变化了一个周期。用 f 表示感应基波电动势变化的频率，单位为赫兹（Hz）。若转子上有 p 对主磁极，则导体 A 基波电动势的频率 f 为

$$f = \frac{pn}{60} \tag{6.3}$$

式中，n 为电机的转速，单位为 r/min。

　　转子电角速度 ω 为

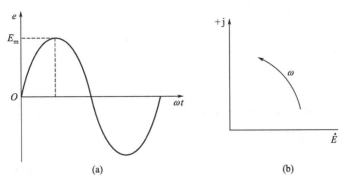

图 6.2 导体的基波电动势波形及相量

$$\omega = \frac{2\pi p n}{60} = 2\pi f$$

ω 也称为导体 A 感应基波电动势变化的角频率，单位为 rad/s。

正弦分布的气隙磁密，其平均值 B_{av} 与最大值 B_m 存在下述关系：

$$B_{av} = \frac{2}{\pi} B_m$$

导体与磁场的相对线速度 v 为

$$v = 2p\tau \frac{n}{60} = 2\tau f$$

其中 τ 是定子的极距。

导体中感应基波电动势的最大值为

$$E_m = B_m l v = \frac{\pi}{2} B_{av} l \left(2p\tau \frac{n}{60}\right) = \pi B_{av} l \tau f = \pi f \Phi$$

式中，$\Phi = B_{av} l \tau$ 是气隙每极基波磁通量。

导体基波电动势的有效值为

$$E = \frac{1}{\sqrt{2}} E_m = \frac{1}{\sqrt{2}} \pi f \Phi = 2.22 f \Phi \tag{6.4}$$

式中，E 的单位是 V；Φ 的单位是 Wb。

正弦电动势 $e = E_m \sin\omega t$，可用相量 $\dot{E} = E \angle 0°$ 表示，以角速度 ω 逆时针方向在复平面里旋转，如图 6.2(b) 所示。

实际上，转子励磁磁动势产生的气隙磁通密度中，还存在 3 次、5 次等奇数次的谐波气隙磁通密度，它们同样随转子转动，在导体中感应电动势。由 $B_\alpha = B_m \sin\alpha$ 可知，3 次谐波气隙磁通密度为

$$B_{\alpha 3} = B_{m3} \sin 3\alpha$$

3 次谐波气隙磁通密度的极对数是基波的三倍，而极距只有基波的三分之一。

在导体 A 中感应的 3 次谐波电动势瞬时值为

$$e_3 = B_{\alpha 3} l v = B_{m3} l v \sin 3\alpha = E_{m3} \sin 3\alpha = \sqrt{2} E_3 \sin 3\alpha$$

式中，E_3 为导体 3 次谐波电动势的有效值。

$$E_3 = \frac{1}{\sqrt{2}} E_{m3} = \frac{1}{\sqrt{2}} \pi \times 3 f \Phi_3 = 2.22 \times 3 f \Phi_3 \tag{6.5}$$

式中，Φ_3 为 3 次谐波每极磁通量。

一般地，气隙中 v 次谐波气隙磁通密度为

$$B_{av} = B_{mv} \sin v\alpha$$

在导体 A 中感应的 v 次谐波电动势为

$$e_v = \sqrt{2} E_v \sin v\alpha$$
$$E_v = 2.22 v f \Phi_v \qquad (6.6)$$

式中，E_v 是 v 次谐波电动势的有效值；Φ_v 为 v 次谐波每极磁通量。

二、整距线圈电动势

定子线圈两边之间的距离称为节距，用定子槽数表示。当节距小于极距时，称为短距线圈；节距等于极距时，称为整距线圈；节距大于极距时，则为长距线圈。为了节约铜线，一般不用长距线圈。

在图 6.3(a) 中相距一个极距的位置上放了两根导体 A 与 X，连成一个整距线圈，如图 6.3(b) 所示。这两根导体构成了线圈的两个边。

当线圈的一个边转到 N 极中心时，另一个边则转到 S 极中心，因此这两个线圈边产生的基波感应电动势大小相等，方向相反。图 6.3(c) 表示两根导体恰好转到主极中间时导体的基波电动势相量，其中 $\dot{E}_A$ 和 $\dot{E}_X$ 分别是导体 A 和 X 的基波电动势相量。

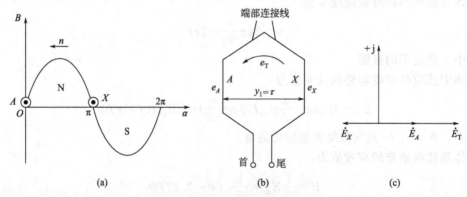

图 6.3　整距线圈的基波电动势

线圈的基波电动势为

$$\dot{E}_T = \dot{E}_A - \dot{E}_X$$

即线圈基波电动势相量 $\dot{E}_T$ 是两根导体基波电动势相量 $\dot{E}_A$、$\dot{E}_X$ 之差，如图 6.3(c) 所示。

整距线圈的基波电动势为

$$E_T = 2E_A = 2 \times 2.22 f \Phi = 4.44 f \Phi$$

若线圈匝数为 N_y，那么，整距线圈基波电动势为

$$E_y = 4.44 f N_y \Phi \qquad (6.7)$$

同理可知，整距线圈的 v 次谐波电动势为

$$E_{yv} = 4.44 v f N_y \Phi_v \qquad (6.8)$$

三、短距线圈电动势

图 6.4(a) 所示的线圈是一个短距线圈，线圈的节距 $y_1 = y\pi$，其中，$0 < y \leqslant 1$。图 6.4

（c）是在该瞬间短距线圈感应基波电动势的相量图。短距线圈的基波电动势相量为

$$\dot{E}_y = \dot{E}_A - \dot{E}_X = E_A \angle 0° - E_X \angle y\pi$$

基波电动势为

$$E_y = 2E_A \sin(\frac{1}{2}y\pi)$$

整距线圈时，基波电动势为

$$E_y = 2E_A$$

短距线圈的基波电动势除以整距线圈的基波电动势，可得基波短距系数：

$$k_y = \frac{2E_A \sin(\frac{1}{2}y\pi)}{2E_A} = \sin(\frac{1}{2}y\pi)$$

其中，$0 < k_y \leqslant 1$。当 $k_y = 1$ 时，为整距线圈。

因此，短距线圈基波电动势为

$$E_y = 2E_A \sin(\frac{1}{2}y\pi) = 2E_A k_y = 4.44 f N_y k_y \Phi \tag{6.9}$$

从上述分析可知，短距线圈的两个线圈边产生的基波电动势相位相差 $y\pi$，那么，两个线圈边产生的 v 次谐波电动势相位相差 $vy\pi$，因此短距线圈的 v 次谐波电动势为

$$E_{yv} = 4.44 v f N_y \Phi_v \sin(\frac{v}{2}y\pi) = 4.44 v f N_y k_{yv} \Phi_v \tag{6.10}$$

式中，$k_{yv} = \sin(\frac{v}{2}y\pi)$ 称为 v 次谐波短距系数。

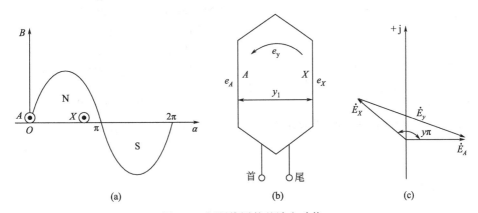

图 6.4　短距线圈的基波电动势

短距线圈的两个线圈边基波电动势的相位差比 180° 或 π 弧度小，所以其基波电动势等于整距线圈的电动势再乘以基波短距系数。也可以把短距线圈等效成匝数是 $N_y k_y$ 的整距线圈。

【例 6.1】 线圈的两个边 A、X 相距 135° 空间电角度，每个线圈边电动势为 50V，该线圈的基波电动势是多少？

解
$$y = \frac{135°}{180°} = 0.75$$

基波短距系数

$$k_y = \sin(\frac{1}{2}y\pi) = \sin(\frac{1}{2} \times 0.75 \times 180°) = 0.924$$

基波感应电动势

$$E_y = 2 \times 50 \times 0.924 = 92.4(\mathrm{V})$$

四、分布线圈电动势

通常，为了充分利用电机定子空间，定子上会开一系列的槽，槽中放置若干个线圈，并均匀地分布在定子的槽中。

图 6.5(a) 表示了在电机的定子槽中三个均匀分布的整距线圈 A_1X_1、A_2X_2 和 A_3X_3，相邻线圈的槽距角为 α。每个线圈的匝数相等，互相串联起来，构成线圈组，如图 6.5(b) 所示。

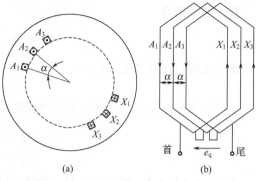

图 6.5　分布式线圈

由于各线圈匝数相等，它们产生的基波电动势也彼此相等，但由于它们分布在不同的空间位置上，切割同一磁场的时间先后不一样，其基波感应电动势时间相位是不同的。三个整距线圈基波电动势的相量图如图 6.6(a) 所示。相邻线圈在空间上彼此相差 α 电角度，其基波电动势在时间上彼此也相差 α 电角度。

因此，线圈组的基波电动势相量 $\dot{E}_q$ 为各线圈的基波电动势的相量和，即

$$\dot{E}_q = \dot{E}_{y1} + \dot{E}_{y2} + \dot{E}_{y3}$$

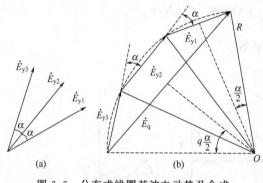

图 6.6　分布式线圈基波电动势及合成

如图 6.6(b) 所示。不失一般性，假设有 q 个整距线圈在定子上均匀地依次分布，相邻线圈在空间上彼此相差 α 电角度。作出各线圈基波电动势相量组成的多边形外接圆，如图 6.6(b) 虚线所示。设外接圆的半径为 R，则每个线圈的电动势为

$$E_y = 2R \sin(\frac{\alpha}{2})$$

线圈组的电动势为

$$E_q = 2R \sin(q\frac{\alpha}{2})$$

根据以上两式可得

$$E_q = \frac{\sin(q\frac{\alpha}{2})}{\sin(\frac{\alpha}{2})} E_y = \frac{\sin(q\frac{\alpha}{2})}{q\sin(\frac{\alpha}{2})} qE_y = k_q q E_y$$

式中，$k_q = \dfrac{\sin(q\frac{\alpha}{2})}{q\sin(\frac{\alpha}{2})}$，称为基波分布系数。

分布系数 k_q 是一个小于 1 的数。这表明，由若干分布线圈构成的线圈组产生的总基波电动势小于将各个线圈都集中在一起产生的总电势。也可以这样理解，分布式线圈组可以等效为一个集中线圈组，其总匝数不再是 qN_y，而是 $qN_y k_q$。

分布式线圈组的基波电动势为

$$E_q = 4.44 fq N_y k_q \Phi \tag{6.11}$$

如果线圈又都是短距的，那么：

$$E_q = 4.44 fq N_y k_y k_q \Phi = 4.44 fq N_y k_N \Phi \tag{6.12}$$

式中，$k_N = k_y k_q$ 称为基波绕组系数，它的值小于 1。

接下来分析分布式线圈组的 v 次谐波电动势。对于基波来说，槽距角为 α，线圈基波电动势之间彼此相差的时间电角度为 α。而对于 v 次谐波来说，槽距角则为 $v\alpha$，线圈 v 次谐波电动势之间彼此相差的时间电角度为 $v\alpha$，因此 v 次谐波电动势分布系数为

$$k_{qv} = \frac{\sin\left(q\dfrac{v\alpha}{2}\right)}{q\sin\left(\dfrac{v\alpha}{2}\right)}$$

则 v 次谐波电动势为

$$E_{qv} = 4.44 v fq N_y k_{qv} \Phi_v \tag{6.13}$$

【例 6.2】　一台电机，定子槽里放了三个均匀分布的短距线圈，每个线圈的两个边相距 150°空间电角度，相邻线圈的槽距角 $\alpha = 20$°空间电角度。每个线圈基波感应电动势为 50V。现将三个线圈串联起来，求串联后总的基波感应电动势。

解　基波短距系数

$$k_y = \sin\left(y\dfrac{\pi}{2}\right) = \sin\left(\dfrac{150}{180} \times 90°\right) = 0.97$$

基波分布系数

$$k_q = \frac{\sin\left(q\dfrac{\alpha}{2}\right)}{q\sin\left(\dfrac{\alpha}{2}\right)} = \frac{\sin\left(3 \times \dfrac{20°}{2}\right)}{3\sin\left(\dfrac{20°}{2}\right)} = 0.96$$

基波绕组系数

$$k_N = k_y k_q = 0.97 \times 0.96 = 0.93$$

总基波感应电动势为

$$E_q = 3 \times 50 k_N = 150 \times 0.93 = 139.5\,(\text{V})$$

第二节　交流电机电枢绕组

在交流电机的电枢绕组里，既有感应电动势的问题，又有电流流过绕组产生磁动势的问题。所以对交流电机电枢绕组有如下基本要求：

(1) 绕组产生的电动势尽可能接近正弦波。

(2) 三相绕组产生的基波电动势对称。

(3) 在导体数一定时能获得较大的基波电动势。

(4) 绕组产生的磁动势尽可能接近正弦波。

(5) 三相绕组产生的磁动势对称。

(6) 在导体数一定时能获得较大的磁动势。

为了满足上述要求，规划设计电枢绕组时，需要遵循一定的原则。

一、三相单层绕组

1. 三相单层集中整距绕组

三相单层集中整距绕组是最简单的三相绕组。其中单层绕组表示每个槽内只放置一个线圈边；集中绕组表示组成相绕组的线圈集中放置在一起，即每对极下只有一个线圈；整距表示线圈节距与极距相等。因此，三相单层集中整距绕组由三个线圈组成，一个线圈构成一相绕组。

三相绕组感应的三相对称基波电动势的相量图如图 6.7(a) 所示。三相电动势有效值均相等，相位上，A 相电动势 $\dot{E}_A$ 领先 B 相电动势 $\dot{E}_B$ 120°时间电角度，B 相电动势 $\dot{E}_B$ 又领先 $\dot{E}_C$ 120°时间电角度。

将图 6.3 中的整距线圈 AX 作为 A 相绕组，由于三相绕组是对称的，即 B 相绕组和 C 相绕组匝数均与 A 相绕组相等，三相绕组在定子空间内均匀分布，彼此互差 120°空间电角度。如图 6.7(b) 所示。

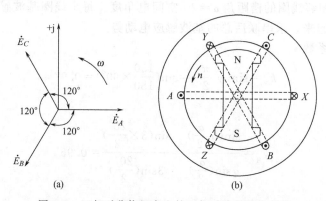

(a)　　　　　　　　　　　(b)

图 6.7　三相对称绕组产生的三相对称基波电动势

图 6.7 是最简单的三相对称绕组，每相只有一个集中整距线圈，每个定子槽只放一个线圈边，称为三相单层集中整距绕组。

这种绕组产生的感应电动势波形为方波，不是正弦波，电枢表面的空间也没有充分利用。

2. 三相单层分布绕组

在工程实际中，很少采用三相单层整距绕组。而三相单层分布绕组可充分利用电枢表面的空间，便于绕组散热，并且分布绕组能削弱谐波电动势，提高电机性能。通常，功率在 10kW 以下的电机普遍使用三相单层分布绕组。

为了便于说明问题，通过一个具体例子来说明三相单层分布绕组是如何安放的。

【例 6.3】　一台三相交流电机，定子总槽数 $Z=24$，极对数 $p=2$，转子逆时针方向旋转，如图 6.8 所示。试连接成三相单层分布绕组。

解　按照如下步骤连接：

第一步，计算定子槽距角 α。

$$\alpha = \frac{p \times 360°}{Z} = \frac{2 \times 360°}{24} = 30°$$

第二步，作出基波电动势星形相量图。

当转子磁极转到图 6.8 所示瞬间，第 1 槽的导体恰好位于 N 极的中心线上，基波感应电动势为正的最大值。当转子磁极又转过 30°空间电角度时，第 2 槽的导体位于 N 极的中心线上，其基波感应电动势达到正最大值。

由于第 1 槽导体和第 2 槽导体在空间上相差一个槽距角（30°）的电角度，所以第 2 槽导体的基波电动势滞后于第 1 槽导体的基波电动势 30°时间电角度。依此类推，就可以把 24 个导体基波感应电动势的相量都画出来，如图 6.9 所示，称为基波电动势星形相量图。

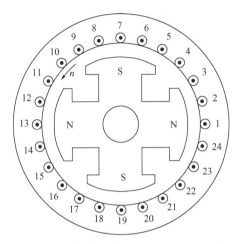

图 6.8　三相交流电机（$Z=24$，$p=2$）

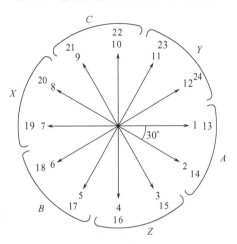

图 6.9　基波电动势星形相量图

第三步，分相。

由于每一个线圈由两个槽内的导体连接而成，所以对于三相对称绕组，在一个极距内，将槽数等分为 6 份，每一份由同一相两个槽内的导体组成，每一份占据的时间电角度范围为 60°。

根据时间电角度等于空间电角度的概念，60°时间电角度内的相量对应着定子 60°空间电角度范围内的槽，这些槽在定子空间所占的区域称为相带。这种分法称为 60°相带法。由于每个磁极所占的范围是 180°空间电角度，每相绕组在每个磁极下均匀分布，各占 1/3。为了更加方便地分相带，需要计算每个相带中包含的槽数 q，即每极每相槽数：

$$q = \frac{Z}{2mp} = \frac{24}{2 \times 3 \times 2} = 2$$

式中，m 是相数，这里等于 3。

在星形相量图上逆相量旋转的方向依次标上 A、Z、B、X、C、Y 等六个相带。显然，相对的两个相带 A、X 的槽都属于 A 相，B、Y 都属于 B 相，C、Z 都属于 C 相。

第四步，连接绕组。

仿照第三章直流电机绕组展开图的处理方法，把定子沿轴向剖开，并展成一个平面，如图 6.10 所示。图中等长等距的直线代表定子槽，共有 24 个槽。从星形相量图中可知，1、2 槽和 13、14 槽属于 A 相带；7、8 槽和 19、20 槽属于 X 相带。把 A 相带的 1 槽和 X 相带的 7 槽连接成整距线圈，同样，把 2 槽和 8 槽连接成另外一个整距线圈。由于这两个线圈都是属于 A 相的，可以把它们互相串联起来，引出线为 $A_1 X_1$。同理，把 13 槽和 19 槽，14 槽和 20 槽连接成整距线圈，并相互串联，引出线为 $A_2 X_2$。

根据绕组支路数的要求，把同一相的几个线圈按照相应的要求连接起来。

若相绕组为一条支路，则把上述第一个线圈组的尾端 X_1 与第二个线圈组的首端 A_2 相

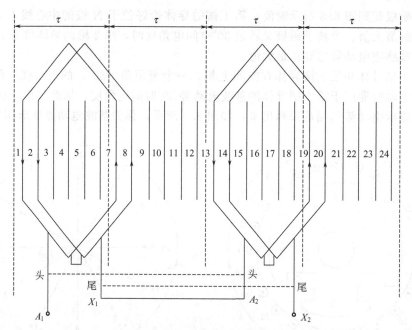

图 6.10　单层绕组的连接图

连即可（如图 6.10 中的实线），A_1、X_2 作为引出端。

若相绕组为两条支路并联，则把上述两个线圈组并联，即首端 A_1 和 A_2 相连，尾端 X_1 和 X_2 相连即可。

单层绕组最多并联的支路与极对数相同，等于 p。

B 相、C 相绕组的连接法和 A 相完全一样。三相绕组 A、B、C 在空间对称分布。

第五步，计算相电动势。

每相基波电动势为

$$E_\Phi = 4.44 fq \frac{p}{a} N_y k_q \Phi = 4.44 f N k_q \Phi$$

式中，a 为绕组并联支路数；$N = \dfrac{pq}{a} N_y$ 为每相绕组串联的总匝数。

二、三相双层绕组

为了改善电动势的波形，常采用双层绕组。

双层绕组是指每个定子槽里放两个线圈边，每个线圈边为一层。总线圈数等于定子总槽数。

为了便于说明问题，举例说明。

【例 6.4】　三相交流电机定子总槽数 $Z=36$，极对数 $p=2$，节距 $y_1=7$（7 个槽），并联支路数 $a=1$。试连接成三相双层短距分布绕组。

解　连接步骤如下：

第一步，计算定子槽距角 α。

$$\alpha = \frac{p \times 360°}{Z} = \frac{2 \times 360°}{36} = 20°$$

第二步，作出基波电动势星形相量图。

双层绕组基波电动势星形相量图中，每个相量代表一个线圈的电动势。图 6.11 是其基波电动势星形相量图。

第三步，分相。

按60°相带法分相。把相量分成六等份，逆相量旋转方向分别标上 A、Z、B、X、C、Y。

每极每相槽数 q 为

$$q=\frac{Z}{2mp}=\frac{36}{2\times3\times2}=3$$

第四步，连接绕组。

画出 36 根长度一致、距离相等的实线，代表各槽上层线圈边；在实线的旁边，分别再画 36 根等长等距的虚线，代表各槽下层线圈边。根据线圈节距，把属于同一线圈的上下层线圈边连成线圈。如第 1 槽的上层线圈边与第 8 槽的下层线圈边相连，组成第 1 个线圈；第 2 槽的上层线圈边与第 9 槽的下层线圈边相连，组成第 2 个线

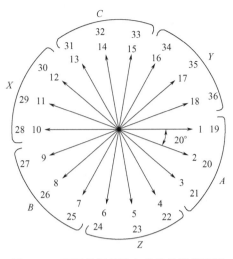

图 6.11　短距线圈基波电动势星形相量图

圈，依此类推。根据相带，把属于同一相的线圈串联起来就构成一相的绕组，如 A 相绕组由线圈 1、2、3、10、11、12、19、20、21、28、29、30 等 12 个线圈串联而成。如图 6.12 所示。

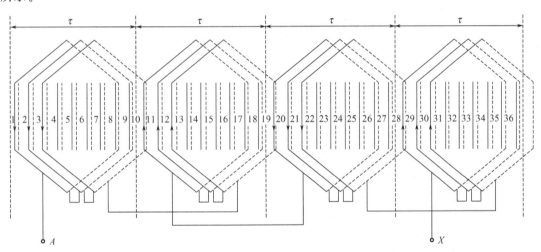

图 6.12　三相双层短距分布绕组的连接图

本题要求支路数为 1，把两对极下的四个线圈组串联起来即可。

第五步，相电动势计算。

相绕组基波电动势为

$$E_{\Phi}=4.44fNk_{N}\Phi$$

式中，$N=\dfrac{2pq}{a}N_{y}$，是每相串联匝数；$k_{N}=k_{y}k_{q}$ 是基波绕组系数。

【例 6.5】 一台三相交流电动机，定子采用双层短距分布绕组。定子总槽数 $Z=36$，极对数 $p=3$，线圈的节距 $y_{1}=5$ 槽，每个线圈串联的匝数 $N_{y}=10$，并联支路数 $a=2$，频率 $f=50\text{Hz}$、基波每极磁通量 $\Phi=0.004\text{Wb}$。求：

（1）线圈基波电动势；

（2）每极线圈组基波电动势；

（3）相绕组基波电动势。

解 （1）极距 τ

$$\tau = \frac{Z}{2p} = \frac{36}{2 \times 3} = 6$$

$$y = \frac{y_1}{\tau} = \frac{5}{6}$$

基波短距系数

$$k_y = \sin(\frac{1}{2} y \pi) = \sin(\frac{1}{2} \times \frac{5}{6} \pi) = 0.966$$

线圈基波电动势

$$E_y = 4.44 f k_y N_y \Phi = 4.44 \times 50 \times 0.966 \times 10 \times 0.004 = 8.58 \text{(V)}$$

（2）每极每相槽数

$$q = \frac{Z}{2mp} = \frac{36}{2 \times 3 \times 3} = 2$$

槽距角

$$\alpha = \frac{p \times 360°}{Z} = \frac{3 \times 360°}{36} = 30°$$

基波分布系数

$$k_q = \frac{\sin q \frac{\alpha}{2}}{q \sin \frac{\alpha}{2}} = \frac{\sin(2 \times \frac{30°}{2})}{2 \sin \frac{30°}{2}} = 0.966$$

绕组系数

$$k_N = k_y k_q = 0.966 \times 0.966 = 0.933$$

每极线圈组基波电动势

$$E_q = 4.44 f q N_y k_N \Phi = 4.44 \times 50 \times 2 \times 10 \times 0.933 \times 0.004 = 16.57 \text{(V)}$$

（3）每相绕组串联总匝数

$$N = \frac{2pq}{a} N_y = \frac{2 \times 3 \times 2}{2} \times 10 = 60$$

相绕组基波电动势为

$$E_\Phi = 4.44 f N k_N \Phi = 4.44 \times 50 \times 60 \times 0.933 \times 0.004 = 49.71 \text{(V)}$$

三、绕组的谐波电动势

通常，电机的气隙磁场波形并不是标准的正弦波，还存在着 3 次、5 次、7 次等奇数次谐波。因此定子绕组的感应电动势也不是标准的正弦波，除了基波之外还存在一系列的谐波。

气隙磁场沿电枢表面的分布一般为平顶波。利用傅里叶级数分析法可将其分解为基波和一系列谐波。根据磁场波形的对称性，没有偶数次谐波，只有奇数次谐波，谐波次数 v 为 3,5,7…如图 6.13 所示。

在计算谐波电动势时，需要知道谐波短距系数及谐波分布系数。计算方法与基波一致，所不同的是同一空间角度对基波和谐波的电角度相差 v 倍。

v 次谐波极对数：

$$p_v = v p$$

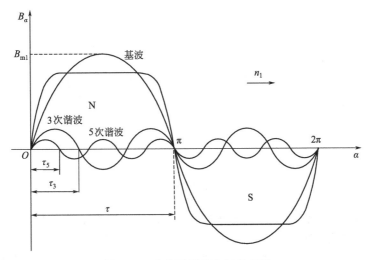

图 6.13　主极磁密的空间分布波

v 次谐波极距：

$$\tau_v = \frac{\tau}{v}$$

谐波短距系数 k_{yv} 为

$$k_{yv} = \sin\left(\frac{1}{2}vy\pi\right)$$

谐波分布系数 k_{qv} 为

$$k_{qv} = \frac{\sin\left(q\,\dfrac{v\alpha}{2}\right)}{q\sin\dfrac{v\alpha}{2}}$$

根据各次谐波电动势的有效值，可以求得相电动势的有效值

$$E_\Phi = \sqrt{E_{\Phi 1}^2 + E_{\Phi 3}^2 + E_{\Phi 5}^2 + \cdots} = E_{\Phi 1}\sqrt{1 + \left(\frac{E_{\Phi 3}}{E_{\Phi 1}}\right)^2 + \left(\frac{E_{\Phi 5}}{E_{\Phi 1}}\right)^2 + \cdots}$$

对于同步发电机的电动势，$\left(\dfrac{E_{\Phi v}}{E_{\Phi 1}}\right)^2 \ll 1, v = 3, 5, 7\cdots$ 所以 $E_\Phi \approx E_{\Phi 1}$。通常，高次谐波电动势对相电动势的幅值影响不大，而主要影响电动势的波形。

高次谐波电动势的存在，使交流电机的电动势波形变差，杂散损耗增大，温升增高，高次谐波还会干扰其他用电设备，因此要尽可能地削弱谐波电动势，以使电动势接近正弦波。

削弱谐波电动势可采取以下方法：

（1）采用对称三相绕组　对称三相绕组相电动势中的 3 次谐波在相位上都彼此相差 $3 \times 120° = 360°$，即它们的幅值相等、相位相同。

当绕组是 Y 连接时，如图 6.14(a) 所示，线电压等于相电压之差，即

$$\dot{E}_{AB3} = \dot{E}_{A3} - \dot{E}_{B3} = 0$$

因此，3 次谐波电动势相互抵消，同理，3 的倍数次谐波电动势也都相互抵消。

当绕组是△连接时，如图 6.14(b) 所示，3 次谐波电动势在三角形回路中形成 3 次谐波环流，设绕组对 3 次谐波环流的阻抗为 Z_3，有

$$\dot{E}_{A3} + \dot{E}_{B3} + \dot{E}_{C3} = 3\dot{E}_{\varphi 3} = 3\dot{I}_3 Z_3$$

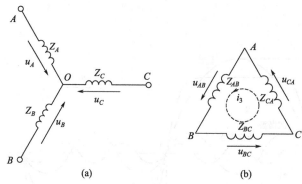

图 6.14　三相对称绕组的不同连接形式

因此，3 次谐波电动势 $\dot{E}_{\varphi 3}$ 被 3 次谐波环流引起的电压降 $\dot{I}_3 Z_3$ 抵消，因此 3 次及其倍数次谐波电动势都不复存在。

（2）使气隙磁场分布尽可能接近正弦波　在设计转子时，采用非均匀气隙，在磁极中心处气隙最小，而磁极边缘处气隙增大，以改善磁场分布情况。

（3）采用短距绕组　由上文分析可知，v 次谐波的短距系数为 $k_{yv}=\sin(\frac{1}{2}vy\pi)$，消除 v 次谐波可以通过降低短距系数来实现，即要使 $\sin(\frac{1}{2}vy\pi)=0$，则可以选取 $y=1-\frac{1}{v}$。

比如要消除 7 次谐波，则采用短距绕组，$y=1-\frac{1}{7}=\frac{6}{7}$，此时短距系数为 0。

（4）采用分布绕组　由上文分析可知，v 次谐波的分布系数 k_{qv} 为

$$k_{qv}=\frac{\sin\left(q\,\dfrac{v\alpha}{2}\right)}{q\sin\dfrac{v\alpha}{2}}$$

由上式可知，当每极每相槽数 q 越大时，分布系数 k_{qv} 越低，从而达到消除 v 次谐波的目的。但是每极每相槽数增大时，电机制造的成本也会相应增大，因此一般交流电机选择 $2\leqslant q\leqslant 6$。

（5）消除齿谐波　由于定子开槽会使气隙不均匀，进而影响气隙磁场分布。因此会出现与槽数相对应的 $\frac{Z}{p}k\pm 1=2mqk\pm 1(k=1,2,3,\cdots)$ 次谐波，称之为齿谐波。研究表明，齿谐波的短距系数和分布系数与基波一致，因此采用短距绕组和分布绕组并不能消除齿谐波。实际中，消除齿谐波的主要方法如下：

① 采用磁性槽楔或半闭口槽。通常在中型电机中采用磁性槽楔，小型电机中采用半闭口槽来消除齿谐波。

② 采用斜槽或斜极。可以使得同一个导体的每一段在磁场中的位置各不相同，所以各点齿谐波电动势也不相同，而且大部分齿谐波电动势相互抵消，因此齿谐波得到削弱。通常在铁芯长度内斜一个齿距，减少齿槽效应导致的谐波。

③ 采用分数槽绕组。因为每极每相槽数为分数，所以使齿谐波的次数一般为分数或偶数，而主磁极中仅有奇数次谐波，所以齿谐波也不存在。

由于谐波电动势与基波电动势相比极小，在后续内容分析异步电机和同步电机的原理时，可以忽略不计。

第三节　单相绕组产生的磁动势

电枢绕组中有电流流过，就会产生磁动势，在电机中建立磁场。磁动势也是电机进行机电能量转换的关键。

分析交流电机电枢绕组产生的磁动势时，要从两方面来考虑：首先是绕组在定子空间的位置，也就是绕组电流在空间的分布，电流产生的磁动势也分布在空间。其次是绕组中流过的电流及其产生的磁动势在时间上又是变化的。可见交流绕组产生的磁动势，既是空间函数，也是时间函数。

为了便于理解，分析电枢绕组产生的磁动势时，首先从最简单的线圈开始，再到单相绕组，最后分析三相对称绕组产生的磁动势。

一、整距线圈的磁动势

1. 整距线圈的磁动势

图 6.15(a) 为一台三相交流电机，极对数为 1。AX 是一个整距线圈，匝数为 N_y。当线圈中有电流通过时，就会产生磁动势。由磁动势产生的磁通如图 6.15(a) 中虚线所示。根据全电流定律可知，闭合磁路所包围的总电流数均为 iN_y，即各条磁路的磁动势均为 iN_y。假设磁路不饱和，磁动势全部降落在气隙上。由于每个磁回路都包括两段气隙，因此，每段气隙降落着一半的磁动势，即 $\frac{1}{2}iN_y$。

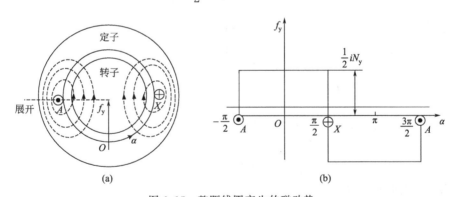

图 6.15　整距线圈产生的磁动势

在电机定子内表面建立直角坐标系，坐标原点选在线圈 AX 的轴线上，纵坐标为磁动势，用 f_y 表示，横坐标用空间电角度 α 表示，如图 6.15(a) 所示。图中给出了线圈 AX 中电流的正方向，磁动势的正方向为出定子进入转子。

将电机在线圈 A 处沿轴向剖开，并展成直线，如图 6.15(b) 所示。

在图 6.15(a) 所示方向的电流作用下，磁动势的方向根据右手螺旋定则可以确定。图 6.15(b) 给出了磁动势分布曲线。

由此可见，整距线圈产生的磁动势，沿气隙呈矩形波分布。幅值为 $\frac{1}{2}iN_y$。

线圈里流过的电流随时间按余弦规律变化，即

$$i = \sqrt{2}\,I\cos\omega t$$

整距线圈产生的磁动势，其幅值是由电流的大小决定。由于电流按照正弦（余弦）规律随时间变化，产生的矩形波磁动势的幅值也随时间在交变，称为脉振波。交变的频率与电流的频率一致。当电流达到最大值 $\sqrt{2}\,I$ 时，磁动势也达到最大值 $\frac{\sqrt{2}}{2}IN_y$。

由于：

$$\frac{1}{2}iN_y = \frac{1}{2}\sqrt{2}\,IN_y\cos\omega t$$

所以磁动势的分布为

$$f_y = \begin{cases} \dfrac{1}{2}\sqrt{2}\,IN_y\cos\omega t\,, & -\dfrac{\pi}{2}<\alpha<\dfrac{\pi}{2} \\[2mm] -\dfrac{1}{2}\sqrt{2}\,IN_y\cos\omega t\,, & \dfrac{\pi}{2}<\alpha<\dfrac{3\pi}{2} \end{cases}$$

2. 磁动势傅里叶级数展开

空间矩形分布的脉振磁动势可以用傅里叶级数分解。将其展开成无穷多个空间正弦分布的磁动势，每个磁动势同时都随时间正弦变化。由于对称性，该矩形波仅含有奇次的余弦项。

$$f_y(\alpha,\omega t) = C_1\cos\alpha + C_3\cos3\alpha + C_5\cos5\alpha + \cdots = \sum_v^\infty C_v\cos v\alpha \tag{6.14}$$

式中 $v = 1,\ 3,\ 5,\ \cdots$

系数 C_v 为

$$C_v = \frac{2}{\pi}iN_y\frac{1}{v}\sin v\frac{\pi}{2} \tag{6.15}$$

把 C_v 以及 $i=\sqrt{2}\,I\cos\omega t$ 代入式(6.14)，得

$$\begin{aligned} f_y(\alpha,\omega t) &= \frac{2\sqrt{2}}{\pi}IN_y\cos\omega t\cos\alpha - \frac{2\sqrt{2}}{\pi}IN_y\frac{1}{3}\cos\omega t\cos3\alpha + \frac{2\sqrt{2}}{\pi}IN_y\frac{1}{5}\cos\omega t\cos5\alpha + \cdots \\ &= f_{y1} + f_{y3} + f_{y5} + \cdots \end{aligned} \tag{6.16}$$

其中 f_{y1} 为基波磁动势

$$f_{y1} = \frac{2\sqrt{2}}{\pi}IN_y\cos\omega t\cos\alpha = F_{y1}\cos\omega t\cos\alpha$$

f_{y3} 为三次谐波磁动势

$$f_{y3} = -\frac{2\sqrt{2}}{\pi}IN_y\frac{1}{3}\cos\omega t\cos3\alpha = -F_{y3}\cos\omega t\cos3\alpha$$

一般，对于 v 次谐波磁动势

$$f_{yv} = \frac{2\sqrt{2}}{\pi}IN_y\frac{1}{v}\cos\omega t\cos v\alpha = F_{yv}\cos\omega t\cos v\alpha$$

下面分析一下基波及各谐波磁动势的特点。

（1）谐波磁动势的幅值与谐波次数 v 成反比，为基波磁动势的 $\dfrac{1}{v}$。

各次谐波磁动势幅值与基波磁动势幅值关系如下：

$$F_{y3} = \frac{1}{3}F_{y1}$$

$$F_{y5} = \frac{1}{5} F_{y1}$$

$$F_{y7} = \frac{1}{7} F_{y1}$$

……

$$F_{yv} = \frac{1}{v} F_{y1}$$

由此可知，v 次谐波磁动势幅值 F_{yv} 是基波磁动势幅值 F_{y1} 的 $1/v$ 倍。可见，谐波磁动势的幅值与谐波次数 v 成反比，谐波次数越高，其在磁动势中所占比例就越小。

当时间电角度 $\omega t = 0°$、电流 i 达正最大值时，基波磁动势与各次谐波磁动势均达到最大幅值，在气隙中的分布如图 6.16 所示。图中仅给出了基波磁动势及 3 次、5 次谐波磁动势，各次谐波的幅值在相绕组的轴线上。

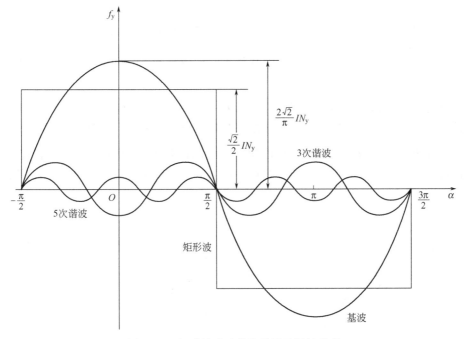

图 6.16　矩形波磁动势的基波及谐波分量

（2）基波及各谐波磁动势幅值随时间变化的关系　由于电流随时间按余弦规律变化，基波和谐波磁动势的幅值均随时间按照电流的规律而变化，即在时间上，各谐波都为脉振波。

（3）基波及各谐波磁动势的极对数关系　基波磁动势与矩形波磁动势的极对数相等；3 次谐波磁动势的极对数是基波的 3 倍；5 次谐波磁动势的极对数是基波的 5 倍。

（4）基波及各谐波磁动势的极距关系　基波磁动势与矩形波磁动势的极距相等；3 次谐波磁动势的极距是基波的 1/3；5 次谐波磁动势的极距是基波的 1/5；等等。

3. 基波脉振磁动势

整距线圈产生的磁动势中，基波磁动势是最主要的。

根据三角函数公式

$$2\cos A \cos B = \cos(A - B) + \cos(A + B)$$

对基波磁动势 f_{y1} 进行等效变换可得

$$f_{y1} = \frac{1}{2}F_{y1}\cos(\alpha - \omega t) + \frac{1}{2}F_{y1}\cos(\alpha + \omega t) = f'_{y1} + f''_{y1} \qquad (6.17)$$

即基波磁动势 f_{y1} 可分解为 f'_{y1} 和 f''_{y1} 两个分量。下面，分别对 f'_{y1}、f''_{y1} 进行分析。

（1）$f'_{y1} = \frac{1}{2}F_{y1}\cos(\alpha - \omega t)$ 分量　为空间变量 α 和时间变量 t 的函数。当时间一定时，f'_{y1} 沿 α 方向（气隙圆周）按余弦规律分布。随着时间的推移，磁动势的位置也随之变化。以该分量磁动势幅值点为例说明，此时，$\cos(\alpha - \omega t) = 1$，即 $\alpha = \omega t$。当 $\omega t = 0°$ 时，磁动势幅值在 $\alpha = 0°$ 处；当 $\omega t = 60°$ 时，磁动势的幅值在 $\alpha = 60°$ 处；依此类推。可见随着时间的推移，磁动势 f'_{y1} 波沿着 $+\alpha$ 的方向向前移动，是一个行波，如图 6.17 所示。

行波移动的电角速度等于波形上任一点的速度，取最大值点 $\alpha = \omega t$，对其微分，便可得到行波的角速度：

$$\frac{\mathrm{d}\alpha}{\mathrm{d}t} = \omega$$

行波在电机气隙里以 ω 的角速度旋转，在电机内部就是旋转波。

（2）$f''_{y1} = \frac{1}{2}F_{y1}\cos(\alpha + \omega t)$ 分量　同理可得，该分量也是个行波，幅值为 $\frac{1}{2}F_{y1}$，沿着 $-\alpha$ 方向，以角速度 ω 旋转。

综上所述，一个脉振磁动势波可以分解为两个大小相等、转速相同、转向相反的行波，其幅值是原脉振波幅值的一半。当脉振波振幅为最大值时，两个旋转波正好重叠在一起。

在空间按余弦分布的磁动势波，可以用一个空间向量 $\dot{F}$ 来表示。向量的长度等于该磁动势的幅值，向量的位置就在该磁动势波正的最大值所处的位置。如图 6.18(b) 所示。

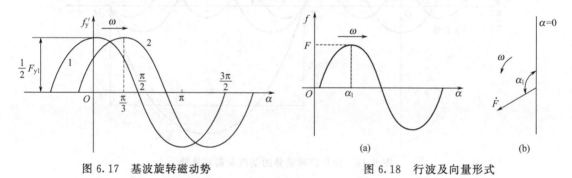

图 6.17　基波旋转磁动势　　　　　图 6.18　行波及向量形式

图 6.19 是基波脉振磁动势以及分解以后得到的两个大小相等、转速相同、转向相反的旋转磁动势的相量图，图中 $\dot{F}$ 是脉振磁动势，$\dot{F}'$、$\dot{F}''$ 是两个转向相反的旋转磁动势分量。图 6.19 分别给出了 $\omega t = 0°$、$45°$、$90°$、$135°$ 和 $180°$ 等瞬间所对应的相量图。

二、短距线圈的磁动势

图 6.20 所示为一台三相 4 极 24 槽交流电机 A 相绕组线圈的分布。电机极距为 6（槽），采用短距绕组，线圈节距为 5，槽距角 $\alpha = \dfrac{p \times 360°}{Z} = \dfrac{2 \times 360°}{24} = 30°$ 电角度。

电机每极每相槽数为 $q = \dfrac{Z}{2mp} = \dfrac{24}{2 \times 3 \times 2} = 2$，即 2 个线圈组成一个线圈组。A 相绕组由四个线圈组构成：第一个线圈组由线圈 1、2 组成，线圈 1 由第 1 槽的上层边和第 6 槽的下

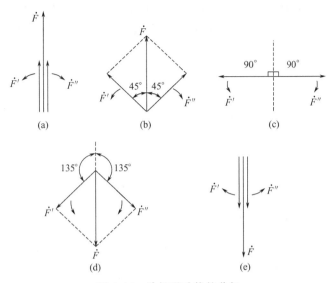

图 6.19　脉振磁动势的分解

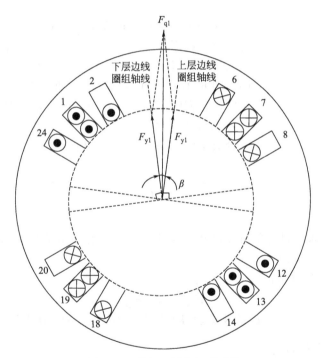

图 6.20　单相双层绕组磁动势

层边组成，线圈 2 由第 2 槽的上层边和第 7 槽的下层边组成；第二个线圈组由线圈 7、8 串联组成，它们分别由第 7、8 槽的上层边和第 12、13 槽的下层边组成；第三个线圈组由线圈 13、14 串联组成，它们分别由第 13、14 槽的上层边和第 18、19 槽的下层边组成；第四个线圈组由线圈 19、20 串联组成，它们分别由第 19、20 槽的上层边和第 24、1 槽的下层边组成。

　　当绕组中通入电流，就产生了磁场，因此磁动势的波形取决于绕组的分布和电流波形。为方便分析起见，将线圈的两个边重新进行组合，将短距线圈组等效为整距线圈组。第一个整距线圈组由第 1、2 槽和第 7、8 槽中的上层边组成；第二个整距线圈组由第 1、24 槽和第 6、7 槽中的下层边组成，依此类推。这两个整距线圈组的轴线如图 6.20 所示，可以看出这两个整距线圈组所在空间位置相差的电角度正好为一个槽距角 30°，因此上述两个整距线圈组产生的基波磁动势在空间相位上也相差 30°电角度，每个整距线圈组产生的基波磁动势为

$$F_{y1} = \frac{2\sqrt{2}}{\pi} IN_y \cos\omega t \cos\alpha$$

则这两个线圈组产生的合成磁动势为

$$F_{p1} = 2F_{y1} \cos\frac{\beta}{2} = 2F_{y1} k_{y1} = \frac{4\sqrt{2}}{\pi} k_{y1} IN_y \cos\omega t \cos\alpha$$

式中，$k_{y1} = \cos\dfrac{\beta}{2}$ 为短距系数。

当短距系数为 1 时，两个线圈组所在空间位置重合，此时两个线圈组为整距线圈组；当短距系数小于 1 时，两个线圈组所在空间位置相差 β 电角度，此时两个线圈组为短距线圈组。

三、分布线圈组产生的磁动势

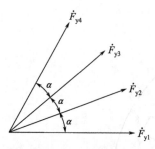

图 6.21　分布线圈产生的
磁动势相量图

在若干个分布而匝数相等的整距线圈里通以相同的电流时，每个线圈产生的磁动势大小完全一样。但由于各线圈在空间放置的位置不同，因此其磁动势在空间的方向也不相同。图 6.21 表示了空间分布的四个线圈产生的基波磁动势相量图，它们幅值相同，方向不同，相邻的磁动势在空间上相差 α 电角度。对于一般情况，线圈组有 q 个线圈均匀分布，其合成基波磁动势的最大幅值为

$$F_{q1} = qF_{y1} \frac{\sin q\dfrac{\alpha}{2}}{q\sin\dfrac{\alpha}{2}} = qF_{y1} k_{q1}$$

式中，k_{q1} 为基波磁动势的分布系数，与基波电动势的分布系数相同；F_{y1} 为每个线圈产生的基波磁动势最大幅值。

一般，v 次谐波磁动势的最大幅值为

$$F_{qv} = qF_{yv} k_{qv}$$

式中，F_{yv} 为每个线圈 v 次谐波磁动势的最大幅值；k_{qv} 为 v 次谐波磁动势的分布系数。

四、单相绕组磁动势

为了改善电机磁动势波形，通常采用短距和分布绕组。因此产生的基波磁动势和各次谐波磁动势均要乘上一个短距系数和分布系数。通过合理的设计，单相绕组基波绕组系数比各次谐波绕组系数大得多，即对基波磁动势基本不影响，对谐波磁动势却能大大削弱。

根据以上分析，双层短距分布绕组产生的磁动势为

$$f_\Phi(\alpha, \omega t) = \frac{2\sqrt{2}}{\pi} \frac{NI}{p} (k_{N1}\cos\alpha + \frac{1}{3}k_{N3}\cos3\alpha + \frac{1}{5}k_{N5}\cos5\alpha + \frac{1}{7}k_{N7}\cos7\alpha + \cdots)\cos\omega t$$

$$= F_{\Phi1}\cos\omega t \cos\alpha + F_{\Phi3}\cos\omega t \cos3\alpha + F_{\Phi5}\cos\omega t \cos5\alpha + F_{\Phi7}\cos\omega t \cos7\alpha + \cdots$$

$$(6.18)$$

式中，磁动势分量的最大幅值为

$$F_{\Phi v} = \frac{2\sqrt{2}}{\pi p v} N k_{Nv} I$$

式中，$v=1$，3，5，7，$\cdots$是谐波的次数；$N = \frac{2pqN_y}{a}$是每相绕组串联的匝数。

单相绕组磁动势具有以下特点：

（1）单相绕组产生的磁动势为脉振磁动势，既是时间的函数又是空间的函数。

（2）单相绕组产生的脉振磁动势，可以分解为两个旋转方向相反的旋转磁动势。

（3）单相绕组第 v 次谐波磁动势幅值与 k_{Nv} 成正比，与 v 成反比。

（4）基波、谐波磁动势的最大幅值在单相绕组的轴线上。

例如，当时间电角度 $\omega t = 0$ 时，空间电角度 $\alpha = 0°$ 的地方是基波磁动势最大幅值所在。此处为单相绕组的轴线。

（5）为了改善磁动势波形，可以采用短距和分布绕组来削弱高次谐波。

第四节　交流电机电枢绕组产生的磁动势

一、基波磁动势

交流电机中，定子三相绕组对称分布，即三相绕组的轴线在空间相差 120° 电角度，因此三相绕组产生的基波磁动势在空间互差 120° 电角度。交流电机对称运行时，定子三相绕组的电流也是对称的，即幅值相等，在时间上互差 120° 电角度。选取 A 相绕组的轴线作为空间电角度 α 的坐标原点，选取 A 相电流达到最大值的瞬间作为时间的零点，则三相绕组的电流分别为

$$i_A = \sqrt{2} I \cos\omega t$$
$$i_B = \sqrt{2} I \cos(\omega t - 120°)$$
$$i_C = \sqrt{2} I \cos(\omega t - 240°)$$

则 A、B、C 三相绕组脉振磁动势基波为

$$\begin{cases} f_{A1} = F_{\Phi 1} \cos\omega t \cos\alpha \\ f_{B1} = F_{\Phi 1} \cos(\omega t - 120°) \cos(\alpha - 120°) \\ f_{C1} = F_{\Phi 1} \cos(\omega t - 240°) \cos(\alpha - 240°) \end{cases} \tag{6.19}$$

式中，$F_{\Phi 1} = \frac{2\sqrt{2}}{\pi p} N k_{N1} I$。

利用三角函数将式(6.19) 分别分解为两个行波：

$$\begin{cases} f_{A1} = \frac{1}{2} F_{\Phi 1} \cos(\alpha - \omega t) + \frac{1}{2} F_{\Phi 1} \cos(\alpha + \omega t) \\ f_{B1} = \frac{1}{2} F_{\Phi 1} \cos(\alpha - \omega t) + \frac{1}{2} F_{\Phi 1} \cos(\alpha + \omega t - 240°) \\ f_{C1} = \frac{1}{2} F_{\Phi 1} \cos(\alpha - \omega t) + \frac{1}{2} F_{\Phi 1} \cos(\alpha + \omega t - 120°) \end{cases} \tag{6.20}$$

为了得到三相合成磁动势，将式(6.20) 三式相加，由于等式右边后三项正弦波在空间相位上互差120°，三者之和为零。故得三相基波磁动势为

$$f_1(\alpha,\omega t) = f_{A1} + f_{B1} + f_{C1} = \frac{3}{2}F_{\Phi 1}\cos(\alpha-\omega t) = F_1\cos(\alpha-\omega t) \tag{6.21}$$

因此，三相合成基波磁动势是个行波，即在电机内部为旋转磁动势。

旋转的角速度：

$$\frac{\mathrm{d}\alpha}{\mathrm{d}t} = \omega$$

其幅值为常数：

$$F_1 = \frac{3}{2}F_{\Phi 1} = \frac{3\sqrt{2}}{\pi p}Nk_{N1}I \tag{6.22}$$

该行波沿$+\alpha$方向以角速度ω旋转。由于$\dot{I}_1$向量幅值为常数，旋转角速度恒定，因此$\dot{I}_1$向量端点的轨迹是个圆，也称为圆形旋转磁动势。

根据式$f_1(\alpha,\omega t)=F_1\cos(\alpha-\omega t)$，当$\alpha-\omega t=0°$，即$\alpha=\omega t$，三相合成基波旋转磁动势达到最大值，即幅值，由此可确定幅值位置$\alpha=\omega t$。例如，当$\omega t=0°$时，三相合成基波旋转磁动势达到幅值，且幅值位置位于$\alpha=0°$处，而当$\omega t=0°$时，A相电流为正的最大值，即当A相电流达到正最大值时，三相合成基波旋转磁动势的幅值F_1恰好位于A相绕组的轴线。同理可知，当$\omega t=120°$时，三相合成基波旋转磁动势的幅值F_1在$\alpha=120°$的地方，即B相绕组的轴线处；当$\omega t=240°$时，三相合成基波旋转磁动势的幅值F_1在C相绕组的轴线处。总之，当电流在时间上变化了电角度ωt，合成基波旋转磁动势幅值所在位置$\alpha=\omega t$。

综上所述，三相合成基波旋转磁动势有以下特点：

(1) 三相合成基波磁动势是一个幅值恒定的旋转磁动势。

(2) 磁动势的转向取决于电流的相序，从领先绕组轴线向滞后相绕组的轴线旋转。要改变旋转磁动势方向，只需要改变电流的相序即可。

(3) 旋转磁动势相对于定子绕组的转速为同步转速$n=\dfrac{60f}{p}$(r/min) 或 $\omega=\dfrac{2\pi pn}{60}$(rad/s)。

(4) 当三相电流中某相电流值达到正的最大值时，三相合成基波旋转磁动势的幅值恰好位于该相绕组的轴线处。

为了更清楚地描述三相旋转磁动势，图 6.22 给出了三相旋转磁场的示意图。图中分别给出了四个时刻$\omega t=0°$，60°，120°和180°两极下电枢绕组产生的磁场，可以看出，磁动势幅值分别位于$\alpha=0°$，60°，120°和180°的位置，在空间旋转了180°电角度。

二、谐波磁动势

对于基波空间电角度α，v次谐波空间电角度为$v\alpha$。则v次谐波的三相磁动势为

$$f_{Av} = F_{\Phi v}\cos\omega t\cos v\alpha$$
$$f_{Bv} = F_{\Phi v}\cos(\omega t-120°)\cos v(\alpha-120°)$$
$$f_{Cv} = F_{\Phi v}\cos(\omega t-240°)\cos v(\alpha-240°)$$

v次谐波合成磁动势为

$$f_v(\alpha,\omega t) = f_{Av} + f_{Bv} + f_{Cv} = F_{\Phi v}\cos\omega t\cos v\alpha + F_{\Phi v}\cos(\omega t-120°)\cos v(\alpha-120°)$$
$$+ F_{\Phi v}\cos(\omega t-240°)\cos v(\alpha-240°)$$

对于三次谐波，磁动势为

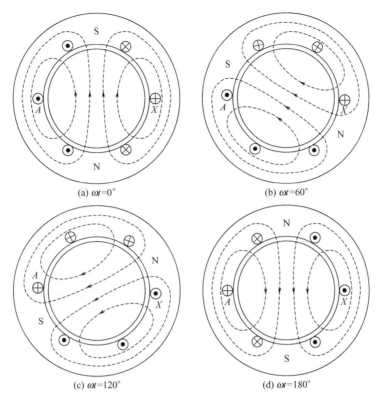

(a) $\omega t=0°$　　　　　　　　(b) $\omega t=60°$

(c) $\omega t=120°$　　　　　　　　(d) $\omega t=180°$

图 6.22　两极旋转磁场

$$f_{A3}=-F_{\Phi3}\cos\omega t\cos3\alpha$$

$$f_{B3}=-F_{\Phi3}\cos(\omega t-120°)\cos3(\alpha-120°)=-F_{\Phi3}\cos(\omega t-120°)\cos3\alpha$$

$$f_{C3}=-F_{\Phi3}\cos(\omega t-240°)\cos3(\alpha-240°)=-F_{\Phi3}\cos(\omega t-240°)\cos3\alpha$$

合成的三次谐波磁动势 $f_3(\alpha,\omega t)$ 为

$$f_3(\alpha,\omega t)=f_{A3}+f_{B3}+f_{C3}=-F_{\Phi3}\cos3\alpha\left[\cos\omega t+\cos(\omega t-120°)+\cos(\omega t-240°)\right]=0$$

一般来说，在三相对称绕组中，3 次及 3 的倍数次谐波磁动势为零，即不存在 3，9，15，…次谐波。

同时可以采用分布、短距绕组等措施使 5、7 次谐波磁动势削弱到很微小。更高次数的谐波磁动势，其幅值就更小了。因此三相绕组产生的磁动势，可以忽略谐波，只考虑基波磁动势。

【例 6.6】　三个匝数相等的整距线圈 AX、BY、CZ 放在定子的同一槽内。其电流分别为

$$i_A=10\cos\omega t$$

$$i_B=10\cos(\omega t-120°)$$

$$i_C=10\cos(\omega t-240°)$$

求合成基波磁动势。

解　三个整距线圈产生的基波磁动势分别为

$$f_{yAX}=F_y\cos\omega t\cos\alpha$$

$$f_{yBY}=F_y\cos(\omega t-120°)\cos\alpha$$

$$f_{yCZ}=F_y\cos(\omega t-240°)\cos\alpha$$

合成基波磁动势为

$$f_y=f_{yAX}+f_{yBY}+f_{yCZ}=F_y\cos\alpha\left[\cos\omega t+\cos(\omega t-120°)+\cos(\omega t-240°)\right]=0$$

即合成基波磁动势等于零。

【例 6.7】　一台三相四极交流电机，在 A、B、C 三相对称定子绕组中分别通以三相对称电流 $i_A=\sqrt{2}\cos\omega t$，$i_B=\sqrt{2}\cos\left(\omega t-\dfrac{2}{3}\pi\right)$，$i_C=\sqrt{2}\cos\left(\omega t-\dfrac{4}{3}\pi\right)$。试分析：

(1) 当 $i_A=\sqrt{2}A$ 时，三相合成磁动势基波幅值的位置；

(2) 当 $i_C=\sqrt{2}A$ 时，三相合成磁动势基波幅值的位置；

(3) 当 i_A 从 $\sqrt{2}A$ 下降至 $\dfrac{\sqrt{2}}{2}A$ 时，基波合成磁动势在空间转过了多少圈？

解　(1) 当 $i_A=\sqrt{2}$A 时，即 A 相绕组电流达到最大，此时 $\omega t=0$。因此，三相合成基波磁动势的幅值在 A 相绕组轴线上。

(2) 当 $i_C=\sqrt{2}$A 时，即 C 相绕组电流达到最大，此时 $\omega t=\dfrac{4}{3}\pi$。三相合成基波磁动势的幅值在 C 相绕组轴线上。

(3) 当 $i_A=\sqrt{2}$A 时，$\omega t_1=0$；$i_A=\dfrac{\sqrt{2}}{2}$A 时，$\omega t_2=\dfrac{1}{3}\pi$，故合成基波磁动势在空间转过的电角度 $\alpha=\omega t=\dfrac{\pi}{3}$。

由于 $p=2$，完整圆周的电角度为 $2\times2\pi=4\pi$，合成基波磁动势在空间转过的圈数：

$$\frac{\dfrac{\pi}{3}}{4\pi}=\frac{1}{12}$$

交流电机电枢绕组有时由两相绕组组成，通入两相电流后，也产生磁动势。当满足绕组对称和电流对称的条件时，也将产生圆形旋转磁动势。

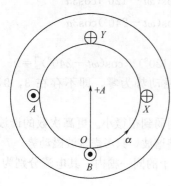

图 6.23　两相对称绕组

【例 6.8】　在电机定子槽中放置了两相对称线圈 AX、BY，即两线圈匝数相等、空间相差 90°电角度，线圈为整距，如图 6.23 所示。

分别在 AX、BY 线圈里通入两相对称电流

$$i_A=10\cos\omega t$$
$$i_B=10\cos(\omega t-90°)$$

求合成基波磁动势。

解　根据图 6.23 所示坐标，两个线圈产生的基波磁动势如下：

$$f_{yAX}=F_y\cos\omega t\cos\alpha$$
$$f_{yBY}=F_y\cos(\omega t-90°)\cos(\alpha-90°)$$

合成基波磁动势为

$$f_y=f_{yAX}+f_{yBY}=\frac{1}{2}F_y\cos(\alpha-\omega t)+\frac{1}{2}F_y\cos(\alpha+\omega t)$$
$$+\frac{1}{2}F_y\cos(\alpha-\omega t)+\frac{1}{2}F_y\cos(\alpha+\omega t-180°)=F_y\cos(\alpha-\omega t)$$

因此，空间相距 90°电角度的两个对称整距线圈，当分别通入时间相差 90°电角度的对称正弦交流电流时，产生的合成基波磁动势为圆形旋转磁动势。

如果换成两相对称（即两相绕组在空间上相距 90°电角度、匝数相等）的双层短距分布

绕组，分别通入对称（时间上相差 90°电角度、幅值相等）的交流电，合成基波磁动势仍为
圆形旋转磁动势。

进而可以推论，如果两相绕组的匝数不等，只要两相绕组产生的磁动势相等，即
$I_A N_A k_N = I_B N_B k_N$，以及两相电流在时间相位上相差 90°电角度，就能够合成为基波圆形
旋转磁动势。

由此可见，空间相距 90°电角度的两相绕组，通以时间上相差 90°电角度的两相电流，
且每相的磁动势相等，产生的合成基波旋转磁动势有以下的特点：

（1）圆形旋转磁动势，其幅值为

$$F = \frac{2\sqrt{2}}{\pi p} N_A k_N I_A = \frac{2\sqrt{2}}{\pi p} N_B k_N I_B$$

（2）基波旋转磁动势相对于定子的同步角速度为 $\omega = 2\pi f \,(\mathrm{rad/s})$，同步转速为 $n = \dfrac{60f}{p}$
$(\mathrm{r/min})$。

（3）基波旋转磁动势的转向由电流领先相向电流滞后相方向旋转。

（4）当某一相电流达到幅值时，合成基波磁动势的幅值恰好位于该相绕组的轴线位置。

如果两相绕组产生的磁动势相等，即 $I_A N_A k_N = I_B N_B k_N$，但两相电流 i_A、i_B 之间的
相位差不是 90°电角度，分析可知，合成磁动势是一个椭圆磁动势。

如果两相绕组在空间上相距不是 90°电角度，绕组产生的磁动势又不相等，电流相位也
不是相差 90°电角度，产生的合成磁动势一般应是椭圆磁动势。

如果在两相绕组里通入同相的电流，则产生的正、反转合成基波旋转磁动势 $\dot{F}'$、$\dot{F}''$ 的
幅值相等，总磁动势为脉振磁动势。

总之，无论是两相还是三相绕组，只要绕组对称，并通以对称电流，产生的合成磁动势
为圆形旋转磁动势。如果不满足这两个对称条件，产生的总磁动势一般为椭圆磁动势。圆形
旋转磁动势和脉振磁动势都是椭圆磁动势的特殊情况。

除了三相和两相绕组之外，电机中还会使用多相绕组，通入多相电流产生的磁动势分析
方法，下面将进行介绍。

不失一般性，设多相电机的相数为 m $(m \geqslant 2)$，每一相绕组通电产生的脉振磁动势可以
分解为正转与反转旋转磁动势。将所有相绕组产生的正转与反转磁动势分别叠加，就可以得

到总的正转磁动势 $\dot{F}^+$ 与反转磁动势 $\dot{F}^-$，再将 $\dot{F}^+$ 和
$\dot{F}^-$ 进行叠加就可以得到总的合成磁动势 $\dot{F}$。

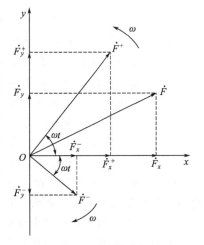

假设正转磁动势 $\dot{F}^+$ 与反转磁动势 $\dot{F}^-$ 在 x 轴的位置
重合，重合时刻为时间起点。经过时间 t 后，正转磁动势
$\dot{F}^+$ 的位置在 $\alpha = \omega t$ 处，将其分解为 $\dot{F}_x{}^+$ 和 $\dot{F}_y{}^+$ 两个分
量；此时反转磁动势 $\dot{F}^-$ 的位置在 $-\alpha = -\omega t$ 处，将其分
解为 $\dot{F}_x{}^-$ 和 $\dot{F}_y{}^-$ 两个分量，如图 6.24 所示。此时在 x
轴上的磁动势为

$$\dot{F}_x = \dot{F}_x{}^+ + \dot{F}_x{}^- = \dot{F}^+ \cos\omega t + \dot{F}^- \cos\omega t = (\dot{F}^+ + \dot{F}^-)\cos\omega t$$

在 y 轴上的磁动势为

$$\dot{F}_y = \dot{F}_y{}^+ + \dot{F}_y{}^- = \dot{F}^+ \sin\omega t - \dot{F}^- \sin\omega t = (\dot{F}^+ - \dot{F}^-)\sin\omega t$$

图 6.24　磁动势分解图

则合成磁动势为

$$\frac{\dot{F}_x^2}{(\dot{F}^+ + \dot{F}^-)^2} + \frac{\dot{F}_y^2}{(\dot{F}^+ - \dot{F}^-)^2} = 1$$

上式为椭圆方程。一般情况下，$\dot{F}^+ \neq \dot{F}^-$，合成磁动势为椭圆形旋转磁动势。当 $\dot{F}^- = 0$ 时，磁动势为正向旋转的圆形磁动势；当 $\dot{F}^+ = 0$ 时，磁动势为反向旋转的圆形磁动势；当 $\dot{F}^+ = \dot{F}^-$ 时，合成磁动势为脉振磁动势。

小　结

本章以同步电机为例，分析讨论了交流电机中十分重要的理论基础：电枢绕组的电动势和磁动势。交流电机的绕组相对于磁场运动产生感应电动势，电流流过绕组产生磁动势。

对于交流绕组来说，能够获得更大的对称基波电动势，尽可能地削弱谐波电动势，并且在导体数一定的情况下获得更大的磁动势，保证三相电动势和磁动势的对称，同时还兼顾制造难度和成本等。所以绕组都是以这些要求为原则进行布置和连接的。

本章从交流电机最基本的单相绕组开始，介绍电机绕组的参数概念，以相量图为工具，着重分析计算导体以及各类线圈包括整距线圈、短距线圈和分布线圈的基波电动势和谐波电动势。在实际的多相电机绕组设计中，又有着不同种类的电机绕组。以三相交流电机为例，分别举例说明三相单层绕组和三相双层绕组的连接方式。

单相整距线圈通入交流电流，生成空间上呈现两极的矩形波的脉振磁动势。短距和分布绕组使基波和谐波的幅值减小，但谐波磁动势减小的幅度大得多，所以可以起到削弱谐波磁动势的作用，从而让磁动势波形更接近正弦波。

无论是几相绕组，只要绕组对称，并通以对称电流，产生的合成磁动势为圆形旋转磁动势。如果不满足这两个对称条件，产生的总磁动势一般为椭圆磁动势。圆形旋转磁动势和脉振磁动势都是椭圆磁动势的特殊情况。

思 考 题

6.1　交流绕组与直流绕组的本质区别是什么？

6.2　交流发电机的定子绕组为什么一般采用 Y 接？

6.3　短距系数和分布系数是怎么推导的？

6.4　短距系数和分布系数两者在本质上有没有区别？

6.5　短距线圈和分布线圈为什么可以削弱谐波电动势？

6.6　电角度与机械角度有什么区别和联系？

6.7　单层绕组和双层绕组有什么优缺点，各自应用在哪些领域？

6.8　谐波磁动势的存在会产生什么影响？如何消去谐波磁动势？

6.9　原 Y 接的三相绕组，通入三相对称电流，若一相绕组断路，电机内产生什么性质的磁动势？如果绕组是△接的，同样的情况下，磁动势的性质又是怎样的？

6.10　在三相对称绕组中分别通入三相正序和负序电流，产生的两种磁场有什么区别？

6.11　如果在独立的三相对称绕组中通入时间上同相的电流，会产生什么类型的磁场？

6.12　为什么会产生谐波电动势和谐波磁动势？

6.13 为什么三相绕组产生的磁动势是旋转磁动势，试从物理意义方面来解释。

6.14 试说明脉振磁动势和旋转磁动势的基本特点。

6.15 试说明高次谐波磁动势的极对数、转向、转速和幅值与基波磁动势的区别与联系。

习 题

6.1 六极交流电机电枢绕组中有两根导体，相距 $60°$ 空间电角度，这两根导体中感应电动势的相位差是多少？

6.2 交流电机电枢绕组的导体感应电动势有效值取决于哪些量？与导体在某瞬间的相对位置有无关系？

6.3 同步发电机定子为 36 槽，4 极，若第 1 槽中导体感应电动势 $e = E_m \sin\omega t$，分别写出第 3、10、19 和 36 槽中导体感应电动势瞬时值表达式，并画出相应的电动势相量图。

6.4 六极交流电机电枢绕组有 54 槽，一个线圈的两个边分别在第 1 槽和第 9 槽，这两个边的电动势相位差是多少？两个相邻的线圈的电动势相位差是多少？画出基波电动势相量图、并在相量图上计算合成电动势，从而算出绕组短距系数和分布系数。

6.5 计算下列情况下双层绕组的基波绕组系数：

(1) $Z = 54$，$p = 3$，定子线圈节距 $y_1 = \dfrac{7}{9}\tau$（τ 为极距）；

(2) $p = 4$，$Z = 72$，线圈节距为 1～9 槽。

6.6 什么是相带？在三相电机中为什么常用 $60°$ 相带绕组而不用 $120°$ 相带绕组？

6.7 若主磁极磁密中含有高次谐波，电枢绕组采用了短距和分布，那么绕组中的每一根导体是否可忽略谐波电动势？绕组的线电动势是否可忽略谐波电动势？

6.8 某交流电机极距按定子槽数计算为 10，若希望线圈中没有五次谐波电动势，计算线圈应选取多大节距。

6.9 双层绕组和单层绕组的最大并联支路数与极对数有什么关系？

6.10 已知三相交流电机定子槽数 36，极对数是 3，线圈节距 $\dfrac{5}{6}\tau$，支路数为 1，计算：

(1) 每极下的槽数；

(2) 用槽数表示的线圈节距 y_1；

(3) 槽距角；

(4) 每极每相槽数；

(5) 基波电动势相量图；

(6) 按 $60°$ 相带法分相；

(7) 画出绕组连接图（只画 A 相）。

6.11 某三相四极交流电机采用双层分布短距绕组，$Z = 36$，$y_1 = \dfrac{7}{9}\tau$。定子 Y 接，线圈串联匝数 $N_y = 4$，每极基波磁通量 $\Phi = 0.5\text{Wb}$，并联支路 $a = 1$，求

(1) 基波绕组系数；

(2) 基波相电动势；

(3) 基波线电动势。

6.12 六极交流电机定子每相总串联匝数 $N = 100$，基波绕组系数为 $k_N = 0.95$，每相基波感应电动势 $E = 235\text{V}$，求每极基波磁通 Φ。

6.13 单相整距绕组中流入的电流 i，如果其频率改变了，对它所产生的磁动势有何影响？

6.14 脉振磁动势可以分解成一对正、反转的旋转磁动势，这里的脉振磁动势可以是矩形分布的磁动势吗？

6.15 单相电枢绕组产生的磁动势中含有三次谐波分量吗？三相对称绕组通入三相对称电流时产生的磁动势中含有三次谐波分量吗？

6.16 绕组采用短距和分布形式，对其产生的基波磁动势和谐波磁动势各有什么影响？

6.17 为什么交流绕组产生的磁动势既是时间的函数，又是空间的函数？试以三相绕组合成磁动势的基波来说明。

6.18 三相六极交流电机定子为双层短距分布绕组，已知 $q=3$，$N_y=6$，$y_1=\dfrac{5}{6}\tau$，$a=1$。当通入频率 $f=50\text{Hz}$ 的三相对称电流且 $I=10\text{A}$ 时，求电机合成基波磁动势的幅值及转速。

6.19 三相交流电机电枢绕组为对称绕组，三相电流分别为 $i_A=20\sin\omega t$，$i_B=20\sin(\omega t+120°)$，$i_C=20\sin(\omega t-120°)$。求：

(1) 合成基波磁动势的幅值；

(2) 画出 $\omega t=0°$、$90°$ 和 $150°$ 三个瞬间磁动势相量图，标出合成基波磁动势的位置和转向。

6.20 把三相交流电动机接到电源的三个引线对调两根后，电动机的转向是否会改变？为什么？

6.21 定子绕组磁场的转速与电流频率和极对数有什么关系？一台 50Hz 的三相电机，通入 60Hz 的三相对称电流，如电流的有效值不变，相序不变，试问三相合成磁动势基波的幅值、转速和转向是否会改变？

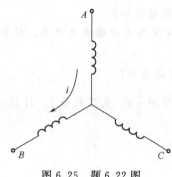

图 6.25 题 6.22 图

6.22 一对称三相绕组，在 A、B 相绕组内通入电流 $i=I_m\sin\omega t$，如图 6.25 所示，求：

(1) 分别写出各相的基波磁动势表达式；

(2) 写出合成基波磁动势表达式，并说明其性质。

6.23 两相对称绕组，若 $i_A=\sqrt{2}\,I\sin\omega t$，$i_B=\sqrt{2}\,I\sin(\omega t+90°)$，求：

(1) 基波合成磁动势表达式；

(2) 画出 $\omega t=0°$、$90°$ 瞬间的磁动势相量图，标出合成基波磁动势的位置与转向；

(3) 若 $f=50\text{Hz}$，计算磁动势转速。

6.24 两相绕组空间相差 $90°$，匝数相同，通入两相不对称电流 $i_A=\sqrt{2}\,I\cos\omega t$，$i_B=2\sqrt{2}\,I\cos(\omega t+90°)$，用一个脉振磁场分成两个旋转磁场的方法，画出 $\omega t=0°$ 的磁动势相量图，从图中分析合成基波磁动势的性质、转向和转速。

6.25 电枢绕组为两相绕组，匝数相同，空间相距 $120°$ 电角度，A 相电流 $i_A=\sqrt{2}\,I\cos\omega t$，问：

(1) 若 $i_B=\sqrt{2}\,I\cos(\omega t-120°)$，合成磁动势的性质是什么？画出磁动势相量图并标出正、反转磁动势分量。

(2) 若要求产生圆形旋转磁动势，且其转向为从 $+A$ 轴经 $120°$ 到 $+B$ 轴方向，电流 i_B 应是怎样的？写出瞬时值表达式。

6.26 产生脉振磁动势、圆形旋转磁动势和椭圆形旋转磁动势的条件有什么不同？

第七章
异步电动机

第一节　异步电动机结构与工作原理

一、异步电动机主要用途与分类

异步电机是一种交流电机，主要作电动机使用，拖动各种生产机械。它广泛用于工农业生产中，例如机床、水泵、冶金、矿山设备、轻工机械等，其容量从几千瓦到几兆瓦。家用电器中的电风扇、洗衣机、电冰箱、空调等也大量采用异步电动机，其容量从几瓦到几千瓦。异步电动机也可以作为发电机使用，例如小水电站、风力发电机也可采用异步电机。

异步电机之所以得到了广泛应用，主要是由于它具有一系列的优点：结构简单，运行可靠，制造方便，价格低廉，坚固耐用，适应性强，有较高的效率和较好的工作特性。

异步电机主要的缺点是功率因数较低。在电网的负载中，异步电动机所占的比重较大，它必须吸收滞后的无功功率，对电网是一个沉重的负担，增加了线路损耗，妨碍了有功功率的输出。但电网的功率因数可以采用别的办法进行补偿，这并不妨碍异步电动机的广泛使用。

异步电动机运行时，定子绕组接到交流电源上，由于电磁感应，在转子绕组中产生电动势、电流，从而产生电磁转矩。所以，异步电机又称为感应电机。

异步电动机的种类很多，从不同的方面可以有不同的分类：

（1）按定子相数分类有：三相异步电动机、两相异步电动机和单相异步电动机。

（2）按转子结构分类有：笼型异步电动机和绕线式异步电动机。其中笼型又包括单笼型异步电动机、双笼型异步电动机及深槽式异步电动机。

（3）按有无换向器分类有：有换向器异步电动机和无换向器异步电动机。

二、三相异步电动机的结构

异步电机主要由定子和转子两部分组成，定、转子之间有气隙，在定子两端有端盖支承转子。图 7.1 为三相笼型异步电动机的结构示意图。

1. 定子

异步电动机的定子由定子铁芯、定子绕组和机座三部分组成。

定子铁芯的作用是作为电机磁路的一部分和嵌放定子绕组。为了减少交变磁场在铁芯中引起的损耗，铁芯一般采用导磁性能良好、比损耗小的 0.5mm 厚的硅钢片叠成，如

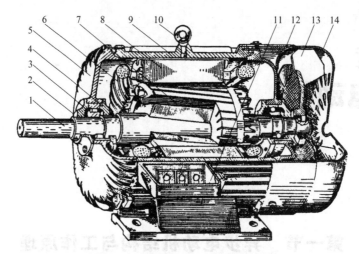

图 7.1　三相笼型异步电动机结构图

1—转轴；2,4—轴承盖；3—轴承；5,12—端盖；6—定子绕组；7—转子；
8—定子铁芯；9—机座；10—吊环；11—出线盒；13—风扇；14—风罩

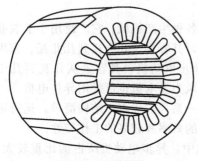

图 7.2　定子铁芯

图 7.2 所示。为了进一步减小涡流损耗，硅钢片两面一般会涂上绝缘漆。小型定子铁芯用完整的硅钢片叠成，中型和大型定子铁芯，每层由扇形冲片在机座内拼成整圆，再叠装而成。

为了嵌放定子绕组，在定子冲片沿圆周方向均匀地分布若干个形状相同的槽。图 7.3 所示为定子槽，其中图 7.3(a) 是开口槽，适用于高压大中型异步电机，其绕组是由扁导线绕制的，并经绝缘材料包扎浸漆强化处理过的成型线圈；图 7.3(b) 是半开口槽，适用于低压中型异步电机，其绕组由扁导线绕制为成型线圈；图 7.3(c) 是半闭口槽，可以减小主磁路的磁阻，但嵌线不够方便，一般用于小型异步电机，其绕组是由圆导线绕制而成的。

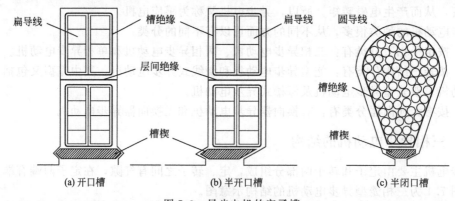

(a) 开口槽　　　　　(b) 半开口槽　　　　　(c) 半闭口槽

图 7.3　异步电机的定子槽

　　定子绕组嵌放在铁芯槽中，其作用是感应电动势和产生磁动势。定子绕组的结构形式已在前一章中阐述过。为了保证可靠性，定子绕组与铁芯槽之间必须有槽绝缘。

　　机座的作用主要是固定和支承定子铁芯，因此要求有足够的机械强度。机座两端装有端盖，端盖一方面对定子绕组端部起保护作用，另一方面端盖内装有轴承，对转子起到支承作用。

2. 转子

异步电机的转子由转子铁芯、转子绕组和转轴构成。

转子铁芯也是电机磁路的一部分，为了减少涡流损耗，通常由 0.5mm 厚的硅钢片冲制后叠压而成。转子绕组的作用是产生感应电动势和产生电磁转矩，其结构形式有两种：笼型和绕线式。转轴起支承转子铁芯和输出转矩的作用。

（1）笼型转子　在转子的每个槽内各放置一根导体，在铁芯两端用两个端环分别把所有导体伸出部分连接起来，构成短路绕组。如果把转子铁芯去掉，则可看出，剩下来的绕组形状像个松鼠笼子，这种转子称为笼型转子。笼型转子绕组可以用铜条焊接而成，如图 7.4 所示。焊接时需要在每槽内放置铜导条，在转子铁芯两端各放置一个端环，铜导条的两端分别焊接在端环上。也可以由铝浇铸而成，如图 7.5 所示。铸铝式采用离心铸铝等工艺，将熔化的铝注入转子槽内，导条、端环在同一工序中铸成。

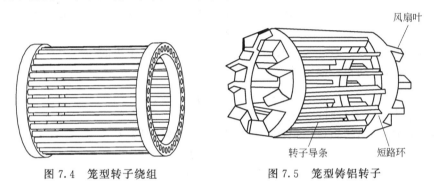

图 7.4　笼型转子绕组　　　　图 7.5　笼型铸铝转子

笼型转子结构异步电动机结构简单，制造方便，是一种经济、耐用的电机，所以应用很广。

（2）绕线式转子　绕线式转子的绕组是对称三相绕组。可以连接成星形或三角形，将三个绕组出线端分别接到转轴上的三个滑环上，再通过电刷引出电流。绕线式转子的特点是可以通过滑环电刷在转子回路中接入附加电阻，以改善电动机的启动性能、调节转速，其接线示意图如图 7.6 所示。

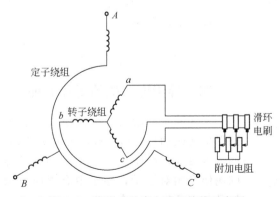

图 7.6　绕线式异步电动机接线示意图

与笼型转子结构相比，绕线式转子结构较复杂，成本略高，并且电刷和滑环的磨损也需要经常维护，通常用于要求启动电流小、启动转矩大和需要调速的场合。

3. 气隙

异步电机定、转子之间的气隙很小，对于中小型异步电机，气隙一般为 0.2～1.5mm。为了降低电机的空载电流和提高电机的功率因数，气隙应尽可能小，但气隙太小又可能造成在运行中定、转子发生摩擦扫膛；气隙大一些又可以改善气隙磁场磁密波形。因此异步电机气隙长度应适中。

三、异步电动机的额定值

异步电动机的额定值包含：

（1）额定功率 P_N——电动机在额定运行时轴上输出的机械功率，单位为 W 或 kW。

（2）额定电压 U_N——额定运行状态下加在定子绕组上的线电压，单位为 V。

（3）额定电流 I_N——电动机在额定电压、轴上输出额定功率时，定子绕组中的线电流，单位为 A。

（4）额定频率 f_1——我国规定工业用电的频率是 50Hz。

（5）额定转速 n_N——电动机在额定电压、额定频率、轴上输出额定功率时，转子的转速，单位为 r/min。

（6）额定功率因数 $\cos\varphi_N$——电动机在额定负载时，定子边的功率因数。

对于三相异步电动机，额定功率

$$P_N = \sqrt{3}\,U_N I_N \eta_N \cos\varphi_N$$

式中，η_N 为额定运行时的效率。

电动机的额定输出转矩可以根据额定功率和额定转速计算。

$$T_{2N} = 9.55\frac{P_N}{n_N}$$

其中，功率的单位是 W，转矩的单位是 N·m。

【例 7.1】 一台三相异步电动机的额定功率 $P_N = 10\text{kW}$，额定电压 $U_N = 380\text{V}$，额定功率因数 $\cos\varphi_N = 0.85$，额定效率 $\eta_N = 0.87$，额定转速 $n_N = 1450\text{r/min}$，计算额定电流 I_N 和额定输出转矩 T_{2N}。

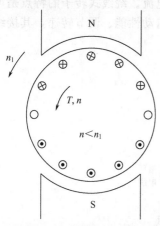

图 7.7 异步电动机工作原理

解 额定电流

$$I_N = \frac{P_N}{\sqrt{3}\,U_N \cos\varphi_N \eta_N} = \frac{10\times10^3}{\sqrt{3}\times380\times0.85\times0.87} = 20.5(\text{A})$$

额定输出转矩

$$T_{2N} = 9.55\frac{P_N}{n_N} = 9.55\frac{10\times10^3}{1450} = 65.9(\text{N}\cdot\text{m})$$

四、异步电动机的工作原理

三相异步电动机定子绕组接三相电源后，电机内便产生圆形旋转磁动势，假设旋转方向为逆时针，N、S 为旋转磁场的等效磁极，如图 7.7 所示。若转子静止，转子导条与旋转磁场便有相对运动，导条中有感应电动势 e 产生。由于转子导条与端环形成闭合回路，因此导条中就有电流 i 流过。这样，载流导条就在磁场中受到电磁力 f 的作用，从而产生电磁转矩 T，如图 7.7 所示。电磁转矩方向与旋转磁动势同方向，转子便在电磁转矩的作用下开始转动。

转子旋转后，只要转子转速 n 小于旋转磁动势的转速 n_1，转子导条与磁场仍有相对运动，就会产生感应电动势、电流及电磁转矩，方向仍为逆时针方向，转子就能够继续旋转，当电磁转矩与负载转矩平衡时，便可稳定运行。

第二节　转子绕组开路的三相异步电动机

异步电动机运行时转子是旋转的。但是，为了便于理解和分析，先从转子不转开始分析，然后再分析转子旋转的情况。下面以三相绕线式异步电动机为例进行分析。

图 7.8 表示一台绕线式异步电动机的定、转子三相绕组的联结方式，均是 Y 接。为简单起见，设定、转子绕组轴线位置重合。定子绕组接三相对称电源，转子绕组开路。图中注明了各有关物理量的正方向。$\dot{U}_1$，$\dot{E}_1$，$\dot{I}_1$ 分别是定子绕组的相电压、相电动势和相电流；$\dot{U}_2$，$\dot{E}_2$，$\dot{I}_2$ 分别是转子绕组的相电压、相电动势和相电流。

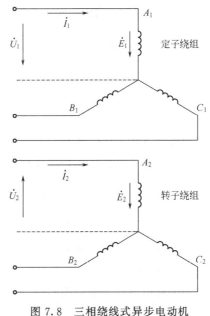

图 7.8　三相绕线式异步电动机
定转子绕组连接方式

一、磁动势及主磁通

1. 励磁磁动势

三相异步电动机的定子绕组接到三相对称的电源上时，定子绕组里就会有三相对称电流流过，从上一章对交流绕组产生磁动势的分析可知，三相对称电流流过三相对称绕组产生圆形旋转磁动势。

圆形旋转磁动势幅值为

$$F_0 = \frac{3\sqrt{2}}{\pi p} N_1 k_{N1} I_0$$

式中，N_1 和 k_{N1} 为定子一相绕组串联匝数和绕组系数；I_0 为一相绕组电流有效值。

磁动势 $\dot{F}_0$ 的转向取决于定子电流的相序。假定三相定子电流的相序为 $A_1 \rightarrow B_1 \rightarrow C_1$，磁动势的转向从 A_1 相轴线转向 B_1 相轴线再转向 C_1 相轴线。

由于转子绕组开路，转子绕组中没有电流，不产生磁动势。作用在磁路上只有定子磁动势 $\dot{F}_0$，$\dot{F}_0$ 也称为励磁磁动势，电流 $\dot{I}_0$ 也称为励磁电流。

转子不转的三相异步电机，类似于二次绕组开路的三相变压器，定子绕组相当于一次侧绕组，转子绕组相当于二次侧绕组，不同之处在于磁路中多了一个定、转子之间的气隙。

2. 主磁通和漏磁通

通过气隙同时交链着定、转子绕组的磁通称为主磁通，气隙里每极主磁通用 Φ_1 表示。只交链定子绕组而不交链转子绕组的磁通称为定子绕组漏磁通，简称定子漏磁通，用 Φ_{s1} 表示。漏磁通主要包括槽漏磁通、端部漏磁通和高次谐波磁场引起的谐波漏磁通。

在分析中，常把电机内的磁通分为主磁通和漏磁通两部分来处理，这是因为主磁通和漏磁通的路径和性质截然不同，主磁路主要由定、转子铁芯和气隙组成，是一个非线性磁路，受磁饱和程度影响较大。而漏磁通主要通过空气隙闭合，受磁路饱和影响程度较小，可视为线性磁路。主磁通同时交链定、转子绕组，是能量转换的媒介，而漏磁通则不参与能量转换。下面主要分析能产生感应电动势的主磁通。

三相异步电机励磁磁动势 $\dot{F}_0$ 产生的气隙磁密 $\dot{B}_\delta$ 是一个在空间按正弦分布，在气隙中旋转的磁密波，B_δ 是气隙磁密的最大值。

气隙里每极主磁通 Φ_1 为

$$\Phi_1 = B_{\delta av}\tau l = \frac{2}{\pi}B_\delta\tau l$$

式中，$B_{\delta av} = \frac{2}{\pi}B_\delta$ 是气隙平均磁密；τ 是定子的极距；l 是电机轴向的有效长度。

二、感应电动势

定子绕组通电产生的旋转磁场与定、转子绕组有相对运动，在定、转子绕组中感应电动势的有效值分别为 E_1 和 E_2：

$$E_1 = 4.44f_1N_1k_{N1}\Phi_1$$
$$E_2 = 4.44f_1N_2k_{N2}\Phi_1$$

式中，N_1 和 k_{N1} 分别为定子绕组每相串联匝数和绕组系数；N_2 和 k_{N2} 分别为转子绕组每相串联匝数和绕组系数。

定子、转子每相电动势之比称为电压变比，用 k_e 表示，即

$$k_e = \frac{E_1}{E_2} = \frac{N_1k_{N1}}{N_2k_{N2}}$$

定、转子绕组均交链着同一主磁通 Φ_1，因此绕组电动势之比就等于绕组有效匝数之比。

由于定、转子绕组轴线位置重合，在同一旋转磁场的作用下，产生的感应电势 $\dot{E}_1$ 和 $\dot{E}_2$ 具有相同相位。

为了分析问题方便，采用折合算法把转子绕组向定子边折合，即把原来匝数为 N_2k_{N2} 的转子绕组等效折合为匝数 N_1k_{N1} 的转子绕组，折合后转子绕组每相感应电动势为 $\dot{E}_2'$，有

$$\dot{E}_2' = k_e\dot{E}_2 = \dot{E}_1$$

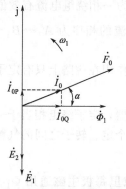

图 7.9 考虑铁损耗后的相量图

三、励磁电流

由于旋转磁场与定子、转子有相对运动，定、转子铁芯中就会产生磁滞和涡流损耗，即铁损耗。与变压器一样，励磁电流 I_0 包括有功分量 $\dot{I}_{0P}$ 和无功分量 $\dot{I}_{0Q}$，领先主磁通 Φ_1 一个角度 α，称为铁耗角。

考虑到铁损耗的时间空间相量图如图 7.9 所示。

四、电压方程式

定子绕组的漏磁通在定子绕组里的感应电动势，称为定子漏电动势。用 $\dot{E}_{s1}$ 表示。漏磁通路径为线性磁路，采用与变压器相同的处理方法，将漏电动势视为定子电流 I_0 在漏电抗 X_1 上的压降。即

$$\dot{E}_{s1} = -j\dot{I}_0X_1$$

式中，X_1 是定子每相的漏电抗。

根据图 7.8 所示的正方向，定子绕组的电压平衡方程式：

$$\dot{U}_1 = -\dot{E}_1 - \dot{E}_{s1} + \dot{I}_0 R_1 = -\dot{E}_1 + j\dot{I}_0 X_1 + \dot{I}_0 R_1 = -\dot{E}_1 + \dot{I}_0 Z_1 \tag{7.1}$$

式中，$Z_1 = R_1 + jX_1$ 是定子一相绕组的漏阻抗。

转子回路电压方程式为

$$\dot{U}_2 = \dot{E}_2 \tag{7.2}$$

转子绕组开路时的异步电机内部各物理量的电磁关系可以用流程图表示，如图 7.10 所示。

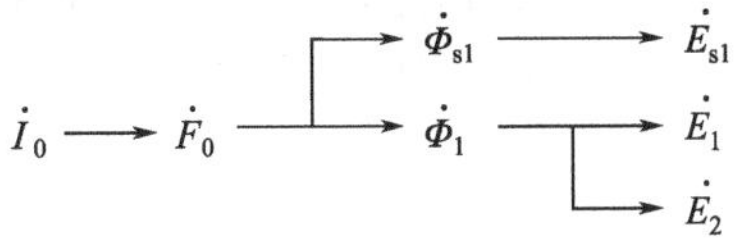

相应的相量图如图 7.11 所示。

异步电机转子绕组开路时的电压方程式及相量图，与三相变压器二次绕组开路时的完全一样。

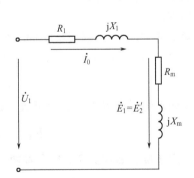

图 7.10　转子开路时异步电机
电磁关系流程图

五、等效电路

采用与变压器相同的处理方法，将 $\dot{E}_1$ 视为励磁电流 I_0 在励磁阻抗 Z_m 上产生的电压降。

$$\dot{E}_1 = -\dot{I}_0(R_m + jX_m) = -\dot{I}_0 Z_m \tag{7.3}$$

式中，$Z_m = R_m + jX_m$ 称为励磁阻抗；R_m 称为励磁电阻；X_m 称为励磁电抗。

因此，定子电压平衡方程式为

$$\dot{U}_1 = -\dot{E}_1 + \dot{I}_0 Z_1 = \dot{I}_0(Z_m + Z_1) \tag{7.4}$$

根据电压平衡方程式，可画出转子绕组开路的三相异步电动机等效电路，如图 7.12 所示。

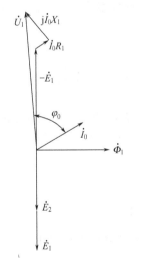

图 7.11　转子绕组开路时的相量图

图 7.12　转子绕组开路时的等效电路

第三节　转子堵转的三相异步电动机

异步电动机定子绕组接额定电压，转子绕组短路且堵住不转，这种情况称为转子堵转。

一、磁动势与磁通

1. 磁动势

转子绕组堵转的电路如图 7.13 所示。转子绕组电压为零。定子绕组产生的旋转磁场与转子绕组有相对运动，产生感应电动势 $\dot{E}_2$，从而在转子绕组中产生三相对称电流，与变压器二次绕组短路情况相类似。

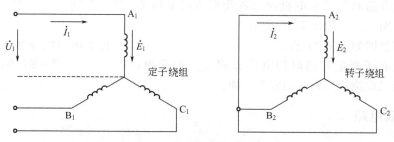

图 7.13 转子短路并堵转的三相异步电动机

由第六章可知，转子三相对称绕组流过三相对称电流将产生圆形旋转磁动势，其幅值为

$$F_2 = \frac{3\sqrt{2}}{\pi p} N_2 k_{N2} I_2$$

假设气隙旋转磁场逆时针方向旋转，在转子绕组里感应电动势及产生电流 I_2 的相序依次为 A_2、B_2、C_2，则磁动势 $\dot{F}_2$ 也是逆时针方向旋转的。

由于转子绕组的极对数总是设计成与定子绕组极对数相等，所以磁动势 $\dot{F}_2$ 相对于转子绕组的转速为 $n_2 = \dfrac{60 f_2}{p} = \dfrac{60 f_1}{p} = n_1$。

当异步电机转子绕组短路时，定子边电流不再是 $\dot{I}_0$，而是 $\dot{I}_1$。由定子电流 $\dot{I}_1$ 产生定子旋转磁动势 F_1。

因此，磁动势 F_2 与 F_1 极对数相同、转速相同、转向相同，它们在空间相对静止。

F_1 与 F_2 相叠加合成的磁动势为 F_0，F_0 在气隙中产生合成旋转磁场。

$$\dot{F}_1 + \dot{F}_2 = \dot{F}_0 \tag{7.5}$$

上式称为磁动势平衡方程式。也可改写成

$$\dot{F}_1 = \dot{F}_0 + (-\dot{F}_2)$$

可以认为定子旋转磁动势 $\dot{F}_1$ 包含着两个分量，一个分量大小等于 F_2，而方向与 $\dot{F}_2$ 相反，用 $(-\dot{F}_2)$ 表示。它的作用是抵消转子旋转磁动势 $\dot{F}_2$ 对主磁通的影响；另一分量就是励磁磁动势 $\dot{F}_0$，它是用来产生气隙旋转磁密 $\dot{B}_\delta$ 的。

$\dot{F}_0$ 产生气隙每极主磁通 Φ_1，主磁通 Φ_1 在定、转子相绕组里感应电动势 $\dot{E}_1$ 和 $\dot{E}_2$。相量图如图 7.14 所示。

可以看出，和转子绕组开路时情况不一样，转子绕组短路后，气隙里的主磁通 Φ_1 是由定、转子旋转磁动势共同产生的。

此时的电磁关系流程图如图 7.15 所示。

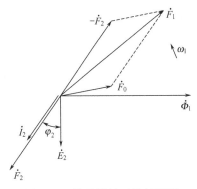

图 7.14　转子堵转时的相量图

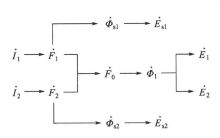

图 7.15　转子短路时异步电机电磁关系流程图

2. 漏磁通

定子电流 $\dot{I}_1$ 也要产生漏磁通，其漏电抗仍为 X_1，由于漏磁路是线性的，X_1 为常数。

同样，转子绕组电流 $\dot{I}_2$ 也要产生漏磁通，其漏电抗为 X_2，也是一个常数。

异步电动机和变压器的磁通都存在主磁通和漏磁通，分析方法是一样的。但变压器中的主磁通是脉振磁通，异步电动机中的主磁通却是旋转磁通，它对应的磁密波沿气隙圆周方向正弦分布，以同步速 n_1 相对于定子在旋转。

二、电压方程式

定子回路的电压平衡方程式为

$$\dot{U}_1 = -\dot{E}_1 + \dot{I}_1(R_1 + jX_1) \tag{7.6}$$

转子回路的电压平衡方程式为

$$\dot{E}_2 - \dot{I}_2(R_2 + jX_2) = 0$$

即

$$\dot{E}_2 - \dot{I}_2 Z_2 = 0 \tag{7.7}$$

式中，$Z_2 = R_2 + jX_2$ 是转子绕组的漏阻抗。

转子相电流 $\dot{I}_2$ 为

$$\dot{I}_2 = \frac{\dot{E}_2}{R_2 + jX_2} = \frac{E_2}{\sqrt{R_2^2 + X_2^2}} e^{-j\varphi_2}$$

$$\varphi_2 = \arctan \frac{X_2}{R_2}$$

式中，φ_2 是转子绕组回路的功率因数角。

图 7.14 中，磁动势 $\dot{F}_2$ 与转子电流 $\dot{I}_2$ 同方向，$\dot{I}_2$ 滞后电动势 $\dot{E}_2$ 的时间电角度为 φ_2。

【例 7.2】　一台三相绕线式异步电动机，极对数为 2，额定频率 50Hz，转子每相电阻 $R_2 = 0.04\Omega$，转子不转时每相的漏电抗 $X_2 = 0.16\Omega$，电压变比 $k_e = \dfrac{E_1}{E_2} = 20$。当 $E_1 = 200V$ 时，计算转子不转时的转子相电动势 E_2、相电流 I_2 的大小，频率以及转子功率因数 $\cos\varphi_2$。

解　转子相电动势 E_2

$$E_2 = \frac{E_1}{k_e} = \frac{200}{20} = 10(\mathrm{V})$$

转子相电流 I_2

$$I_2 = \frac{E_2}{\sqrt{R_2^2 + X_2^2}} = \frac{10}{\sqrt{0.04^2 + 0.16^2}} = 60.6(\mathrm{A})$$

转子相电流频率

$$f_2 = f_1 = 50(\mathrm{Hz})$$

功率因数 $\cos\varphi_2$

$$\cos\varphi_2 = \frac{R_2}{\sqrt{R_2^2 + X_2^2}} = \frac{0.04}{\sqrt{0.04^2 + 0.16^2}} = 0.243$$

三、转子绕组的折合

与变压器类似，要得到异步电动机的等效电路，必须进行转子绕组的折合。

异步电动机定、转子之间没有电路上的联系，只有磁路的联系。转子侧只有转子旋转磁动势 $\dot{F}_2$ 与定子旋转磁动势 $\dot{F}_1$ 相互作用，因此只要保持转子旋转磁动势 $\dot{F}_2$ 的大小、相位不变，就不会影响定子边。设想一个等效转子绕组，其相数、每相匝数以及绕组系数都与定子绕组的一样，在等效转子绕组中，产生的转子旋转磁动势 $\dot{F}_2$ 和原转子的一致，但每相的感应电动势为 E_2'、电流为 I_2'，转子漏阻抗为 $Z_2' = R_2' + \mathrm{j}X_2'$。

折算前后 F_2 不变，则有

$$\frac{m_2\sqrt{2}}{\pi p}N_2 k_{N2}\dot{I}_2 = \frac{3\sqrt{2}}{\pi p}N_1 k_{N1}\dot{I}_2' \tag{7.8}$$

即

$$m_2 N_2 k_{N2}\dot{I}_2 = 3N_1 k_{N1}\dot{I}_2'$$

因此

$$I_2' = \frac{m_2}{3}\frac{N_2 k_{N2}}{N_1 k_{N1}}\dot{I}_2 = \frac{1}{k_i}\dot{I}_2 \tag{7.9}$$

式中，$k_i = \dfrac{I_2}{I_2'} = \dfrac{3N_1 k_{N1}}{m_2 N_2 k_{N2}} = \dfrac{3}{m_2}k_e$ 称为电流变比；m_2 为转子绕组的相数。对于三相绕线式异步电动机，$m_2 = 3$；而笼型异步电动机转子绕组通常不是三相，即 $m_2 \neq 3$。

根据磁动势平衡方程式

$$\dot{F}_1 + \dot{F}_2 = \dot{F}_0$$

由式（7.8）可得

$$\frac{3\sqrt{2}}{\pi p}N_1 k_{N1}\dot{I}_1 + \frac{3\sqrt{2}}{\pi p}N_1 k_{N1}\dot{I}_2' = \frac{3\sqrt{2}}{\pi p}N_1 k_{N1}\dot{I}_0$$

所以

$$\dot{I}_1 + \dot{I}_2' = \dot{I}_0 \tag{7.10}$$

由式（7.10）可知，通过绕组折合，在异步电动机定、转子之间建立了等效的电路联系。上述变换，称为转子绕组向定子绕组折合。

折合后的转子各物理量右上角加"′"表示。转子回路的电压方程式变为

$$\dot{E}'_2 - \dot{I}'_2(R'_2 + jX'_2) = 0$$

即

$$\dot{E}'_2 - \dot{I}'_2 Z'_2 = 0 \tag{7.11}$$

Z'_2 与 Z_2 的关系为

$$Z'_2 = R'_2 + jX'_2 = \frac{\dot{E}'_2}{\dot{I}'_2} = \frac{k_e \dot{E}_2}{\dfrac{\dot{I}_2}{k_i}} = k_e k_i Z_2$$

折合前后转子漏阻抗的关系为

$$Z'_2 = k_e k_i Z_2$$
$$R'_2 = k_e k_i R_2$$
$$X'_2 = k_e k_i X_2$$

阻抗角

$$\varphi'_2 = \arctan \frac{X'_2}{R'_2} = \arctan \frac{k_e k_i X_2}{k_e k_i R_2} = \varphi_2$$

折合前后漏阻抗的阻抗角不变。

可以证明,折合前后的功率关系也不变。

因此,转子绕组的折合是等效的,对异步电动机的运行没有影响。

四、基本方程式、等效电路和相量图

异步电动机进行折合后的基本方程式如下:

$$\dot{U}_1 = -\dot{E}_1 + \dot{I}_1(R_1 + jX_1)$$
$$\dot{E}_1 = -\dot{I}_0(R_m + jX_m)$$
$$\dot{E}_1 = \dot{E}'_2 \tag{7.12}$$
$$\dot{E}'_2 = \dot{I}'_2(R'_2 + jX'_2)$$
$$\dot{I}_1 + \dot{I}'_2 = \dot{I}_0$$

根据以上基本方程式,可得转子绕组堵转的三相异步电动机的等效电路,如图 7.16 所示。

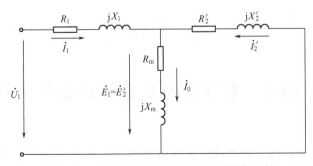

图 7.16　转子绕组短路并堵转时的等效电路

根据上述基本方程式可以画出转子绕组短路并堵转的相量图,如图 7.17 所示。

【**例 7.3**】　一台绕线式三相异步电动机,当定子加额定电压而转子开路时,转子绕组线电压为 200V，转子绕组为 Y 连接，不转时转子每相漏阻抗为 $(0.04+j0.15)\Omega$，设定子每相漏阻抗 $Z_1=Z_2'$。计算：

（1）定子加额定电压，转子不转时转子的相电流；

（2）当在转子回路串入三相对称电阻，每相阻值为 0.35Ω 时，转子每相电流。

解　由于异步电动机的励磁阻抗比漏阻抗大得多，可以认为励磁阻抗 Z_m 支路开路。等效电路如图 7.18 所示。

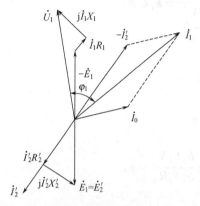

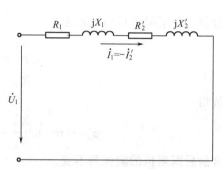

图 7.17　转子绕组短路并堵转时的相量图　　　　图 7.18　简化后的等效电路

（1）转子开路时每相电动势为

$$E_2=\frac{200}{\sqrt{3}}=115.5(\text{V})$$

定子每相额定电压的折合值近似为

$$U_1'\approx E_1'=E_2=115.5(\text{V})$$

$\dot{I}_2$ 的有效值

$$I_2=\frac{U_1'}{2Z_2}=\frac{115.5}{\sqrt{(2\times0.04)^2+(2\times0.15)^2}}=372(\text{A})$$

（2）由

$$\dot{I}_2=\frac{\dot{U}_1'}{2Z_2+R}$$

得转子电流

$$I_2=\frac{U_1'}{2Z_2+R}=\frac{115.5}{\sqrt{(2\times0.04+0.35)^2+(2\times0.15)^2}}=220.3(\text{A})$$

第四节　转子旋转的三相异步电动机

异步电动机正常运行时，转子绕组是闭合的而且一般是短路的。对于绕线式异步电动机，转子绕组通过电刷和滑环短路；而笼型异步电动机转子绕组本身就是短路的。

一、转差率

当异步电动机的定子绕组接到三相对称电源，产生的定子旋转磁场与静止的转子存在相对运动时，转子上便有电流产生，进而产生电磁转矩，则转子就沿着气隙旋转磁场的方向旋转起来。

电动机运行时，转子转速总是小于同步转速 n_1，只有这样，转子绕组与气隙旋转磁场之间才有相对运动，才能在转子中产生电磁转矩。异步电动机的名称就是由此而来的。当转子在某一转速下，产生的电磁转矩与负载转矩或阻力矩相平衡时，电动机就在该转速下稳定运行。

同步转速 n_1 和转速 n 之差与同步转速 n_1 的比值称为转差率（转差或者滑差），用 s 表示。

$$s = \frac{n_1 - n}{n_1} \tag{7.13}$$

当转子不转时，$n = 0$ 时，$s = 1$；当转子达到同步转速时，$n = n_1$，$s = 0$；当转子转速高于同步转速时，$n > n_1$，$s < 0$。s 的大小反映了电动机的转速。

正常运行的异步电动机，转子转速 n 与同步转速 n_1 很接近，转差率 s 很小，一般在 $0.01 \sim 0.05$ 范围内变化。

二、转子电动势

当转子旋转时，转子绕组感应的电动势、产生的电流频率取决于气隙中的旋转磁场和转子的相对转速。气隙中旋转磁场与转子相对转速为 $n_2 = n_1 - n$，故转子绕组中电动势和电流的频率为

$$f_2 = \frac{p(n_1 - n)}{60} = \frac{n_1 - n}{n_1} \frac{p n_1}{60} = s f_1 \tag{7.14}$$

式中，f_2 亦称为转差频率。当电机正常运行时，$f_1 = 50\text{Hz}$ 时，则 $f_2 = 0.5 \sim 2.5\text{Hz}$，此时转子铁芯中主磁通交变的频率很低，转子铁耗很小，可以忽略不计。

转子旋转时转子绕组中感应电动势为

$$E_{2s} = 4.44 f_2 N_2 k_{N2} \Phi_1 = 4.44 s f_1 N_2 k_{N2} \Phi_1 = s E_2 \tag{7.15}$$

式中，E_2 是转子静止时转子绕组的感应电动势。上式表明，转子旋转时，转子每相感应电动势是变化的，与转差率 s 成正比。

转子回路的电压平衡方程式为

$$\dot{E}_{2s} = \dot{I}_{2s}(R_2 + jX_{2s}) \tag{7.16}$$

式中，$\dot{I}_{2s}$ 是转差率为 s 时的转子相电流；X_{2s} 是转差率为 s 时的转子绕组一相漏电抗；R_2 是转子一相绕组的电阻。

转子漏电抗 X_{2s} 是对应转差率为 s（此时转子频率 $f_2 = s f_1$）时的漏电抗。它与转子不转时转子漏电抗 X_2 的关系为

$$X_{2s} = s X_2$$

上式表明，当转子旋转时，转子漏电抗 X_{2s} 是变化的，与转差率 s 成正比。通常，$X_{2s} \ll X_2$。

三、定、转子磁动势

1. 定子磁动势 $\dot{F}_1$

三相异步电动机定子绕组接三相对称交流电源，产生圆形旋转磁动势 $\dot{F}_1$，其转速为同

步转速 n_1。假设旋转方向为逆时针。

2. 转子磁动势 $\dot{F}_2$

转子的转速为 n，气隙旋转磁场的转速为同步转速 n_1。气隙旋转磁场相对于转子的转速为 n_1-n，转向为逆时针方向。因此，转子每相绕组的感应电动势 $\dot{E}_{2s}$ 及产生的电流 $\dot{I}_{2s}$ 相序仍为 A_2、B_2、C_2。产生的合成旋转磁动势 $\dot{F}_2$ 的转向也是逆时针方向。

转子电流 $\dot{I}_{2s}$ 的频率为 f_2，旋转磁动势 $\dot{F}_2$ 相对于转子绕组的转速为

$$n_2=\frac{60f_2}{p}=\frac{60sf_1}{p}=sn_1$$

3. 合成磁动势

定子旋转磁动势 $\dot{F}_1$ 相对于定子绕组的转速为 n_1，逆时针方向。

转子旋转磁动势 $\dot{F}_2$ 相对于转子绕组的转速为 n_2，逆时针方向。转子的转速为 n，也是逆时针方向，所以，转子旋转磁动势 $\dot{F}_2$ 相对于定子绕组的转速为

$$n_2+n=sn_1+n=sn_1+(1-s)n_1=n_1$$

即转子旋转磁动势 $\dot{F}_2$ 相对于定子绕组的转速也是同步转速 n_1。可见，定子旋转磁动势 $\dot{F}_1$ 与转子旋转磁动势 $\dot{F}_2$ 相对于定子的转速相同，转向一致，二者相对静止，可以进行合成。

合成的总磁动势 $\dot{F}_0$ 为

$$\dot{F}_1+\dot{F}_2=\dot{F}_0$$

上式表明，当三相异步电动机转子旋转时，定、转子磁动势关系仍然保持不变。

此时异步电机的电磁关系流程图如图 7.19 所示。

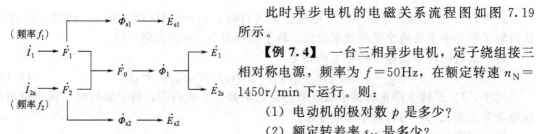

图 7.19　转子旋转时异步电机
电磁关系流程图

【例 7.4】 一台三相异步电机，定子绕组接三相对称电源，频率为 $f=50\text{Hz}$，在额定转速 $n_N=1450\text{r/min}$ 下运行。则：

(1) 电动机的极对数 p 是多少？

(2) 额定转差率 s_N 是多少？

(3) 额定转速运行时，转子电流频率 f_2 是多少？

(4) 旋转磁场相对于转子的转速是多少？

解　(1) 电动机的额定转速 $n_N=1450\text{r/min}$，由于异步电动机额定转差率较小，气隙旋转磁场的同步转速 $n_1=1500\text{r/min}$。则有

$$p=\frac{60f_1}{n_1}=\frac{60\times50}{1500}=2$$

(2)
$$s_N=\frac{n_1-n_N}{n_1}=\frac{1500-1450}{1500}=0.0333$$

(3)
$$f_2=s_Nf_1=0.0333\times50=1.67(\text{Hz})$$

(4)
$$n_2=\frac{60f_2}{p}=\frac{60\times1.67}{2}=50.1(\text{r/min})$$

【例 7.5】 一台三相异步电动机，在额定转速下运行，$n_N=2930\text{r/min}$，电源频率 $f_1=$

50Hz，计算：

（1）定子电流产生的定子旋转磁动势以什么速度切割定子？又以什么速度切割转子？

（2）由转子电流产生的转子旋转磁动势以什么速度切割定子？又以什么速度切割转子？

解　（1）气隙旋转磁场的同步转速 $n_1 = 3000 \text{r/min}$，定子旋转磁动势以 $n_1 = 3000 \text{r/min}$ 切割定子。

因为转子以速度 n_N 与定子旋转磁动势同方向旋转，故定子旋转磁动势以 $n_2 = n_1 - n_N = 3000 - 2930 = 70 (\text{r/min})$ 切割转子。

（2）异步电动机在正常运行时，转速为 n_N。在气隙中，定、转子磁动势相对静止，转子旋转磁动势以 $n_1 = 3000 \text{r/min}$ 转速切割定子。

转子旋转磁动势与转子同转向，故转子磁动势以速度 $n_2 = n_1 - n_N = 3000 - 2930 = 70 (\text{r/min})$ 切割转子。

四、转子绕组频率折合

由于异步电机定、转子之间没有电路的联系，只有磁路的联系，转子通过磁动势 F_2 对定子产生影响。因此只要磁动势 F_2 保证不变，就可以用一个等效的静止转子来替代旋转的转子，而定子侧的物理量不受任何影响。即对电机而言为等效变换。因而对转子回路的电压平衡方程式（7.16）作如下变换

$$\dot{I}_{2s} = \frac{\dot{E}_{2s}}{R_2 + jX_{2s}} = \frac{s\dot{E}_2}{R_2 + jsX_2} \tag{7.17}$$

将上式右边分子分母同除以 s，得

$$\dot{I}_2 = \frac{\dot{E}_2}{\dfrac{R_2}{s} + jX_2} \tag{7.18}$$

式（7.17）反映的是转子旋转，转子回路电流频率为 $f_2 = sf_1$ 时的电流关系，而式（7.18）则反映的是静止的转子回路的电流关系，此时电流频率为 f_1，与定子相同。为了保证变换是等效的，即 F_2 要保持不变，需要满足：

$$I_2 = I_{2s}$$

由式（7.18）可知，在转子回路中串入一个 $\dfrac{1-s}{s}R_2$ 的电阻后，回路总电阻变为 $\dfrac{1-s}{s}R_2 + R_2 = \dfrac{R_2}{s}$，再将转子堵转，以确保 $I_2 = I_{2s}$。

上述分析表明，在转子回路中串入一个 $\dfrac{1-s}{s}R_2$ 的电阻并将转子堵转，与原来旋转的转子等效，F_2 不变，这种变换称为频率折合。

实际运行中，电阻 $\dfrac{1-s}{s}R_2$ 并不存在，但电动机有机械功率输出；而在频率折合后的转子电路中，因转子静止，并没有机械功率输出，但有电功率 $m_2 I_2^2 \dfrac{1-s}{s}R_2$，因此 $m_2 I_2^2 \dfrac{1-s}{s}R_2$ 实际代表了机械功率的输出，电阻 $\dfrac{1-s}{s}R_2$ 为表征机械功率的电阻。

经过频率折合，用一个等效的静止转子来代替原来旋转的转子，定子侧各物理量不变。

图 7.20（a）、（b）两个电路，其中图 7.20（a）是异步电动机运行时，转子的实际电路，

图 7.20(b) 则是转子频率折合后的等效电路。转子电路经过这种变换，把转子旋转时实际频率为 f_2 的电路等效为转子静止时频率为 f_1 的电路。

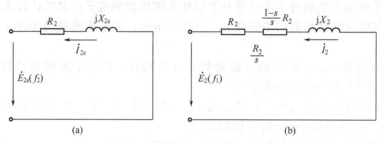

图 7.20 转子频率折合前后转子电路

折合后的电路，转子回路的电阻变成了 R_2/s，除了原来转子绕组本身的电阻 R_2 外，还多串联了一个电阻 $\dfrac{1-s}{s}R_2$，该电阻为表征机械功率的等效电阻，即该电阻消耗的电功率 $m_2 I_2^2 \dfrac{1-s}{s}R_2$ 代表了电机输出的机械功率。

折合后漏电抗为 $X_{2s}/s = X_2$，变成了转子静止时的漏电抗 X_2 了。

频率折合后，为了得到等效电路，再把转子绕组的相数、匝数以及绕组系数都折合到定子边。折合后转子回路的电压方程式为

$$\dot{E}_2' = \dot{I}_2'\left(\frac{R_2'}{s} + \mathrm{j}X_2'\right) \tag{7.19}$$

转子旋转磁动势 $\dot{F}_2$ 的幅值为

$$F_2 = \frac{3\sqrt{2}}{\pi p} N_1 k_{\mathrm{N1}} I_2'$$

根据磁动势平衡方程式 $\dot{F}_1 + \dot{F}_2 = \dot{F}_0$，有

$$\frac{3\sqrt{2}}{\pi p} N_1 k_{\mathrm{N1}} \dot{I}_1 + \frac{3\sqrt{2}}{\pi p} N_1 k_{\mathrm{N1}} \dot{I}_2' = \frac{3\sqrt{2}}{\pi p} N_1 k_{\mathrm{N1}} \dot{I}_0$$

可得

$$\dot{I}_1 + \dot{I}_2' = \dot{I}_0$$

【例 7.6】 一台三相绕线式异步电动机，当定子绕组加频率为 50Hz 的额定电压，转子绕组开路时转子绕组线电压为 200V，转子绕组为 Y 接。转子不转时 $R_2 = 0.04\Omega$、$X_1 = 0.15\Omega$，电动机的额定转差率 $s_N = 0.05$。问这台电动机额定运行时转子电动势 $\dot{E}_{2s}$，转子电流 $\dot{I}_{2s}$ 的有效值及频率为多少？

解 转子频率 f_2

$$f_2 = s_N f_1 = 0.05 \times 50 = 2.5 (\mathrm{Hz})$$

转子电动势 E_{2s}

$$E_{2s} = s_N E_2 = 0.05 \times \frac{200}{\sqrt{3}} = 5.8 (\mathrm{V})$$

额定运行时，转子电流 I_{2s}

$$I_{2s} = \frac{E_{2s}}{\sqrt{R_2^2 + (s_N X_2)^2}} = \frac{5.8}{\sqrt{0.04^2 + (0.05 \times 0.15)^2}} = 142.5 (\mathrm{A})$$

五、基本方程式、等效电路和相量图

根据前面的分析,异步电动机转子旋转时的基本方程式为

$$\dot{U}_1 = -\dot{E}_1 + \dot{I}_1(R_1 + jX_1)$$
$$\dot{E}_1 = -\dot{I}_0(R_m + jX_m)$$
$$\dot{I}_1 + \dot{I}_2' = \dot{I}_0 \qquad\qquad (7.20)$$
$$\dot{E}_1 = \dot{E}_2'$$
$$\dot{E}_2' = \dot{I}_2'\left(\frac{R_2'}{s} + jX_2'\right)$$

根据以上基本方程式,可以画出如图 7.21 的等效电路,称为 T 形等效电路。与图 7.16 相比,在转子回路里多了一个电阻 $\frac{1-s}{s}R_2'$。

已知电动机的参数,就可以通过等效电路计算电动机的性能。

从图 7.21 等效电路可知,当电动机运行于额定状态时,转差率 $s \leqslant 0.05$,R_2'/s 不小于 $20R_2'$,等效电路转子侧电阻起主要作用,功率因数 $\cos\varphi_2$ 较高,转子电流基本上为有功电流,这时定子边的功率因数 $\cos\varphi_1$ 也比较高。

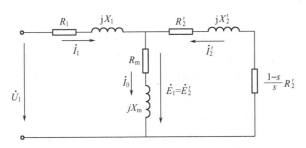

图 7.21 三相异步电动机的 T 形等效电路

当异步电动机空载运行时,转速十分接近同步转速,转差率 s 接近于 0,$\frac{R_2'}{s}$ 趋于无穷大,转子回路相当于开路,这时定子电流 $\dot{I}_1$ 基本上就是励磁电流 $\dot{I}_0$,因此电动机功率因数很低。

由于异步电动机定子漏阻抗 Z_1 较小,所以定子电流 $\dot{I}_1$ 在定子漏阻抗上产生的压降 I_1Z_1 可以忽略。所以,定子感应电动势 E_1 与端电压 U_1 平衡,基本不变,因而主磁通 Φ_1 基本也不变。因此励磁电流也基本是常数。

根据上述基本方程式作出异步电动机时间空间相量图,如图 7.22 所示。与三相变压器负载运行的相量图相似。

六、笼型转子

由于笼型转子导条在空间均匀分布,那么各导条所产生的电动势或电流的相位差与其空间位置相差的电角

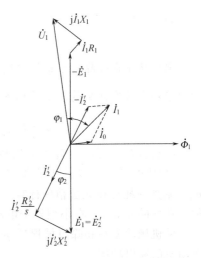

图 7.22 三相异步电动机相量图

度相同。若一对磁极范围内有 m_2 根笼条，转子就感应产生 m_2 相对称的感应电动势和电流。对称的绕组流过对称电流就会产生圆形旋转磁动势 $\dot{F}_2$。

与绕线式转子一样，笼型转子产生的旋转磁动势与定子旋转磁动势转速均为同步转速，转向一致，极对数亦相同。因此，三相笼型异步电动机也存在磁动势平衡方程

$$\dot{F}_1 + \dot{F}_2 = \dot{F}_0$$

笼型转子相数为 m_2，由于每相只有一根导条，绕组匝数为 $1/2$，绕组系数为 1。

笼型异步电动机电磁关系与绕线式的相同，分析方法也相同，仅仅是折合系数不同。

第五节　三相异步电动机的功率与转矩

一、功率关系

根据三相异步电动机的等效电路，电动机稳定运行时，从电源输入的电功率为

$$P_1 = 3U_1 I_1 \cos\varphi_1 \tag{7.21}$$

定子电流产生的铜损耗为

$$p_{\text{Cu1}} = 3I_1^2 R_1 \tag{7.22}$$

由于旋转磁场与定子、转子有相对运动，定、转子铁芯中就会产生铁损耗。而正常运行的异步电动机，转子转速接近于同步转速，旋转磁场与转子铁芯的相对速度很低，所以转子铁损耗很小，可以忽略不计。因此电动机的铁损耗只有定子铁损耗

$$p_{\text{Fe}} = 3I_0^2 R_m \tag{7.23}$$

从电源输入的电功率 P_1 在扣除掉定子铜耗 p_{Cu1}、定子铁耗 p_{Fe} 之后的功率通过气隙旋转磁场由定子传递给转子，转子这一功率是通过电磁感应而获得的，故称之为电磁功率 P_M，即

$$P_\text{M} = P_1 - p_{\text{Cu1}} - p_{\text{Fe}} = 3I_2'^2 \frac{R_2'}{s} \tag{7.24}$$

转子绕组铜耗

$$p_{\text{Cu2}} = 3I_2'^2 R_2' = sP_\text{M} \tag{7.25}$$

电磁功率在扣除转子铜耗之后，剩下的就是电阻 $\dfrac{1-s}{s}R_2'$ 上的电功率，代表总机械功率，即由电功率转换而来的总机械功率

$$P_\text{m} = P_\text{M} - p_{\text{Cu2}} = 3I_2'^2 \frac{1-s}{s}R_2' = (1-s)P_\text{M} \tag{7.26}$$

电动机在运行时，转子克服轴承以及风阻等摩擦阻力矩所消耗的功率称为机械损耗 p_m，此外由于定、转子开槽和定、转子磁动势中含有谐波磁动势，要产生一些附加损耗 p_s，附加损耗往往无法精确计算，需要依靠经验进行估算。在大型异步电动机中，p_s 约为额定功率的 0.5%；在小型异步电动机中则可达额定功率的 $1\% \sim 3\%$。

总机械功率在扣除机械损耗 p_m、附加损耗 p_s 之后，是转轴输出的机械功率，也就是电动机的输出功率

$$P_2 = P_\text{m} - p_\text{m} - p_\text{s} \tag{7.27}$$

因此，异步电动机运行时，从电源输入电功率 P_1 到转轴上输出机械功率 P_2 的完整的功率关系为

$$P_2 = P_1 - p_{Cu1} - p_{Fe} - p_{Cu2} - p_m - p_s \tag{7.28}$$

根据式(7.24)和式(7.28)可得

$$P_2 = P_M - p_{Cu2} - p_m - p_s \tag{7.29}$$

将异步电动机的电磁功率、机械功率和转子回路铜损耗三者进行比较，可得

$$P_M : P_m : p_{Cu2} = 1 : (1-s) : s \tag{7.30}$$

上式说明，若电磁功率一定，转差率 s 越小，转子回路铜损耗越小，机械功率越大。

由式(7.30)可得

$$P_M = \frac{P_m}{1-s} \tag{7.31}$$

$$p_{Cu2} = \frac{s}{1-s}P_m \tag{7.32}$$

二、转矩关系

异步电机的各种功率除以转子机械角速度就得到相应的转矩。

P_m 是通过气隙旋转磁场由定子传递到转子上的总机械功率，与之相对应的总机械转矩称为电磁转矩，即

$$T = \frac{P_m}{\Omega} \tag{7.33}$$

其中，机械角速度

$$\Omega = \frac{2\pi n}{60} = \frac{2\pi(1-s)n_1}{60} = (1-s)\Omega_1$$

式中，Ω_1 为同步角速度。

输出转矩

$$T_2 = \frac{P_2}{\Omega} \tag{7.34}$$

空载转矩

$$T_0 = \frac{p_m + p_s}{\Omega} = \frac{p_0}{\Omega} \tag{7.35}$$

于是转矩平衡方程式为

$$T = T_2 + T_0 \tag{7.36}$$

电磁转矩与电磁功率的关系如下

$$T = \frac{P_m}{\Omega} = \frac{P_m}{(1-s)\Omega_1} = \frac{P_M}{\Omega_1} \tag{7.37}$$

式(7.37)说明，电磁转矩等于电磁功率除以同步角速度，也等于总机械功率除以转子机械角速度。

【例7.7】 一台三相绕线式异步电动机，额定频率 50Hz，额定电压 $U_{1N} = 380V$，额定功率 $P_N = 80kW$，额定转速 $n_N = 1455r/min$，在额定转速下运行时，机械摩擦损耗 $P_m = 1kW$，忽略附加损耗。求额定运行时：

(1) 额定转差率 s_N；

(2) 电磁功率 P_M；

(3) 转子铜耗 p_{Cu2}；

（4）电磁转矩；

（5）输出转矩。

解 （1）同步转速 $n_1 = 1500\text{r/min}$。

$$s_N = \frac{n_1 - n}{n_1} = \frac{1500 - 1455}{1500} = 0.03$$

（2）由

$$P_M = P_2 + p_m + p_{Cu2}$$

而 $p_{Cu2} = s_N P_M$，代入上式得

$$P_M = P_2 + p_m + s_N P_M$$

$$P_M = \frac{P_2 + p_m}{1 - s_N} = \frac{80 + 1}{1 - 0.03} = 83.5(\text{kW})$$

（3）

$$p_{Cu2} = s_N P_M = 0.03 \times 83.5 = 2.5(\text{kW})$$

（4）

$$T = \frac{P_M}{\Omega_1} = \frac{P_M}{\dfrac{2\pi n_1}{60}} = 9.55 \times \frac{P_M}{n_1} = 9.55 \times \frac{83.5 \times 10^3}{1500} = 531.6(\text{N·m})$$

（5）

$$T_2 = \frac{P_N}{\Omega_N} = \frac{P_N}{\dfrac{2\pi n_N}{60}} = 9.55 \times \frac{P_N}{n_N} = 9.55 \times \frac{80 \times 10^3}{1455} = 525.1(\text{N·m})$$

三、异步电动机的电磁转矩

异步电机电磁转矩的物理表达式描述了电磁转矩与气隙每极磁通、转子电流有功分量的关系。

$$T = \frac{P_M}{\Omega_1} = \frac{3E_2 I_2 \cos\varphi_2}{\dfrac{2\pi n_1}{60}} = \frac{3(\sqrt{2}\pi f_1 N_2 k_{N2} \Phi_1) I_2 \cos\varphi_2}{\dfrac{2\pi n_1}{60}} \tag{7.38}$$

$$= \frac{3}{\sqrt{2}} p N_2 k_{N2} \Phi_1 I_2 \cos\varphi_2 = C_T \Phi_1 I_2 \cos\varphi_2$$

式中，$C_T = \dfrac{3}{\sqrt{2}} p N_2 k_{N2}$ 称为转矩系数，取决于极对数 p 和转子绕组有效串联匝数 $N_2 k_{N2}$，对于已有电机为一常数。

从上式可以看出，异步电动机的电磁转矩 T 与气隙每极磁通 Φ_1、转子电流的有功分量 $I_2 \cos\varphi_2$ 成正比，与直流电机电磁转矩公式的形式完全相同。

第六节　三相异步电动机的机械特性

三相异步电动机的机械特性是指在定子电压和频率一定的条件下，电磁转矩 T 与转速 n 或转差率 s 之间的函数关系。机械特性是三相异步电动机稳态运行时最重要的特性。

电磁转矩与转子电流的关系为

$$T = \frac{P_M}{\Omega_1} = \frac{3I_2'^2 \dfrac{R_2'}{s}}{\dfrac{2\pi n_1}{60}}$$

由于异步电机的励磁阻抗比定、转子漏阻抗大得多，T形等效电路可以进一步简化，励磁阻抗这一支路可以视为开路，故

$$I_2' = \frac{U_1}{\sqrt{\left(R_1 + \dfrac{R_2'}{s}\right)^2 + (X_1 + X_2')^2}}$$

代入到上述电磁转矩公式中，可得

$$T = \frac{3U_1^2 \dfrac{R_2'}{s}}{\dfrac{2\pi n_1}{60}\left[\left(R_1 + \dfrac{R_2'}{s}\right)^2 + (X_1 + X_2')^2\right]} = \frac{3pU_1^2 \dfrac{R_2'}{s}}{2\pi f_1 \left[\left(R_1 + \dfrac{R_2'}{s}\right)^2 + (X_1 + X_2')^2\right]} \tag{7.39}$$

式（7.39）即为机械特性的表达式，也称为电磁转矩的参数表达式。

一、固有机械特性

三相异步电动机定子电压和频率均为额定值，定、转子回路保持初始状态，不串入电阻、电感等电路元件条件下的机械特性称为固有机械特性，特性曲线如图7.23所示。

从图7.23中可以看出，固有机械特性具有以下特点：

（1）特性曲线与纵轴的交点，$s=0$，$n=n_1$，为理想空载运行点，此时，$T=0$。

（2）特性曲线与横轴的交点，$s=1$，$n=0$，为启动点，$T=T_S$。

（3）当 $0<s\leq1$，即 $n_1<n\leq0$，特性在第一象限，电磁转矩 T 和转速 n 都为正，同方向，电机工作在电动机状态。

（4）当 $s<0$，$n>n_1$，特性在第二象限，电磁转矩为负值，T 与 n 反方向，是制动性转矩，电磁功率也是负值，电机工作在发电状态。

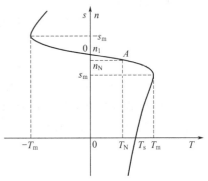

图7.23 三相异步电动机固有机械特性

（5）当 $s>1$，$n<0$，特性在第四象限，$T>0$，T 与 n 反方向，电机工作在制动状态。

1. 最大电磁转矩

从固有机械特性可以看出，存在最大电磁转矩。为了求取最大电磁转矩，对式（7.39）求导，并令

$$\frac{\mathrm{d}T}{\mathrm{d}s} = 0$$

求得最大转矩对应的转差率，称为临界转差率

$$s_m = \pm \frac{R_2'}{\sqrt{R_1^2 + (X_1 + X_2')^2}} \tag{7.40}$$

式中，"＋"号适用于电动机状态；"－"号适用于发电机状态。

最大电磁转矩

$$T_m = \pm \frac{3pU_1^2}{4\pi f_1 \left[\pm R_1 + \sqrt{R_1^2 + (X_1 + X_2')^2} \right]} \tag{7.41}$$

通常，三相异步电动机中，$R_1^2 = (X_1 + X_2')^2$，R_1 可以忽略。因此

$$s_m = \pm \frac{R_2'}{X_1 + X_2'} \tag{7.42}$$

$$T_m = \pm \frac{3pU_1^2}{4\pi f_1 (X_1 + X_2')} \tag{7.43}$$

由以上二式，最大电磁转矩 T_m 有以下特点：

（1）在频率一定条件下，T_m 与 U_1^2 成正比，与漏电抗 $X_1 + X_2'$ 成反比；

（2）最大电磁转矩与转子电阻无关，但产生最大电磁转矩的转差率 s_m 与 R_2' 成正比，故当转子回路电阻增加，如绕线式异步电机转子串入附加电阻时，T_m 虽然不变，但 s_m 增大。

最大电磁转矩与额定电磁转矩的比值称为最大转矩倍数，又称过载能力，用 λ 表示为

$$\lambda = \frac{T_m}{T_N}$$

过载能力是异步电动机重要的性能指标之一。对于一般异步电动机，$\lambda = 1.6 \sim 2.5$。最大转矩越大，其短时过载能力越强。

2. 启动转矩

电动机启动时（$n = 0$、$s = 1$）的电磁转矩称为启动转矩。

将 $s = 1$ 代入式（7.39）中，得到启动转矩 T_S

$$T_S = \frac{3pU_1^2 R_2'}{2\pi f_1 \left[(R_1 + R_2')^2 + (X_1 + X_2')^2 \right]} \tag{7.44}$$

从上式中可知，启动转矩与电压平方成正比，漏电抗越大，启动转矩越小。

对于绕线式异步电动机，若要求启动时电磁转矩达到最大，可在转子回路串联电阻 R' 并令式（7.42）中 $s_m = 1$，可得

$$R_2' + R' = X_1 + X_2'$$

即

$$R' = X_1 + X_2' - R_2' \tag{7.45}$$

当转子回路串联电阻 R'，且满足式（7.45）时，启动转矩等于最大电磁转矩。

启动转矩与额定转矩的比值称为启动转矩倍数，用 K_T 表示。有

$$K_T = \frac{T_S}{T_N}$$

电动机启动时，T_S 大于（$1.1 \sim 1.2$）倍的负载转矩就可顺利启动。一般异步电动机启动转矩倍数 $K_T = 0.9 \sim 1.3$。

【例 7.8】 一台三相四极笼型异步电动机，定子绕组 Y 接，额定电压 $U_N = 380V$，额定转速 $n_N = 1455r/min$，电源频率 $f_1 = 50Hz$，定子电阻 $R_1 = 2\Omega$，定子漏电抗 $X_1 = 3.5\Omega$，转子电阻折合值 $R_2' = 1.5\Omega$，转子漏电抗折合值 $X_2' = 4.5\Omega$。计算：

（1）额定电磁转矩；

（2）最大电磁转矩及过载能力；

（3）临界转差率；

（4）启动转矩及启动转矩倍数。

解　旋转磁场的同步转速 n_1

$$n_1 = \frac{60 f_1}{p} = \frac{60 \times 50}{2} = 1500 (\text{r/min})$$

额定转差率 s_N

$$s_N = \frac{n_1 - n_N}{n_1} = \frac{1500 - 1455}{1500} = 0.03$$

定子绕组额定相电压 U_1

$$U_1 = \frac{U_N}{\sqrt{3}} = \frac{380}{1.73} = 220 (\text{V})$$

（1）额定转矩 T_N

$$T_N = \frac{3p U_1^2 \dfrac{R_2'}{s_N}}{2\pi f_1 \left[\left(R_1 + \dfrac{R_2'}{s_N} \right)^2 + (X_1 + X_2')^2 \right]} = \frac{3 \times 2 \times 220^2 \times \dfrac{1.5}{0.03}}{2\pi \times 50 \left[\left(2 + \dfrac{1.5}{0.03} \right)^2 + (3.5 + 4.5)^2 \right]} = 16.7 (\text{N} \cdot \text{m})$$

（2）最大转矩 T_m

$$T_m = \frac{3p U_1^2}{4\pi f_1 (X_1 + X_2')} = \frac{3 \times 2 \times 220^2}{4\pi \times 50 (3.5 + 4.5)} = 57.8 (\text{N} \cdot \text{m})$$

过载倍数 λ

$$\lambda = \frac{T_m}{T_N} = \frac{57.8}{16.7} = 3.46$$

（3）临界转差率 s_m

$$s_m = \frac{R_2'}{X_1 + X_2'} = \frac{1.5}{3.5 + 4.5} = 0.19$$

（4）启动转矩 T_S

$$T_S = \frac{3p U_1^2 R_2'}{2\pi f_1 [(R_1 + R_2')^2 + (X_1 + X_2')^2]} = \frac{3 \times 2 \times 220^2 \times 1.5}{2\pi \times 50 \times [(2 + 1.5)^2 + (3.5 + 4.5)^2]} = 18.2 (\text{N} \cdot \text{m})$$

启动转矩倍数 K_T

$$K_T = \frac{T_S}{T_N} = \frac{18.2}{16.7} = 1.09$$

二、人为机械特性

三相异步电动机的电压、定子绕组回路电阻及电抗、转子绕组回路电阻等参数发生变化后，其机械特性也随之改变。如果人为地改变其中的一个，而其他参数保持不变，得到的机械特性称为人为机械特性。

1. 降低定子电压的人为机械特性

由于异步电机的磁路在额定电压下已接近饱和，同时考虑到不影响电机运行的安全性，故不适合升高电压。只分析降低定子电压 U_1 时的机械特性。

保持其他参数不变，只降低定子电压 U_1 的大小，这种情况下的机械特性具有以下特点：

（1）异步电机的同步转速 n_1 与电压 U_1 无关。即不同电压的人为机械特性均通过理想空载点 n_1。

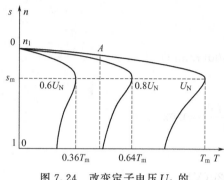

图 7.24　改变定子电压 U_1 的
人为机械特性

（2）电磁转矩 T 与 U_1^2 成正比，因此，最大转矩 T_m 以及启动转矩 T_S 都要随 U_1 的降低而减小。

（3）临界转差率 s_m 与电压 U_1 无关，只取决于电机本身的阻抗，因此 s_m 保持不变。

不同电压 U_1 的人为机械特性如图 7.24 所示。

由图 7.24 可以看到，假设异步电机初始工作在 A 点，当负载转矩 T_L 不变，仅降低电机端电压 U_1，电机的转速会有所下降。由于负载转矩不变，根据 $T = C_T \Phi_1 I_2 \cos\varphi_2$ 可知，定子端电压降低后，气隙主磁通 Φ_1 减小，但由于转速变化不大，功率因数 $\cos\varphi_2$ 也变化不大，因此转子电流 I_2 会增加，定子电流也会增加。一方面，主磁通下降能够降低铁耗，但另一方面，转子电流 I_2 增大，铜耗也增大。如果电压降低过多，导致异步电机转子电流明显增加，铜耗大幅度上升，使得电机发热严重甚至有烧毁电机的可能。如果异步电机半载或者轻载运行，降低定子端电压 U_1 使主磁通 Φ_1 减小以降低铁耗，可以达到节能的效果。

2. 定子回路串联三相对称电阻的人为机械特性

保持其他参数不变，仅改变异步电机定子回路电阻，例如串入三相对称电阻 R。这种情况下的机械特性具有以下特点：

（1）定子回路串入电阻，不影响同步转速 n_1，即串入不同电阻的人为机械特性，均通过理想空载点 n_1。

（2）最大电磁转矩 T_m，启动转矩 T_S 和临界转差率 s_m 都随着定子回路电阻值增大而减小。

定子串三相对称电阻的人为机械特性如图 7.25 所示。

3. 定子回路串接三相对称电抗的人为机械特性

保持其他量不变，异步电机定子回路串入三相对称电抗。这种情况下的机械特性具有以下特点：

（1）定子回路串入电抗，不影响同步转速 n_1，即串入不同电抗的人为机械特性，均通过理想空载点 n_1。

（2）最大电磁转矩 T_m，启动转矩 T_S 和临界转差率 s_m 都随着定子回路电抗值增大而减小。

定子回路串入三相对称电抗的人为机械特性与串电阻的相似。但串入的电抗不消耗有功功率。

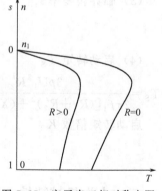

图 7.25　定子串三相对称电阻
的机械特性

4. 转子回路串入三相对称电阻的人为机械特性

绕线式三相异步电动机通过滑环与电刷，把三相对称电阻串入转子回路后三相再短路。这种情况下的机械特性具有以下特点：

（1）转子回路串入电阻，不影响同步转速 n_1，即串入不同电阻的人为机械特性均通过理想空载点 n_1。

（2）最大电磁转矩与转子每相电阻值无关，即转子串入电阻后，T_m 不变。

（3）临界转差率 $s_m \propto (R_2 + R_s)$，随着转子串入电阻的阻值增大，临界转差率也增加。

（4）当转子回路串入适当的电阻时，可使

$$s_m = \frac{R'_2 + R'_s}{X_1 + X_2} = 1$$

此时

$$T_S = T_m$$

即启动转矩为最大电磁转矩。

转子回路串三相对称电阻的人为机械特性如图 7.26 所示。若转子回路串入电阻过大使得 $s_m > 1$，则有启动转矩 T_S 小于最大电磁转矩 T_m。可见转子回路串电阻增大堵转转矩，存在一个最佳值。超出后，启动转矩 T_S 反而下降。

三、机械特性的实用公式

工程实际中，电机参数往往并不容易获得。技术人员希望只用产品铭牌数据就可以获得 T 与 s 的关系。

由式(7.42) 得

$$X_1 + X'_2 = \frac{R'_2}{s_m} \qquad (7.46)$$

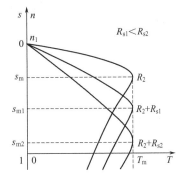

图 7.26 转子回路串三相对称电阻的机械特性

将式(7.46) 代入式(7.43)，得

$$T_m = \frac{3pU_1^2}{4\pi f_1 \dfrac{R'_2}{s_m}} \qquad (7.47)$$

将式(7.46) 代入式(7.39)，并忽略 R_1，得

$$T = \frac{3pU_1^2 \dfrac{R'_2}{s}}{2\pi f_1 \left[\left(\dfrac{R'_2}{s} \right)^2 + \left(\dfrac{R'_2}{s_m} \right)^2 \right]} \qquad (7.48)$$

根据式(7.47) 和式(7.48)，得到实用表达式为

$$\frac{T}{T_m} = \frac{2}{\dfrac{s_m}{s} + \dfrac{s}{s_m}} \qquad (7.49)$$

这就是三相异步电动机机械特性的实用公式。

从式(7.49) 可以看出，运用机械特性的实用公式需要已知最大转矩 T_m 及临界转差率 s_m。额定输出转矩 T_N 可由额定功率和额定转速计算，从产品手册或说明书中查到过载倍数 λ 可以求出最大转矩，即 $T_m = \lambda T_N$。

把额定转矩 T_N 和额定转差率 s_N 代入到机械特性的实用公式可得

$$\frac{T_N}{\lambda T_N} = \frac{2}{\dfrac{s_m}{s_N} + \dfrac{s_N}{s_m}}$$

求解可得

$$s_m = s_N(\lambda + \sqrt{\lambda^2 - 1}) \qquad (7.50)$$

式(7.50) 非常有用，可作为公式直接使用。

【例 7.9】 一台三相异步电动机，额定功率 $P_N = 50 \text{kW}$，额定电压 220/380V，额定转速 $n_N = 970 \text{r/min}$，过载倍数（能力）$\lambda = 2.4$。求其转矩的实用公式。

解 额定转矩

$$T_N = 9.55 \frac{P_N}{n_N} = 9.55 \times \frac{50 \times 10^3}{970} = 492.3(N \cdot m)$$

最大转矩

$$T_m = \lambda T_N = 2.4 \times 492.3 = 1181.5(N \cdot m)$$

同步转速

$$n_1 = 1000 r/min$$

额定转差率

$$s_N = \frac{n_1 - n_N}{n_1} = \frac{1000 - 970}{1000} = 0.03$$

将额定工作点的 s_N 和 T_N 代入式（7.49）得到

$$\frac{1}{\lambda} = \frac{2}{\frac{s_N}{s_m} + \frac{s_m}{s_N}}$$

解得

$$s_m = s_N(\lambda + \sqrt{\lambda^2 - 1})$$

临界转差率

$$s_m = s_N(\lambda + \sqrt{\lambda^2 - 1}) = 0.03(2.4 + \sqrt{2.4^2 - 1}) = 0.14$$

转矩实用公式为

$$T = \frac{2T_m}{\frac{s}{s_m} + \frac{s_m}{s}} = \frac{2 \times 1181.5}{\frac{s}{0.14} + \frac{0.14}{s}} = \frac{2363}{\frac{s}{0.14} + \frac{0.14}{s}}$$

第七节 三相异步电动机的工作特性

异步电动机的工作特性是指在额定电压、额定频率下异步电动机的转速 n、效率 η、功率因数 $\cos\varphi_1$、电磁转矩 T、定子电流 I_1 等与输出功率 P_2 的关系曲线。

异步电动机的工作特性可以用计算方法求得。已知等效电路参数以及各种损耗的条件下，对应不同的转差率 s，可以计算出 n、η、$\cos\varphi_1$、T、I_1、P_2 等参数，从而求出工作特性。

对于已有的异步电动机，其工作特性也可以通过试验获得。在电源电压为额定电压 U_N、额定频率为 f_N 的条件下，给电动机的轴上带上不同的机械负载，测量不同负载下的电磁转矩 T、输出功率 P_2、定子电流 I_1、功率因数 $\cos\varphi_1$ 及转速等，即可得到各种工作特性。

图 7.27 是三相异步电动机的工作特性曲线。

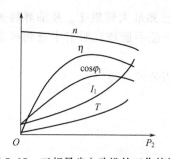

图 7.27 三相异步电动机的工作特性

一、转速特性 $n = f(P_2)$

三相异步电动机运行时，随着输出功率 P_2 的增加，转速 n 有所降低，转差率 s 增大，以增加电磁转矩来驱动负载转矩。因此，随着 P_2 的增加，转速 n 呈下降趋势。

二、定子电流特性 $I_1 = f(P_2)$

当电动机空载运行时，转子电流 I_2' 趋近于零，定子电流等于励磁电流 I_0。随着输出功率 P_2 的增加，转速下降，转差率上升，转子电流增大，与之平衡的定子电流负载分量也增大，从而定子电流也增大。

三、功率因数特性 $\cos\varphi_1 = f(P_2)$

异步电动机必须从电网吸收滞后的电流来励磁，功率因数永远小于1。空载运行时，定子电流基本上是励磁电流 I_0，等效电路中电抗远大于电阻，呈较强的感性，因此功率因数很低，通常小于 0.2。随着 P_2 的增大，定子电流的有功分量增加，$\cos\varphi_1$ 增大，在额定负载附近，$\cos\varphi_1$ 达到最大值。当 P_2 继续增大时，转差率 s 变大，使转子回路阻抗角 $\varphi_2 = \arctan\dfrac{sX_2}{R_2}$ 变大，$\cos\varphi_2$ 下降，从而使 $\cos\varphi_1$ 下降。

四、电磁转矩特性 $T = f(P_2)$

稳定运行时，异步电动机的转矩方程为

$$T = T_2 + T_0 = \frac{P_2}{\Omega} + T_0 = \frac{60}{2\pi n}P_2 + T_0$$

当电动机空载运行时，电磁转矩 $T = T_0$。随着负载增加，P_2 增大，由于电动机从空载到负载转速变化不大，电磁转矩 T 随 P_2 的变化接近一条直线。

五、效率特性 $\eta = f(P_2)$

电动机效率

$$\eta = \frac{P_2}{P_1} = 1 - \frac{\sum P}{P_2 + \sum P}$$

在空载运行时，$P_2 = 0$，$\eta = 0$。从空载到额定负载运行，由于主磁通变化很小，故铁耗变化不大，在此区间转速变化很小，故机械损耗基本不变。上述两项损耗称为不变损耗。而定、转子铜耗与相应电流的平方成正比，随负载的增加而增加，此外，附加损耗也随着负载的增加而增大，这三项损耗称为可变损耗。当 P_2 从零开始增加时，总损耗 $\sum P$ 增加较慢，效率上升很快，在可变损耗与不变损耗相等时，效率达到最大值；当 P_2 继续增大，由于定、转子铜耗增加很快，效率反而下降。对于普通中小型异步电动机，效率约在 $\left(\dfrac{1}{2} \sim \dfrac{3}{4}\right)$ P_N 附近达到最大。通常，电动机容量越大，效率越高。

第八节　三相异步电动机参数的测定

为了利用等效电路计算异步电动机的工作特性，必须先知道它的参数。与变压器一样，可以通过空载试验和短路试验来测定异步电机的电路参数。

一、空载试验

空载试验的目的是测定励磁电阻 R_m、励磁电抗 X_m、机械损耗 p_m 和铁损耗 p_{Fe}。

试验时，电动机的转轴上不带负载。用三相调压器对电机供电，保持电源电压为额定值，让电动机运行一段时间，使其机械损耗达到稳定值。然后，改变电动机定子绕组上的电压，从 $(1.1\sim1.3)U_N$ 开始，逐渐降低电压，直到电动机的转速发生明显的变化为止。记录电动机的端电压 U_1、空载电流 I_0、空载功率 P_0 和转速 n，并绘制成曲线，即为异步电动机的空载特性，如图 7.28 所示。

由于异步电动机空载运行时，转子电流很小，转子铜损耗可忽略不计。定子输入的功率 P_0 消耗在定子铜损耗 $3I_0^2R_1$、铁损耗 p_{Fe}、机械损耗 p_m 和空载附加损耗 p_s 中，即

$$P_0=3I_0{}^2R_1+p_{Fe}+p_m+p_s$$

从输入功率 P_0 中减去定子铜损耗：

$$P_0'=P_0-3I_0{}^2R_1=p_{Fe}+p_m+p_s$$

在 P_0' 的三项损耗中，机械损耗 p_m 与电压 U_1 无关，在电动机转速变化不大时，可以认为是常数。铁损耗 p_{Fe} 和空载附加损耗 p_s 随着定子端电压 U_1 的改变而发生变化，近似与磁密的平方成正比，可近似地看成与电动机的端电压 U_1^2 成正比。把 P_0' 与 U_1^2 的关系绘制成曲线，近似为一条直线，如图 7.29 所示，其延长线与 P_0' 轴交点 O' 的值代表机械损耗 p_m。

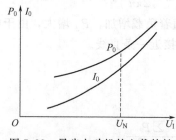
图 7.28 异步电动机的空载特性

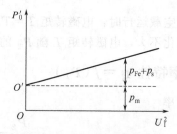
图 7.29 $P_0'=f(U_1^2)$ 曲线

过 O' 做一水平虚线，把曲线的纵坐标分成两部分。虚线与横坐标轴之间的部分代表机械损耗 p_m，虚线到曲线之间的部分代表铁损耗 p_{Fe} 和空载附加损耗 p_s。

定子加额定电压时，根据空载试验测得的数据 I_0 和 P_0，可以算出

$$Z_0=\frac{U_1}{I_0}$$

$$R_0=\frac{P_0-p_m}{3I_0{}^2}$$

$$X_0=\sqrt{Z_0{}^2-R_0{}^2}$$

电动机空载时，$s\approx0$，转子支路近似开路，有

$$X_0=X_m+X_1$$

式中，X_1 可从短路试验中测出，于是励磁电抗

$$X_m=X_0-X_1$$

励磁电阻

$$R_m=R_0-R_1$$

二、短路试验

短路试验的目的是测定短路阻抗 Z_k、转子电阻 R'_2、定转子漏抗 X_1 和 X_2。

短路试验又叫堵转试验,即把绕线式异步电机的转子绕组短路,并把转子卡住,使其不转。为了在试验时不出现过电流,把加在异步电动机定子上的电压降低。一般从 $U_1=0.4U_N$ 开始,然后逐渐降低电压。试验时,记录定子绕组的端电压 U_1、定子电流 I_{1K} 和定子输入功率 P_{1K},试验时,还需要测量定子绕组每相电阻 R_1。根据试验数据,绘制成异步电动机的短路特性 $I_{1K}=f(U_1)$,$P_{1K}=f(U_1)$,如图 7.30 所示。

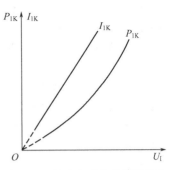

图 7.30 异步电动机的短路特性

根据异步电动机堵转时的等效电路图 7.16,因短路试验电压低,铁损耗可忽略。为了简单起见,可近似认为励磁支路开路。由于堵转,机械损耗为零,定子输入功率 P_{1K} 都消耗在定、转子的电阻上,即

$$P_{1K}=3I_1{}^2R_1+3(I'_2)^2R'_2=3I_{1K}{}^2(R_1+R'_2)$$

根据所测数据,可以算出:

$$Z_k=\frac{U_1}{I_{1K}}$$

$$R_k=\frac{P_{1K}}{3I_{1K}{}^2}$$

$$X_k=\sqrt{Z_k{}^2-R_k{}^2}$$

式中

$$R_k=R_1+R'_2$$
$$X_k=X_1+X'_2$$

从 R_k 中减去定子电阻 R_1,即得 R'_2,即

$$R'_2=R_k-R_1$$

X_1 和 X'_2 可近似认为相等:

$$X_1 \approx X'_2 \approx \frac{X_k}{2}$$

小　结

本章主要介绍了异步电动机的基本结构、原理及运行特性等。

异步电动机的基本工作原理是定子三相对称绕组通入三相对称电流后产生旋转磁场,转子闭合导体切割旋转磁场产生感应电动势,转子载流导体在旋转磁场的作用下产生电磁力并形成电磁转矩。

从基本电磁关系看,异步电动机与变压器极为相似,因此其基本方程、等效电路以及相量图的形式都很相似,二者主要区别是变压器是脉振磁场,异步电动机是旋转磁场,可以采用研究变压器的方法来研究异步电动机,其中定子绕组和转子绕组分别类似于变压器的一次绕组和二次绕组。分别分析了转子绕组开路、转子堵转时的三相异步电动机的磁动势、电压

方程式、转子绕组折合、基本方程式、等效电路和相量图等。

转子转速和同步转速之差与同步转速的比值称为转差率，转差率的大小反映了电动机的转速和运行状态。异步电动机运行时，不论转差率 s 为何值，转速如何，定、转子磁动势都是转速相同，转向一致，在空间上相对静止，可以合成励磁磁动势。转子旋转时定、转子磁动势关系与转子堵转时是一样的，保持转子磁动势不变，通过绕组频率折合，可以得到异步电动机的基本方程式、等效电路和相量图，三者是同一内容的不同表示方法，是相辅相成的。

功率和转矩的计算是三相异步电动机的重要内容。异步电动机的各种功率除以转子机械角速度可以得到相应的转矩，根据功率关系和转矩平衡方程式，可以计算各种功率和转矩。异步电动机的电磁转矩与直流电机转矩公式类似，其大小与气隙每极磁通、转子电流的有功分量成正比。

三相异步电动机的机械特性表征了在定子电压和频率一定条件下，电磁转矩和转速之间的关系。在固有机械特性中，不同转差率对应于特性的不同象限，反映了电动机的工作状态。其中当 $0 < s \leqslant 1$，电机工作在电动机状态；当 $s < 0$，电机工作在发电状态；当 $s > 1$，电机工作在制动状态。衡量异步电动机性能的两个重要参数是最大电磁转矩和启动转矩，最大电磁转矩与额定电磁转矩的比值称为最大转矩倍数，又称过载能力。改变三相异步电动机的运行参数，可以得到人为机械特性，其中，降低电源电压和定子回路串电阻不会影响电机的同步转速，但都会使得最大电磁转矩和启动转矩下降；而转子回路串上一定的电阻，虽然同步转速和最大电磁转矩不变，但可以增大启动转矩。

三相异步电动机的参数可通过空载试验和堵转试验测定。

异步电动机的工作特性反映了效率 η、功率因数 $\cos\varphi_1$、电磁转矩 T、定子电流 I_1 等与输出功率 P_2 的关系。当可变损耗与不变损耗相等时，异步电动机效率达到最大值。

思 考 题

7.1 为什么说异步电机的工作原理与变压器的工作原理类似？试分析它们的相同地方和差别。

7.2 和同容量的变压器相比较，异步电动机的空载电流较大，为什么？

7.3 三相异步电动机主磁通和漏磁通是如何定义的？主磁通在定、转子绕组中感应电动势的频率一样吗？两个频率之间数量关系如何？

7.4 比较一下三相异步电动机转子开路、定子接电源的电磁关系与变压器空载运行的电磁关系有何异同。等效电路有何异同？

7.5 异步电动机转子铁芯不用铸钢铸造或钢板叠成，而用硅钢片叠成，为什么？

7.6 为什么异步电机的功率因数总是滞后的？为什么异步电动机的气隙比较小？

7.7 三相异步电动机定子接三相电源而转子堵转时，为什么产生电磁转矩？其方向由什么决定的？

7.8 三相异步电动机定子接三相电源，转子绕组开路和短路时定子电流为什么不一样大？

7.9 三相异步电动机定子接三相电源转子堵转时，转子电流的相序如何确定？频率是多少？转子电流产生的磁动势的性质怎样？转向和转速如何？

7.10 转子静止与转动时，转子边的各个参数有何变化？

7.11 三相异步电动机转子电流的数值在启动时和额定运行时一样大吗？为什么？

7.12 异步电动机定子绕组与转子绕组没有直接联系，为什么负载增加时，定子电流和输入功率会自动增加？试说明其物理过程。从空载到满载，电机主磁通有无变化？

7.13 三相异步电动机堵转情况下，把转子边的量向定子边折合，折合的原则是什么？

7.14 漏电抗大小对异步电动机的运行性能，包括启动电流、启动转矩、最大转矩、功率因数等有何影响？为什么？

7.15 什么叫转差率？如何根据转差率来判断异步电机的运行状态？

7.16 三相异步电动机转子不转时，转子每相感应电动势为 E_2、漏电抗为 X_2，旋转时，转子每相电动势和漏电抗值为多大？为什么？

7.17 试证明转子磁动势相对于定子的转速为同步速度 n_1。

7.18 试说明转子绕组折算和频率折算的意义。折算是在什么条件下进行的？

7.19 异步电动机等效电路中的 $\frac{1-s}{s}R'_2$ 代表什么意义？能否用电感或电容代替？

7.20 为什么用等效静止的转子来代替实际旋转的转子不影响定子边的各种数量？定子边的电磁过程和功率传递关系会改变吗？

7.21 异步电动机带额定负载运行时，若电源电压下降过多，会产生什么严重后果？试说明其原因。如果电源电压下降，对电动机的 T_m、T_S、Φ_1、I_2、s 有何影响？

7.22 若三相异步电动机启动时转子电流为额定运行时的 5 倍，是否启动时电磁转矩也为额定电磁转矩的 5 倍？为什么？

7.23 绕线式三相异步电动机转子回路串入适当的电阻可以增大启动转矩，串入适当的电抗时，是否也有同样的效果？

7.24 一台三相异步电动机铭牌上写着额定电压 380/220V，定子绕组接法为 Y/△，试问：

(1) 如果将定子绕组△接，接三相 380V 电压，能否空载运行？能否负载运行？会发生什么现象？

(2) 如果将定子绕组 Y 接，接三相 220V 电压，能否空载运行？能否负载运行？会发生什么现象？

7.25 三相异步电动机能否长期运行在最大电磁转矩下？为什么？

7.26 三相异步电动机的电磁功率、转子铜耗和机械功率之间在数量上存在着什么关系？

习　题

7.1 一台三相异步电动机的额定功率为 55kW，额定电压为 380V，额定功率因数为 0.9，额定效率为 91.5%，试求电动机的额定电流。

7.2 一台 50Hz 三相绕线式异步电动机，定子绕组 Y 接，在定子上加额定电压。当转子开路时，其滑环上测得电压为 72V，转子每相电阻 $R_2＝0.6\Omega$，每相漏抗 $X_2＝4\Omega$。忽略定子漏阻抗压降，试求额定运行 $s_N＝0.04$ 时，

(1) 转子电流的频率；

(2) 转子电流的大小；

(3) 转子每相电动势的大小；

(4) 电机总机械功率。

7.3 有一绕线式异步电动机，定子绕组短路，在转子绕组中通入三相交流电流，其频

率为 f_1，旋转磁场相对于转子以 $n_1 = 60f_1/p$ 沿顺时针方向旋转，问此时转子转向如何？转差率如何计算？

7.4 三相异步电机的极对数 p、同步转速 n_1、转子转速 n、定子频率 f_1、转子频率 f_2、转差率 s 及转子磁动势 F_2 相对于转子的转速 n_2 之间的关系如何？试填写下表中的空格。

p	$n_1/(\text{r/min})$	$n/(\text{r/min})$	f_1/Hz	f_2/Hz	s	$n_2/(\text{r/min})$
1			50		0.03	
2		1000	50			
	1800		60	3		
5	600	−500				
3	1000				−0.2	
4			50		1	

7.5 一台三相异步电动机的数据为：$U_N = 380\text{V}$，定子△接，50Hz，额定转速 $n_N = 1426\text{r/min}$，$R_1 = 2.865\Omega$，$X_1 = 7.71\Omega$，$R'_2 = 2.82\Omega$，$X'_2 = 11.75\Omega$，R_m 忽略不计，$X_m = 202\Omega$。试求：

(1) 极对数；

(2) 同步转速；

(3) 额定负载时的转差率和转子频率；

(4) 绘出 T 形等效电路并计算额定负载时的 I_1、P_1、$\cos\varphi_1$ 和 I'_2。

7.6 一台三相异步电机的数据为：$P_N = 10\text{kW}$，$n_N = 1455\text{r/min}$，$U_N = 380\text{V}$，$R_1 = 1.375\Omega$，$X_1 = 2.43\Omega$，$R'_2 = 1.047\Omega$，$X'_2 = 4.4\Omega$，$R_m = 8.34\Omega$，$X_m = 82.6\Omega$。定子绕组为△联结，额定负载时机械损耗与附加损耗之和为 205W，求：

(1) 额定负载时的电磁转矩；

(2) 转速为多少时电磁转矩有最大值？

7.7 一台三相四极异步电动机，额定容量 $P_N = 5.5\text{kW}$，频率 $f_1 = 50\text{Hz}$，在额定负载运行下，由电源输入的功率为 6.32kW，定子铜耗为 341W，转子铜耗为 237.5W，铁损耗为 167.5W，机械损耗为 45W，附加损耗为 29W。在额定运行的情况下，求电动机的效率、转差率、转速、电磁转矩以及转轴上的输出转矩各是多少？

7.8 一台三相四极异步电动机的额定数据为：$P_N = 10\text{kW}$，$U_N = 380\text{V}$，$I_N = 11.6\text{A}$。定子为 Y 接，额定运行时，定子铜耗 $p_{Cu1} = 557\text{W}$，转子铜耗 $p_{Cu2} = 314\text{W}$，铁耗 $p_{Fe} = 276\text{W}$，机械损耗 $p_m = 77\text{W}$，附加损耗 $p_s = 200\text{W}$。电动机带额定负载时，计算：

(1) 额定转速；(2) 空载转矩；(3) 输出转矩；(4) 电磁转矩。

7.9 一台三相六极异步电动机，额定数据为：$P_N = 28\text{kW}$，$U_N = 380\text{V}$，$f_1 = 50\text{Hz}$，$n_N = 950\text{r/min}$。额定负载时定子边的功率因数 $\cos\varphi_{1N} = 0.88$，定子铜耗、铁耗共为 2.2kW，机械损耗为 1.1kW，忽略附加损耗。计算在额定负载时：

(1) 转差率；(2) 转子铜耗；(3) 效率；(4) 定子电流；(5) 转子电流的频率。

7.10 一台三相异步电动机，额定数据为：$P_N = 75\text{kW}$，$n_N = 975\text{r/min}$，$U_N = 3000\text{V}$，$I_N = 18.5\text{A}$，$\cos\varphi_N = 0.87$，$f_1 = 50\text{Hz}$。计算：

(1) 电动机极数；(2) 额定负载下转差率 s_N；(3) 额定负载下的效率 η_N。

7.11 某绕线式异步电动机，如果：(1) 转子电阻增加一倍；(2) 转子漏电抗增加一倍；(3) 定子电压的大小不变，而频率由 50Hz 变为 60Hz。分别对最大转矩和启动转矩有何影响？

7.12　一台笼型异步电动机，原来转子导条为铜条，后因损坏改为铸铝，在输出同样转矩的情况下，下列物理量将如何变化？

(1) 转速 n；

(2) 转子电流 I_2；

(3) 定子电流 I_1；

(4) 定子功率因数 $\cos\varphi_1$；

(5) 输入功率 P_1；

(6) 输出功率 P_2；

(7) 效率 η；

(8) 启动转矩 T_S；

(9) 最大电磁转矩 T_m。

7.13　一台三相六极笼型异步电动机，额定电压 $U_N=380V$，额定转速 $n_N=950r/min$，额定频率 $f_1=50Hz$，定子绕组 Y 接，定子电阻 $R_1=2.08\Omega$，转子电阻折合值 $R_2'=1.53\Omega$，定子漏电抗 $X_1=3.12\Omega$，转子漏电抗折合值 $X_2'=4.25\Omega$。求：

(1) 额定转矩；(2) 最大转矩；(3) 过载能力；(4) 最大转矩对应的转差率。

7.14　一台异步电动机，额定电压为 380V，定子 △ 联结，频率 50Hz，额定功率 7.5kW，额定转速 960r/min，额定负载时 $\cos\varphi_1=0.824$，定子铜耗 474W，铁耗 231W，机械损耗 45W，附加损耗 37.5W，试计算额定负载时的：

(1) 转差率；

(2) 转子电流的频率；

(3) 转子铜耗；

(4) 效率；

(5) 定子电流。

7.15　一台三相绕线式异步电动机，额定数据为：$P_N=100kW$，$n_N=950r/min$，$U_N=380V$。在额定转速下运行时，机械损耗 $p_m=800W$，附加损耗 $p_s=200W$。试求额定运行时：

(1) 转差率；(2) 电磁功率；(3) 转子铜耗；(4) 输出转矩。

7.16　一台绕线式异步电动机，三相四极，定子绕组为 Y 接，额定容量 $P_N=150kW$，额定电压 $U_N=380V$，额定转速 $n_N=1460r/min$，过载能力 $\lambda=3.1$。求：

(1) 额定转差率；(2) 最大转矩对应的转差率；(3) 额定转矩；(4) 最大转矩。

7.17　一台三相绕线式异步电动机数据为：额定容量 $P_N=75kW$，额定转速 $n_N=720r/min$，定子额定电流 $I_N=148A$，额定效率 $\eta_N=90.5\%$，额定功率因数 $\cos\varphi_{1N}=0.85$，过载倍数 $\lambda=2.4$，转子额定电动势 $E_{2N}=213V$（转子不转，转子绕组开路电动势），转子额定电流 $I_{2N}=220A$。求：

(1) 额定转矩；(2) 最大转矩；(3) 最大转矩对应的转差率；(4) 用实用转矩公式绘制电动机的固有机械特性。

7.18　一台三相八极异步电动机的数据为：$P_N=200kW$，$U_N=380V$，$f=50Hz$，$n_N=722r/min$，过载能力 $\lambda=2.13$。试求：

(1) 产生最大电磁转矩时的转差率；

(2) $s=0.02$ 时的电磁转矩。

7.19 一台三相八极异步电动机的数据为：额定容量 $P_N=50kW$，额定电压 $U_N=380V$，额定频率 $f_N=50Hz$，额定负载时的转差率为 0.025，过载能力 $\lambda=2$。

(1) 用转矩的实用公式计算最大转矩对应的转差率；

(2) 计算转子的转速。

7.20 一台三相六极绕线式异步电动机接在频率为 50Hz 的电网上运行。已知电机定、转子总电抗每相为 0.1Ω，折合到定子边的转子电阻每相为 0.02Ω。求：

(1) 最大转矩对应的转速是多少？

(2) 要求启动转矩是最大转矩的 2/3 倍，须在转子中串入多大的电阻（折合到定子边的值，并忽略定子电阻）？

7.21 忽略空载损耗，拖动恒转矩负载运行的三相异步电动机，其 $n_1=1500r/min$，电磁功率 $P_M=10kW$，填空：

(1) 若运行时转速 $n=1455r/min$，则输出的机械功率 $P_m=$ _____ kW；

(2) 若 $n=900r/min$，则 $P_m=$ _____ kW；若 $n=400r/min$，则 $P_m=$ _____ kW，转差率越大，电动机效率越 _____。

7.22 三相异步电动机额定电压为 380V，额定频率为 50Hz，转子每相电阻为 0.1Ω，$T_m=500N\cdot m$，$T_S=300N\cdot m$，$s_m=0.14$，填空：

(1) 若额定电压降至 220V，则 $T_m=$ _____ $N\cdot m$，$T_S=$ _____ $N\cdot m$，$s_m=$ _____。

(2) 若转子每相串入 $R=0.4\Omega$ 电阻，则 $T_m=$ _____ $N\cdot m$，$T_S=$ _____ $N\cdot m$，$s_m=$ _____。

7.23 某三相异步电动机，$P_N=10kW$，$U_N=380V$，$I_N=19.8A$，四极，Y 接，$R_1=0.5\Omega$。空载试验数据为：$U_1=380V$，$I_0=5.4A$，$P_0=0.425kW$，机械损耗 $p_m=0.08kW$。短路试验中的一点为：$U_k=120V$，$I_{1k}=18.1A$，$P_{1k}=0.92kW$。忽略空载附加损耗，并有 $X_1=X_2'$。计算参数 R_2'、X_1、R_m、X_m。

7.24 一台三相四极绕线式异步电动机，$f_1=50Hz$，转子每相电阻 $R_2=0.015\Omega$，额定运行时转子相电流为 200A，转速 $n_N=1475r/min$，试求：

(1) 额定电磁转矩；

(2) 保持额定电磁转矩不变，在转子回路串入电阻将转速降至 1120r/min，求串入的电阻值；

(3) 转子串入电阻前后达到稳定时定子电流、输入功率是否变化？为什么？

第八章
异步电动机的各种运行方式分析

第一节 三相异步电动机的启动

当异步电动机接电源启动瞬间，转速 $n=0$，转差率 $s=1$，这时流过异步电动机的电流称为启动电流。根据等效电路，并忽略励磁电流，即励磁支路开路，异步电动机的启动电流为

$$I_S = \frac{U_1}{\sqrt{(R_1+R_2')^2+(X_1+X_2')^2}} \tag{8.1}$$

一般，笼型异步电动机在额定电压下直接启动，其启动电流可达额定电流的 $4\sim7$ 倍。

而一般异步电动机启动转矩倍数 $K_T=0.9\sim1.3$。也就是说，笼型异步电动机直接启动时，启动电流很大，而启动转矩并不大。这是为什么呢？原因如下：在异步电动机的 T 形等效电路中，启动瞬间，转速 $n=0$，转差率 $s=1$，电阻 $\frac{1-s}{s}R_2'=0$，使得转子回路功率因数很低；由于 $Z_1 \approx Z_2'$，故 $E_1 \approx \frac{1}{2}U_1$，$\Phi_1 \approx \frac{1}{2}\Phi_N$。

启动转矩为

$$T_S = C_T\Phi_1 I_2 \cos\varphi_2$$

虽然启动电流很大，但 Φ_1 和 $\cos\varphi_2$ 均明显减小，所以启动转矩并不大。

启动转矩必须大于负载转矩才可能启动，启动转矩越大，启动就越迅速，启动时间就越短。

异步电动机在启动时，为了减小对电网的冲击，要求启动电流尽可能小；同时为保证带负载能力，又要求启动转矩尽可能大。不同的启动方法，对启动电流和启动转矩的影响也不同。

一、三相异步电动机的直接启动

直接启动就是把三相异步电动机的定子绕组直接接到电网上，通电启动。这种启动方法适用于小容量电动机带轻载的情况。启动时，电动机的电磁转矩和启动电流等要求需要同时得到满足。不需要专用的启动设备，这是三相异步电动机直接启动的最大优点之一。

三相异步电动机直接启动时固有机械特性与电流特性曲线如图 8.1 所示。从图 8.1 可以看出，启动电流很大。通常异步电动机的功率小于 7.5kW 时允许直接启动，对于更大容量的电动机能否直接启动，则要根据配电变压器容量和电网管理部门的规定。

对于不频繁启动的异步电动机来说，短时较大的启动电流对于电机基本没有影响；而对于频繁启动的异步电动机，频繁出现大电流会使得电机发热严重，但是只要限制启动次数，电动机也能承受。因此，如果只考虑电动机本身，电动机是可以直接启动的。

对于变压器，其容量是按照供电的总容量而设置的。正常运行时，其输出电压比较稳

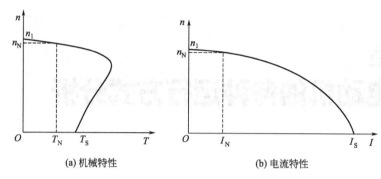

(a) 机械特性　　　　　　　(b) 电流特性

图 8.1　直接启动特性

定。当异步电动机启动时，供电变压器额定容量远大于电动机额定功率时，启动电流不会使变压器的输出电压明显下降。当供电变压器的额定容量不够大时，电动机的启动电流会使变压器输出电压短时显著下降，超过正常规定值。这将会导致异步电动机因电压偏低启动转矩明显下降，负载较重时，甚至出现无法启动的现象，同时还会影响该变压器的其他负载。

上述情况是不允许出现的。因此，只有供电变压器容量远远超出电动机的容量，才允许电动机直接启动。

二、三相异步电动机降压启动

为了减小三相异步电动机启动时对电网的冲击，要减小启动电流。根据式(8.1)可知，降低三相异步电动机的启动电流可采用降压启动的方法。

由于电源电压是一定的，降压启动只能采用某些措施降低定子绕组的端电压。常用的方法有三种：定子串电抗（或电阻）降压启动、Y-△启动和自耦变压器启动。

1. 定子串电抗启动

三相异步电动机定子绕组中串联电抗后接电源启动。电动机启动后，将电抗切除，电机进入正常运行状态。

三相异步电动机定子边串入电抗 X 启动时，等效电路如图 8.2 所示。

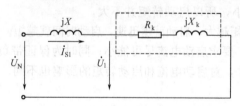

图 8.2　定子串电抗启动的等效电路

可以得出启动时的电压平衡方程式：

直接启动

$$\dot{U}_N = \dot{I}_S Z_k$$

串联电抗启动

$$\dot{U}_N = \dot{I}_{S1}(Z_k + jX)$$

$$\dot{U}_1 = I_{S1} Z_k$$

由于电动机的短路阻抗 $Z_k = R_k + jX_k$ 中，$R_k = X_k$，故 $X_k \approx Z_k$，Z_k 可以近似认为电抗性质。设串电抗时电动机定子电压与直接启动时电压比值为 k，则

$$\left.\begin{aligned} \frac{U_1}{U_N} &= \frac{Z_k}{Z_k + X} = k \\[2mm] \frac{I_{S1}}{I_S} &= \frac{U_1}{U_N} = k \\[2mm] \frac{T_{S1}}{T_S} &= \left(\frac{U_1}{U_N}\right)^2 = k^2 \end{aligned}\right\} \tag{8.2}$$

可见，定子串联电抗启动，虽然降低了启动电流，但启动转矩损失得更多。因此，定子串联电抗启动，只适用于空载和轻载启动。

若在定子回路中串联电阻启动，也属于降压启动，能够降低启动电流。与串电抗启动相比，串电阻启动时定子边功率因数高，在同样的启动电流下，其启动转矩较大；但串电阻启动能耗较大，运行不经济。

2. Y-△启动

运行时定子绕组接成△形且三相绕组首尾六个端点全部引出来的三相异步电动机，为了降低启动电流，可以采用 Y-△降压启动方法。其接线图如图 8.3 所示。

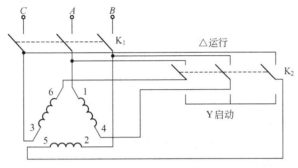

图 8.3　Y-△启动接线图

Y-△降压启动过程如下：开关 K_1 闭合接通电源后，将双掷开关 K_2 合到下边，此时定子绕组 Y 联结，每相绕组电压为 $U_N/\sqrt{3}$，电动机在低压下启动；当转速接近正常转速时，开关 K_2 合到上边，定子绕组△接，电动机在额定电压下运行，进入正常运行状态。

Y-△启动电路原理如图 8.4(a) 所示。电动机定子绕组△联结，如果直接启动，每一相绕组端电压为 U_N，每相绕组启动电流为 $I_\triangle$，线启动电流为 $I_S=\sqrt{3}\,I_\triangle$。如果采用 Y-△启动，启动时定子绕组 Y 联结，如图 8.4(b) 所示，每相电压为 $U_1=U_N/\sqrt{3}$，启动电流为 I_{S1}。根据 Y-△电路连接关系可得

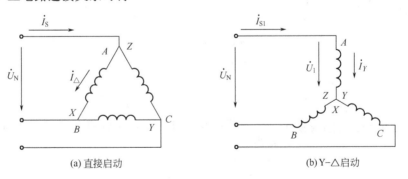

(a) 直接启动　　　　　　　　(b) Y-△启动

图 8.4　Y-△启动电路原理图

$$\frac{I_{S1}}{I_S}=\frac{I_Y}{\sqrt{3}\,I_\triangle}=\frac{1}{\sqrt{3}}\frac{I_Y}{I_\triangle}=\frac{1}{\sqrt{3}}\frac{U_N/\sqrt{3}}{U_N}=\frac{1}{3} \tag{8.3}$$

由于启动转矩与端电压平方成正比，因此直接启动时的启动转矩 T_S 与 Y-△启动的启动转矩 T_{S1} 的对比关系为

$$\frac{T_{\mathrm{S1}}}{T_{\mathrm{S}}}=\left(\frac{U_1}{U_{\mathrm{N}}}\right)^2=\frac{1}{3} \tag{8.4}$$

上两式说明，Y-△启动时，启动电流降低为直接启动的 1/3，启动转矩也是直接启动的 1/3。与定子串电抗启动相比，Y-△启动的启动转矩是它的 3 倍。

Y-△启动方法简单，只需一个 Y-△启动器，成本低廉，在空载或轻载启动条件下，适合采用。

需要注意的是，当电机开关 K_2 从 Y 接法断开尚未接通△接法时，即由 Y 启动向△运行转换的瞬间，定子绕组与电源断开而没有电流，由于没有了定子绕组产生的磁动势，转子电流开始衰减。衰减过程中的转子电流起到了励磁电流的作用，在电机气隙中产生磁通，在定子绕组中感应电动势，称为残压。残压的幅值、频率和相位都在发生变化。当开关 K_2 闭合为△接法时，电源的额定电压也会重新接在定子绕组上，两种电压的相互作用可能会产生很大的电流冲击，严重时会导致开关 K_2 的触点过热甚至融化。

3. 自耦变压器启动

图 8.5 是笼型异步电动机采用自耦变压器降压启动的线路图。启动时先将开关 K 合到上边"启动"位置，则自耦变压器接入电源，其二次绕组接电动机，使电动机降压启动。当转速接近正常运行转速时，将开关 K 合到下边"运行"位置，自耦变压器被切除，电动机定子直接接在电源上，电机进入正常运行状态。

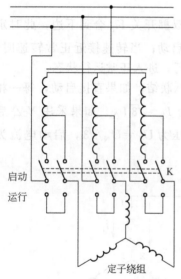

图 8.5　自耦变压器降压启动接线图

异步电动机在满压下直接启动和自耦变压器降压启动的简化等效电路分别如图 8.6（a）和图 8.6（b）所示。电动机降压启动（电压为 U_1）与直接启动（电压 U_{N}）的电压关系为

$$\frac{U_1}{U_{\mathrm{N}}}=\frac{N_2}{N_1}$$

自耦变压器二次侧的启动电流为 I_{S2}，与直接启动时的启动电流 I_{S} 之间关系为

$$\frac{I_{\mathrm{S2}}}{I_{\mathrm{S}}}=\frac{U_1}{U_{\mathrm{N}}}=\frac{N_2}{N_1}$$

而自耦变压器一次侧和二次侧的启动电流 I_{S1} 与 I_{S2} 之间关系为

$$\frac{I_{\mathrm{S1}}}{I_{\mathrm{S2}}}=\frac{N_2}{N_1}$$

因此，降压启动与直接启动电网提供的启动电流的关系为

$$\frac{I_{\mathrm{S1}}}{I_{\mathrm{S}}}=\frac{I_{\mathrm{S2}}}{I_{\mathrm{S}}}\times\frac{I_{\mathrm{S1}}}{I_{\mathrm{S2}}}=\left(\frac{N_2}{N_1}\right)^2 \tag{8.5}$$

启动转矩与端电压平方成正比。自耦变压器降压启动的启动转矩为 T_{S1} 与直接启动的启动转矩为 T_{S} 之间的关系为

$$\frac{T_{\mathrm{S1}}}{T_{\mathrm{S}}}=\left(\frac{U_1}{U_{\mathrm{N}}}\right)^2=\left(\frac{N_2}{N_1}\right)^2 \tag{8.6}$$

式（8.5）和式（8.6）表明，自耦变压器降压启动时，启动电流与启动转矩均是直接启动

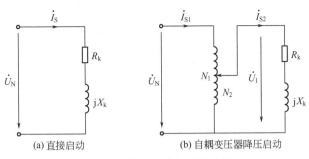

图 8.6　自耦变压器启动等效电路

的 $\left(\dfrac{N_2}{N_1}\right)^2$ 倍。

　　自耦变压器降压启动的优点是不受电动机绕组接线方式的限制，此外，由于自耦变压器通常备有好几个抽头，因此可以按照容许的启动电流和需要的启动转矩进行选择，缺点是自耦变压器体积较大且费用较高。

　　各种降压启动方法的特点及性能比较列于表 8.1 中。

表 8.1　各种降压启动方法比较

启动方法	$\dfrac{U_1}{U_N}$	$\dfrac{I_{S1}}{I_S}$	$\dfrac{T_{S1}}{T_S}$	启动设备
串电抗	$\dfrac{Z_k}{Z_k+X}$	$\dfrac{Z_k}{Z_k+X}$	$\left(\dfrac{Z_k}{Z_k+X}\right)^2$	较贵
Y-△启动	$1/\sqrt{3}$	$1/3$	$1/3$	价格低廉，仅限于定子△接的电机
自耦变压器	$\dfrac{N_2}{N_1}$	$\left(\dfrac{N_2}{N_1}\right)^2$	$\left(\dfrac{N_2}{N_1}\right)^2$	体积大，价格高

　　【例 8.1】　一台笼型三相异步电动机，△接，$P_N=50\text{kW}$，$U_N=380\text{V}$，$I_N=100\text{A}$，$n=1455\text{r/min}$，启动电流倍数 $K_I=6$，启动转矩倍数 $K_T=1.0$，最大允许冲击电流为 350A，负载要求启动转矩不小于 150N·m，试计算在采用下列启动方法时的启动电流和启动转矩，并判断哪一种启动方法能满足要求。

　　（1）直接启动；

　　（2）定子串电抗启动；

　　（3）采用 Y-△启动；

　　（4）采用自耦变压器（抽头分别为 64%、73%）启动。

　　解　额定转矩 $T_N=\dfrac{P_N}{\dfrac{2\pi n}{60}}=\dfrac{50\times10^3}{\dfrac{2\pi\times1455}{60}}=328.2$（N·m）

　　（1）直接启动

$$I_S=K_I I_N=6\times100=600(\text{A})>350(\text{A})$$

超出了线路能承受能力，不宜采用。

　　（2）定子串电抗启动　设启动电流 $I_s=350\text{A}$，则

$$\frac{U_1}{U_N}=\frac{1}{k}=\frac{350}{600}=0.583$$

$$\frac{T_{S1}}{T_S} = \frac{1}{k^2} = 0.583^2 = 0.34$$

$$T_{S1} = 0.34 \times 1 \times 328.2 = 111.59(N \cdot m) < 150(N \cdot m)$$

启动转矩不满足要求。

（3）采用 Y-△启动

$$I_{S1} = \frac{1}{3}(K_I I_N) = \frac{1}{3} \times 600 = 200(A) < 350(A)$$

$$T_{S1} = \frac{1}{3}(K_T T_N) = \frac{1}{3} \times 1 \times 328.2 = 109.4(N \cdot m) < 150(N \cdot m)$$

虽然启动电流满足要求，但启动转矩小于负载转矩。

（4）采用自耦变压器启动

① 抽头为 64%。

$$\frac{U_1}{U_N} = \frac{1}{k} = 0.64$$

$$I_{S1} = \frac{1}{k^2}(K_I I_N) = 0.64^2 \times 600 = 245.76(A) < 350(A)$$

$$T_{S1} = \frac{1}{k^2}(K_T T_N) = 0.64^2 \times 328.2 = 134.43(N \cdot m) < 150(N \cdot m)$$

启动电流满足要求，启动转矩仍小于负载转矩。

② 抽头为 73%。

$$\frac{U_1}{U_N} = \frac{1}{k} = 0.73$$

$$I_{S1} = \frac{1}{k^2}(K_I I_N) = 0.73^2 \times 600 = 319.74(A) < 350(A)$$

$$T_{S1} = \frac{1}{k^2}(K_T T_N) = 0.73^2 \times 328.2 = 174.9(N \cdot m) > 150(N \cdot m)$$

启动电流、启动转矩均满足要求。

因此只能采用自耦变压器（抽头为 73%）启动。

本节所介绍的几种笼型异步电动机降压启动方法，虽然启动电流都得以减小，但同时启动转矩又都有不同程度的降低，因此只适合空载或轻载启动。对于重载启动，需要启动转矩较大的异步电动机。

第二节　高启动转矩的三相笼型异步电动机

由上一章介绍过的转子回路串入电阻的人为机械特性可知，当转子回路的电阻适当增加时，可增加启动转矩。为了提高启动性能，获得较大的启动转矩，笼型异步电动机应设法加大笼型转子自身的电阻。

一、高转差笼型异步电动机

当异步电机的转子电阻较大时，启动转矩和最大转矩也较大，但同时额定转差率也增大了，运行时机械特性较软，这类电机称为高转差电动机。

　　浇注式的笼型绕组一般都采用铝材，但是有些笼型绕组由合金铝（如锰铝或硅铝）浇注而成，或者同时还采用了转子小槽，减小了导条的横截面积，其转子电阻比一般笼型绕组的电阻都要大，因此其启动转矩较大。

　　焊接式的笼型异步电动机绕组一般采用紫铜，但也有选用黄铜作为电机绕组材料，与紫铜绕组相比，增加了电机的启动转矩。

　　上述高转差笼型异步电机，通过增加绕组电阻的方式增加了启动转矩，但同时也降低了电动机运行的效率，增加了电动机的成本。

二、深槽式笼型异步电动机

　　深槽式笼型异步电动机转子的槽窄而深，槽深与槽宽之比约为 $10\sim20$，而普通笼型异步电动机槽深与槽宽比不超过 5。深槽式笼型异步电动机运行时，转子导条中流过电流，转子槽漏磁通分布如图 8.7 (a) 所示。槽口部分交链的漏磁通少，漏电抗小；槽底部分交链的漏磁通多，因而漏电抗较大。由于槽很深，槽口部分与槽底部分漏电抗相差很大。

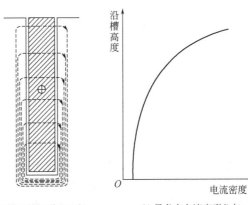

(a) 转子槽漏磁通分布　　(b) 导条内电流密度分布

图 8.7　深槽式异步电动机转子导条中电流的集肤效应

　　电动机启动时，转子电流频率较高，转子漏电抗 X_2 较大，有 $X_2 \gg R_2$。因而转子电流的大小和分布主要取决于 X_2。由于槽口与槽底漏电抗相差很大，转子导条内电流的分布很不均匀。越接近槽口，漏电抗越小，电流越大。反之，越接近槽底，漏电抗越大、电流越小。图 8.7(b) 中曲线为启动时导条电流密度沿槽深的分布示意图。这种电流集中到导条槽口的现象称为集肤效应、趋肤效应或挤流效应。集肤效应的强弱与转子的频率和槽形尺寸有关，频率越高，槽形越深，集肤效应越显著。

　　由于集肤效应，流过电流的导体有效截面减小了，转子电阻变大了。深槽式笼型异步电动机在启动时转子电阻可达到额定运行时的三倍，如同转子回路串入了一个电阻，获得了较大的启动转矩。

　　随着电机转速的升高，转子电流频率逐渐降低，电流分布渐趋均匀，转子电阻自动减小。当转子达到额定转速时，s 很小，转子电流频率 sf_1 也很低，转子漏电抗 $X_{2s}=sX_2$ 很小，$sX_2=R_2$，转子电流主要由电阻决定。集肤效应基本消失，转子导条电流分布基本均匀。

　　深槽式异步电动机，启动时转子电阻变大，运行时回归到正常值，既增加了电动机的启动转矩，又能保证在正常运行时转差率不大。深槽式异步电动机和普通笼型异步电动机的机械特性对比如图 8.8 所示，启动转矩明显增大。

　　深槽式异步电动机转子槽漏抗较大，其功率因数和最大转矩较普通笼型异步电动机略小。

三、双笼型异步电动机

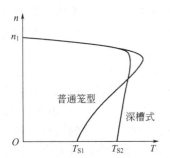

图 8.8　深槽式异步电动机机械特性

　　双笼型异步电动机在转子上安装两套并联的笼，可以进一步利用集肤效应来改善启动性能，如图 8.9(a) 所示。

外笼为启动笼，导条截面积小，用电阻率较高的黄铜或铝青铜制成，电阻较大；内笼为运行笼，导条截面积大，用电阻率较低的紫铜制成，电阻较小。总之，外笼的电阻大，漏抗小，而内笼的电阻小，漏抗大。

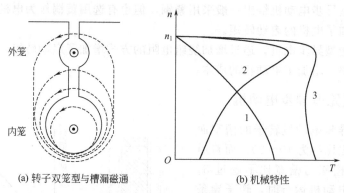

(a) 转子双笼型与槽漏磁通　　　　　　(b) 机械特性

图 8.9　双笼型异步电动机

电动机启动时，转子电流频率较高，无论是外笼或内笼，其漏电抗都要比电阻大得多，电流的分布主要取决于漏电抗。由于集肤效应，内笼漏电抗大、电流小，外笼漏电抗小、电流大。

因此，启动时电流主要流过外笼。外笼电阻大，因此能产生较大的启动转矩，故称为启动笼。启动后正常运行时，转子电流频率很低，电流的分布主要取决于电阻。内笼电阻小、电流大，运行时起主要作用，故称为运行笼。

双笼型异步电动机的机械特性由启动笼和运行笼的机械特性叠加而成，如图 8.9(b) 所示，曲线 1 为启动笼的机械特性，曲线 2 为运行笼的机械特性，两条曲线的合成曲线 3 为双笼型异步电动机的机械特性。双笼型异步电动机具有较大的启动转矩，可带额定负载启动，在额定状态下运行转差率也较小。还可以通过调整外笼和内笼的几何尺寸和材料成分等参数，得到不同特点的机械特性，以满足不同的负载需求。

与普通笼型转子相比，双笼型异步电动机功率因数、最大电磁转矩要稍小。但效率却相近。与深槽式异步电动机相比，双笼型异步电动机转子槽深度不是很大，因此机械强度较好，适用于高转速大容量的电机。

第三节　绕线式异步电动机的启动

大中型电动机带较重负载启动时，启动电流对电网的冲击较大；同时，要求电机提供较大的启动转矩，绕线式异步电动机就具有明显的优势。只要转子回路串入合适的电阻，不仅

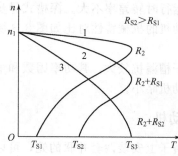

图 8.10　绕线式异步电动机械特性

可以使得启动电流减小，而且由于转子功率因数和转子电流有功分量增大，启动转矩也可以增大。绕线式异步电动机转子串电阻时的机械特性如图 8.10 所示。

在图 8.10 中，曲线 1、曲线 2 和曲线 3 分别表示转子不串电阻的机械特性、转子串入电阻 R_{S1} 时的机械特性和串入电阻 R_{S2} 时的机械特性，且 $R_{S2}>R_{S1}$。由图 8.10 可知，曲线 3 的启动转矩最大。根据上一章的结论，最大电磁转矩与转子电阻无关，故这三条特性的最大电磁转矩均相等。采用电磁转矩的实用表达式对绕线式异步电动机的

启动过程进行分析：

$$\frac{T}{T_m}=\frac{2}{\dfrac{s_m}{s}+\dfrac{s}{s_m}}$$

由于 $\dfrac{s_m}{s}>>\dfrac{s}{s_m}$ ，故上式可简化为

$$T=\frac{2s}{s_m}T_m \tag{8.7}$$

因此，机械特性就简化为一条直线了。

当转子回路串电阻时，临界转差率为

$$s_m=\frac{R'_2+R'_S}{X_1+X'_2} \tag{8.8}$$

当电磁转矩为恒转矩时，由式(8.7) 有

$$s=\frac{T}{2T_m}s_m=\frac{T}{2T_m}\frac{R'_2+R'_S}{X_1+X'_2}$$

因此，

$$s\propto s_m\propto(R'_2+R'_S) \tag{8.9}$$

其中 $R'_2+R'_S$ 为转子回路总电阻。或者可以写为

$$\frac{s}{R'_2+R'_S}=常数 \tag{8.10}$$

式(8.9) 表明，电机在拖动恒转矩负载时，转差率 s 与转子回路总电阻成正比。图 8.11(a) 和图 8.11(b) 分别表示转子回路串电阻二级启动的接线图和机械特性曲线。

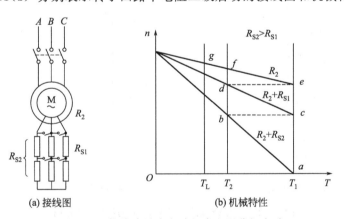

图 8.11 绕线式异步电动机串电阻分级启动

设负载转矩为 T_L ，启动转矩一般取为

$$T_S<T_m$$

切换点转矩一般取为

$$T_2>T_L$$

在图中三个 a 、 c 、 e 点， $T=T_1$ ，由式(8.10) 有

$$\frac{R_2}{s_e}=\frac{R_2+R_{S1}}{s_c}=\frac{R_2+R_{S2}}{s_a} \tag{8.11}$$

绕线式异步电动机转子绕组串电阻分级启动的主要优点是：可以得到最大的启动转矩，

启动过程中功率因数较高，且启动电阻可同时兼作调速电阻。但是要求启动过程中启动转矩尽量大，则启动级数就要多，特别是容量大的电动机，这将需要较多的设备，使得设备庞大，维修不太方便，而且启动过程中能耗大，不够经济。

第四节　三相异步电动机的制动

根据三相异步电动机的机械特性，在拖动各种不同性质负载的条件下，若调整或改变电源电压、相序、频率或者绕线式异步电动机转子回路串联电阻等参数，三相异步电动机就会运行在四个象限的各种不同状态。

三相异步电动机的制动方法与直流电动机类似。制动运行状态中，根据电磁转矩 T 与转速 n 的不同情况，又可分为反接制动、能耗制动和回馈制动等。

一、反接制动

正常运行的三相绕线式异步电动机，将三相电源线中的两相任意对调，就改变了通电的相序，电动机便进入了反接制动过程。如图 8.12(a) 所示，开关 K_1 闭合为正常运行，K_1 断开 K_2 闭合，电源的相序就发生了改变。图 8.12(b) 为拖动反抗性恒转矩负载，反接制动时转子回路串入电阻的机械特性。电动机初始工作点为 E，反接制动开始后，工作点从 E 点经 F 点到达 G 点停止。

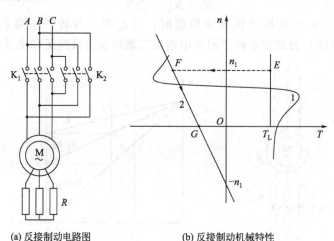

(a) 反接制动电路图　　　　(b) 反接制动机械特性

图 8.12　三相绕线式异步电动机的反接制动过程

1—固有机械特性；2—反接制动的机械特性

反接制动过程中，电动机电源相序相反，旋转磁场也反转，但由于转子惯性，转向仍然不变，转速 $n \geq 0$，转差率 $s = \dfrac{-n_1 - n}{-n_1} > 1$。反接后，电磁转矩也反向，与转子转向相反，处于制动状态。

反接制动时的机械功率

$$P_{\mathrm{m}} = 3(I'_2)^2 \frac{1-s}{s} R'_2 < 0$$

表明电动机从负载吸收机械功率。

电磁功率

$$P_M = 3(I'_2)^2 \frac{R'_2}{s} > 0$$

转子铜耗为

$$p_{Cu2} = 3(I'_2)^2 R'_2 = P_M - P_m$$

上式说明，反接制动过程中，定子传递到转子的
电磁功率和转子吸收的机械功率都转化为转子回路的
铜损耗。为了抑制反接制动过程中的转子电流，必须
在转子回路中串入较大的电阻，串入的电阻要求比启
动电阻大。笼型异步电动机转子回路无法串电阻，因
此为保护电机，最好不要频繁采用反接制动。

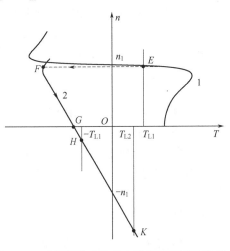

如果电动机拖动较小的反抗性恒转矩负载，进
行反接制动，必须在转速降到零时切断电源并停车，
否则电动机将会反向启动，运行在 H 点，与负载达
到平衡。如果电动机拖动位能性负载进行反接制动
后，转速降到零时未能及时切断电源并停车，电动
机将会反向启动，在 K 点与位能性负载达到平衡，
稳定运行。反接制动的机械特性如图 8.13 所示。

图 8.13　三相绕线式异步电动机反接制动过程
1—固有机械特性；2—反接制动机械特性

三相异步电动机反接制动的优点是制动迅速，
但能量损失较大。

二、能耗制动

将正常运行的电动机定子绕组从交流电源上断开，改接到直流电源上，如图 8.14 所示。
此时，定子绕组中的电流为直流电，产生恒定磁场。转子由于惯性继续旋转，其导条与定子
恒定磁场有相对运动而在转子绕组中产生感应电势和电流，进而产生电磁转矩，方向与电动
机转向相反，为制动性质，因此电动机转子开始减速。在这个过程中，转子动能转换成电能
消耗在转子电阻上，当转子动能消耗完毕，转子就停止转动，这一过程称为能耗制动。其机
械特性如图 8.15 所示，电动机初始工作点为 E，开始能耗制动时，工作点变为 F。由于机
械惯性，转速不能突变，$n_F = n_E$，之后再沿着新的机械特性工作点由 F 点到达原点。

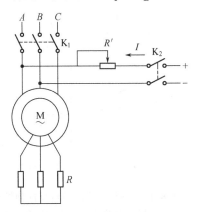

图 8.14　能耗制动原理图

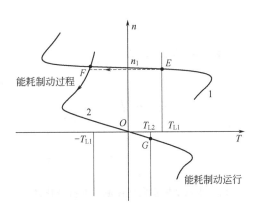

图 8.15　能耗制动特性
1—固有机械特性；2—能耗制动机械特性

若电动机拖动位能性恒转矩负载，进行能耗制动，则电动机先减速到 $n=0$ 后，接着反转，如图 8.15 所示，电动机工作点从 $E \to F \to O \to G$，最后稳定运行于第 Ⅳ 象限的工作点 G，为能耗制动运行。这种情况下，电动机电磁转矩与转速方向相反。

能耗制动运行时功率关系与能耗制动过程是一致的。但电动机轴上机械功率的输入是从负载的位能减少而来。机械功率转换为电功率后也消耗在转子回路中。

笼型异步电动机采用能耗制动时，为了增加高速运行时的制动转矩，就必须增大直流励磁电流；而对于绕线式异步电动机的能耗制动，则采用转子串电阻的方法增大制动转矩。能耗制动的优点是制动力强，制动较平稳；缺点是需要专门的直流电源供制动用。

三、回馈制动

图 8.16 中画出了三相笼型异步电动机 △-YY 变极调速（在本章第五节介绍）时的机械特性。当电动机拖动恒转矩负载 T_L 运行时，原来运行于定子绕组 YY 联结方式，工作点为 E；突然把定子绕组接线方式改为△后，电动机的机械特性发生了变化，运行点从 E 点经 F 点和 G 点到达 H 点。在这个降速过程中，电动机运行在第 Ⅱ 象限 F 点至 G 点这一段机械特性上时，转速 $n>0$，且有 $n>n_1$，大于同步转速，电磁转矩 $T<0$，处于制动运行状态，称为正向回馈制动过程。

回馈制动过程中，电动机的转速 $n>n_1$，转差 $s=\dfrac{n_1-n}{n_1}<0$。电动机输出的机械功率为

$$P_{\mathrm{m}}=3(I'_2)^2\frac{1-s}{s}R'_2<0$$

电磁功率为

$$P_{\mathrm{M}}=3(I'_2)^2\frac{R'_2}{s}<0$$

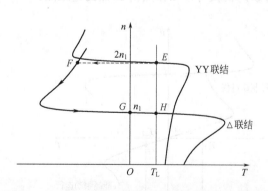

图 8.16　三相异步电动机正向回馈制动的机械特性

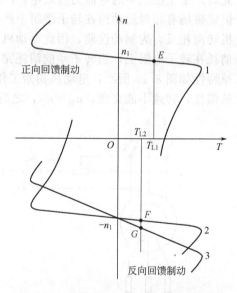

图 8.17　三相异步电动机反向回馈制动运行
1—固有机械特性；2—电源反接的机械特性；
3—电源反接，转子回路串电阻的机械特性

由此可知，系统减少了动能而向电动机送入机械功率，除去转子回路铜损耗 $P_{Cu2}=3(I'_2)^2 R'_2$ 后，以电磁功率的形式从转子传递给定子，除去定子绕组铜损耗 P_{Cu1} 外，其余的回馈给电网了，电机工作在发电状态。

当三相异步电动机拖动位能性恒转矩负载，电源相序相反时，电动机运行于第Ⅳ象限的 F 点，如图 8.17 所示，电磁转矩 $T>0$，转速 $n<0$，称为反向回馈制动运行。

若电源相序相反的同时，转子回路串入电阻，电动机运行于第Ⅳ象限的 G 点，处于反向回馈制动运行，如图 8.17 所示。

反向回馈制动运行时，电动机的功率关系与正向回馈制动过程是一样的，电动机是一台发电机，它把从负载位能减少而输入的机械功率转变为电功率，然后回馈给电网。

正常运行的三相异步电动机的负载是位能性恒转矩性质时，如果进行反接制动，当转速降到 $n=0$ 时若不采取停车措施，那么电动机将会反向启动，并最后运行于反向回馈制动状态。如图 8.13 所示，工作点从 $E \to F \to G \to H \to K$，最后于 K 点运行。

回馈制动能将转子机械能反馈给电网，经济性好。

【例 8.2】　某绕线式三相异步电动机，$P_N=15kW$，$n_N=975r/min$，$E_{2N}=175V$，$I_{2N}=50A$，转子绕组 Y 连接，最大转矩倍数 $\lambda=2.5$。如果拖动额定负载运行时，采用反接制动，要求制动开始时最大制动转矩为 $1.5T_N$，计算转子每相串入的制动电阻大小。

解　额定转差率

$$s_N=\frac{n_1-n_N}{n_1}=\frac{1000-975}{1000}=0.025$$

转子每相电阻

$$R_2=\frac{E_{2N}s_N}{\sqrt{3}\,I_{2N}}=\frac{175\times0.025}{\sqrt{3}\times50}=0.0505(\Omega)$$

制动瞬间的转差率

$$s=\frac{n_1+n_N}{n_1}=\frac{1000+975}{1000}=1.975$$

经过制动开始点（$s=1.975$，$T=1.5T_N$）的反接制动机械特性的临界转差率为

$$s'_m=s\left[\frac{\lambda T_N}{T}+\sqrt{\left(\frac{\lambda T_N}{T}\right)^2-1}\right]=1.975\left[\frac{2.5}{1.5}+\sqrt{\left(\frac{2.5}{1.5}\right)^2-1}\right]=5.93$$

固有机械特性的 s_m 为

$$s_m=s_N(\lambda+\sqrt{\lambda^2-1})=0.025\times(2.5+\sqrt{2.5^2-1})=0.12$$

由式

$$s_m=\pm\frac{R'_2}{\sqrt{R_1^2+(X_1+X'_2)^2}}$$

可知

$$s_m\propto R'_2$$

所以

$$\frac{s'_m}{s_m}=\frac{R_2+R_S}{R_2}$$

转子串入反接制动电阻为

$$R_S=\left(\frac{s'_m}{s_m}-1\right)R_2=\left(\frac{5.93}{0.12}-1\right)\times0.0505=2.445(\Omega)$$

【例 8.3】 某三相异步电动机拖动起重机，$P_N = 30kW$，$U_N = 380V$，Y 接，$n_N = 1455r/min$，$\lambda = 2.5$，转子 $E_{2N} = 200V$，$I_{2N} = 80A$，Y 连接。升降某重物 $T_L = 0.8T_N$，忽略 T_0，计算：

(1) 电动机转速；

(2) 转子回路串入电阻 $R_{S1} = 0.5\Omega$ 时转子转速；

(3) 转速为 $-500r/min$ 时转子回路每相串入的电阻值。

解 （1）求电动机转速

额定转差率

$$s_N = \frac{n_1 - n_N}{n_1} = \frac{1500 - 1455}{1500} = 0.03$$

临界转差率

$$s_m = s_N(\lambda + \sqrt{\lambda^2 - 1}) = 0.03 \times (2.5 + \sqrt{2.5^2 - 1}) = 0.1437$$

根据机械特性的实用公式

$$T = \frac{2\lambda T_N}{\dfrac{s}{s_m} + \dfrac{s_m}{s}}$$

$$0.8T_N = \frac{2 \times 2.5 T_N}{\dfrac{s}{0.1437} + \dfrac{0.1437}{s}}$$

求解可得

$$s_1 = 0.0485$$
$$s_2 = 0.85(不合理,舍去)$$
$$n = n_1(1 - s) = 1500(1 - 0.0485) = 1427.3(r/min)$$

（2）转子每相电阻

$$R_2 = \frac{s_N E_{2N}}{\sqrt{3} I_{2N}} = \frac{0.03 \times 200}{\sqrt{3} \times 80} = 0.0433(\Omega)$$

根据式（8.11）可得

$$\frac{s_{S1}}{s} = \frac{R_2 + R_{S1}}{R_2}$$

$$s_{S1} = \frac{R_2 + R_{S1}}{R_2}s = \frac{0.0433 + 0.5}{0.0433} \times 0.0485 = 0.6085$$

$$n_{S1} = n_1(1 - s_{S1}) = 1500(1 - 0.6085) = 587.3(r/min)$$

（3）转差率

$$s_{S2} = \frac{n_1 - n_{S2}}{n_1} = \frac{1500 - (-500)}{1500} = 1.333$$

转子每相串入电阻值为 R_{S2}，则

$$\frac{s_{S2}}{s} = \frac{R_2 + R_{S2}}{R_2}$$

$$R_{S2} = \left(\frac{s_{S2}}{s} - 1\right)R_2 = \left(\frac{1.333}{0.0485} - 1\right) \times 0.0433 = 1.147(\Omega)$$

第五节 三相异步电动机的调速

三相异步电动机具有性能优良、结构简单、运行可靠、适应性强、价格低廉、维护方便等优点，在电力拖动系统中得到了广泛的应用。随着电力拖动系统性能的提高，需要对异步电动机的转速进行调节。

根据异步电动机的转速公式

$$n = n_1(1-s) = \frac{60f_1}{p}(1-s)$$

异步电动机的转速取决于极对数、通电频率和转差率。相对应的调速方式就有三种：

(1) 变极调速；

(2) 变频调速；

(3) 改变转差率 s 调速。

一、变极调速

异步电动机旋转磁场的同步转速 n_1 与电机极对数成反比。通过改变绕组的连接方式而得到不同极对数的磁动势，就可以改变同步转速 n_1，以实现变极调速。转子一般采用笼型绕组，它的极对数能自动地随着定子绕组磁极对数的改变而改变，使定子、转子的磁极对数相等。下面以最简单的倍极比为例加以说明。

1. 变极原理

如图 8.18(a) 所示，四极电机定子 A 相绕组有两个线圈 A_1X_1 和 A_2X_2，在图 8.18(a) 中所示的电流方向下，它产生的磁动势的极对数 $p=2$。

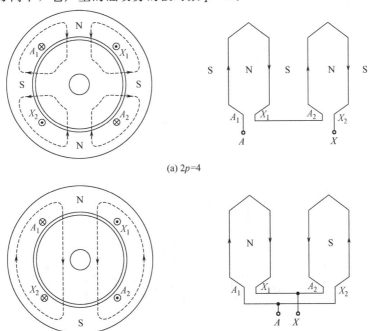

(a) $2p=4$

(b) $2p=2$

图 8.18 变极原理图

如果将定子绕组按图 8.18(b) 所示进行改接，即 A_1 与 X_2 连接作为首端 A，X_1 与 A_2 相连接，作为尾端 X，则绕组产生的磁动势极对数 $p=1$，实现了绕组磁动势的变极。

可以看出，把每相绕组中一半线圈（即一个线圈 A_2X_2）电流改变方向，即半相绕组反向，电动机的极对数便成倍变化。因此，同步转速 n_1 也成倍变化，电动机运行的转速也接近成倍改变。

下面介绍两种典型的变极方法，并定性分析变极调速的机械特性与调速性能。

2. Y-YY（双 Y）变极接法

Y-YY 接法如图 8.19 所示。Y 接法时，每相中的两个半相绕组正向串联，极对数为 p，同步转速为 n_1。YY 接法时，每相中的两个半相绕组反向并联，极对数为 $p/2$，同步转速为 $2n_1$。

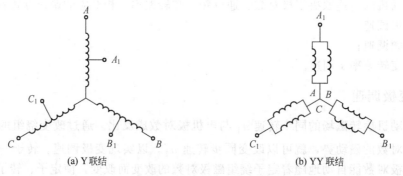

图 8.19　Y-YY 变极接法

在分析时，假定每半相绕组的参数都相等。Y 接法时，每相绕组参数为 R_1、R_2'、X_1 及 X_2'；YY 接法时，每相绕组为两个半相绕组并联，参数为 $\dfrac{R_1}{4}$、$\dfrac{R_2'}{4}$、$\dfrac{X_1}{4}$ 及 $\dfrac{X_2'}{4}$。则电动机临界转差率和最大转矩如下。

Y 联结时

$$s_{\mathrm{mY}}=\frac{R_2'}{\sqrt{R_1^2+(X_1+X_2')^2}}$$

$$T_{\mathrm{mY}}=\frac{m_1 p U_1^2}{4\pi f_1\left[R_1+\sqrt{R_1^2+(X_1+X_2')^2}\right]}$$

YY 联结时

$$s_{\mathrm{mYY}}=\frac{\dfrac{R_2'}{4}}{\sqrt{\left(\dfrac{R_1}{4}\right)^2+\left(\dfrac{X_1+X_2'}{4}\right)^2}}=s_{\mathrm{mY}}$$

$$T_{\mathrm{mYY}}=\frac{m_1 \dfrac{p}{2} U_1^2}{4\pi f_1\left[\dfrac{R_1}{4}+\sqrt{\left(\dfrac{R_1}{4}\right)^2+\left(\dfrac{X_1+X_2'}{4}\right)^2}\right]}=2T_{\mathrm{mY}}$$

启动转矩如下。

Y 联结时

$$T_{SY} = \frac{m_1 p U_1^2 R_2'}{2\pi f_1 \left[(R_1 + R_2')^2 + (X_1 + X_2')^2 \right]}$$

YY 联结时

$$T_{SYY} = \frac{m_1 \dfrac{p}{2} U_1^2 \dfrac{R_2'}{4}}{2\pi f_1 \left[\left(\dfrac{R_1 + R_2'}{4}\right)^2 + \left(\dfrac{X_1 + X_2'}{4}\right)^2 \right]} = 2T_{SY}$$

根据以上结果，可以得到 Y-YY 变极调速时异步电动机的机械特性，如图 8.20 所示。若拖动恒转矩负载 T_L 运行时，从 Y 向 YY 变极调速，转速几乎增加了一倍。

3. △-YY（双 Y）接法

△-YY 接法如图 8.21 所示。△接法时，每相中的两个半相绕组正向串联，极对数为 p，同步转速为 n_1。YY 接法时，每相中的两个半相绕组反向并联，极对数为 $\dfrac{p}{2}$，同步转速为 $2n_1$。

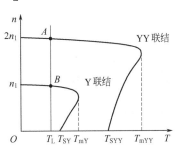

图 8.20 Y-YY 变极调速的机械特性

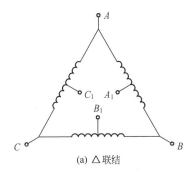

(a) △联结   (b) YY 联结

图 8.21 △-YY 变极接法

电动机临界转差率和最大转矩如下。

△联结时

$$s_{m\triangle} = \frac{R_2'}{\sqrt{R_1^2 + (X_1 + X_2')^2}}$$

$$T_{m\triangle} = \frac{m_1 p U_1^2}{4\pi f_1 \left[R_1 + \sqrt{R_1^2 + (X_1 + X_2')^2} \right]}$$

YY 联结时

$$s_{mYY} = \frac{\dfrac{R_2'}{4}}{\sqrt{\left(\dfrac{R_1}{4}\right)^2 + \left(\dfrac{X_1 + X_2'}{4}\right)^2}} = s_{m\triangle}$$

$$T_{mYY} = \frac{m_1 \dfrac{p}{2} \left(\dfrac{U_1}{\sqrt{3}}\right)^2}{4\pi f_1 \left[\dfrac{R_1}{4} + \sqrt{\left(\dfrac{R_1}{4}\right)^2 + \left(\dfrac{X_1 + X_2'}{4}\right)^2} \right]} = \frac{2}{3} T_{m\triangle}$$

启动转矩如下。

△联结时

$$T_{S\triangle} = \frac{m_1 p U_1^2 R_2'}{2\pi f_1 \left[(R_1+R_2')^2+(X_1+X_2')^2\right]}$$

YY 联结时

$$T_{SYY} = \frac{m_1 \dfrac{p}{2}\left(\dfrac{U_1}{\sqrt{3}}\right)^2 \dfrac{R_2'}{4}}{2\pi f_1 \left[\left(\dfrac{R_1+R_2'}{4}\right)^2+\left(\dfrac{X_1+X_2'}{4}\right)^2\right]} = \frac{2}{3}T_{S\triangle}$$

△-YY 变极调速时的机械特性如图 8.22 所示。若拖动恒转矩负载运行，△-YY 变极调速使转速基本上相差一倍。

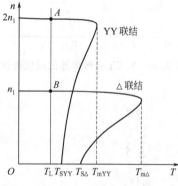

图 8.22　△-YY 变极调速机械特性

变极调速法设备简单而经济，运行可靠，机械特性较硬。缺点是转速不能平滑调节，只能成倍变化，属于有级调速。

二、变频调速

根据三相异步电动机的转速 $n = \dfrac{60 f_1}{p}(1-s)$，改变定子绕组的通电频率 f_1，就可以改变旋转磁场的转速，实现调速。

通常，电动机的额定频率称为基频。变频调速时可以将频率从基频向下调节，也可以从基频向上调节。

1. 从基频向下变频调速

三相异步电动机每相电压

$$U_1 \approx E_1 = 4.44 f_1 N_1 k_{N1} \Phi_1$$

如果电源电压为额定值保持不变，随着电源频率 f_1 的降低，每极气隙磁通 Φ_1 就会增加，导致磁路进一步饱和，励磁电流显著增加，电机发热严重，功率因数降低，效率明显下降，影响电机的可靠性及寿命，这是不允许的。因此，降低电源频率时，必须同时降低电源电压，以保持气隙每极磁通 Φ_1 不变。同时降低频率和电源电压 U_1，有以下两种方法。

（1）保持 $\dfrac{E_1}{f_1}$ = 常数　降低频率 f_1 的同时，降低定子绕组感应电动势 E_1，并保持 $\dfrac{E_1}{f_1}$ 为常数，则每极气隙磁通 Φ_1 为常数。

电动机的电磁转矩为

$$T = \frac{P_M}{\Omega_1} = \frac{m_1 (I_2')^2 \dfrac{R_2'}{s}}{\dfrac{2\pi n_1}{60}} = \frac{m_1 p}{2\pi f_1}\left[\frac{E_2'}{\sqrt{\left(\dfrac{R_2'}{s}\right)^2+(X_2')^2}}\right]^2 \frac{R_2'}{s}$$

$$= \frac{m_1 p f_1}{2\pi\left[\dfrac{R_2'}{s}+\dfrac{s(X_2')^2}{R_2'}\right]}\left(\frac{E_1}{f_1}\right)^2 \tag{8.12}$$

式(8.12)是保持 $\dfrac{E_1}{f_1}$ 为常数即恒磁通 Φ_1 条件下的机械特性方程式。

电磁转矩达到最大转矩 T_m 时，令 $\dfrac{\mathrm{d}T}{\mathrm{d}s}=0$，可求出对应的转差率 s_m 为

$$s_m=\frac{R_2'}{X_2'}=\frac{R_2'}{2\pi f_1 L_2'} \tag{8.13}$$

式中，L_2' 为转子静止时转子一相绕组漏电感系数折合值，$X_2'=2\pi f_1 L_2'$。

把式(8.13)代入式(8.12)，可得出最大电磁转矩为

$$T_m=\frac{m_1 p}{4\pi}\left(\frac{E_1}{f_1}\right)^2\frac{1}{2\pi L_2'} \tag{8.14}$$

因此，最大转矩保持 T_m 不变。

最大转矩处的转速相对于同步转速的转速差为

$$\Delta n_m=s_m n_1=\frac{30R_2'}{\pi p L_2'}=常数 \tag{8.15}$$

式(8.14)与式(8.15)表明，变频调速时，若保持 $\dfrac{E_1}{f_1}$ 为常数，最大转矩 T_m 为常数，与频率无关，并且最大转矩时的转速降落相等，即不同频率下的各条机械特性是平行的。

保持 $\dfrac{E_1}{f_1}=$ 常数，即恒磁通的变频调速机械特性如图8.23所示。这种调速方法与他励直流电动机降低电源电压调速相似，机械特性较硬，调速范围宽，而且稳定性好。由于频率可以连续调节，因此变频调速属于无级调速，平滑性好。

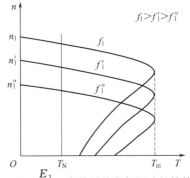

图 8.23　$\dfrac{E_1}{f_1}=$ 常数时的变频调速机械特性

恒磁通变频调速属于恒转矩调速方式。

（2）保持 $\dfrac{U_1}{f_1}=$ 常数　当降低电源频率 f_1 时，同时降低 U_1，若保持 $\dfrac{U_1}{f_1}$ 为常数，则每极气隙磁通 Φ_1 基本不变，为常数。电动机的电磁转矩为

$$T=\frac{m_1 p}{2\pi}\left(\frac{U_1}{f_1}\right)^2\frac{f_1\dfrac{R_2'}{s}}{\left(R_1+\dfrac{R_2'}{s}\right)^2+(X_1+X_2')^2} \tag{8.16}$$

最大转矩 T_m 为

$$T_m=\frac{m_1 p}{4\pi}\left(\frac{U_1}{f_1}\right)^2\frac{f_1}{R_1+\sqrt{R_1^2+(X_1+X_2')^2}} \tag{8.17}$$

由上式可以看出，当 f_1 减小时，最大转矩 T_m 不等于常数。由于 X_1+X_2' 与 f_1 成正比，因此，当 f_1 在额定频率附近时，$R_1=(X_1+X_2')$，随着 f_1 的减小，T_m 基本不变。但是，当 f_1 较低时，X_1+X_2' 比较小，R_1 相对变大了，随着 f_1 的降低，T_m 就减小了。

保持 U_1/f_1 为常数，降低频率调速时的机械特性如图8.24所示。其中虚线部分是恒磁通调速的机械特性。从图8.24中可以看出，U_1/f_1 为常数的机械特性与 E_1/f_1 为常数的机械特性相比，最大转矩和启动转矩都有所降低，特别是在低频低速时比较显著。

保持 U_1/f_1 为常数降低频率调速可近似视为恒转矩调速方式。

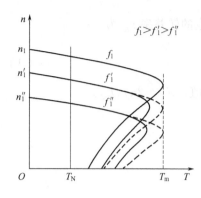

图 8.24 保持 U_1/f_1 为常数的变频
调速机械特性

2. 从基频向上变频调速

考虑到电机的绝缘强度和耐压，升高电源电压是不允许的。当升高频率向上调速时，只能保持电压为 U_N 不变，频率越高，磁通 Φ_1 越低。这是一种减小磁通升速的方法，与他励直流电动机弱磁升速相似。

此时，电动机的电磁转矩为

$$T = \frac{m_1 p U_1^2 \dfrac{R_2'}{s}}{2\pi f_1 \left[\left(R_1 + \dfrac{R_2'}{s}\right)^2 + (X_1 + X_2')^2\right]} \tag{8.18}$$

由于 f_1 较高，R_1 比 X_1、X_2' 及 $\dfrac{R_2'}{s}$ 都小很多，R_1 可以忽略。可得

$$s_m \approx \frac{R_2'}{X_1 + X_2'} = \frac{R_2'}{2\pi f_1(L_1 + L_2')} \propto \frac{1}{f_1}$$

$$T_m \approx \frac{m_1 p U_1^2}{4\pi f_1(X_1 + X_2')} \propto \frac{1}{f_1^2} \tag{8.19}$$

因此，频率越高时，T_m 越小，s_m 也越小，最大转矩处的转速相对于同步转速的转速差为

$$\Delta n_m = s_m n_1 \approx \frac{R_2'}{2\pi f_1(L_1 + L_2')} \times \frac{60 f_1}{p} = 常数 \tag{8.20}$$

保持电压为 U_N 不变，升高电源频率的机械特性如图 8.25 所示，其运行段近似平行。

保持电压为 U_N 不变，升高电源频率调速可近似视为恒功率调速方式。

异步电动机的变频调速具有优越的性能，具有以下特点：

（1）从基频向下调速，保持 E_1/f_1 不变，为恒转矩调速方式；从基频向上调速，保持 U_1/f_1 不变，近似为恒功率调速方式。可以适应不同的负载要求。

（2）调速范围宽广。

（3）频率 f_1 可以连续调节，为无级调速。

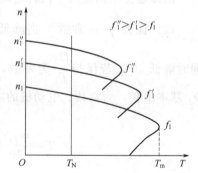

图 8.25 保持 U_N 不变升频调速的
机械特性

近年来，随着变频技术的发展，变频设备的价格不断降低，性能不断提高，异步电动机变频调速系统被广泛应用于各种工业领域。

三、转子回路串电阻调速

该种调速方式仅适合绕线式异步电动机。

由本章第三节可知，绕线式转子回路串电阻可以进行多级启动，也能实现调速。由于转差率正比于转子回路总电阻，即 $s \propto (R_2' + R_S')$，因此，转子回路串电阻调速属于改变转差率的调速方式。图 8.26 绘出了转子回路串入不同电阻调速时的机械特性，它们的同步转速和最大转矩均相同，但临界转差率不同，所串电阻越大，转速越低。

转子回路不串电阻、带额定负载时，转子电流为

$$I_{2N}=\frac{E_2}{\sqrt{(\dfrac{R_2}{s_N})^2+X_2^2}}$$

转子回路串电阻 R_S 调速时，转子电流为

$$I_2=\frac{E_2}{\sqrt{(\dfrac{R_2+R_S}{s})^2+X_2^2}}$$

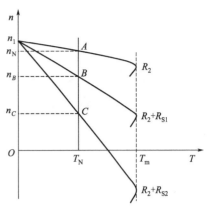

图 8.26　绕线式异步电动机转子串
电阻调速机械特性

调速前后电机转子电流维持额定值不变，即 $I_2=I_{2N}$，则有

$$\frac{E_2}{\sqrt{(\dfrac{R_2+R_S}{s})^2+X_2^2}}=\frac{E_2}{\sqrt{(\dfrac{R_2}{s_N})^2+X_2^2}}$$

因此

$$\frac{R_2}{s_N}=\frac{R_2+R_S}{s} \tag{8.21}$$

转子串电阻前后功率因数为

$$\cos\varphi_2=\frac{\dfrac{R_2+R_S}{s}}{\sqrt{(\dfrac{R_2+R_S}{s})^2+X_2^2}}=\frac{\dfrac{R_2}{s_N}}{\sqrt{(\dfrac{R_2}{s_N})^2+X_2^2}}=\cos\varphi_{2N}$$

即调速前后功率因数不变。

电磁转矩为

$$T=C_T\Phi_1 I_2\cos\varphi_2$$

因此，在串电阻调速前后电磁转矩相等，这种调速方式属于恒转矩调速。

图 8.26 中，当负载转矩 $T_L=T_N$ 时，根据式（8.21）则有

$$\frac{R_2}{s_N}=\frac{R_2+R_{S1}}{s_1}=\frac{R_2+R_{S2}}{s_2}=\cdots$$

式中，s_1，s_2，$\cdots$ 分别是转子串入不同的电阻 R_{S1}，R_{S2}，$\cdots$ 后的转差率。

该调速方法的调速范围较小，一般为 3：1，调速的平滑性不够好，属于有级调速。

三相异步电动机的电磁功率 P_M、机械功率 P_m 和转子回路铜损耗 p_{Cu2} 之间的关系为

$$P_M：P_m：p_{Cu2}=1：(1-s)：s$$

采用串电阻调速时，如果需要扩大调速范围，必须增大转差率 s，这将使转子回路铜损耗增大，降低电机的效率。

这种调速方式简单、可靠、价格便宜，其缺点是效率低。

四、降低定子端电压调速

三相异步电动机的电磁转矩与定子绕组电压平方成正比。通过改变定子绕组电压，就可以改变电动机的机械特性，从而实现调速。

三相异步电动机在降低定子端电压时，同步转速 n_1 不变，临界转差率 s_m 不变，电磁转矩 T 和最大电磁转矩 T_m 与定子绕组电压平方 U_1^2 成正比。拖动恒转矩负载的机械特性

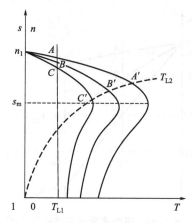

图 8.27　降低定子端电压调速的机械特性

如图 8.27 所示。图中 A、B、C 三点依次为电压逐步降低后的工作点。转速调节范围很窄，意义不大。

而对于风机水泵类负载 T_{L2}，其调速范围较大，图中 A'、B'、C' 三点依次为电压逐步降低后的工作点。这种调速方式在转速低、转差率 s 较大时，电动损耗较大，效率较低，温升较高。

【例 8.4】　一台绕线式三相异步电动机，$P_N =$ 50kW，$n_N = 1455\text{r/min}$，$U_N = 380\text{V}$，$I_N = 100\text{A}$，$\lambda = 2.5$，$E_{2N} = 210\text{V}$，$I_{2N} = 150\text{A}$。拖动恒转矩负载 $T_L = 0.75T_N$，欲使电动机运行在 $n = 950\text{r/min}$，计算：

（1）采用转子回路串电阻，每相需要串入的电阻值；

（2）采用变频调速，保持 $U/f =$ 常数，求频率与电压各为多少？

解　（1）额定转差率

$$s_N = \frac{n_1 - n_N}{n_1} = \frac{1500 - 1455}{1500} = 0.03$$

临界转差率

$$s_m = s_N\left(\lambda + \sqrt{\lambda^2 - 1}\right) = 0.03\left(2.5 + \sqrt{2.5^2 - 1}\right) = 0.144$$

转子每相电阻

$$R_2 = \frac{s_N E_{2N}}{\sqrt{3}\, I_{2N}} = \frac{0.03 \times 210}{\sqrt{3} \times 150} = 0.0242(\Omega)$$

$n = 950\text{r/min}$ 时的转差率

$$s' = \frac{n_1 - n}{n_1} = \frac{1500 - 950}{1500} = 0.367$$

假定串电阻后的临界转差率 s'_m，根据机械特性的实用公式

$$T_L = \frac{2\lambda T_N}{\dfrac{s'}{s'_m} + \dfrac{s'_m}{s'}}$$

化简得到

$$\frac{s'^2_m}{s'} - \frac{2\lambda T_N}{T_L}s'_m + s' = 0$$

解得

$$s'_m = s'\left[\frac{\lambda T_N}{T_L} \pm \sqrt{\left(\frac{\lambda T_N}{T_L}\right)^2 - 1}\right] = 0.367\left[\frac{2.5T_N}{0.75T_N} \pm \sqrt{\left(\frac{2.5T_N}{0.75T_N}\right)^2 - 1}\right] = 2.39 \quad (8.22)$$

（另一解为 0.055，不合理，舍去）

式（8.22）为绕线式异步电动机转子回路串入电阻后，对应的机械特性的临界转差率 s'_m，可作为公式直接使用。

转子回路每相串入电阻值为 R_S

$$\frac{R_2 + R_S}{R_2} = \frac{s'_m}{s_m}$$

$$R_S = \left(\frac{s'_m}{s_m} - 1\right) R_2 = \left(\frac{2.39}{0.144} - 1\right) \times 0.0242 = 0.377(\Omega)$$

（2）假设 $T_L = 0.75T_N$ 时在固有机械特性上运行的转差率为 s，根据电磁转矩的实用公式：

$$T_L = \frac{2\lambda T_N}{\dfrac{s}{s_m} + \dfrac{s_m}{s}}$$

$$0.75T_N = \frac{2 \times 2.5 T_N}{\dfrac{s}{0.144} + \dfrac{0.144}{s}}$$

$$\frac{s^2}{0.144} - 6.667s + 0.144 = 0$$

$$s = 0.022（另一解不合理，舍去）$$

转速降落

$$\Delta n = sn_1 = 0.022 \times 1500 = 33(\text{r/min})$$

变频调速后的同步转速

$$n'_1 \approx n + \Delta n = 950 + 33 = 983(\text{r/min})$$

变频的频率为

$$f' = \frac{n'_1}{n_1} f_{1N} = \frac{983}{1500} \times 50 = 32.77(\text{Hz})$$

相应的电压为

$$U' = \frac{f'}{f_{1N}} U_N = \frac{32.77}{50} \times 380 = 249.1(\text{V})$$

小　结

本章主要从异步电动机的启动、制动、调速等方面对异步电动机的运行方式进行了分析。

启动性能指标是启动转矩倍数、启动电流大小，影响启动性能指标的因素，主要有定子端电压、定转子电阻和漏电抗等。三相异步电动机的启动应当考虑：限制启动电流，有足够的启动转矩，及启动的经济性。异步电动机直接启动时，启动电流大，一般用于小型异步电动机。为了克服启动电流大的缺点，对笼型异步电动机可采用降压启动的方法，包括定子电路串电阻电抗启动、Y-△启动、自耦变压器启动。降压启动不但减小了启动电流，同时也减小了启动转矩，只适合空载或轻载启动场合。在需要较大启动转矩的场合可采用高转差、深槽式或者双笼型异步电动机，不但可以增加启动转矩，同时又降低了启动电流。对于绕线式异步电动机可采用转子串电阻的方式，既可减小启动电流，又可增大启动转矩。各种启动具有不同特点，应根据实际应用情况选择。

当电磁转矩与转速方向相反时，异步电动机处于制动状态。异步电动机的制动方法有：反接制动、能耗制动、回馈制动。反接制动能够在任何转速下进行制动，制动迅速，效果好，制动过程中转子的机械能和从电网输入的电能全部消耗在电阻上面，因此经济性较差。能耗制动在制动过程中不需要电网供电，经济性较好，能保证停车的平滑可靠，但是需要专门的直流电源。回馈制动能将转子机械能反馈给电网，经济性好。

异步电动机的调速方式主要有变极调速、变频调速、改变转差率调速，其中改变转差率调速可以通过转子回路串电阻（绕线式）和降低定子端电压来实现。从调速范围、效率和稳定性等方面比较，变极调速设备简单，运行可靠，但只能有级调速；变频调速性能最优，具有调速范围宽、稳定性好、效率高的优点，且为无级调速，但需要变频装置。转子回路串电阻（绕线式）调速方式简单、可靠、价格便宜，但是调速范围小、效率低，且为有级调速；降低定子端电压调速范围小、效率低。采用何种调速方式要从对调速的要求、范围、精度和性价比等诸多方面综合考虑。

思 考 题

8.1　为什么几个千瓦的直流电动机不能直接启动而同功率的三相笼型异步电动机却可以直接启动？

8.2　普通笼型异步电动机在额定电压下启动时，为什么启动电流很大而启动转矩并不大，但深槽式或双笼型电动机在额定电压下启动时，启动电流较小而启动转矩较大？

8.3　深槽与双笼型异步电动机为什么启动转矩大而效率并不低？

8.4　绕线式异步电动机在转子回路中串入电阻启动时，为什么既能降低启动电流又能增大启动转矩？试分析比较串入电阻前后启动时的 Φ_1、I_2、$\cos\varphi_2$、I_S 是如何变化的？是否串入的电阻越大启动转矩越大？

8.5　一台笼型异步电动机，原来转子是插入铜条的，后因损坏改为铸铝的，在输出同样的转矩情况下，下列物理量将如何变化？

（1）转速；（2）转子电流；（3）定子电流；（4）定子功率因数；（5）输入功率；（6）输出功率；（7）效率；（8）启动转矩；（9）最大电磁转矩。

8.6　两台同样的笼型异步电动机同轴连接，拖动一个负载。如果启动时将它们的定子绕组串联以后接至电网上，启动完毕后再改接为并联。试问对启动电流和启动转矩的影响怎样？

8.7　绕线式三相异步电动机拖动恒转矩负载运行，试定性分析转子回路突然串入电阻后降速的物理过程。

8.8　绕线式三相异步电动机拖动恒转矩负载运行，在转子回路接入一个与转子绕组感应电动势同频率、同相位的外加电动势，试分析电动机的转速将如何变化。

8.9　绕线式三相异步电动机转子回路串联电抗能否起到调速的作用？为什么不采用串电抗的调速方法？

8.10　单绕组变极调速的基本原理是什么？一台四极异步电动机，采用单绕组变极方法变为两极电机时，若外加电源电压的相序不变，电动机的转向将会怎样？

8.11　为什么在变频恒转矩调速时要求电源电压随频率成正比变化？若电源频率降低，而电压大小不变，会出现什么后果？

8.12　三相笼型异步电动机能耗制动时，若定子接线方式不同而通入的直流电大小相同，电动机的制动转矩在制动开始瞬间是一样大小吗？

8.13　三相异步电动机拖动反抗性恒转矩负载运行，若 $|T_L|$ 较小，采用反接制动停车时应该注意什么问题？

8.14　三相异步电动机运行于反向回馈制动状态时，是否可以把电动机定子出线端从接在电源上改变为接在用电器上？

8.15　如果电网的三相电压显著不对称，则三相异步电动机能否带额定负载长期运行？

为什么？

8.16　三相异步电动机在运行时有一相断线，能否继续运行？当电机停转之后，能否再启动？

8.17　某笼型三相异步电动机铭牌上标注的额定电压为 380/220V，定子绕组联结为 Y-△，接在 380V 的交流电网上空载启动，试问：能否采用 Y-△降压启动？如果接在 220V 的电网上呢？

习　题

8.1　额定电压为 U_N、额定电流为 I_N 的某三相笼型异步电动机，采用下表所列的各种方法启动，计算填表。

启动方法	定子绕组上加的电压	定子边启动电流	电源供给的启动电流	启动转矩
直接启动	U_N	$5I_N$	$5I_N$	$1.2T_N$
定子边串电抗启动	$0.8U_N$			
定子边接自耦变压器启动	$0.8U_N$			

8.2　一台三相笼型异步电动机，$P_N=40\text{kW}$，$U_N=380\text{V}$，$n_N=2930\text{r/min}$，$\eta_N=0.90$，$\cos\varphi_N=0.85$，$K_I=5.5$，$K_T=1.2$，定子绕组△接。允许启动电流为 150A 时，能否在下面情况下用 Y-△启动方法启动？

(1) 负载转矩为 $0.25T_N$；

(2) 负载转矩为 $0.4T_N$。

8.3　填空：

(1) 一般三相笼型异步电动机，采用自耦变压器启动时，_____拖动额定负载启动。

(2) 三相异步电动机定子绕组接法为_____，才有可能采用 Y-△启动。

(3) 某台三相笼型异步电动机，绕组为△接法，$\lambda=2.5$，$K_T=1.3$，供电变压器容量足够大，该电动机_____用 Y-△启动方式拖动额定负载启动。

8.4　判断正误：

(1) 笼型三相异步电动机直接启动时，启动电流很大，为了避免启动过程中因过大电流而烧毁电动机，轻载需要采取降压启动。（　　）

(2) 深槽式与双笼型三相异步电动机启动时，由于集肤效应而增大了转子电阻，因而具有较高的启动转矩倍数 K_T。（　　）

(3) 电动机拖动的负载越重，电流则越大，因此只要是空载，三相异步电动机就可以直接启动了。（　　）

(4) 三相绕线式异步电动机转子串电阻分级启动，若仅考虑启动电流与启动转矩这两个因素，那么级数越多越好。（　　）

(5) 三相绕线式异步电动机若在定子边串入电阻或电抗，都可以减小启动转矩和启动电流；若在转子边串入电阻或电抗，都可以加大启动转矩和减小启动电流。（　　）

(6) 三相绕线式异步电动机转子回路串入电阻可以增大启动转矩，串入电阻值越大，启动转矩也越大。（　　）

8.5　一台三相 4 极异步电动机，$P_N=28\text{kW}$，$U_N=380\text{V}$，$\eta_N=90\%$，$\cos\varphi_N=0.88$，定子为三角形接法。在额定电压下直接启动时，启动电流为额定电流的 6 倍，试求用 Y-△

启动时的启动电流。

8.6 一台三相笼型异步电动机，$P_N=320kW$，$U_N=6000V$，$n_N=740r/min$，$I_N=40A$，Y 接法，$\cos\varphi_N=0.83$，$K_I=5.04$，$K_T=1.93$，$\lambda=2.2$。试求：

(1) 直接启动时的启动电流与启动转矩；

(2) 把启动电流限定在 160A 时，应串入定子回路每相电抗是多少？启动转矩是多大？

8.7 某三相笼型异步电动机，$P_N=300kW$，定子 Y 接，$U_N=380V$，$I_N=527A$，$n_N=1475r/min$，$K_I=6.7$，$K_T=1.5$，$\lambda=2.5$。电网允许最大冲击电流为 1800A，生产机械要求启动转矩不小于 1000N·m，试选择适当的启动方法。

8.8 一台绕线式异步电动机，$P_N=30kW$，$U_N=380V$，$I_N=71.6A$，$n_N=725r/min$，$E_{2N}=257V$，$I_{2N}=74.3A$，$\lambda=2.2$。拖动负载启动，$T_L=0.75T_N$。若用转子串电阻三级启动，$\dfrac{T_1}{T_N}=1.8$，求各级启动电阻多大？

8.9 一台绕线式三相异步电动机，定子绕组 Y 接，四极，$f_1=50Hz$，$P_N=100kW$，$U_N=380V$，$n_N=1455r/min$，$\lambda=2.5$，$E_{2N}=213V$，$I_{2N}=260A$。求：

(1) 启动转矩；

(2) 欲使启动转矩增大一倍，转子每相串入多大电阻？

8.10 一台三相绕线式异步电动机，$P_N=155kW$，$I_N=294A$，$2p=4$，$U_N=380V$，Y 连接。其参数为 $R_1=R_2'=0.012\Omega$，$X_1=X_2'=0.06\Omega$，电动势及电流的变比 $k_e=k_i=1.2$。要求把启动电流限制为 3 倍额定电流，试计算应在转子回路每相中接入多大的启动电阻？这时的启动转矩为多少？

8.11 一台 4 极绕线式异步电动机，50Hz，转子每相电阻 $R_2=0.02\Omega$，额定负载时 $n_N=1480r/min$，若负载转矩不变，要求把转速降到 1100r/min，问应在转子每相串入多大的电阻？

8.12 选择正确答案：

(1) 绕线式三相异步电动机，拖动恒转矩负载运行，若采取转子回路串入对称电抗方法进行调速，那么与转子回路串电阻调速相比，串入电抗后，则（　　）。

A.不能调速　　　　　　　　　B.调速效果完全相同

C.电动机转速升高　　　　　　D.转速降低，但同时功率因数也降低

(2) 三相绕线式异步电动机拖动恒转矩负载运行时，若转子回路串电阻调速，那么运行在不同的转速上，电动机的 $\cos\varphi_2$（　　）。

A.转速越低，$\cos\varphi_2$ 越高　　　B.基本不变　　　　C.转速越低，$\cos\varphi_2$ 越低

(3) 若拖动恒转矩负载的三相异步电动机保持 $E_1/f_1=$ 常数，当 $f_1=50Hz$，$n=2900r/min$，若降低频率到 $f_1=40Hz$ 时，电动机转速则为（　　）。

A.2900r/min　　　　B.2320r/min　　　　C.2300r/min　　　　D.2400r/min

8.13 笼型三相异步电动机，$P_N=75kW$，$U_N=380V$，$n_N=980r/min$，$\lambda=2.15$。采用变频调速时，计算 f_1 为 40Hz、30Hz 且 $T_L=T_N$ 时的电动机转速。

8.14 填空：

(1) 一台三相绕线式异步电动机拖动恒转矩负载运行，增大转子回路串入的电阻，电动机的转速_____，过载倍数_____，电流_____。

(2) 三相绕线式异步电动机带恒转矩负载运行，电磁功率 $P_M=5kW$，当转子串入电阻调速运行在转差率 $s=0.4$ 时，电机转子回路总铜耗 $p_{Cu2}=$_____kW，机械功率 $P_m=$_____kW。

(3) 一台定子绕组为 Y 接的三相笼型异步电动机，如果把定子每相绕组中的半相绕组反向，通入相序不变的三相对称电流，电动机的极数则_____，同步转速则_____，转向则_____。

(4) 拖动恒转矩负载的三相异步电动机，采用保持 E_1/f_1＝常数的控制方式时，降低频率后电动机过载倍数_____，电动机电流_____，电动机 Δn _____。

(5) 变频调速的异步电动机，在基频以上调速，应使 U_1 _____，近似属于_____调速方式。

8.15　八极三相绕线式异步电动机，定子绕组接在频率为 f_1＝50Hz 的三相电源上，拖动着起重机升降重物。若运行于 n＝－1000r/min 的转速，电源相序为正序或负序的两种情况下，分别回答下列问题：

(1) 气隙旋转磁动势的转速及转差率是多大？

(2) 定、转子绕组感应电动势的频率是多大？相序如何？

(3) 电磁转矩实际上是拖动性质的还是制动性质的？

(4) 电动机处于什么运行状态？转子回路是否一定要串入电阻？

(5) 电磁功率实际传递方向如何？机械功率实际是输入还是输出？

8.16　填空：

(1) 拖动反抗性恒转矩负载运行于电动状态的三相异步电动机，对调其定子绕组任意两个出线端后，电动机的运行状态经_____和_____，最后稳定运行于_____状态。

(2) 拖动位能性恒转矩负载运行于电动状态的三相异步电动机，进行能耗制动停车，当 n＝0 时，_____其他停车措施；若采用反接制动停车，当 n＝0 时，_____其他停车措施。

(3) 如果由三相绕线式异步电动机拖动一辆小车，走在平路上，电机为电动运行，下坡时，位能性负载转矩比摩擦性负载转矩大，电动机运行在_____状态。

8.17　选择正确答案：

(1) 一台六极绕线式三相异步电动机拖动起重机，当提升重物时，负载转矩 T_L＝T_N，电动机转速为 n_N＝950r/min。忽略传动机构的损耗。现要以相同的速度把该重物下放，可以采用的办法是（　　）。

A. 降低交流电动机电源电压

B. 切除交流电源，在定子绕组通入直流电流

C. 对调定子绕组任意两出线端

D. 转子绕组中串入三相对称电阻

(2) 一台绕线式三相异步电动机拖动起重机，若重物提升到一定高度以后需要停在空中，不使用抱闸等装置使卷筒停转的办法，那么可以采用的办法是（　　）。

A. 切断电动机电源

B. 在电动机转子回路中串入适当的三相对称电阻

C. 对调电动机定子任意两出线端

D. 降低电动机电源电压

8.18　绕线式异步电动机的数据为：P_N＝5kW，n_N＝960r/min，U_N＝380V，I_N＝14.9A，E_{2N}＝164V，I_{2N}＝20.6A，定子绕组 Y 接，λ＝2.3。拖动 T_L＝$0.75T_N$ 恒转矩负载，要求制动停车时最大转矩为 $1.8T_N$。采用反接制动，求每相串入的制动电阻值。

8.19　某绕线式三相异步电动机，P_N＝60kW，n_N＝960r/min，E_{2N}＝200V，I_{2N}＝195A，λ＝2.5。拖动起重机主钩，当提升重物时电动机负载转矩 T_L＝530N·m，求：

（1）电动机工作在固有机械特性上提升该重物时，电动机的转速；

（2）提升机构传动效率提升时为 0.87，如果改变电源相序，下放该重物，下放速度是多少？

（3）若使下放速度为 $n = -280\text{r/min}$，不改变电源相序，转子回路应串入多大电阻？

（4）若在电动机不断电的条件下，欲使重物停在空中，应如何处理？并做定量计算。

（5）如果改变电源相序，在反向回馈制动状态下放同一重物，转子回路每相串联电阻为 0.06Ω，求下放重物时电动机的转速。

8.20　绕线式三相异步电动机，$P_\text{N} = 75\text{kW}$，$U_\text{N} = 380\text{V}$，$n_\text{N} = 976\text{r/min}$，$\lambda = 2.05$，$E_{2\text{N}} = 238\text{V}$，$I_{2\text{N}} = 210\text{A}$。转子回路每相可以串入电阻为 0.05Ω、0.1Ω 和 0.2Ω，求转子串电阻调速时：

（1）调速范围；

（2）拖动恒转矩负载 $T_\text{L} = T_\text{N}$ 时的各挡转速为多少？

第九章

同步电机

同步电机是交流电机的一种，应用非常广泛。同步电机与异步电机的定子结构基本相同，主要区别是前者在转子上安装磁极，并通入直流电进行励磁，因而极性确定。同步电机的运行特点是转子的旋转速度与定子磁场的旋转速度严格同步，由此而得名。

设定子绕组通入频率为 f 的交流电流，电机的极对数为 p，则同步电机转速 n 由下式决定：

$$n = \frac{60f}{p}$$

因此同步转速与极对数成反比。我国电力系统的频率 f 规定为 $50\mathrm{Hz}$，当 $p=1$ 时，转速最高，为 $3000\mathrm{r/min}$。极对数愈多，转速愈低。

同步电机可以用作发电机和电动机。几乎所有的电力都由同步发电机发出。同步电机也可以作电动机运行，同步电动机的功率因数较高，不仅不会使电网的功率因数降低，反而还能够改善电网的功率因数。与其他类型的电动机相比，同步电动机具有更高的效率和更优异的性能，因而有着广阔的应用前景。

近年来，随着碳达峰、碳中和目标的持续推进和智能化控制系统的旺盛需求，对电机的高效节能和高精度提出了更高的要求。

以往，同步电动机通常用于运行速度恒定的场合。随着电力电子技术和现代交流电机调速技术的发展进步，由同步电动机组成的高性能调速系统的研发及应用也越来越广泛。

第一节　概述

一、结构形式

同步电机结构主要由定子和转子两大部分构成。定、转子之间是空气隙。转子有旋转磁极和旋转电枢两种结构形式，分别如图 9.1 和图 9.2 所示。旋转电枢式结构只用于小容量电机，一般同步电机都采用旋转磁极式结构。

在旋转磁极式结构中，又分为隐极式和凸极式两种形式，其定子部分与三相异步电动机的完全一样。

隐极同步电机转子由高强度及良好导磁性能的金属锻制而成，气隙均匀，在转子圆柱体上加工出若干槽，安放分布式励磁绕组，如图 9.1(a) 所示。转子机械强度高，适合于高速旋转。

凸极同步电机转子具有明显的磁极形状，气隙不均匀。磁极下安放集中式励磁绕组，如图 9.1(b) 所示。转子旋转时的空气阻力较大，比较适合于中低速旋转场合。

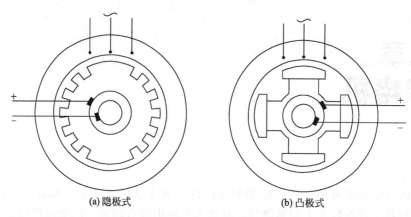

(a) 隐极式　　　　　　　　(b) 凸极式

图 9.1　旋转磁极式同步电机示意图

二、同步电机的额定值

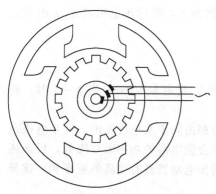

图 9.2　旋转电枢式同步电机示意图

额定电压 U_N，电机额定运行时定子的线电压，单位为 V 或 kV。

额定电流 I_N，电机额定运行时定子的线电流，单位为 A。

额定功率因数 $\cos\varphi_N$，电机额定运行时的功率因数。

额定效率 η_N，电机额定运行时的效率。

额定转速 n_N，单位为 r/min。

额定容量 $S_N = \sqrt{3}U_N I_N$，发电机出线端额定视在功率，单位 VA 或 kVA。

额定功率 P_N，对发电机为额定输出有功电功率

$$P_N = S_N\cos\varphi_N = \sqrt{3}U_N I_N\cos\varphi_N \tag{9.1}$$

对电动机为轴上输出的额定机械功率

$$P_N = S_N(\cos\varphi_N)\eta_N = \sqrt{3}U_N I_N(\cos\varphi_N)\eta_N \tag{9.2}$$

此外，铭牌上还有额定频率 f_N，单位为 Hz；额定励磁电压 U_{fN}，单位为 V；额定励磁电流 I_{fN}，单位为 A。

第二节　同步电机的双反应原理

一、同步电机的磁动势

当同步电机定子三相对称绕组接到三相对称电源上时，就会产生三相合成圆形旋转磁动势，又称电枢磁动势，用空间向量 $\dot{F}_a$ 表示。设其转向为逆时针，转速为同步转速。

在转子励磁绕组中通入直流励磁电流 I_f，就产生了励磁磁动势 $\dot{F}_0$。由于励磁磁动势 $\dot{F}_0$ 相对于转子是静止的，但转子本身以同步转速逆时针方向旋转，所以励磁磁动势 $\dot{F}_0$ 相对于定子也以同步转速逆时针方向旋转。因此，作用在同步电机的主磁路上的这两个磁动势

均以同步转速逆时针旋转，且保持同步。

为简单起见，假设电机主磁路不饱和，是线性的。这样，作用在电机主磁路上的各个磁动势的影响就可以分别考虑，然后再采用叠加原理进行合成。

1. 励磁磁动势 $\dot{F}_0$

从图9.3中看出，励磁磁动势 $\dot{F}_0$ 作用在纵轴方向，产生的励磁磁通 $\varPhi_0$ 如图9.4所示。显然 $\varPhi_0$ 的磁路关于纵轴对称，并且 $\varPhi_0$ 随着转子一起旋转。

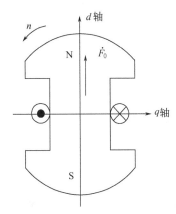

图9.3　同步电机的纵轴与横轴

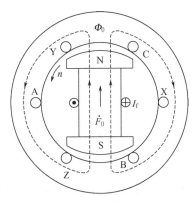

图9.4　由励磁磁动势 $\dot{F}_0$ 产生的磁通 $\varPhi_0$

2. 电枢磁动势 $\dot{F}_a$

与 $\dot{F}_0$ 同步旋转，但位置未必一致。只要 $\dot{F}_a$ 的方向不在纵轴上，由于凸极式同步电机气隙不均匀，极间的气隙较大，极下的气隙小，磁路不对称，很难求解。

二、凸极同步电机的双反应原理

同步电机的电枢反应如图9.5所示，电枢磁动势 $\dot{F}_a$ 与励磁磁动势 $\dot{F}_0$ 的相对位置已知。为了求解磁场，把电枢磁动势 $\dot{F}_a$ 分解成两个分量：纵轴（直轴或 d 轴）电枢磁动势 $\dot{F}_{ad}$ 和横轴（交轴或 q 轴）电枢磁动势 $\dot{F}_{aq}$，即

$$\dot{F}_a = \dot{F}_{ad} + \dot{F}_{aq} \qquad (9.3)$$

即

$$F_{ad} = F_a \sin\psi$$
$$F_{aq} = F_a \cos\psi$$

$\dot{F}_{ad}$ 作用在纵轴方向，其磁路为对称磁路；$\dot{F}_{aq}$ 作用在横轴方向，其磁路亦对称。这样，就将上述不对称磁路的求解转化为两个独立的对称磁路的求解，问题得以简化。这种方法，称为双反应原理。

双反应原理的理论基础实质上就是叠加原理。实践证明，若不计饱和，应用双反应原理分析凸极同步电机的确可以得到令人满意的结果。

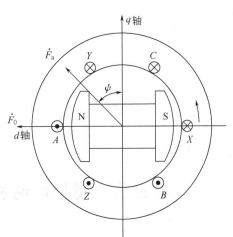

图9.5　同步电机的电枢反应

由 $\dot{F}_{ad}$ 单独作用产生的磁通称为纵轴电枢磁通 $\varPhi_{ad}$，如图 9.6(a) 所示。由 $\dot{F}_{aq}$ 单独作用产生的磁通称为横轴电枢磁通 $\varPhi_{aq}$，如图 9.6(b) 所示。

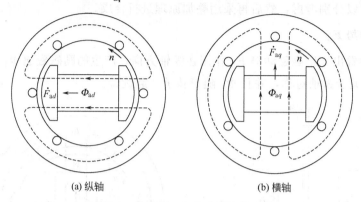

(a) 纵轴   (b) 横轴

图 9.6　电枢反应磁动势及磁通

仿照 $\dot{F}_{a}=\dot{F}_{ad}+\dot{F}_{aq}$，将电枢电流进行分解

$$\dot{I}=\dot{I}_d+\dot{I}_q \tag{9.4}$$

即把电枢电流 $\dot{I}$ 也分解成两个分量 $\dot{I}_d$ 和 $\dot{I}_q$，其中 $\dot{I}_d$ 产生磁动势 $\dot{F}_{ad}$，$\dot{I}_q$ 产生磁动势 $\dot{F}_{aq}$。

$$I_d=I\sin\psi$$
$$I_q=I\cos\psi$$

纵轴电枢磁动势 F_{ad} 的大小为

$$F_{ad}=\frac{3\sqrt{2}}{\pi p}Nk_N I_d$$

横轴电枢磁动势 F_{aq} 的大小为

$$F_{aq}=\frac{3\sqrt{2}}{\pi p}Nk_N I_q$$

求出了纵轴和横轴电枢磁动势后，需要统一进行折算，然后再进行叠加。

空载特性是电机的基本特性，因此将空载特性作为纵轴和横轴电枢磁动势的折算基准。即相当于用等效的励磁磁动势来替代纵轴和横轴电枢磁动势，这样就可以利用空载特性曲线求解纵轴和横轴电枢反应。

折算按照下面的公式进行：

$$F'_{ad}=k_{ad}F_{ad}$$
$$F'_{aq}=k_{aq}F_{aq}$$

式中，k_{ad} 和 k_{aq} 分别为纵轴和横轴电枢磁动势折算系数，表示获得同样大小的基波磁场时，单位安匝的纵轴和横轴正弦波磁动势所对应的等效励磁磁动势。

在凸极同步电机中，由于 $k_d>k_q$，所以 $k_{ad}>k_{aq}$；而在隐极同步电机中，则有 $k_d=k_q=1$，$k_{ad}=k_{aq}$。

第三节　同步电动机电压平衡方程式及相量图

作为电动机运行是同步电机的一种重要运行方式。同步电动机接在频率一定的电网上运行，其转速恒定不变，不受负载变化的影响。同步电动机的功率因数比异步电动机高，能够通过调节励磁电流改善电网的功率因数。

一、凸极同步电动机

同步电动机运行时，同步旋转的励磁磁通 Φ_0 和电枢磁通 Φ_{ad}、Φ_{aq} 都要在定子绕组里感应电动势。

励磁磁通 Φ_0、纵轴电枢磁通 Φ_{ad} 和横轴电枢磁通 Φ_{aq} 在定子绕组里感应的电动势分别用 $\dot{E}_0$、$\dot{E}_{ad}$ 和 $\dot{E}_{aq}$ 表示。

根据双反应理论，凸极同步电动机不饱和时的基本电磁关系如图 9.7 所示。

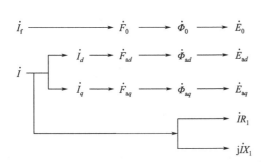

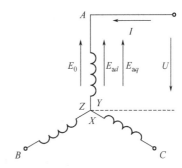

图 9.7　凸极同步电动机不饱和时的基本电磁关系　　图 9.8　同步电动机各电量的正方向

同步电动机各电量的正方向如图 9.8 所示。

根据图 9.8，由基尔霍夫定律，可以列出绕组的电压平衡方程

$$\dot{E}_0 + \dot{E}_{ad} + \dot{E}_{aq} + \dot{I}(R_1 + jX_1) = \dot{U} \tag{9.5}$$

式中，R_1 是定子绕组相电阻；X_1 是定子绕组相漏电抗。

因磁路不饱和，仿照变压器及异步电机的分析方法，将纵轴电枢磁通 Φ_{ad} 和横轴电枢磁通 Φ_{aq} 在定子绕组的感应电动势 $\dot{E}_{ad}$ 和 $\dot{E}_{aq}$ 分别变成电抗压降形式。由于 $\dot{I}$ 与 $\dot{E}$ 的正方向相反，故有

$$\dot{E}_{ad} = j\dot{I}_d X_{ad} \tag{9.6}$$

$$\dot{E}_{aq} = j\dot{I}_q X_{aq} \tag{9.7}$$

式中，X_{ad} 称为纵轴电枢反应电抗，表示了纵轴电枢反应磁场在定子绕组中感应电势的能力；X_{aq} 称为横轴电枢反应电抗，表示了横轴电枢反应磁场在定子绕组中感应电势的能力。

把式(9.6)、式(9.7)、式(9.4) 代入到电压平衡方程式中，得

$$\dot{U} = \dot{E}_0 + j\dot{I}_d X_{ad} + j\dot{I}_q X_{aq} + (\dot{I}_d + \dot{I}_q)(R_1 + jX_1)$$
$$= \dot{E}_0 + (\dot{I}_d + \dot{I}_q)R_1 + j\dot{I}_d(X_{ad} + X_1) + j\dot{I}_q(X_{aq} + X_1)$$

即

$$\dot{U} = \dot{E}_0 + \dot{I}R_1 + j\dot{I}_d X_d + j\dot{I}_q X_q \tag{9.8}$$

式中，$X_d = X_{ad} + X_1$ 称为纵轴同步电抗，为常数；$X_q = X_{aq} + X_1$ 称为横轴同步电抗，为常数。

当同步电动机容量较大时，可忽略电阻 R_1，有

$$\dot{U} = \dot{E}_0 + j\dot{I}_d X_d + j\dot{I}_q X_q \tag{9.9}$$

根据式(9.8)，功率因数角 φ 领先和滞后时的凸极同步电动机的相量图如图 9.9(a) 和图 9.9(b) 所示。

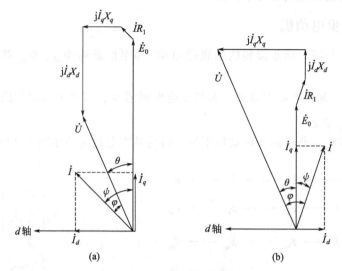

图 9.9 凸极同步电动机相量图

图 9.9 中，$\dot{U}$ 与 $\dot{I}$ 之间的夹角 φ 为功率因数角；$\dot{E}_0$ 与 $\dot{U}$ 之间的夹角 θ 称为功率角（功角）。

二、隐极同步电动机

隐极同步电动机的气隙是均匀的，因此，纵轴、横轴参数相同，即

$$X_c = X_d = X_q$$

式中，X_c 为隐极同步电动机的同步电抗。

电压平衡方程式为

$$\dot{U} = \dot{E}_0 + \dot{I}R_1 + j(\dot{I}_d + \dot{I}_q)X_c = \dot{E}_0 + \dot{I}R_1 + j\dot{I}X_c \tag{9.10}$$

忽略电阻 R_1 时，有

$$\dot{U} = \dot{E}_0 + j\dot{I}X_c \tag{9.11}$$

根据式(9.10)，功率因数角 φ 领先和滞后时的隐极同步电动机的相量图如图 9.10(a) 和图 9.10(b) 所示。

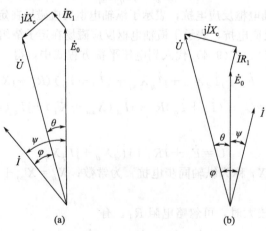

图 9.10 隐极同步电动机的相量图

第四节　同步电动机的功角特性

一、功率和转矩平衡方程式

三相同步电动机从电网吸收的有功功率为

$$P_1 = 3UI\cos\varphi$$

扣除定子绕组的铜损耗 $p_{\text{Cu}} = 3I^2 R_1$，则电磁功率 P_{M} 为

$$P_{\text{M}} = P_1 - p_{\text{Cu}}$$

从电磁功率中扣除铁损耗 p_{Fe} 和机械摩擦损耗 p_{m} 后，输出功率 P_2。

$$P_2 = P_{\text{M}} - p_{\text{Fe}} - p_{\text{m}} = P_{\text{M}} - p_0 \tag{9.12}$$

式中，p_0 为空载损耗，$p_0 = p_{\text{Fe}} + p_{\text{m}}$。

因此，同步电动机的功率平衡方程式为

$$P_1 = P_{\text{M}} + p_{\text{Cu}} = P_2 + p_{\text{Cu}} + p_0 \tag{9.13}$$

电磁转矩为

$$T = \frac{P_{\text{M}}}{\Omega}$$

式中，$\Omega = \dfrac{2\pi n}{60}$ 是同步电动机的角速度。

把式（9.12）两边同时除以 Ω，就得到同步电动机的转矩平衡方程式。

$$\frac{P_2}{\Omega} = \frac{P_{\text{M}}}{\Omega} - \frac{p_0}{\Omega}$$

即

$$T_2 = T - T_0 \tag{9.14}$$

式中，T_0 称为空载转矩。

二、功角特性

忽略定子电阻 R_1 时，同步电动机的电磁功率为

$$P_{\text{M}} = P_1 = 3UI\cos\varphi$$

根据图 9.9 相量图，可得

$$P_{\text{M}} = 3UI\cos\varphi = 3UI\cos(\psi - \theta) = 3UI\cos\psi\cos\theta + 3UI\sin\psi\sin\theta$$

又：

$$I_d X_d = E_0 - U\cos\theta$$
$$I_q X_q = U\sin\theta$$

将上述关系代入电磁功率的表达式并化简得

$$P_{\text{M}} = \frac{3E_0 U}{X_d}\sin\theta + \frac{3U^2(X_d - X_q)}{2X_d X_q}\sin 2\theta \tag{9.15}$$

上式中，第一项与 E_0 即励磁电流 I_{f} 有关，称为励磁电磁功率。第二项与电动机纵轴、横轴参数不相等有关，也就是由凸极式转子引起的，称为凸极电磁功率或磁阻功率。

由式（9.15）可知，在电动机参数一定的条件下，电磁功率 P_{M} 是角度 θ 的函数，即 $P_{\text{M}} = f(\theta)$，称为同步电动机的功角特性，如图 9.11 曲线 3 所示。其最大值出现在功率角 $\theta < 90°$ 处。

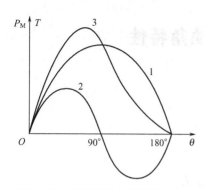

图 9.11　凸极同步电动机的功角、矩角特性

励磁电磁功率 P_{M1} 为

$$P_{M1} = \frac{3E_0 U}{X_d} \sin\theta$$

P_{M1} 与 θ 呈正弦函数关系，如图 9.11 中的曲线 1。

当 $\theta = 90°$ 时，P_{M1} 达到最大，最大值为 $\frac{3E_0 U}{X_d}$。

凸极电磁功率 P_{M2} 为

$$P_{M2} = \frac{3U^2 (X_d - X_q)}{2X_d X_q} \sin 2\theta$$

P_{M2} 与 2θ 呈正弦函数关系，如图 9.11 中的曲线 2。

当 $\theta = 45°$ 时，P_{M2} 达到最大，最大值为 $\frac{3U^2 (X_d - X_q)}{2X_d X_q}$。

隐极同步电动机可视为凸极同步电动机的特例。

对于隐极同步电动机，$X_c = X_d = X_q$，电磁功率 P_M 与 θ 角的关系为

$$P_M = \frac{3E_0 U}{X_c} \sin\theta$$

功角特性如图 9.11 曲线 1 所示。

三、矩角特性

把式（9.15）两边同除以机械角速度 Ω，得到电磁转矩

$$T = \frac{3E_0 U}{X_d \Omega} \sin\theta + \frac{3U^2 (X_d - X_q)}{2X_d X_q \Omega} \sin 2\theta \tag{9.16}$$

电磁转矩 T 与 θ 的函数关系称为矩角特性，与功角特性形状一致。如图 9.11 曲线 3 所示。

对于隐极同步电动机，电磁转矩为

$$T = \frac{3E_0 U}{X_c \Omega} \sin\theta \tag{9.17}$$

隐极同步电动机的矩角特性如图 9.11 曲线 1 所示。

四、稳定运行区间

以隐极同步电动机为例进行分析。

1. 功率角 θ 在 0°～90°区间

电动机拖动负载运行，初始工作点在 A 处。如图 9.12(a) 所示。此时，电磁转矩 T 与负载转矩 T_{LA} 平衡。由于扰动，负载转矩变大为 T_{LB}（小于最大转矩 T_m），这时 $T < T_{LB}$，转子减速使 θ 角增大，变为 θ_B，θ_B 对应的电磁转矩为 T_B，此时，若 $T_B = T_{LB}$，电机就能在 B 处稳定运行。若扰动消失，负载转矩又降回 T_{LA}，那么电动机的 θ 角又减少至 θ_A，$T = T_{LA}$，所以电动机能够继续稳定运行。

2. 功率角 θ 在 90°～180°区间

同理可以分析，θ 在 90°～180°范围内，电机不能稳定运行。

最大电磁转矩 T_m 与额定转矩 T_N 之比称为过载倍数，用 λ 表示。即

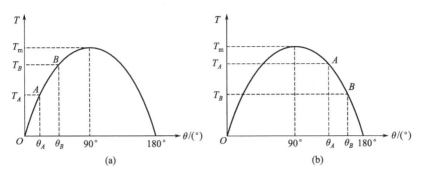

图 9.12　隐极同步电动机的稳定运行

$$\lambda = \frac{T_m}{T_N} \approx \frac{\sin 90°}{\sin \theta_N} = 2 \sim 3.5$$

当负载变化时，θ 随之变化，电磁转矩 T 和电磁功率 P_M 也随之变化，以达到新的平衡，而电机的转速 n 却严格按照同步转速旋转。所以同步电动机的机械特性为一条水平直线，斜率为零。

根据同步电动机的原理，θ 为电动势 $\dot{E}_0$ 与 $\dot{U}$ 之间的夹角，是个时间电角度；同时，θ 也是励磁磁动势 $\dot{F}_0$（产生电动势 $\dot{E}_0$）与同步电动机主磁路的合成磁动势 $\dot{F}$ 之间的角度，是个空间电角度。$\dot{F}_0$ 对应着 $\dot{E}_0$，$\dot{F}$ 近似地对应着 $\dot{U}$。把合成磁动势 $\dot{F}$ 视为等效磁极，吸引着转子磁极以同步转速 n 旋转，如图 9.13 所示。

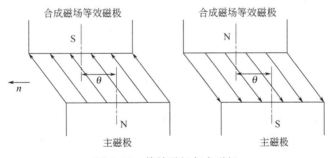

图 9.13　等效磁极与主磁极

即等效磁极在前，转子磁极在后时，等效磁极牵引着转子旋转，运行状态是同步电动机。若转子磁极在前，等效磁极在后，转子牵引着等效磁极旋转，运行状态是同步发电机。

因此，同步电机的运行状态取决于转子磁极、等效磁极和转向之间的相对位置。

【例 9.1】　一台三相四极同步电动机，额定容量 $P_N = 100\text{kW}$，额定电压 $U_N = 380\text{V}$，额定功率因数 $\cos\varphi_N = 0.85$，额定效率 $\eta_N = 90\%$，定子每相电阻 $R_1 = 0.05\Omega$，定子绕组为 Y 接。计算：

（1）额定运行时的输入功率 P_1；

（2）额定运行时的电磁功率 P_M；

（3）额定电磁转矩 T_N。

解（1）

$$P_1 = \frac{P_N}{\eta_N} = \frac{100}{0.9} = 111.1(\text{kW})$$

（2）额定电流 I_N

$$I_N = \frac{P_1}{\sqrt{3}U_N\cos\varphi_N} = \frac{111.1 \times 10^3}{\sqrt{3} \times 380 \times 0.85} = 198.6(A)$$

额定电磁功率 P_M

$$P_M = P_1 - 3I_N^2 R_1 = 111.1 - 3 \times 198.6^2 \times 0.05 \times 10^{-3} = 105.2(kW)$$

(3)

$$T_N = \frac{P_M}{\Omega} = \frac{P_M}{\frac{2\pi n}{60}} = \frac{105.2 \times 10^3}{\frac{2\pi \times 1500}{60}} = 669.6(N \cdot m)$$

第五节　同步电动机的无功功率调节

一、无功功率调节

同步电动机运行时，转速恒定，因此，从电网吸收的有功功率 P_1 基本上取决于负载转矩。当同步电动机输出的有功功率 P_2 恒定而改变其励磁电流时，其无功功率是可以调节的。为简单起见，采用隐极同步电动机电动势相量图来进行分析，所得结论完全可以用在凸极同步电动机上。

分析时，不计磁路饱和影响，忽略电枢电阻，则有 $P_M = P_1$。而 P_2 恒定，忽略空载损耗，则 P_M 为常数，即

$$\frac{3E_0 U}{X_c}\sin\theta = 3UI\cos\varphi = 常数$$

即

$$E_0\sin\theta = 常数 \qquad\qquad (9.18)$$
$$I\cos\varphi = 常数 \qquad\qquad (9.19)$$

式（9.19）表示电动机定子边的有功电流保持不变。

由此作出电动机的相量图，如图 9.14 所示。图中可知，当励磁电流变化时，E_0 随之变

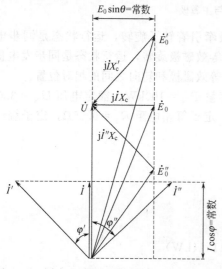

图 9.14　同步电动机不同励磁电流时的相量图

化，$\dot{E}_0$ 端点轨迹在与 $\dot{U}$ 平行的虚线上，即 $E_0\sin\theta =$ 常数。相应地，$\dot{I}$ 的端点轨迹在与 $\dot{U}$ 垂直的水平虚线上。

当定子电流 $\dot{I}$ 与 $\dot{U}$ 同相时，电动机功率因数 $\cos\varphi = 1$，称为正常励磁，如图 9.14 中所示的 $\dot{E}_0$、$\dot{I}$ 相量。同步电动机只从电网吸收有功功率，不吸收无功功率。此时同步电动机就像纯电阻负载。

当励磁电流比正常励磁电流小时，称为欠励，如图 9.14 中所示的 $\dot{E}_0''$，这时 $E_0'' < U$。为保持气隙合成磁场恒定，电枢电流必须存在起助磁作用的滞后无功分量。电动机既从电网吸收有功功率还要吸收滞后性的无功功率。此时

同步电动机就像电阻电感负载，加重了电网的负担。

当励磁电流比正常励磁电流大时，称为过励，如图 9.14 中所示的 $\dot{E}_0'$。这时 $E_0'>U$，电枢电流中将出现一个超前的无功分量，起去磁作用。电动机既从电网吸收有功功率，还要吸收领先的无功功率。此时同步电动机就像电阻电容负载。对改善电网的功率因数有好处。

二、V 形曲线

由图 9.14 相量图可知，在电动机输出功率 P_2 恒定时，改变励磁电流将引起同步电动机定子电流大小和相位的变化。正常励磁时，定子电流最小；过励或欠励时，定子电流都会增大。把定子电流 I 与励磁电流 I_f 的关系用曲线描绘出来，如图 9.15 所示。图中定子电流变化规律像 V 字形，故称 V 形曲线。对于每一个恒定的有功功率 P_2，都可以得到一条 V

形曲线，功率越大，曲线位置越往上移。每条曲线的最低点对应于 $\cos\varphi=1$，此处定子电流最小，只有有功分量，为正常励磁。将各曲线的最低点连接起来就得到一条 $\cos\varphi=1$ 的曲线。在这条曲线的右方，电动机处于过励状态，功率因数超前。而在这条曲线的左侧，电动机处于欠励状态，功率因数滞后。V 形曲线左侧还存在着一个不稳定区，当励磁电流减小，P_M 随之减小到一定程度，θ 超过 90°，电动机就失去同步。因此，同步电动机不宜在欠励状态下运行。

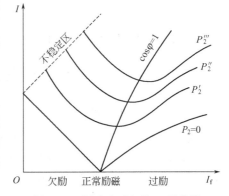

图 9.15　同步电动机的 V 形曲线

改变励磁电流可以调节电动机的功率因数，这是同步电动机最重要的特点。因为电网的负载主要是异步电动机和变压器，它们都吸收滞后的无功功率。利用同步电动机功率因数可调的特点，工作于过励状态，从电网吸收领先的无功功率，就可以改善电网的无功平衡状况，从而提高电网的功率因数、运行性能及效益。

第六节　同步电动机的启动

当同步电动机定子旋转磁场与转子励磁磁场相对静止时，才能得到方向恒定的平均电磁转矩，实现正常运转。如果把同步电动机转子通入励磁电流后定子绕组直接接入交流电源，则定子绕组产生的旋转磁场将以同步转速相对于转子磁场运动，转子上产生方向交变的脉振转矩，其平均转矩为零，所以同步电动机不能直接启动，而必须借助一定的方法使它启动。同步电动机的常用启动方法有下列三种。

1. 辅助电动机启动

选用与同步电动机极对数相同的异步电动机作为辅助电动机。先将同步电动机励磁绕组经限流电阻短路，用辅助电动机将其拖动至接近同步转速后，将励磁绕组所串的限流电阻切除，通入直流电流，电动机自动牵入同步，并脱开辅助电动机和切断其电源。这种方法只适合于空载启动，所需设备多，操作复杂。

2. 变频启动

启动时，转子绕组通入励磁电流。定子绕组由变频电源供电，电源频率很低，使转子开始旋转，逐步增加频率至额定值，则转子转速将随定子旋转磁场转速的上升而上升，直至达到额定转速。变频启动过程平稳，性能优越，在大中型同步电动机中应用越来越广泛。

3. 异步启动

为了解决启动问题，在同步电动机的转子上安装启动绕组，类似于笼型异步电动机的笼型绕组。当定子接入电源后，产生启动转矩，电动机能够自启动。启动过程和异步电动机的启动过程是完全一样的，当电机的转速接近同步转速时，再加入励磁，电动机自动牵入同步。

第七节　同步发电机空载运行

一、同步电机的可逆原理

同步电机在一定条件下，也可以作为发电机运行。

以隐极同步电机为例进行说明。

设一台隐极同步电机接在电网上，处于电动机状态，气隙合成磁场轴线沿转向超前于转子磁极轴线，吸引着转子磁极以同步转速 n 旋转，如图 9.16(a) 所示。此时 $\dot{U}$ 超前 $\dot{E}_0$，功率角 θ、电磁转矩 T 和电磁功率 P_M 都为正值，因而作用于转子上的电磁转矩为驱动性质，拖动作为负载的原动机。此时，原动机不通电，同步电机从电网输入电能将其转换为机械能。

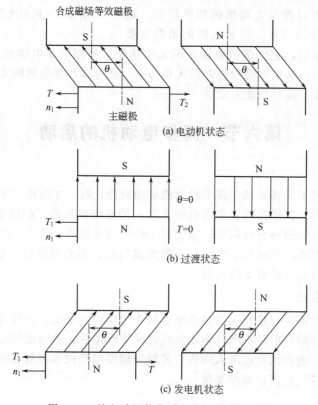

图 9.16　从电动机状态到发电机状态的过渡

将原动机通电,产生驱动转矩,并逐步增加原动机的输入功率。这样,就减轻了电动机的负载,使转子加速,功率角 θ、电磁转矩 T 和电磁功率 P_M 相应减小。当 θ 减至零时,原动机恰好承担自身运转所需的转矩,同步电动机就变为空载,其输入功率恰好承担其空载损耗,如图 9.16(b) 所示。

继续增加原动机的输入功率,原动机就开始拖动同步电机运转。此时,转子磁极轴线沿转向超过了气隙合成磁场轴线,如图 9.16(c) 所示。则 θ、P_M 和 T 变为负值,表明同步电机从原动机吸收机械功率,而同步电机产生的电磁转矩变为制动性质的转矩。同步电机从原动机输入机械转矩克服电磁转矩,将机械能转变为电能,向电网供电,处于发电机状态。

从以上分析可知,从电动机状态进入发电机状态的过程中,功率角 θ、电磁转矩 T 和电磁功率 P_M 均由正值变为负值,电磁转矩由驱动性质变为制动性质,机电能量转换过程也发生了逆转。

隐极同步电机的电磁功率 P_M 为

$$P_M = \frac{3E_0 U}{X_c}\sin\theta$$

当 $\theta > 0°$ 时,$T > 0$,$P_M > 0$,将电功率转换为机械功率输出,电动机运行。

当 $\theta < 0°$ 时,$T < 0$,$P_M < 0$,将机械功率转换为电功率输出,机械功率来源于原动机。即从原动机输入机械功率,输出电功率,发电机运行。

二、同步发电机的空载运行

原动机拖动同步发电机转子以同步转速旋转,励磁绕组通入直流电,定子三相绕组开路,称为同步发电机的空载运行。此时,定子电流为零,电机内只有转子励磁电流产生的主极磁场,则主极励磁磁动势为

$$F_0 = N_f I_f \tag{9.20}$$

主极磁场产生的磁通包括主磁通 Φ_0 和漏磁通 Φ_σ(图 9.17),两者通过的磁路也不同。

若忽略气隙磁场中高次谐波,气隙磁场在空间按正弦规律分布,并随转子一起以同步转速旋转。旋转的主极磁场切割定子三相绕组,就会在定子绕组中感应出频率为 f 的对称三相电动势,称为空载电动势。忽略高次谐波时,每相绕组的空载电动势有效值 E_0 为

$$E_0 = 4.44 f N k_N \Phi_0 \tag{9.21}$$

当调节励磁电流 I_f 时,主磁通 Φ_0 和空载电动势 E_0 也随之变化。空载电动势 E_0 随励磁电流 I_f 变化的关系曲线 $E_0 = f(I_f)$ 或主磁通 Φ_0 随主极励磁磁动势 F_0 变化的关系曲线 $\Phi_0 = f(F_0)$ 称为空载特性曲线,如图 9.18 所示。

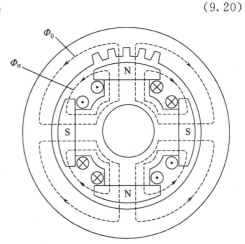

图 9.17 同步发电机的空载磁路

由图 9.18 可知,在空载特性的初始阶段,磁路不饱和,E_0 与 I_f 呈线性关系。当磁通 Φ_0 较大时,随着磁路的饱和,曲线开始弯曲,E_0 与 I_f 之间呈非线性关系。空载特性反映了电机主磁路的饱和情况。

同步发电机中的主极磁场以同步转速 ω_1 在空间旋转,由其产生的正弦基波主磁通和定子绕组中感应的以角频率 ω_1 交变的正弦基波电动势在时空上同步变化。同步发电机空载运

行时的相量图如图 9.19 所示。

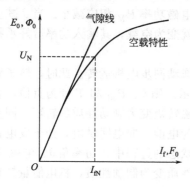

图 9.18 同步发电机空载特性

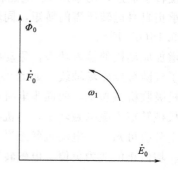

图 9.19 同步发电机空载相量图

第八节 隐极同步发电机负载运行

同步发电机各物理量正方向的规定如图 9.20 所示。图中 $\dot{E}_0$、$\dot{E}_a$ 分别表示主磁通 $\dot{\Phi}_0$ 和电枢反应磁通 $\dot{\Phi}_a$ 在定子绕组中感应的励磁电动势和电枢反应电动势。

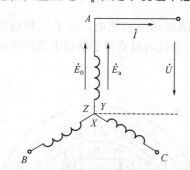

图 9.20 同步发电动机物理量的正方向

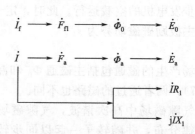

图 9.21 隐极同步发电机不饱和时的基本电磁关系

一、不考虑磁路饱和

不考虑磁路饱和时，可采用叠加原理求解。隐极同步发电机的基本电磁关系如图 9.21 所示。

根据基尔霍夫定律，可得定子绕组电压平衡方程为

$$\dot{E}_0+\dot{E}_a=\dot{U}+\dot{I}R_1+j\dot{I}X_1 \tag{9.22}$$

式中，R_1 为定子绕组的相电阻。

$\dot{E}_0$ 和 $\dot{E}_a$ 分别滞后于产生它们的磁通 $\dot{\Phi}_0$、$\dot{\Phi}_a$ 90° 相位角。因磁路不饱和，有 E_a 正比于 Φ_a，Φ_a 正比于 F_a，而 F_a 又正比于 I，因此，E_a 正比于 I。由于 $\dot{I}$ 与 $\dot{E}_a$ 的正方向相同，故 $\dot{I}$ 领先于 $\dot{E}_a$ 90° 相位角。仿照变压器及异步电机的分析方法，将电动势变成电抗压降形式，故有

$$\dot{E}_a=-j\dot{I}X_a \tag{9.23}$$

式中，X_a 为电枢反应电抗，表示对称三相电流所产生的电枢反应磁场在定子相绕组中感应电动势的能力。

因此，式(9.22)可改写为

$$\dot{E}_0 = \dot{U} + \dot{I}R_1 + \mathrm{j}\dot{I}X_1 + \mathrm{j}\dot{I}X_a = \dot{U} + \dot{I}R_1 + \mathrm{j}\dot{I}X_c \tag{9.24}$$

式中，$X_c = X_1 + X_a$，为隐极同步电机的同步电抗，综合反映了稳态运行时电枢反应磁场和漏磁场的作用。

相量图和等效电路如图 9.22 所示。

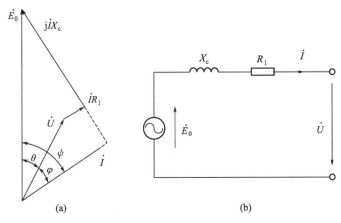

图 9.22　隐极同步电机相量图和等效电路

相量图中，$\dot{E}_0$ 和 $\dot{I}$ 之间的夹角称为内功率因数角 ψ。根据几何关系不难得出：

$$\psi = \arctan \frac{U\sin\varphi + IX_c}{U\cos\varphi + IR_1} \tag{9.25}$$

二、考虑磁路饱和

饱和时，由于磁路非线性，不能使用叠加原理求解。而必须首先将主极磁动势 F_0 和等效的电枢磁动势进行矢量相加，求出合成磁动势，再利用磁化曲线求解合成磁通和合成电动势。

通常磁化曲线上励磁磁动势 F_0 用幅值表示，隐极发电机的励磁磁动势为一阶梯形波，如图 9.23 所示，而电枢磁动势 F_a 幅值是基波的幅值，因此，需要把基波电枢磁动势幅值换算成等效的阶梯波的幅值，才能将 F_0 和 F_a 进行矢量相加。

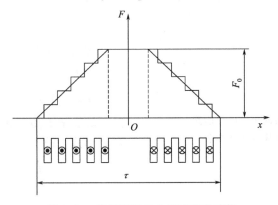

图 9.23　隐极同步发电机励磁磁动势

即

$$F_0 + k_a F_a = F \tag{9.26}$$

式中，k_a 为产生同样的基波气隙磁场，电枢磁动势转换为梯形波磁动势的系数。

然后根据电机的磁化曲线求出负载时的气隙磁通 Φ 和相应的气隙电动势 $\dot{E}$，并进一步得到电枢的电压方程，即

$$\dot{E} = \dot{U} + \dot{I}(R_1 + jX_1) \tag{9.27}$$

相应的相量图和等效电路如图 9.24 所示。

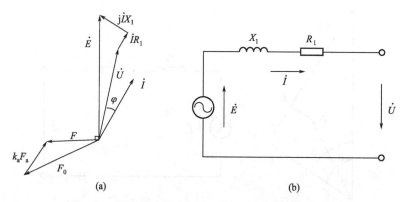

(a)   (b)

图 9.24 隐极同步发电机饱和时的相量图和等效电路

第九节 凸极同步发电机负载运行

与隐极同步发电机不同，凸极同步发电机的气隙不均匀，因而直轴与交轴磁路磁阻不相同，电枢磁动势作用在直轴和交轴磁路上时，所产生的电枢反应磁通不同。因此需要运用双反应原理进行分析。

一、不考虑磁路饱和

凸极同步发电机磁路不饱和运行时的基本电磁关系如图 9.25 所示。

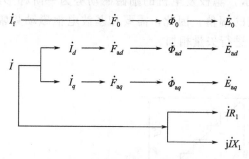

图 9.25 凸极同步发电机磁路
不饱和时的基本电磁关系

根据图 9.20 规定的同步发电机各物理量正方向，可得定子电压平衡方程为

$$\dot{E}_0 + \dot{E}_{ad} + \dot{E}_{aq} = \dot{U} + \dot{I}R_1 + j\dot{I}X_1 \tag{9.28}$$

因磁路不饱和，E_{ad} 正比于 Φ_{ad}，Φ_{ad} 正比于 F_{ad}，F_{ad} 又正比于 I_d，因此，E_{ad} 正比于 I_d。由于 $\dot{I}$ 与 $\dot{E}$ 的正方向相同，故 $\dot{E}_{ad}$ 落后于 $\dot{I}_d 90°$相位。将电动势变成电抗压降形式。故有

$$\dot{E}_{ad} = -j\dot{I}_d X_{ad} \tag{9.29}$$

同理可得

$$\dot{E}_{aq} = -\mathrm{j}\dot{I}_q X_{aq} \tag{9.30}$$

式中，X_{ad} 和 X_{aq} 分别为直轴电枢反应电抗和交轴电枢反应电抗，表示直轴和交轴电枢反应磁场在定子相绕组中感应电动势的能力。

将式（9.29）和式（9.30）代入式（9.28）后可得

$$\begin{aligned}
\dot{E}_0 &= \dot{U} + \dot{I}R_1 + \mathrm{j}\dot{I}_d X_{ad} + \mathrm{j}\dot{I}_q X_{aq} + \mathrm{j}(\dot{I}_d + \dot{I}_q)X_1 \\
&= \dot{U} + \dot{I}R_1 + \mathrm{j}\dot{I}_d(X_{ad} + X_1) + \mathrm{j}\dot{I}_q(X_{aq} + X_1) \\
&= \dot{U} + \dot{I}R_1 + \mathrm{j}\dot{I}_d X_d + \mathrm{j}\dot{I}_q X_q
\end{aligned} \tag{9.31}$$

式中

$$X_d = X_{ad} + X_1 \tag{9.32}$$
$$X_q = X_{aq} + X_1 \tag{9.33}$$

X_d 和 X_q 为凸极同步发电机的直轴同步电抗和交轴同步电抗，分别反映了直轴电枢反应磁场及漏磁场和交轴电枢反应磁场及漏磁场的作用。

由于凸极电机气隙不均匀，$X_{ad} > X_{aq}$，$X_d > X_q$。

对应的相量图如图 9.26 所示。

相量图中，$\dot{E}_0$ 和 $\dot{I}$ 之间的夹角称为内功率因数角 ψ。根据几何关系不难得出：

$$\psi = \arctan\frac{U\sin\varphi + IX_q}{U\cos\varphi + IR_1} \tag{9.34}$$

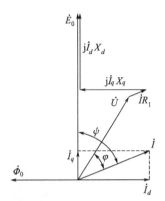

图 9.26　凸极同步发电机相量图

二、考虑磁路饱和

饱和时，由于磁路非线性，不能使用叠加原理求解。为简化计算，忽略交、直轴磁路交叉饱和影响。交、直轴磁路的合成磁动势及感应电动势可分别由空载特性求得。气隙合成电动势为交、直轴感应电动势之和，即 $\dot{E}_\delta = \dot{E}_d + \dot{E}_{aq}$

凸极同步发电机磁路饱和时的基本电磁关系如图 9.27 所示。

其中，F_d、F_{ad}、F_{aq} 均为基波磁动势折算到励磁绕组的等效励磁磁动势。用 F_d 和 F_{aq} 在图 9.28 所示空载特性上可得 E_d 和 E_{aq}。

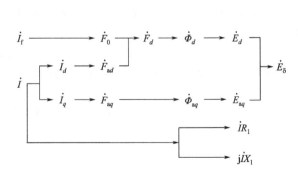

图 9.27　凸极同步发电机磁路饱和时的基本电磁关系

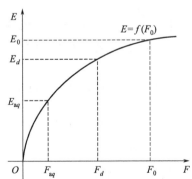

图 9.28　空载特性

则电枢绕组电压平衡方程为

$$\dot{E}_d + \dot{E}_{aq} = \dot{E}_\delta = \dot{U} + \dot{I}R_1 + \mathrm{j}\dot{I}X_1 \tag{9.35}$$

由于交轴气隙较大，交轴磁路仍可认为是线性的，有

$$\dot{E}_{aq} = -j\dot{I}_q X_{aq}$$

代入式（9.35）可得

$$\dot{E}_d = \dot{U} + \dot{I}R_1 + j\dot{I}X_1 + j\dot{I}_q X_{aq} \tag{9.36}$$

相量图如图 9.29 所示。

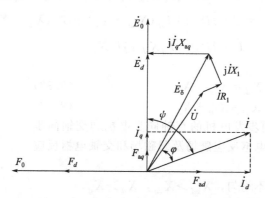

图 9.29　考虑饱和的凸极同步发电机相量图

第十节　同步发电机的功率和转矩

一、功率和转矩平衡方程

同步发电机由原动机拖动，在对称负载下稳态运行时。由原动机输入的机械功率为 P_1，扣除机械损耗 p_m、铁耗 p_{Fe} 和附加损耗 p_s 后，得到了经过机电能量转换后的电磁功率 P_M，功率平衡方程为

$$P_1 - (p_m + p_{Fe} + p_s) = P_M \tag{9.37}$$

即

$$P_1 - p_0 = P_M \tag{9.38}$$

式中，$p_0 = p_m + p_{Fe} + p_s$ 为空载损耗。

电磁功率 P_M 是由气隙合成磁场传递到发电机定子的电功率。在扣除了电枢绕组铜耗 $p_{Cu} = 3I^2 R_1$ 后，就是发电机输出的电功率 P_2，即

$$P_2 = P_M - p_{Cu} \tag{9.39}$$

式（9.38）同时除以发电机角速度 Ω，就得到了同步发电机的转矩平衡方程，即

$$T_1 - T_0 = T \tag{9.40}$$

式中，T_1 为原动机提供的拖动转矩；而 T_0 为空载阻转矩，制动性质；T 为电磁转矩，也是制动性质。

二、功角特性

根据图 9.26 相量图，忽略电枢绕组电阻 R_1，可推导出凸极同步发电机功角特性：

$$P_M = \frac{3E_0 U}{X_d} \sin\theta + \frac{3U^2(X_d - X_q)}{2X_d X_q} \sin 2\theta \tag{9.41}$$

式中，第一项称为励磁电磁功率，第二项称为凸极电磁功率或磁阻功率，是由 d、q 轴磁路不对称产生的。通常，励磁电磁功率远大于磁阻功率。

对于隐极同步发电机，$X_d = X_q = X_c$，电磁功率 P_M 为

$$P_M = \frac{3E_0 U}{X_c} \sin\theta \tag{9.42}$$

凸极同步发电机功角特性如图 9.30 曲线 3 所示。其中，励磁电磁功率为曲线 1，凸极电磁功率为曲线 2。

隐极同步发电机只有励磁电磁功率，其功角特性如图 9.30 曲线 1 所示。

对于隐极同步发电机，只有励磁电磁功率，而磁阻功率为零。当 $\theta = 90°$ 时，电磁功率最大，为 $P_{Mmax} = m\dfrac{E_0 U}{X_c}$，如图 9.30 所示。

对于凸极同步电机，因直交轴磁路不对称，$X_d \neq X_q$，产生凸极电磁功率或磁阻功率，对应的转矩称为磁阻转矩。只要端电压 U 不为零，且 $X_d \neq X_q$，就能产生磁阻功率和磁阻转矩。其最大电磁功率 P_{Mmax} 产生在 $0 < \theta < 90°$ 处，如图 9.30 所示。

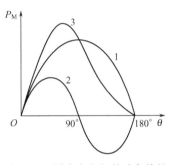

图 9.30　同步发电机的功角特性

当忽略定子绕组电阻和定子漏抗压降时，由式（9.28）可得

$$\dot{U} = \dot{E}_0 + \dot{E}_{ad} + \dot{E}_{aq} = \dot{E}_\delta \tag{9.43}$$

即定子绕组端电压近似等于励磁磁场和电枢磁场在定子绕组产生的感应电动势相量和。

上式中，$\dot{E}_\delta$ 称为气隙合成电动势。功角 θ 为 $\dot{E}_0$ 与 $\dot{U}$ 的时间相位差角，可以近似地认为是气隙合成电动势 $\dot{E}_\delta$ 与空载电动势 $\dot{E}_0$ 的夹角。由于空载电动势 $\dot{E}_0$ 由主极磁场 $\dot{F}_0$ 感应产生，气隙合成电动势 $\dot{E}_\delta$ 由气隙合成磁场 $\dot{F}_\delta$ 感应产生，在相量图中，$\dot{E}_0$ 与 $\dot{E}_\delta$ 之时间相位差角等于 $\dot{F}_0$ 与 $\dot{F}_\delta$ 之间的空间电角度差。所以，功角 θ 也可近似地认为是主极磁场与气隙合成磁场在空间的夹角，如图 9.31 所示。

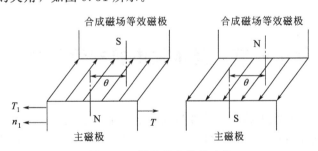

图 9.31　同步发电机的功角

功角是同步发电机的基本变量之一，它不仅决定着同步发电机电磁功率的大小，其正负还决定着同步电机的运行状态。

【例 9.2】　一台水轮同步发电机，$X_d = 0.8$、$X_q = 0.6$，接在 $U = 1$ 的电网上，带负载运行，$I = 1$，$\cos\varphi = 0.6$（滞后）。忽略定子电阻，试计算：

（1）励磁电动势 E_0 和内功率因数角 ψ；

（2）电磁功率 P_M 和最大电磁功率 P_{Mmax}。

解（1）根据内功率因数角的计算公式可得

$$\psi = \arctan \frac{U\sin\varphi + IX_q}{U\cos\varphi + IR_1} = \arctan \frac{1\times0.8 + 1\times0.6}{1.0\times0.6} = 66.8°$$

发电机的功角为

$$\theta = \psi - \varphi = 66.8° - 53.1° = 13.7°$$

根据图 9.26 凸极同步发电机相量图可得励磁电动势：

$$E_0 = U\cos\theta + IX_d\sin\psi$$
$$= 1\times\cos13.7° + 1\times0.8\times\sin66.8° = 1.71$$

（2）电磁功率 P_M

$$P_M = \frac{E_0 U}{X_d}\sin\theta + \frac{U^2(X_d - X_q)}{2X_d X_q}\sin2\theta$$
$$= \frac{1.71\times1}{0.8}\sin13.7° + \frac{1\times(0.8-0.6)}{2\times0.8\times0.6}\sin27.4°$$
$$= 0.6$$

令 $\dfrac{dP_M}{d\theta} = 0$，即

$$\frac{dP_M}{d\theta} = \frac{E_0 U}{X_d}\cos\theta + \frac{U^2(X_d - X_q)}{X_d X_q}\cos2\theta$$
$$= \frac{1.71\times1}{0.8}\cos\theta + \frac{1\times(0.8-0.6)}{0.8\times0.6}\cos2\theta$$
$$= 2.14\cos\theta + 0.417\cos2\theta$$
$$= 0$$

解得 $\theta = 77.6°$，代入 P_M 计算公式可得最大电磁功率 P_{Mmax}：

$$P_{Mmax} = \frac{E_0 U}{X_d}\sin\theta + \frac{U^2(X_d - X_q)}{2X_d X_q}\sin2\theta$$
$$= \frac{1.71\times1}{0.8}\sin77.6° + \frac{1\times(0.8-0.6)}{2\times0.8\times0.6}\sin155.2°$$
$$= 2.18$$

第十一节　同步发电机的运行特性

同步发电机在对称负载下的运行特性是确定电机主要参数、评价其性能的基本依据，可由实验方法测得。同步发电机运行特性包括空载特性、短路特性、负载特性、外特性和调整特性等。

一、运行特性

1. 空载特性

同步发电机运行在同步转速，不带负载。改变励磁电流，空载电动势随之变化的关系称为空载特性。

由于铁磁材料有磁滞现象，实验测定时，上升和下降的曲线不会重合。因此，一般采用

从 $U_0=1.2U_N$ 开始至 $I_f=0$ 的下降曲线，如图 9.32 中上部的曲线所示。当 $I_f=0$ 时有剩磁产生的电动势，即纵轴上的截距。将曲线由此延长与横轴相交，如图中虚线所示，取交点与原点距离为校正值，再将原实测曲线整体向右平移得到工程中实用的校正曲线，如图 9.32 中过原点的曲线所示。

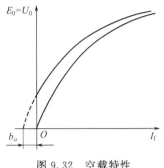

图 9.32　空载特性

通过空载特性不仅可以检查励磁系统的工作状况，电枢绕组的连接正确性，还可以知道发电机磁路饱和的程度。

2. 短路特性

短路特性是指同步发电机运行在同步转速，定子三相绕组短路，电枢短路电流 I_k 与励磁电流 I_f 的关系。如图 9.33 所示。

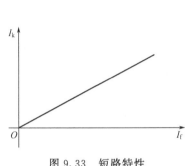

图 9.33　短路特性

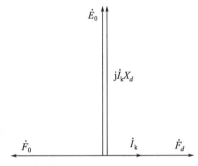

图 9.34　稳态短路时相量图

图 9.34 表示短路时发电机的相量图。由于端电压为零，短路电流取决于发电机的阻抗，而电枢电阻远小于电抗，因此，短路电流滞后感应电势近似为 90°，基本上为纯感性。电枢磁动势基本上就是去磁作用的直轴磁动势。电机的电动势平衡方程为

$$\dot{E}_0=j\dot{I}_kX_d$$

当短路电流增加时，电枢磁动势 F_a 正比增加，由于磁路不饱和，合成磁动势也正比增加，励磁磁动势也正比增加，励磁电流也正比增加，短路电流与励磁电流呈线性关系。

3. 零功率因数负载特性

同步发电机的零功率因数负载特性指的是发电机带纯电感负载，保持负载电流为常数的条件下，发电机端电压与励磁电流之间的关系曲线 $U=f(I_f)$。如图 9.35 所示。

图 9.36 为零功率因数负载时的相量图。由于 $\varphi=90°$，且电枢电阻与回路电抗相比可忽略，即 $\dot{E}_0$ 与 $\dot{I}$ 的夹角 $\psi\approx90°$，故零功率因数负载时的电枢磁动势仅有去磁的直轴磁动势分量。于是

$$E_\delta=U+IX_1$$

在图 9.35 中，线段 OB 表示相电压 U_N，线段 BC 表示空载励磁电流 I_{f0}。零功率因数负载运行时，要保持端电压 U_N 不变，励磁电流 I_f（线段 BF）必须大于 I_{f0} 以克服漏抗压降和电枢反应的去磁影响。延长 BC 交零功率因数特性于 F，从空载特性作 EA 垂直于 BF，使线段 $EA=IX_1$，则线段 CA 为克服漏抗压降所增加的励磁电流，而线段 AF 也就是克服电枢反应去磁作用所需要增加的励磁电流 I_{fa}。直角三角形 AEF 是电机的特性三角形。

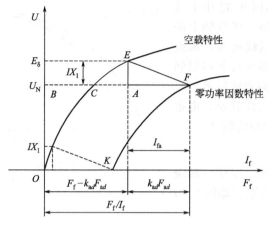

图 9.35 零功率因数负载特性

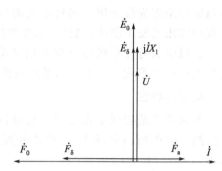

图 9.36 零功率因数负载时的相量图

通过上述分析可知，零功率因数特性与空载特性之间存在一个特性三角形。由于零功率因数特性时电枢电流保持不变，该直角三角形大小不变。其左上角顶点沿空载曲线移动时，其右下角顶点的轨迹即为所求的零功率因数负载特性曲线。

4. 外特性

外特性是指发电机运行在同步转速、励磁电流为常数、功率因数恒定的条件下，端电压与负载电流之间的关系曲线。

图 9.37 表示同步发电机不同功率因数时的外特性。发电机带感性负载或纯电阻负载时，由于定子漏抗压降和电枢反应去磁作用影响，随着负载电流的增加，外特性呈下降趋势，感性负载下降得更多；带容性负载时，由于电枢反应起助磁作用及容性电流的漏抗压降使端电压上升，外特性呈上升趋势。

为了使不同功率因数条件下发电机工作于额定点 $U=U_N$、$I=I_N$，则感性负载时所需要的励磁电流大于容性负载时的数值，因此，称前者处于过励状态，而后者为欠励状态。

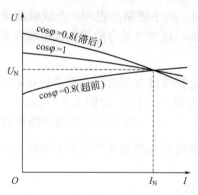

图 9.37 同步发电机的外特性

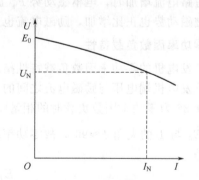

图 9.38 同步发电机输出电压的变化

发电机端电压随负载变化的程度用电压调整率表示。发电机运行在同步转速，保持励磁电流为额定值，输出电压从额定电压 U_N 到空载电压（电动势）E_0，如图 9.38 所示。则同步发电机的电压调整率为

$$\Delta U = \frac{E_0 - U_N}{U_N} \times 100\%$$

(9.44)

电压调整率是表征同步发电机电压稳定性的重要指标。通常，同步发电机的电压调整率在 20% 至 40% 的范围内变化。

5. 调整特性

当发电机负载电流变化时，为保持端电压不变，必须调节发电机的励磁电流。调整特性是指发电机运行在同步转速、端电压保持不变、功率因数恒定的条件下，发电机励磁电流与电枢电流的关系曲线，如图 9.39 所示。

对于感性和电阻性负载，为补偿定子漏抗压降和电枢反应去磁作用，随着负载的增大需要增加励磁电流，特性曲线呈上升趋势；而对容性负载，因负载电流的助磁作用，需要减小励磁电流，特性曲线呈下降趋势。

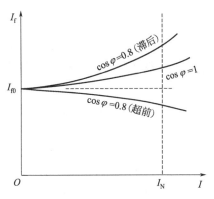

图 9.39　同步发电机的调整特性

二、运用特性曲线进行参数计算

1. 由空载特性和短路特性确定 X_d 和短路比 K_c

对于一定的励磁电流 I_f，从短路特性曲线可以求得短路电流 I_k，从空载特性曲线可以得到对应的空载电动势 E_0，则电抗 X_d 为

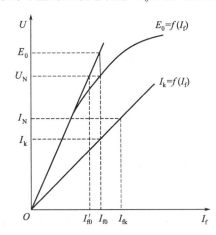

图 9.40　同步发电机 X_d 和短路比的求解

$$X_d = \frac{E_0}{I_k} \tag{9.45}$$

由于短路时主磁路是不饱和的，E_0 与 I_f 成正比，因此 E_0 应当由气隙线求得，此时求得的同步电抗为不饱和值。由空载、短路特性计算 X_d 的方法如图 9.40 所示。

发电机在额定电压附近运行时，磁路一般处于饱和状态，同步电抗的饱和值与发电机的短路比有关。短路比定义为空载电压为额定电压时的励磁电流 I_{f0} 与产生额定短路电流所需的励磁电流 I_{fk} 之比，用 K_c 表示。

$$K_c = \frac{I_{f0(U_0=U_N)}}{I_{fk(I_k=I_N)}} \tag{9.46}$$

由图 9.40 可知

$$K_c = \frac{I_{f0}}{I_{fk}} = \frac{I_k}{I_N} = \frac{E_0}{X_{d(不饱和)} I_N} = \frac{K_s U_N}{X_{d(不饱和)} I_N} = \frac{K_s}{\underline{X}_{d(不饱和)}} \tag{9.47}$$

式（9.47）中，$K_s = \dfrac{E_0}{U_N} = \dfrac{I_{f0}}{I'_{f0}}$，称为额定电压下的饱和系数。$I_{f0}$ 为磁路饱和时产生电压 U_N 所需的励磁电流（磁动势），而 I'_{f0} 为磁路不饱和时产生同样电压所需的励磁电流（磁动势），两者之比恰好是由于磁路饱和使磁阻增加的倍数，故将 K_s 称为饱和系数。由于饱和同步电抗可近似为

$$X_{d(饱和)} \approx \frac{X_{d(不饱和)}}{K_s} \tag{9.48}$$

因此，短路比可表示为 $X_{d(饱和值)}$ 标幺值的倒数，即

$$K_c = \frac{1}{X_{d(饱和)}} \qquad (9.49)$$

短路比也反映了产生空载额定电压和额定短路电流所需的励磁电流之比。

短路比与发电机尺寸参数、成本等因素密切相关，对电机性能影响较大。短路比大，则 X_d 小，负载变化时发电机的电压稳定较好；短路比小，X_d 较大，负载变化时发电机的电压变化较大，并联运行时发电机的稳定度较差。

2. 由空载特性和零功率因数特性确定定子漏电抗 X_1

同步发电机空载特性和额定电流下的零功率因数理论特性曲线（虚线所示）如图 9.41 所示。在零功率因数理论特性曲线上，选取额定电压点 F_1，作直线 F_1H_1 平行于横轴，并使 $F_1H_1 = OB$。然后，过点 H_1 作气隙线的平行线，与空载特性相交于 E_1 点。则直角三角形 $A_1E_1F_1$ 即为发电机的特性三角形。其中，直角边 $A_1E_1 = I_N X_1$，另一直角边 $A_1F_1 = I_{fa}$。因此定子漏电抗为

$$X_1 = \frac{A_1E_1}{I_N}$$

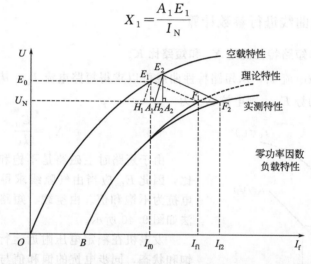

图 9.41 同步发电机定子漏电抗 X_1 和保梯电抗 X_p 的求解

3. 由空载特性和零功率因数特性确定保梯电抗 X_p

由实验测得的零功率因数特性与理论特性曲线并不完全重合，如图 9.41 中的实线所示，原因如下：

空载运行时，励磁电流 I_{f0} 除在发电机中产生磁场并在定子绕组感应出励磁电动势 E_0 外，还会产生少量的主极漏磁通。

零功率因数负载运行时，负载为纯电感，励磁电流为 I_{f1}，等效电枢反应电流为 $I_{fa} = I_{f1} - I_{f0}$。虽然产生合成磁场所对应的等效励磁电流仍然为 I_{f0}，与空载时相同，但零功率因数负载时，励磁电流 $I_{f1} > I_{f0}$，励磁磁动势也要大很多，产生的主极漏磁通自然也大很多，使磁路饱和程度增加，主磁路磁阻增大。因此，要想获得同样的气隙磁场，就需要施加比 I_{f1} 更大的励磁电流 I_{f2}，所以实测的零功率因数特性不是图 9.41 中所示的虚线，而是图中的实线。实际的特性三角形应为直角三角形 $A_2E_2F_2$。由于 $A_2E_2 > A_1E_1$，求出的漏电抗较 X_1 大，为区别起见，用 X_p 表示，称为保梯电抗，即

$$X_p = \frac{A_2E_2}{I_N}$$

在计算同步发电机运行特性时，负载性质通常以感性居多，主磁极铁芯都存在着饱和现象，与零功率因数负载特性类似。因此，采用保梯电抗替代漏电抗，反而会得到更准确的结果。

【例 9.3】 一台汽轮发电机，三相星形联结，额定数据如下：容量 $S_N = 30000\mathrm{kVA}$，电压 $U_N = 10.5\mathrm{kV}$，功率因数 $\cos\varphi_N = 0.8$（滞后），频率 $f_N = 50\mathrm{Hz}$。其空载特性如下。

E_0/V	4000	8000	11000	13000	14000	15000	16000
I_f/A	45	90	132	170	210	280	440

短路特性为一条过原点的直线，当 $I_k = I_N$ 时，$I_f = 275\mathrm{A}$。额定电流下零功率因数负载特性上，电压为额定值时相气隙电动势为 6986V，忽略电枢绕组电阻。计算：

(1) 保梯电抗；

(2) 额定励磁电流；

(3) 电压调整率。

解 (1) 额定电流为

$$I_N = \frac{S_N}{\sqrt{3}U_N} = \frac{30000 \times 10^3}{\sqrt{3} \times 10.5 \times 10^3} = 1650(\mathrm{A})$$

零功率因数负载特性上额定电流时漏电抗压降为

$$I_N X_p = E_\delta - \frac{U_N}{\sqrt{3}} = 6986 - \frac{10.5 \times 10^3}{\sqrt{3}} = 924(\mathrm{V})$$

因此：

$$X_p = \frac{I_N X_p}{I_N} = \frac{924}{1650} = 0.56(\Omega)$$

(2) 短路时，电枢反应磁动势为直轴去磁性质，励磁磁动势与电枢反应磁动势合成得到气隙磁动势，从而感应气隙电动势，与漏电抗上的压降平衡。根据短路电流为额定电流时的漏电抗压降，查空载特性可得对应的等效励磁电流为

$$I_{fx} = \frac{45}{4000} \times 924 \times \sqrt{3} = 18(\mathrm{A})$$

由短路特性可知，短路电流为额定值时的励磁电流为

$$I_{fk} = 275\mathrm{A}$$

额定电流产生的电枢反应磁动势的等效励磁电流为

$$I_{fa} = I_{fk} - I_{fx} = 275 - 18 = 257(\mathrm{A})$$

以相电压为参考相量，即

$$\dot{U} = \frac{10.5 \times 10^3}{\sqrt{3}} \angle 0° = 6062 \angle 0°(\mathrm{V})$$

功率因数角 $\varphi_N = 36.87°$，则 $\dot{I} = 1650 \angle -36.87°\mathrm{A}$，作出发电机额定运行的相量图如图 9.42 所示。

由电压方程式得

$$\dot{E}_\delta = \dot{U} + \mathrm{j}\dot{I}X_p = 6062 + \mathrm{j}0.56 \times 1650 \angle -36.87°$$
$$= 6657.56 \angle 6.37°(\mathrm{V})$$

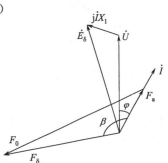

图 9.42　例 9.3 相量图

查空载特性，得到气隙合成磁动势对应的励磁电流为

$$I_{f\delta} = \frac{170-132}{13000-11000} \times (6657.56 \times \sqrt{3} - 11000) + 132 = 142.1(A)$$

由相量图可知，电枢反应磁动势与气隙磁动势之间的夹角 β 为：$\beta = 6.37° + 36.87° + 90° = 133.24°$。

根据余弦定理，额定负载时的励磁电流为

$$\begin{aligned}
I_f &= \sqrt{I_{fa}^2 + I_{f\delta}^2 - 2I_{fa}I_{f\delta}\cos\beta} \\
&= \sqrt{257^2 + 142.1^2 - 2 \times 257 \times 142.1\cos133.24°} \\
&= 369.2(A)
\end{aligned}$$

（3）根据额定励磁电流查空载特性，得到励磁电动势为

$$E_0 = \frac{16000-15000}{440-280} \times (369.2-280) + 15000 = 15557.5(V)$$

则

$$\Delta U = \frac{E_0-U_N}{U_N} \times 100\% = \frac{15557.5-10500}{10500} \times 100\% = 48.2\%$$

第十二节 同步发电机的并联运行

在发电厂中，总是有多台同步发电机并联运行，而现代电力系统则是由多个发电厂并联而成的。同步发电机并联运行具有一系列的优点：

（1）提高供电的可靠性；

（2）提高供电的质量；

（3）电能的供应可以相互调剂，合理使用；

（4）提高供电的稳定性。

因此，研究同步发电机并联运行的方法及其规律，对于提高供电的可靠性、稳定性和经济性，合理利用电力资源，对于电力设备的运行和维护等，具有非常重要的意义。

一、并联运行的条件

同步发电机并联投入电网时，为避免产生大的电流冲击，要求发电机端电压的瞬时值与电网电压的瞬时值完全一致，具体包括：

（1）幅值相同；

（2）波形相同；

（3）频率相同；

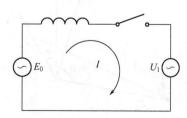

图 9.43 发电机并联运行

（4）相序相同；

（5）相位相同。

满足了以上条件，发电机才能并入电网运行（图9.43）。

如果发电机与电网电压幅值不相等，就会在电机与电网之间存在电位差，产生环流，从而使发电机损耗增大、温升增高。

如果波形不同，则并联后在发电机与电网间势必要产生一系列高次谐波环流，从而损耗增大、温升增高、效率降低。

如果频率不同，则发电机端电压相量与电网电压相量之间存在相对运动，且周而复始，从而产生差频环流，在电机内引起功率振荡。

如果相序不同，合闸也是绝不允许的。因为仅一相符合条件，但另外两相之间巨大的电位差产生的巨大环流和机械冲击将严重危害发电机安全。

如果发电机与电网电压相位不相等，也会在电机与电网之间产生环流。

二、投入并联的方法

1. 准确同步法

将发电机参数调整到完全符合并联运行条件后并网操作，称为准确同步法。调整过程中，常用三组相灯来判别条件的满足情况。三组相灯的接法有直接接法和交叉接法两种。直接接法就是每相的相灯两端分别接在发电机与电网的同相端；交叉接法就是一组相灯接在发电机与电网的同相端，另外两组相灯在发电机与电网的交叉相端连接。如图 9.44 和图 9.45 所示。

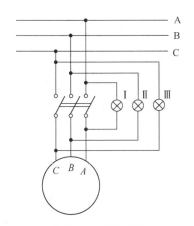

图 9.44 直接接法

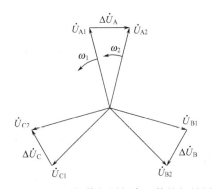

图 9.45 电压幅值相同频率不等的相量图

首先分析直接接法（暗灯法）。

每组相灯上的电压 ΔU 相同，即 $\Delta \dot{U} = \dot{U}_2 - \dot{U}_1$。设发电机与电网的电压幅值相同，但频率不等，相量图如图 9.45 所示。电网侧相量频率为 f_1，发电机侧相量频率为 f_2，设 $f_2 > f_1$，则 $\dot{U}_2$ 相对于 $\dot{U}_1$ 以角速度 $2\pi(f_2 - f_1)$ 旋转。当 $\dot{U}_2$ 与 $\dot{U}_1$ 重合时，$\Delta U = 0$；此后，随着 $\dot{U}_2$ 与 $\dot{U}_1$ 相位差的增加，ΔU 增加，反相时达到最大，$\Delta U = 2U_1$。$\Delta \dot{U}$ 以频率 $(f_2 - f_1)$ 在 $(0 \sim 2)U_1$ 之间交变，则三组相灯同时以频率 $(f_2 - f_1)$ 闪烁。

采用直接接法并网可按以下步骤进行：

（1）按照直接接法接线。

（2）把发电机拖动到接近同步转速。

（3）调节发电机励磁使端电压与电网电压相等；若相序正确，则在发电机频率与电网频率不等时，三组相灯会同时变亮和变暗。

（4）调节发电机转速使相灯变亮和变暗的频率很低，并在三组相灯全暗时，迅速合闸，完成并网操作。

再来分析交叉接法（灯光旋转法）。

接线图如图 9.46 所示。

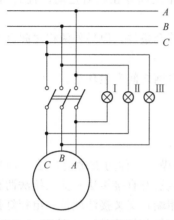

图 9.46　交叉接法

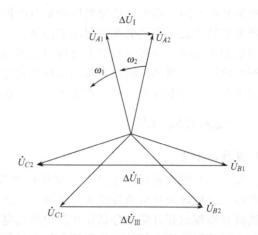

图 9.47　交叉接法电压幅值相同频率不等的相量图

仍设 $f_2 > f_1$，即发电机侧电压相量相对于电网侧电压相量的旋转角速度为 2π（$f_2 - f_1$），相量图如图 9.47 可知，三组相灯的亮度会依次变化，ΔU 最大的相灯最亮。随着发电机侧电压相量的旋转，最大的 ΔU 依次出现在不同的相灯上，且周而复始，循环变化，好像灯光是逆时针旋转。反之，若 $f_2 < f_1$，则灯光的旋转方向变为顺时针。所以，交叉接法又称为灯光旋转法，其优点是显示直观。根据灯光旋转方向，调节发电机转速，使灯光旋转速度逐渐变慢，最后在某一组灯光熄灭、另两组灯光亮度相等时合闸，完成并网操作，并最终牵入同步运行。

2. 自同步法

用准确同步法进行并联的优点是没有明显的电流冲击，但缺点是操作复杂，耗时较多。当电网出现故障时，需要迅速将发电机投入电网，常采用自同步法实现并联运行。自同步法的操作步骤是：发电机励磁绕组先不接电源而经外电阻短路，当发电机转速接近同步转速时，发电机并网，励磁绕组切除外电阻并立即接入励磁电源，利用自整步作用使发电机牵入同步。

自同步法的优点是操作简便，不需要复杂设备，缺点是合闸及投入励磁时均有较大的电流冲击。

上面介绍的并网方法，无论是准确同步法还是自同步法，都属于人工操作。随着自动化技术的不断进步，人工并网目前已基本不用了，取而代之的是自动并网。自动并网不但能使并网的各项要求最大限度地得到满足，而且可对电网故障作出快速、准确的反应，提高了电力系统运行的可靠性和综合自动化水平。

第十三节　同步发电机并联运行时的功率调节

同步发电机与电网并联运行，向电网输出功率，可以提高电力系统的供电质量和可靠性，并能根据负载需要调节其输出功率。以隐极同步发电机为例分析与无穷大电网并联时的功率调节，分析时忽略电枢电阻和磁路饱和的影响。

一、有功功率的调节

根据能量守恒原理，调节发电机输出的有功功率就必须改变原动机的输入功率。输入功率的变化将使发电机的输入转矩发生相应的变化，并进一步使输出有功功率发生变化。

发电机空载运行时，输入功率 P_1 等于空载损耗，输入转矩 T_1 等于发电机空载运行的阻力矩，电磁功率 P_M 为零。此时发电机的功角 $\theta = 0°$，发电机运行在功角特性的原点，转子主极磁场和气隙合成磁场重合，$\dot{E}_0$ 和 $\dot{U}$ 大小相等、相位相同，如图 9.48(a) 所示。当发电机输入功率 P_1 增加时，输入转矩 T_1 随之增大，转子加速。由于合成旋转磁场的转速不变仍为同步转速，因此转子磁极与合成磁场等效磁极之间相对位置发生变化，转子磁极轴线沿旋转方向向前移动，使转子磁极领先于气隙合成磁场等效磁极，使功角增加，如图 9.48(b) 所示。因此发电机电磁功率增加，开始输出有功功率。此时，电磁转矩 T 为制动的转矩。当转矩达到平衡时，即 $T_1 = T + T_0$ 时，转子不再加速，发电机达到新的平衡状态，向电网输出电能。此时，发电机的功角为 θ_a，如图 9.48(c) 中的 a 点所示。

发电机在功角特性的 a 点上运行时，如果减小从原动机的输入功率，发电机驱动转矩减少，则转子减速，转子磁极领先于气隙合成磁场等效磁极的角度减小，电磁功率减少，发电机输出功率也减少了，功角由原来的 θ_a 减小为 θ_b，工作点由 a 点移动至 b 点，如图 9.48(c) 所示。在 b 点发电机的转矩又重新达到平衡。

通过上述分析可知，改变从原动机输入的功率，可以对发电机的输出功率进行调节。

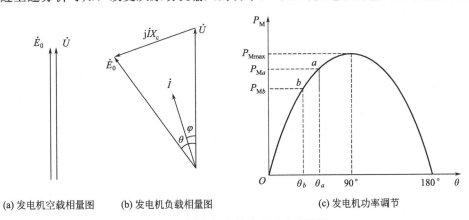

(a) 发电机空载相量图　　(b) 发电机负载相量图　　　　　　(c) 发电机功率调节

图 9.48　同步发电机的有功功率调节

二、静态稳定性

并联运行的同步发电机，当电网或原动机发生微小的扰动时，扰动消失后发电机恢复到原运行状态的能力，称为同步发电机的静态稳定性。若能恢复稳态运行，发电机便是稳定的，否则就是不稳定的。

同步发电机静态稳定的判据是：当功角 θ 有微小变化后，电磁功率 P_M 亦随之改变，其微分形式为 $\dfrac{dP_M}{d\theta}$。当 $\dfrac{dP_M}{d\theta} > 0$ 时能保持静态稳定运行；当 $\dfrac{dP_M}{d\theta} < 0$ 时不能维持静态稳定运行。$\dfrac{dP_M}{d\theta}$ 随 θ 变化的曲线如图 9.49 中虚线所示。

由曲线可以看出，对于隐极发电机，当 $\theta < 90°$ 时，$\dfrac{dP_M}{d\theta} > 0$，发电机能保持静态稳定运

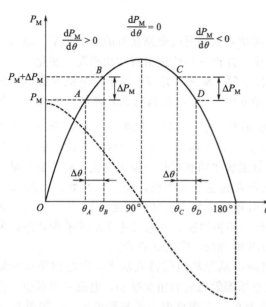

图 9.49　同步发电机的静态稳定性

行；当 $\theta > 90°$ 时，$\dfrac{\mathrm{d}P_M}{\mathrm{d}\theta} < 0$，发电机将失去静态稳定；在 $\theta = 90°$ 时，达到稳定极限，此时对应的电磁功率为稳定极限功率。对于凸极同步发电机，稳定极限对应的功角则小于 $90°$。

在不稳定区发电机是不稳定的，如在 C 点，若原动机产生的驱动转矩发生扰动，若增加 ΔT_1，转子就开始加速，功角就会增加，而电磁转矩变小，转矩平衡状态被打破，转子则进一步加速，发电机不能保持同步，最终发生失步现象。失步后发电机感应电动势频率高于电网电压的频率，在发电机和电网中产生环流，对发电机造成损害，也会危及电网的稳定。

在实际运行中，发电机应在稳定极限范围内运行，且留有一定的静态稳定裕度，发电机正常运行的功角一般为 $30° \sim 45°$。

三、无功功率调节与 V 形曲线

1. 无功功率调节

通常发电机所带负载为阻感性质，电枢反应具有去磁作用。为了保持发电机端电压稳定，就必须增大励磁电流，以补偿电枢反应的影响。因此，无功功率的调节依赖于励磁电流的变化。

仍以隐极发电机为例进行分析。不计磁路饱和影响，忽略绕组电阻，端电压 U 保持不变，电机输出功率 P_2 恒定，电磁功率 P_M 等于输出功率 P_2 也保持恒定。则：

$$m \frac{E_0 U}{X_c} \sin\theta = mUI\cos\varphi = 常数 \tag{9.50}$$

由于端电压 U 和同步电抗 X_c 均为常数，因此

$$E_0 \sin\theta = 常数 \tag{9.51}$$

$$I\cos\varphi = 常数 \tag{9.52}$$

式（9.52）表示电动机定子边的有功电流保持不变。同步发电机并联运行时不同励磁电流的相量图如图 9.50 所示。由式（9.51）和式（9.52）可知，保持输出功率 P_2 不变，当励磁电流变化时，E_0 随之变化，$\dot{E}_0$ 端点轨迹在与 $\dot{U}$ 平行的虚线上，即 $E_0\sin\theta = 常数$。相应地，$\dot{I}$ 的端点轨迹在与 $\dot{U}$ 垂直的水平虚线上。

当定子电流 $\dot{I}$ 与 $\dot{U}$ 同相时，电动机功率因数 $\cos\varphi = 1$，称为正常励磁，见图 9.50 中的 $\dot{E}_0$、$\dot{I}$ 相量。同步发电机只向电网发出有功功率，不输出无功功率，此时 $\cos\varphi = 1$，称发电机运行在正常励磁状态。

调节励磁电流可以改变发电机输出的无功功率。当励磁电流比正常励磁电流小时，称为欠励，见图 9.50 中的 $\dot{E}_0'$，这时 $E_0' < U$。此时电枢电流超前于端电压 $\dot{U}$，发电机输出超前

电流和容性无功功率，即吸收感性无功功率，发电机运行在欠励状态。

当励磁电流比正常励磁电流大时，称为过励，如图 9.50 中的 $\dot{E}''_0$。这时 $E''_0 > U$，电枢电流滞后于端电压 $\dot{U}$，发电机输出滞后电流和感性的无功功率，发电机运行在过励状态。

同步发电机无功功率调节的机理如下：由于电网电压恒定，气隙合成磁场亦保持恒定。欠励时，励磁电流不足以产生端电压 $\dot{U}$，则需要发出具有助磁电枢反应的超前电流，以弥补励磁电流之不足；过励时，励磁电流超出了产生气隙合成磁场的需要，则需要发出具有去磁电枢反应作用的无功电流，即发出滞后的无功功率。由于电网的负载大多为感性负载，需要感性无功功率，因此大多数同步发电机都工作在过励状态下。

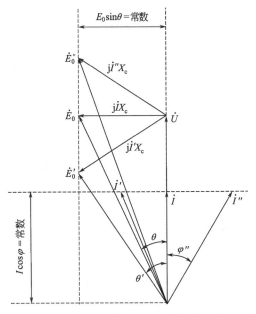

图 9.50 同步发电机并联运行时不同励磁电流的相量图

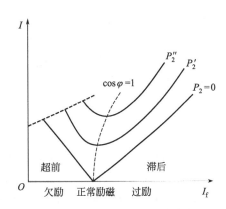

图 9.51 同步发电机 V 形曲线

2. V 形曲线

发电机并网运行时，电枢电流与励磁电流的关系曲线如图 9.51 所示。图中定子电流变化规律像 V 字形，故称 V 形曲线。对于每一个有功功率 P_2，都可以得到一条 V 形曲线，功率越大，曲线位置越在上方。每条曲线的最低点对应于 $\cos\varphi = 1$，此处定子电流最小，只有有功分量，为正常励磁。将各曲线的最低点连接起来就得到一条 $\cos\varphi = 1$ 的曲线。在这条曲线的右方，发电机处于过励状态，输出滞后无功电流，功率因数降低，电流增加；反之，减少励磁，则功率因数降低，输出超前电枢电流，电枢电流也增加。

小 结

同步电机的转速与定子磁场的旋转速度严格保持同步。

双反应理论把电枢磁动势分解成纵轴电枢磁动势和横轴电枢磁动势两个分量，再运用叠加原理求解，解决了凸极同步电机磁路不对称而难以求解的问题。

根据双反应理论可以得到凸极同步电动机电压平衡方程式及相量图。隐极同步电动机是凸极同步电动机的特殊形式。

同步电动机电磁功率 P_M 随功角 θ 变化的关系 $P_M = f(\theta)$，称为功角特性。其电磁功率包含与励磁电流 I_f 相关的励磁电磁功率和纵轴、横轴参数不对称引起的磁阻功率两部分。

改变同步电动机的励磁电流可以调节无功功率，定子电流 I 与励磁电流 I_f 的关系曲线称为 V 形曲线。

同步电动机没有自启动能力，常用启动方法有辅助电动机启动、变频启动和异步启动。

不考虑磁路饱和时，可采用叠加原理分析隐极同步发电机的电磁关系。饱和时，不能使用叠加原理求解，而须首先将主极磁动势和等效的电枢磁动势进行矢量相加，求出合成磁动势，再利用磁化曲线进行求解。

凸极同步发电机由于气隙不均匀，直轴与交轴磁路不对称，需要运用双反应原理进行分析。

功角是同步发电机的基本物理量之一，它不仅决定着电磁功率的大小，其正负还决定着同步电机的运行状态。凸极同步发电机功角特性包括励磁电磁功率和磁阻功率两部分。

同步发电机的运行特性包括空载特性、短路特性、零功率因数负载特性、外特性和调整特性。

为了提高电力系统供电质量和可靠性，同步发电机需要并网运行。为避免电流冲击，发电机端电压的瞬时值与电网电压的瞬时值应完全一致。

并联运行过程中，发电机能根据负载需要调节其输出功率，并满足静态稳定性。

发电机电枢电流与励磁电流的关系曲线称为 V 形曲线，调节发电机的励磁电流可以改变其输出的无功功率。

思 考 题

9.1 同步电机和异步电机在结构上有什么区别？

9.2 什么叫同步电机？怎样由极对数决定其转速？试问 75r/min、50Hz 的电机是几对极的？

9.3 同步电动机电源频率为 50Hz 和 60Hz 时，6 极和 8 极同步电动机转速分别是多少？

9.4 什么是凸极同步电机的双反应原理？

9.5 画出 $\cos\varphi = \dfrac{\sqrt{2}}{2}$ 时的凸极同步电动机的电动势相量图。

9.6 什么是同步电动机功率角 θ？

9.7 隐极同步电动机电磁功率与功率角有什么关系？电磁转矩与功率角有什么关系？

9.8 一台凸极同步电动机空载运行时，如果突然失去励磁电流，电动机转速如何变化？

9.9 一台凸极同步电动机转子若不加励磁电流，它的功角特性和矩角特性是什么样的？

9.10 一台隐极同步电动机增大励磁电流时，其最大电磁转矩是否增大？其实际电磁功率是否增大（忽略绕组电阻和漏电抗的影响）？

9.11 一台同步电动机在额定状态下运行时，功率角 θ 为 30°。设在励磁保持不变的情况下，运行情况发生了下述变化，问功率角有何变化（定子电阻和凸极效应忽略不计）？

(1) 电网频率下降 5%，负载转矩不变；

(2) 电网频率下降 5%，负载功率不变；

(3) 电网电压和频率各下降 5%，负载转矩不变；

(4) 电网电压和频率各下降 5%，负载功率不变。

9.12 什么是同步电动机的 V 形曲线？

9.13 一台拖动恒转矩负载运行的同步电动机，忽略定子电阻，在功率因数为领先性的情况下，若减小励磁电流，电枢电流和功率因数怎样变化？

9.14 同步电动机运行时，要想增加其吸收的落后性无功功率，该怎样调节？

9.15 同步电动机为什么没有启动转矩？其启动方法有哪些？

9.16 从同步发电机过渡到电动机时，功率角 θ、电流 I、电磁转矩 T 的大小和方向有何变化？

9.17 为什么同步发电机 $P_2=0$ 的 V 形曲线是直线？

9.18 同步电动机带额定负载时，如 $\cos\varphi=1$，若在此励磁电流下空载运行，$\cos\varphi$ 如何变？

9.19 决定同步电机运行于发电机还是电动机状态的主要根据是什么？

9.20 为什么当 $\cos\varphi$ 滞后时电枢反应在发电机的运行时为去磁作用，而在电动机中却为助磁作用？

9.21 在凸极同步发电机稳态运行分析中，为什么把电枢反应磁动势分解为直轴和交轴两个分量分别研究？

9.22 三相同步发电机对称稳定运行时，在电枢电流滞后和超前于励磁电动势 E_0 的相位差大于 90°的两种情况下（即 $90°<\psi<180°$ 和 $-90°>\psi>-180°$），电枢磁动势两个分量 F_{ad} 和 F_{aq} 各起什么作用？

9.23 一台旋转电枢式三相同步发电机，电枢以转速 n 逆时针方向旋转，对称负载运行时，电枢反应磁动势对电枢的转速和转向如何？对定子的转速又是多少？

9.24 试分析在下列情况下发电机电枢反应的性质：

(1) 三相对称电阻负载；

(2) 纯电容性负载 $X_L=0.8$，发电机同步电抗 $X_c=1.0$；

(3) 纯电感性负载 $X_L=0.7$；

(4) 纯电容性负载 $X_L=1.2$，同步电抗 $X_c=1.0$。

9.25 同步发电机对称负载运行时，电枢反应磁动势相对电枢的转速是多少？相对于磁极的转速是多少？电枢反应磁场能否在磁极绕组中感应电动势？

9.26 画出凸极同步发电机失去励磁 $(E_0=0)$ 时的电动势相量图，并推导其功角特性，此时 θ 代表什么意义？

9.27 为什么同步发电机三相对称稳态短路特性为一条直线？

9.28 同步发电机发生三相稳态短路时，它的短路电流为何不大？

9.29 同步发电机在感性和容性负载下，外特性曲线有什么不同？原因何在？

9.30 一台同步发电机的气隙因制造误差比正常设计值大了，问同步电抗 X_d 和电压变化率 ΔU 将如何变化。

9.31 为什么 X_d 在正常运行时应采用饱和值，而在短路时却采用不饱和值？为什么 X_q 一般总只采用不饱和值？

9.32 试画出对称容性负载下不饱和时隐极同步发电机和凸极同步发电机的相量图。

9.33 三相同步发电机投入并联运行的条件是什么？如果不满足条件会产生什么后果？

9.34 并联于无穷大电网的隐极同步发电机，保持无功功率输出不变，调节有功功率输出时，功角 θ 及励磁电流 I_f 是否应该变？此时电枢电流 I 和电动势 E_0 各按什么轨迹变化？画出相量图并说明为什么。

习 题

9.1 已知一台同步电动机电动势 E_0、电流 I、参数 X_d 和 X_q，画出 $\dot{I}$ 落后于 $\dot{E}_0$ 的相

位角为 ψ 时的电动势相量图。

9.2 已知一台隐极同步电动机的端电压为 $U=1$，电流 $I=1$，同步电抗 $X_c=1$，功率因数 $\cos\varphi=\dfrac{\sqrt{3}}{2}$（领先性），忽略定子电阻。求：

(1) 画出电动势相量图；

(2) E_0 为多大？

(3) θ 角的大小。

9.3 隐极同步电动机的过载倍数 $\lambda=2.5$，额定负载运行时的功率角 θ 为多大？

9.4 一台三相八极同步电动机，额定容量 $P_N=200\text{kW}$，额定电压 $U_N=3000\text{V}$，额定功率因数 $\cos\varphi_N=0.8$（领先性），额定效率 $\eta_N=93\%$，定子每相电阻 $R_1=0.25\Omega$，定子绕组为 Y 接。求：

(1) 额定运行时定子输入的电功率；

(2) 额定电流 I_N；

(3) 额定电磁功率 P_M；

(4) 额定电磁转矩 T_N。

9.5 一台隐极同步电动机，额定电压 $U_N=400\text{V}$，额定电流 $I_N=23\text{A}$，额定功率因数 $\cos\varphi_N=0.8$（领先），定子绕组为 Y 接，同步电抗 $X_c=10.4\Omega$，忽略定子电阻。当电机在额定运行，且功率因数为 $\cos\varphi_N=0.8$（领先）时，求：

(1) 空载电动势 E_0；

(2) 功率角 θ_N；

(3) 电磁功率 P_M；

(4) 过载倍数 λ。

9.6 同步电动机带额定负载时，$\cos\varphi=1$，若在此励磁电流下空载运行，$\cos\varphi$ 如何变化？

9.7 一台三相隐极同步电动机，定子绕组为 Y 接，额定电压为 380V，已知电磁功率 $P_M=15\text{kW}$ 时对应的 E_0 为 250V（相值），同步电抗 $X_c=5.1\Omega$，忽略定子电阻。求：

(1) 功角 θ；

(2) 最大电磁功率。

9.8 一台三相凸极同步电动机，定子绕组为 Y 接，额定电压为 380V，纵轴同步电抗 $X_d=6.06\Omega$，横轴同步电抗 $X_q=3.43\Omega$。运行时电动势 $E_0=250\text{V}$（相值），$\theta=28°$，求电磁功率 P_M。

9.9 有一台凸极同步电动机，电动机的端电压为额定电压，$X_d=0.8$，$X_q=0.5$，额定负载时电动机的功率角 $\theta_N=25°$，试求：

(1) 额定负载时的励磁电动势（标幺值）；

(2) 在额定励磁电动势下电动机的过载能力；

(3) 若负载转矩一直保持为额定转矩，求电动机能保持同步运行的最低励磁电动势（标幺值）；

(4) 转子失去励磁时，电动机的最大输出功率（标幺值）（计算时定子电阻和所有损耗忽略不计）。

9.10 某工厂一车间所消耗的总功率为 200kW，$\cos\varphi_N=0.7$（滞后）。其中有两台异步电动机，其平均输入为：

$P_A=40\text{kW}$，$\cos\varphi_A=0.625$（滞后）

$P_B = 20kW$，$\cos\varphi_B = 0.75$（滞后）

今以一台同步电动机代替这两台异步电动机，并把车间的功率因数提高到 0.9，试求该同步电动机的容量。

9.11　试画出隐极和凸极同步发电机在纯电容负载下的电动势相量图。

9.12　一台汽轮发电机，$P_N = 25000kW$，$U_N = 10.5kV$，星形接法，$\cos\varphi_N = 0.8$（滞后），其同步电抗标幺值 $X_c = 2.13$，电枢电阻忽略不计，试计算在额定负载下，发电机的励磁电动势 E_0 与电压变化率标幺值 ΔU。

9.13　三相汽轮发电机，2500kVA，6.3kV，Y 接，$X_c = 10.4\Omega$，$R_1 = 0.071\Omega$。试求下列情况下的励磁电动势 E_0，$\dot{E}_0$ 与 $\dot{I}$ 的夹角 ψ，$\dot{E}_0$ 与 $\dot{U}$ 的夹角 θ 及电压调整率 ΔU。

(1) $U = U_N$，$I = I_N$，$\cos\varphi_N = 0.8$（滞后）；

(2) $U = U_N$，$I = I_N$，$\cos\varphi_N = 0.8$（超前）。

9.14　某三相水轮发电机，72500kW，$U_N = 10.5kV$，Y 接，$\cos\varphi_N = 0.8$（滞后），$X_q = 0.554$。电机的空载、短路和零功率因数特性如下。

空载特性

U_0	0.55	1.0	1.21	1.27	1.33
I_f	0.52	1.0	1.51	1.76	2.09

短路特性

I_k	0	1
I_f	0	0.965

零功率因数特性（$I = I_N$ 时）

U	1.0
I_f	2.115

设 $X_1 = 0.9 X_p$，试求 X_d（不饱和值）、X_d（饱和值）、X_{aq} 和短路比。

9.15　一台 12000kW 的 2 极汽轮发电机，$U_N = 6300V$，Y 接，$\cos\varphi_N = 0.8$（滞后）。已知空载特性如下表。

U_0(线)/V	0	4500	5500	6000	6300	6500	7000	7500	8000	8400
I_f/A	0	60	80	92	102	111	130	160	200	240

短路特性为一过原点的直线，在 $I_k = I_N$ 时，$I_f = 127A$，试求同步电抗 X_c（不饱和值）。

9.16　一台汽轮发电机，$\cos\varphi_N = 0.8$（滞后），$X_c = 1.0$，电枢电阻可以忽略不计。该发电机并联在额定电压的无穷大电网上。不考虑磁路饱和程度的影响，试求：

(1) 保持额定运行时的励磁电流不变，当输出有功功率减半时，定子电流标幺值 I 和功率因数 $\cos\varphi$ 各等于多少？

(2) 若输出有功功率仍为额定功率的一半，逐渐减小励磁到额定励磁电流的一半，问发电机能否静态稳定运行？为什么？此时 I 和 $\cos\varphi$ 又各为多少？

9.17　一台汽轮发电机并联于无穷大电网，额定负载时功率角 $\theta = 20°$，现因外线发生故障，电网电压降为 $60\%U_N$，问：为使 θ 保持在 25°，应加大励磁使 E_0 上升为原来的多少倍？

9.18 有一台水轮发电机，$P_N = 72500\text{kW}$，$U_N = 10.5\text{kV}$，星形联结，$\cos\varphi_N = 0.8$（滞后），$\underline{X_d} = 1.0$，$\underline{X_q} = 0.554$，忽略电枢电阻。试求额定负载下发电机励磁电动势 E_0 的标幺值和功角。

9.19 试证明隐极发电机在计及定子电阻时，电磁功率可写成

$$P_M = \frac{mE_0E_\delta}{X_a}\sin\theta'$$

式中，θ' 为 $\dot{E}_0$ 与 $\dot{E}_\delta$ 之间的夹角。

9.20 试证明隐极发电机输出无功功率的功角特性为

$$Q_2 = \frac{mE_0U}{X_c}\cos\theta - \frac{mU^2}{X_c}$$

9.21 有一台三相凸极同步发电机，定子绕组星形接法，额定相电压 $U_N = 230\text{V}$，$I_N = 9.06\text{A}$，$\cos\varphi_N = 0.8$（滞后）。在额定运行状态下，相电动势 $E_0 = 410\text{V}$，$\dot{E}_0$ 与 $\dot{I}$ 之相角差 $\psi = 60°$，若不计电阻压降，试求 I_d、I_q、X_d、X_q。

9.22 一台 50Hz、4 极发电机并入电网时，同步指示灯每 5s 亮一次，问该机此时的速度为多少？如果采用了直接接法整步却看到"灯光旋转"现象，试问是何原因？这时应如何处理？如果用交叉接法但看到三组相灯同时变亮、变暗，是何原因？应如何处理？

9.23 一台汽轮发电机，额定值为 25000kW，$U_N = 10.5\text{kV}$，星形联结，$\cos\varphi_N = 0.8$（滞后），不计磁路饱和及定子电阻，若其同步电抗标幺值 $\underline{X_c} = 2.13$，试求：

(1) 额定运行时发电机的励磁电动势、功角 θ 和内功率因数角 ψ；

(2) 电磁功率。

9.24 一台 8250kV·A 三相凸极式水轮发电机，50Hz，$U_N = 11\text{kV}$，星形联结，$\cos\varphi_N = 0.8$（滞后），同步电抗 $X_d = 17\Omega$，$X_q = 9\Omega$，电枢绕组电阻略去不计。试求：

(1) X_d、X_q 的标幺值；

(2) 该机在额定运行工况下的功角 θ_N 和空载电动势 E_0；

(3) 最大电磁功率 P_{Mmax} 和产生最大电磁功率时的功角 θ_{max}。

9.25 隐极同步发电机并网运行，发电机的额定数据如下：$S_N = 7500\text{kV·A}$，$U_N = 3150\text{V}$，星形接法，$\cos\varphi_N = 0.8$（滞后），$X_c = 1.6\Omega$。若定子绕组电阻略去不计，试求：

(1) 输出额定功率时的功角 θ；

(2) 励磁电流不变，输出有功功率减小 1/2 时的功角和功率因数。

第十章
现代交流电机调速技术

近年来，随着电力电子技术、微型计算机和控制理论的快速发展，交流电机调速技术有了飞速的进步，其性能已经可以和直流电机调速相媲美，并有逐步取代直流电机调速的趋势。

由于交流电机属于多变量、强耦合的非线性系统，与直流电机相比，调速要困难得多。矢量控制理论解决了交流电机的转矩控制和速度调节问题，采用坐标变换将三相系统等效为两相系统，按转子磁场定向的同步旋转实现了变量的解耦，从而达到对交流电机电流和磁链分别控制的目的。就可以将交流电机等效为直流电机进行控制，因而获得了与直流电机同样优越的调速性能和特性。

直接转矩控制是针对交流电机的另一种转矩控制方法，其思路是把电机与逆变器作为一个整体，采用空间电压矢量的方法，在定子坐标系进行磁通和转矩的计算，通过逆变器的开关状态直接控制转矩，而无须对定子电流进行解耦，免去了复杂的矢量变换，控制结构简单，易于实现，正受到越来越多的重视。

通过控制绕线式异步电动机转子电压的大小及相位，可以进行速度调节并利用其转差功率实现馈送型的调速，即双馈调速系统，效率较高，且具有良好的调速性能。

随着现代控制理论的发展，交流电机控制技术的发展方兴未艾，各种新的控制方法不断涌现，展现出更为广阔的应用前景，必将进一步推动交流调速技术的发展。

第一节　矢量控制技术

矢量控制技术的应用使得交流调速系统具有直流调速系统同样优良的性能。在各国学者的共同努力下，经过不断地改进、验证、应用、完善和提高，已经达到成熟阶段。

一、坐标变换

对于三相异步电动机，无论是绕线式还是笼型，其转子都可以等效成三相绕线转子，并折算到定子侧，折算后的定子和转子绕组匝数相等。这样，三相异步电动机就等效为图 10.1 所示的物理模型。图中，定子三相绕组轴线 A、B、C 在空间是静止的，以 A 轴为参考坐标轴；转子绕组轴线 a、b、c 随转子旋转，转子 a 相绕组轴线和定子 A 相绕组轴线间的空间电角度为 θ。异步电动机的数学模型由电压方程、磁链方程、转矩方程和运动方程组成。

由于三相异步电动机定转子共有六个绕组，每一个绕组都有相应的电压平衡方程式，且各绕组间电路和磁路相互耦合，每个绕组电流流过后都会产生磁场，形成定子磁链和转子磁链，有相应的磁链方程，还有转矩方程和运动方程等，这些方程都是非线性的。所以，三相异步电动机的动态数学模型为高阶、多变量、强耦合的非线性方程，要对其进行分析和求解，十分困难。必须设法进行简化，方法就是进行坐标变换。

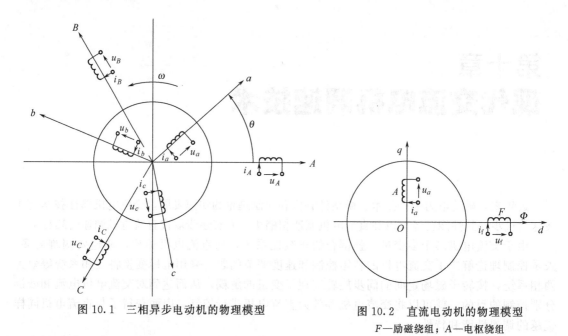

图 10.1　三相异步电动机的物理模型　　　　图 10.2　直流电动机的物理模型

　　　　　　　　　　　　　　　　　　　　　　　　　　　　　　F—励磁绕组；A—电枢绕组

1. 坐标变换的思路

　　直流电动机的物理模型如图 10.2 所示。

　　励磁绕组 F 在直流电动机定子上，电枢绕组 A 在转子上。主磁通 Φ 的方向沿着 d 轴。虽然电枢是旋转的，电枢绕组产生的磁动势方向始终在 q 轴，就好像电枢绕组在 q 轴保持静止，但它实际上是旋转的。通常把这种等效的静止绕组称为"伪静止绕组"。由于电枢磁动势的作用方向在 q 轴，与 d 轴垂直，对主磁通影响不大。忽略电枢反应时，直流电动机的主磁通仅取决于励磁绕组的励磁电流，因此直流电动机的数学模型比较简单，对其控制相应的也就简单。

　　如果能将交流电动机的物理模型等效地变换为直流电动机模型，分析和控制就可以大大简化。坐标变换正是遵循这样的思路进行的。不同电动机模型相互等效的前提是：在不同坐标下所产生的磁动势完全相等。

　　在交流电动机三相对称静止绕组 A、B、C 中，通以三相对称交流电 i_A、i_B、i_C，产生的合成磁动势是圆形旋转磁动势 F，以同步角速度 ω_1 旋转。其物理模型如图 10.3(a) 所示。

　　圆形旋转磁动势也可以由两相对称绕组通以两相对称交流电产生。图 10.3(b) 中给出了两相静止对称绕组 α 和 β，它们在空间相差 90°电角度，通入时间上相差 90°的两相对称交流电流 i_α 和 i_β，也能产生旋转磁动势 F。当这两个旋转磁动势大小和转速都相等时，两相绕组 α 和 β 与三相绕组 A、B、C 等效。

　　图 10.3(c) 所示的两个对称绕组 d 和 q，分别通以直流电流 i_d 和 i_q，产生合成磁动势 F，相对于绕组是静止的。如果让铁芯连同这两个绕组以同步转速旋转，则磁动势 F 就成为旋转磁动势。若其大小和转速与图 10.3(a) 和图 10.3(b) 中的旋转磁动势一样，那么这套旋转的直流绕组就和前面两套静止的交流绕组等效。当观察者站到铁芯上和绕组一起旋转时，对他而言，d 和 q 是两个通入直流电而相互垂直的静止绕组。如果磁通 Φ 的方向在 d 轴上，就与图 10.2 所示的直流电动机物理模型基本一样了。这时，绕组 d 相当于励磁绕组，q 相当于电枢绕组。

　　由此可见，在产生相同旋转磁动势的条件下，图 10.3(a) 的三相交流绕组、图 10.3(b) 的两相交流绕组和图 10.3(c) 的旋转直流绕组相互等效。也就是说，在三相坐标系下的三相对称交流电 i_A、i_B、i_C 和在两相坐标系下的两相对称交流电 i_α 和 i_β 以及在旋转两相坐

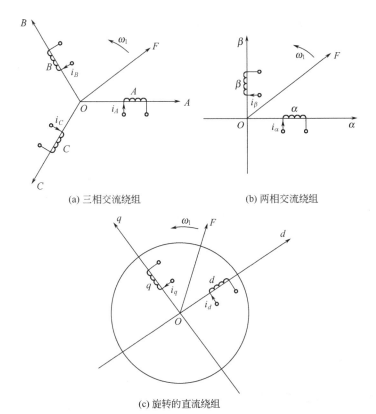

(a) 三相交流绕组　　　　　　(b) 两相交流绕组

(c) 旋转的直流绕组

图 10.3　等效的交流电动机绕组和直流电动机绕组物理模型

标系下的直流电 i_d 和 i_q 都是等效的，它们产生相同的旋转磁动势。当观察者在地面上看，d、q 两个绕组是与三相交流绕组等效的旋转直流绕组；如果在旋转着的铁芯上看，它们确实是一个直流电动机的物理模型。这样，通过坐标变换，就可以找到与三相交流电机等效的直流电动机模型。

而三相对称交流电 i_A、i_B、i_C 与两相对称交流电 i_α 和 i_β 及直流电 i_d 和 i_q 之间的等效转换关系，就是坐标变换要解决的问题。

2. 三相—两相变换

在三相静止绕组 A、B、C 和两相静止绕组 α、β 之间的变换，或三相静止坐标系和两相静止坐标系间的变换，简称 3/2 变换。

图 10.4 中画出了 A、B、C 和 α、β 两个坐标系，为方便起见，取 A 轴和 α 轴重合。根据磁动势相等的原则，可以得到三相坐标系变换到两相坐标系的电流关系为

$$\begin{bmatrix} i_\alpha \\ i_\beta \end{bmatrix} = \sqrt{\frac{2}{3}} \begin{bmatrix} 1 & -\dfrac{1}{2} & -\dfrac{1}{2} \\ 0 & \dfrac{\sqrt{3}}{2} & -\dfrac{\sqrt{3}}{2} \end{bmatrix} \begin{bmatrix} i_A \\ i_B \\ i_C \end{bmatrix}$$

三相坐标系变换到两相坐标系的电流变换矩阵为

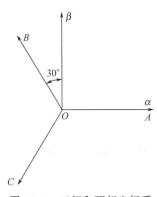

图 10.4　三相和两相坐标系

$$\boldsymbol{C}_{3/2} = \sqrt{\frac{2}{3}} \begin{bmatrix} 1 & -\dfrac{1}{2} & -\dfrac{1}{2} \\ 0 & \dfrac{\sqrt{3}}{2} & -\dfrac{\sqrt{3}}{2} \end{bmatrix}$$

两相坐标系变换到三相坐标系的电流变换矩阵为

$$C_{2/3}=\sqrt{\frac{2}{3}}\begin{bmatrix}1 & 0 \\ -\dfrac{1}{2} & \dfrac{\sqrt{3}}{2} \\ -\dfrac{1}{2} & -\dfrac{\sqrt{3}}{2}\end{bmatrix}$$

可以证明，电压变换矩阵和磁链变换矩阵均等于电流变换矩阵。

3. 两相静止—两相旋转变换

图 10.3(b) 和图 10.3(c) 中，从两相静止坐标系 α、β 到两相旋转坐标系 d、q 的变换称为两相静止—两相旋转变换。把两个坐标系画在一起，如图 10.5 所示。

根据磁动势相等的原则，两个坐标系下电流的变换关系为

$$\begin{bmatrix}i_\alpha \\ i_\beta\end{bmatrix}=\begin{bmatrix}\cos\varphi & -\sin\varphi \\ \sin\varphi & \cos\varphi\end{bmatrix}\begin{bmatrix}i_d \\ i_q\end{bmatrix}$$

两相旋转坐标系变换到两相静止坐标系的变换矩阵

$$C_{2/2}=\begin{bmatrix}\cos\varphi & -\sin\varphi \\ \sin\varphi & \cos\varphi\end{bmatrix}$$

电压和磁链的旋转变换关系也与电流变换关系相同。

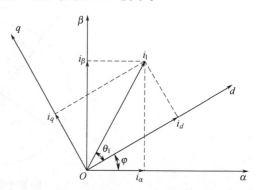

图 10.5 两相静止和两相旋转坐标系

4. 直角坐标—极坐标变换

在图 10.5 中，设矢量 i_1 和 d 轴的夹角为 θ_1。已知 i_d、i_q，求解 i_1、θ_1，就是直角坐标—极坐标变换，简称 K/P 变换。其变换式为

$$i_1=\sqrt{i_d^2+i_q^2}$$

$$\theta_1=\arctan\frac{i_q}{i_d}$$

当 θ_1 在 0°～90°变化时，$\tan\theta_1$ 的变化范围是 $0\sim\infty$，这个变化幅度太大，在数字变换器中很容易溢出，因此常改用下列方式来表示 θ_1 值

$$\tan\frac{\theta_1}{2}=\frac{\sin\theta_1}{1+\cos\theta_1}=\frac{i_q}{i_1+i_d}$$

则

$$\theta_1=2\arctan\frac{i_q}{i_1+i_d}$$

上式可用来作为 θ_1 的变换式。

二、三相异步电动机在两相坐标系上的数学模型

由于异步电动机的数学模型比较复杂。如果把异步电动机数学模型变换到两相坐标系上，由于两相坐标系的坐标轴互相垂直，互相垂直的两相绕组之间没有磁路上的耦合，就会使数学模型简单许多。

1. 异步电动机在两相旋转坐标系上的数学模型

两相坐标系可以是静止的，也可以是旋转的。不失一般性，考虑任意转速旋转的坐标系

(d-q 坐标系)。

（1）磁链方程

$$\begin{cases}\Psi_{1d}=L_1 i_{1d}+L_{\mathrm{m}} i_{2d}\\ \Psi_{1q}=L_1 i_{1q}+L_{\mathrm{m}} i_{2q}\\ \Psi_{2d}=L_{\mathrm{m}} i_{1d}+L_2 i_{2d}\\ \Psi_{2q}=L_{\mathrm{m}} i_{1q}+L_2 i_{2q}\end{cases}\tag{10.1}$$

矩阵形式为

$$\begin{bmatrix}\Psi_{1d}\\ \Psi_{1q}\\ \Psi_{2d}\\ \Psi_{2q}\end{bmatrix}=\begin{bmatrix}L_1 & 0 & L_{\mathrm{m}} & 0\\ 0 & L_1 & 0 & L_{\mathrm{m}}\\ L_{\mathrm{m}} & 0 & L_2 & 0\\ 0 & L_{\mathrm{m}} & 0 & L_2\end{bmatrix}\begin{bmatrix}i_{1d}\\ i_{1q}\\ i_{2d}\\ i_{2q}\end{bmatrix}\tag{10.2}$$

式中，L_{m} 为 d-q 坐标系定子与转子同一轴线绕组间的互感；L_1 为 d-q 坐标系定子绕组的自感；L_2 为 d-q 坐标系转子绕组的自感。

异步电动机在 d-q 坐标系上的物理模型如图 10.6 所示，这时，定子和转子的等效绕组都位于同样的两个轴 d 和 q 上，且两轴互相垂直，它们之间没有耦合关系，互感磁链只在同轴绕组间存在。

（2）电压方程

$$\begin{cases}u_{1d}=R_1 i_{1d}+p\Psi_{1d}-\omega_{dq1}\Psi_{1q}\\ u_{1q}=R_1 i_{1q}+p\Psi_{1q}+\omega_{dq1}\Psi_{1d}\\ u_{2d}=R_2 i_{2d}+p\Psi_{2d}-\omega_{dq2}\Psi_{2q}\\ u_{2q}=R_2 i_{2q}+p\Psi_{2q}+\omega_{dq2}\Psi_{2d}\end{cases}\tag{10.3}$$

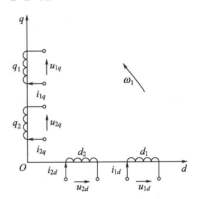

图 10.6　异步电动机在两相旋转坐标系 d-q 上的物理模型

d-q 坐标系上的电压平衡方程式如下

$$\begin{bmatrix}u_{1d}\\ u_{1q}\\ u_{2d}\\ u_{2q}\end{bmatrix}=\begin{bmatrix}R_1+L_1 p & -\omega_{dq1}L_1 & L_{\mathrm{m}}p & -\omega_{dq1}L_{\mathrm{m}}\\ \omega_{dq1}L_1 & R_1+L_1 p & \omega_{dq1}L_{\mathrm{m}} & L_{\mathrm{m}}p\\ L_{\mathrm{m}}p & -\omega_{dq2}L_{\mathrm{m}} & R_2+L_2 p & -\omega_{dq2}L_2\\ \omega_{dq2}L_{\mathrm{m}} & L_{\mathrm{m}}p & \omega_{dq2}L_2 & R_2+L_2 p\end{bmatrix}\begin{bmatrix}i_{1d}\\ i_{1q}\\ i_{2d}\\ i_{2q}\end{bmatrix}\tag{10.4}$$

将上式展开，可得

$$\begin{bmatrix}u_{1d}\\ u_{1q}\\ u_{2d}\\ u_{2q}\end{bmatrix}=\begin{bmatrix}R_1 & 0 & 0 & 0\\ 0 & R_1 & 0 & 0\\ 0 & 0 & R_2 & 0\\ 0 & 0 & 0 & R_2\end{bmatrix}\begin{bmatrix}i_{1d}\\ i_{1q}\\ i_{2d}\\ i_{2q}\end{bmatrix}+\begin{bmatrix}L_1 p & 0 & L_{\mathrm{m}}p & 0\\ 0 & L_1 p & 0 & L_{\mathrm{m}}p\\ L_{\mathrm{m}}p & 0 & L_2 p & 0\\ 0 & L_{\mathrm{m}}p & 0 & L_2 p\end{bmatrix}\begin{bmatrix}i_{1d}\\ i_{1q}\\ i_{2d}\\ i_{2q}\end{bmatrix}$$

$$+\begin{bmatrix}0 & -\omega_{dq1} & 0 & 0\\ \omega_{dq1} & 0 & 0 & 0\\ 0 & 0 & 0 & -\omega_{dq2}\\ 0 & 0 & \omega_{dq2} & 0\end{bmatrix}\begin{bmatrix}\Psi_{1d}\\ \Psi_{1q}\\ \Psi_{2d}\\ \Psi_{2q}\end{bmatrix}\tag{10.5}$$

（3）转矩方程

$$T=p_{\mathrm{n}}L_{\mathrm{m}}(i_{1q}i_{2d}-i_{1d}i_{2q})\tag{10.6}$$

式中，p_n 为电机的极对数。

（4）运动方程　运动方程与坐标变换无关。

$$T = T_L + \frac{J}{p_n}\frac{d\omega}{dt} \tag{10.7}$$

其中，$\omega = \omega_{dq1} - \omega_{dq2}$ 为电机转子角速度。

式（10.1）、式（10.3）或式（10.4）、式（10.6）和式（10.7）构成异步电动机在两相旋转坐标系 d-q 的数学模型。

2. 异步电动机在两相静止坐标系上的数学模型

当 d-q 旋转坐标系转速等于零时，就得到了在 α-β 静止坐标系上的数学模型。当 $\omega_{dq1} = 0$ 时，$\omega_{dq2} = -\omega$，即为转子角转速的负值。将式（10.4）的下标 d、q 改为 α、β，则电压矩阵方程为

$$\begin{bmatrix} u_{1\alpha} \\ u_{1\beta} \\ u_{2\alpha} \\ u_{2\beta} \end{bmatrix} = \begin{bmatrix} R_1 + L_1 p & 0 & L_m p & 0 \\ 0 & R_1 + L_1 p & 0 & L_m p \\ L_m p & \omega L_m & R_2 + L_2 p & \omega L_2 \\ -\omega L_m & L_m p & -\omega L_2 & R_2 + L_2 p \end{bmatrix} \begin{bmatrix} i_{1\alpha} \\ i_{1\beta} \\ i_{2\alpha} \\ i_{2\beta} \end{bmatrix} \tag{10.8}$$

将式（10.2）的下标 d、q 改为 α、β，则磁链方程为

$$\begin{bmatrix} \Psi_{1\alpha} \\ \Psi_{1\beta} \\ \Psi_{2\alpha} \\ \Psi_{2\beta} \end{bmatrix} = \begin{bmatrix} L_1 & 0 & L_m & 0 \\ 0 & L_1 & 0 & L_m \\ L_m & 0 & L_2 & 0 \\ 0 & L_m & 0 & L_2 \end{bmatrix} \begin{bmatrix} i_{1\alpha} \\ i_{1\beta} \\ i_{2\alpha} \\ i_{2\beta} \end{bmatrix} \tag{10.9}$$

利用两相旋转变换阵 $C_{2/2}$ 可得

$$i_{1d} = i_{1\alpha}\cos\theta + i_{1\beta}\sin\theta$$
$$i_{1q} = -i_{1\alpha}\sin\theta + i_{1\beta}\cos\theta$$
$$i_{2d} = i_{2\alpha}\cos\theta + i_{2\beta}\sin\theta$$
$$i_{2q} = -i_{2\alpha}\sin\theta + i_{2\beta}\cos\theta$$

代入式（10.6）即得到 α-β 坐标系上的电磁转矩

$$T = p_n L_m (i_{1\beta} i_{2\alpha} - i_{1\alpha} i_{2\beta}) \tag{10.10}$$

式（10.7）～式（10.10）就构成了 α-β 坐标系上的异步电动机数学模型。

3. 异步电动机在两相同步旋转坐标系上的数学模型

两相同步旋转坐标系仍用 d、q 表示，只是坐标轴的旋转速度 ω_{dq1} 等于定子旋转磁场的同步角转速 ω_1，而转子的角转速为 ω_2，因此 d-q 轴相对于转子的角转速为 $\omega_{dq2} = \omega_1 - \omega_2 = \omega_s$，即转差。代入式（10.4），即得同步旋转坐标系上的电压方程

$$\begin{bmatrix} u_{1d} \\ u_{1q} \\ u_{2d} \\ u_{2q} \end{bmatrix} = \begin{bmatrix} R_1 + L_1 p & -\omega_1 L_1 & L_m p & -\omega_1 L_m \\ \omega_1 L_1 & R_1 + L_1 p & \omega_1 L_m & L_m p \\ L_m p & -\omega_s L_m & R_2 + L_2 p & -\omega_s L_2 \\ \omega_s L_m & L_m p & \omega_s L_2 & R_2 + L_2 p \end{bmatrix} \begin{bmatrix} i_{1d} \\ i_{1q} \\ i_{2d} \\ i_{2q} \end{bmatrix} \tag{10.11}$$

磁链方程、转矩方程和运动方程均不变。

两相同步旋转坐标系的突出特点是，当三相静止坐标系 ABC 中的电压和电流是正弦波时，变换到 d-q 坐标系上就成为直流。

三、三相异步电动机在两相坐标系上的状态方程

简单起见，只讨论 d-q 两相同步旋转坐标系上的状态方程，如果需要其他类型的两相坐标系，只需稍加变换就可以得到。

根据前面的分析，在两相坐标系上的异步电动机具有 4 阶电压方程和 1 阶运动方程，因此其状态方程应该是 5 阶的，须选取 5 个状态变量。选取旋转角速度 ω、定子电流 i_{1d}、i_{1q} 和转子磁链 Ψ_{2d}、Ψ_{2q}。

对于同步旋转坐标系，有 $\omega_{dq1}=\omega_1$，$\omega_{dq2}=\omega_1-\omega=\omega_s$。

由于笼型转子绕组是短路的，则 $u_{2d}=u_{2q}=0$。

则电压方程为

$$
\begin{cases}
u_{1d}=R_1 i_{1d}+p\Psi_{1d}-\omega_1\Psi_{1q} \\
u_{1q}=R_1 i_{1q}+p\Psi_{1q}+\omega_1\Psi_{1d} \\
0=R_2 i_{2d}+p\Psi_{2d}-(\omega_1-\omega)\Psi_{2q} \\
0=R_2 i_{2q}+p\Psi_{2q}+(\omega_1-\omega)\Psi_{2d}
\end{cases}
\tag{10.12}
$$

由式(10.1) 可得

$$
i_{2d}=\frac{1}{L_2}(\Psi_{2d}-L_m i_{1d})
$$

$$
i_{2q}=\frac{1}{L_2}(\Psi_{2q}-L_m i_{1q})
$$

代入转矩公式(10.6)，得

$$
T=\frac{p_n L_m}{L_2}(i_{1q}\Psi_{2d}-i_{1d}\Psi_{2q})
\tag{10.13}
$$

将式(10.1) 代入式(10.12)，消去 i_{2d}、i_{2q}、Ψ_{2d}、Ψ_{1q}，再将式(10.13) 代入运动方程式，整理后可得状态方程

$$
\frac{d\omega}{dt}=\frac{p_n^2 L_m}{J L_2}(i_{1q}\Psi_{2d}-i_{1d}\Psi_{2q})-\frac{p_n}{J}T_L
\tag{10.14}
$$

$$
\frac{d\Psi_{2d}}{dt}=-\frac{1}{T_2}\Psi_{2d}+(\omega_1-\omega)\Psi_{2q}+\frac{L_m}{T_2}i_{1d}
\tag{10.15}
$$

$$
\frac{d\Psi_{2q}}{dt}=-\frac{1}{T_2}\Psi_{2q}-(\omega_1-\omega)\Psi_{2d}+\frac{L_m}{T_2}i_{1q}
\tag{10.16}
$$

$$
\frac{di_{1d}}{dt}=\frac{L_m}{\sigma L_1 L_2 T_2}\Psi_{2d}+\frac{L_m}{\sigma L_1 L_2}\omega\Psi_{2q}-\frac{R_1 L_2^2+R_2 L_m^2}{\sigma L_1 L_2^2}i_{1d}+\omega_1 i_{1q}+\frac{u_{1d}}{\sigma L_1}
\tag{10.17}
$$

$$
\frac{di_{1q}}{dt}=\frac{L_m}{\sigma L_1 L_2 T_2}\Psi_{2q}-\frac{L_m}{\sigma L_1 L_2}\omega\Psi_{2d}-\frac{R_1 L_2^2+R_2 L_m^2}{\sigma L_1 L_2^2}i_{1q}-\omega_1 i_{1d}+\frac{u_{1q}}{\sigma L_1}
\tag{10.18}
$$

式中，σ 为漏磁系数，$\sigma=1-\dfrac{L_m^2}{L_1 L_2}$；$T_2$ 为转子电磁时间常数，$T_2=\dfrac{L_2}{R_2}$。

在式(10.14) ～式(10.18) 的状态方程中，状态变量为

$$
\boldsymbol{X}=\begin{bmatrix} \omega & \Psi_{2d} & \Psi_{2q} & i_{1d} & i_{1q}\end{bmatrix}^T
$$

输入变量为

$$
\boldsymbol{U}=\begin{bmatrix} u_{1d} & u_{1q} & \omega_1 & T_L \end{bmatrix}^T
$$

四、基于转子磁链定向的矢量控制系统

1. 矢量控制系统的基本思路

由前面的分析可知，在产生同样旋转磁动势的前提下，三相静止坐标系下的三相对称交流电 i_A、i_B、i_C 通过三相—两相变换可以等效为两相静止坐标系下的两相对称交流电 i_a 和 i_β，再通过同步旋转变换，可以等效为同步旋转坐标系下的直流电流 i_d 和 i_q。如果观察者站在铁芯上与坐标系一起旋转，他所看到的便是直流电动机。通过控制，可使交流电动机的转子磁链 Ψ_2 就是等效直流电动机的励磁磁链。如果把 d 轴选在 Ψ_2 的方向，称为 M 轴，把 q 轴称为 T 轴，则 M 轴上的绕组相当于直流电动机的励磁绕组，其励磁电流为 i_m；T 轴上的绕组相当于电枢绕组，电枢电流为 i_t，电磁转矩与 i_t 成正比。

把上述等效关系的结构画出来，即可得到图 10.7。从外部看，输入为 A、B、C 三相电压和电流，输出为角速度 ω，是一台异步电动机。从内部看，经过三相—两相变换（3/2 变换）和同步旋转变换，变成一台输入量为 i_m 和 i_t，输出量为 ω 的直流电动机。

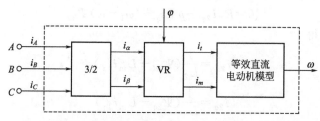

图 10.7 异步电动机的坐标变换结构图

3/2—三相—两相变换；VR—同步旋转变换；φ—M 轴与 α 轴的夹角

既然异步电动机可以等效为直流电动机，那么，采用直流电动机的控制方法，得到直流电动机的控制量，经过相应的坐标反变换，变换为异步电动机的控制量，就可以控制异步电动机。由于进行坐标变换的是电流空间矢量，所以这种通过坐标变换实现的控制系统称为矢量控制系统（vector control system），简称 VC 系统。

矢量控制系统的原理结构如图 10.8 所示，图中给定和反馈信号经过等效直流调速控制器，产生励磁电流和电枢电流的给定值 i_m^* 和 i_t^*，经过反旋转变换 VR^{-1} 得到 i_a^* 和 i_β^*，再经过 2/3 变换得到 i_A^*、i_B^*、i_C^*。把这三个电流控制信号和由控制器得到的频率信号 ω_1 加到电流控制的变频器上，即可输出异步电动机调速控制所需的三相变频电流。

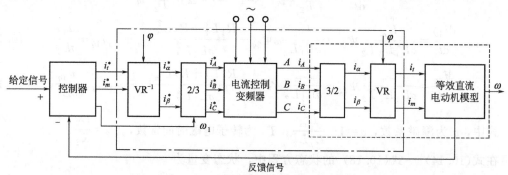

图 10.8 矢量控制系统原理结构图

在矢量控制系统中，若忽略变频器可能产生的滞后效应，并认为在控制器后面的反旋转变

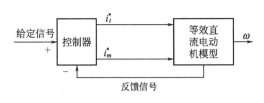

图 10.9　等效的直流调速系统

换 VR^{-1} 与电机内部的旋转变换环节 VR 相抵消，2/3 变换与电机内部的 3/2 变换环节相抵消，则图 10.8 中点画线框内的部分可以完全删去，剩下的就是直流调速系统了。如图 10.9 所示。可以想象，这样的矢量控制调速系统在静、动态性能上完全能够与直流调速系统相媲美。

2. 按转子磁链定向的矢量控制方程及其解耦作用

上面所述只是矢量控制的基本思路。实际上异步电动机包含定子和转子，定、转子电流都得变换，情况要复杂一些，还必须用动态数学模型来分析。

在进行两相同步旋转坐标变换时，取 d 轴沿着转子总磁链矢量 $\boldsymbol{\Psi}_2$ 的方向，称为 M 轴；q 轴为逆时针转 $90°$，即垂直于矢量 $\boldsymbol{\Psi}_2$ 的方向，称为 T 轴。这样的两相同步旋转坐标系称为 M-T 坐标系，即按转子磁链定向的旋转坐标系。

当两相同步旋转坐标系按转子磁链定向时，有

$$\boldsymbol{\Psi}_{2d}=\boldsymbol{\Psi}_{2m}=\boldsymbol{\Psi}_2$$

$$\boldsymbol{\Psi}_{2q}=\boldsymbol{\Psi}_{2t}=0$$

代入转矩方程［式(10.13)］和状态方程［式(10.14)～式(10.18)］中，并用 m、t 替代 d、q，可得

$$T=\frac{p_{\mathrm{n}}L_{\mathrm{m}}}{L_2}i_{1t}\boldsymbol{\Psi}_2 \tag{10.19}$$

$$\frac{\mathrm{d}\omega}{\mathrm{d}t}=\frac{p_{\mathrm{n}}^2L_{\mathrm{m}}}{JL_2}i_{1t}\boldsymbol{\Psi}_2-\frac{p_{\mathrm{n}}}{J}T_{\mathrm{L}} \tag{10.20}$$

$$\frac{\mathrm{d}\boldsymbol{\Psi}_2}{\mathrm{d}t}=-\frac{1}{T_2}\boldsymbol{\Psi}_2+\frac{L_{\mathrm{m}}}{T_2}i_{1m} \tag{10.21}$$

$$0=-(\omega_1-\omega)\boldsymbol{\Psi}_2+\frac{L_{\mathrm{m}}}{T_2}i_{1t} \tag{10.22}$$

$$\frac{\mathrm{d}i_{1m}}{\mathrm{d}t}=\frac{L_{\mathrm{m}}}{\sigma L_1L_2T_2}\boldsymbol{\Psi}_2-\frac{R_1L_2^2+R_2L_{\mathrm{m}}^2}{\sigma L_1L_2^2}i_{1m}+\omega_1i_{1t}+\frac{u_{1m}}{\sigma L_1} \tag{10.23}$$

$$\frac{\mathrm{d}i_{1t}}{\mathrm{d}t}=-\frac{L_{\mathrm{m}}}{\sigma L_1L_2}\omega\boldsymbol{\Psi}_2-\frac{R_1L_2^2+R_2L_{\mathrm{m}}^2}{\sigma L_1L_2^2}i_{1t}-\omega_1i_{1m}+\frac{u_{1t}}{\sigma L_1} \tag{10.24}$$

由于 $\dfrac{\mathrm{d}\boldsymbol{\Psi}_{2t}}{\mathrm{d}t}=0$，式(10.22) 蜕化为代数方程，将它整理后可得转差公式

$$\omega_1-\omega=\omega_{\mathrm{s}}=\frac{L_{\mathrm{m}}i_{1t}}{T_2\boldsymbol{\Psi}_2} \tag{10.25}$$

这使状态方程又降低了一阶。

由式(10.21) 可得

$$T_2p\boldsymbol{\Psi}_2+\boldsymbol{\Psi}_2=L_{\mathrm{m}}i_{1m}$$

则

$$\boldsymbol{\Psi}_2=\frac{L_{\mathrm{m}}}{T_2p+1}i_{1m} \tag{10.26}$$

或

$$i_{1m}=\frac{T_2p+1}{L_{\mathrm{m}}}\boldsymbol{\Psi}_2 \tag{10.27}$$

式(10.26) 或式(10.27) 表明，转子磁链 Ψ_2 仅由定子电流励磁分量 i_{1m} 产生，与转矩分量 i_{1t} 无关，从这个意义上看，定子电流的励磁分量与转矩分量是解耦的。

式(10.26) 还表明，Ψ_2 与 i_{1m} 之间的传递函数是一阶惯性环节，其时间常数 T_2 为转子磁链励磁时间常数。

式(10.26) 或式(10.27)、式(10.7)、式(10.25) 和式(10.19) 构成矢量控制基本方程式，按照这组基本方程式可将异步电动机的数学模型画成图 10.10 的形式。由图可见，图10.7 中的等效直流电动机模型被分解成 ω 和 Ψ_2 两个子系统。虽然通过矢量变换，将定子电流解耦成 i_{1m} 和 i_{1t} 两个分量，但是，由于电磁转矩 T 同时受到 ω 和 Ψ_2 的影响，两个子系统仍然相互耦合，并未解耦。

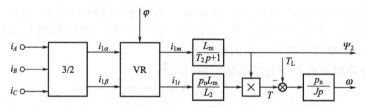

图 10.10　异步电动机矢量变换与电流解耦数学模型

按照图 10.8 的矢量控制系统原理结构图模拟直流电机调速系统进行控制时，可设置磁链调节器 AΨR 和转速调节器 ASR 分别控制 Ψ_2 和 ω，如图 10.11 所示。为了使两个子系统完全解耦，除了坐标变换以外，还应设法消除或抑制转子磁链 Ψ_2 对电磁转矩 T 的影响。比较直观的办法是，把 ASR 的输出信号除以 Ψ_2，当控制器的坐标反变换与电机中的坐标变换抵消，且变频器的滞后作用可以忽略时，此处的除以 Ψ_2 便可与电机模型中的乘以 Ψ_2 抵消，两个子系统就完全解耦了。这时，带除法环节的矢量控制系统可以看成是两个独立的线性子系统，如图 10.12 中的磁链模型。

异步电动机矢量变换模型中的转子磁链 Ψ_2 和它的定向相位角 φ 在电动机中都是存在的，而在实际中却难以直接检测，只能采用磁链模型进行计算，在图 10.11 中冠以符号 "^" 以示区别。因此，上述两个子系统的完全解耦只有在这两个量计算准确并忽略电流控制变频器的滞后作用下才成立。

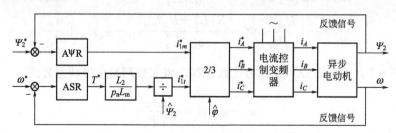

图 10.11　带除法环节的解耦矢量控制系统

3. 转子磁链模型

要实现按转子磁链定向的矢量控制系统，关键是要获得转子磁链信号，以供磁链反馈以及除法环节的需要。但直接准确地检测转子磁链非常困难，常采用间接计算的方法，即利用易于检测的一些物理量，如电压、电流或转速等信号，通过转子磁链模型，实时对磁链进行计算。

转子磁链模型可以从电动机数学模型中推导出来，也可以利用状态观测器或状态估计理论得到闭环的观测模型。在实际应用中，多采用比较简单的计算模型。依据主要实测信号的不同，又分电流模型和电压模型两种。

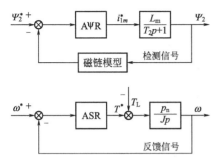

图 10.12 两个等效的线性子系统

（1）转子磁链的电流模型 根据磁链方程来计算转子磁链，所得出的模型称为电流模型。电流模型可以在不同的坐标系上获得，下面推导在两相静止坐标系下转子磁链的电流模型。

由实测的三相定子电流通过 3/2 变换得到两相静止坐标系下的电流 $i_{1\alpha}$ 和 $i_{1\beta}$，再根据式（10.9）计算转子磁链在 α-β 轴上的分量为

$$\Psi_{2\alpha} = L_m i_{1\alpha} + L_2 i_{2\alpha} \tag{10.28}$$

$$\Psi_{2\beta} = L_m i_{1\beta} + L_2 i_{2\beta} \tag{10.29}$$

则

$$i_{2\alpha} = \frac{1}{L_2}(\Psi_{2\alpha} - L_m i_{1\alpha}) \tag{10.30}$$

$$i_{2\beta} = \frac{1}{L_2}(\Psi_{2\beta} - L_m i_{1\beta}) \tag{10.31}$$

在式（10.8）的第 3、4 行中，令 $u_{2\alpha} = u_{2\beta} = 0$，得

$$L_m p i_{1\alpha} + L_2 p i_{2\alpha} + \omega(L_m i_{1\beta} + L_2 i_{2\beta}) + R_2 i_{2\alpha} = 0$$

$$L_m p i_{1\beta} + L_2 p i_{2\beta} - \omega(L_m i_{1\alpha} + L_2 i_{2\alpha}) + R_2 i_{2\beta} = 0$$

将式（10.30）～式（10.31）代入上式，得

$$p\Psi_{2\alpha} + \omega\Psi_{2\beta} + \frac{1}{T_2}(\Psi_{2\alpha} - L_m i_{1\alpha}) = 0$$

$$p\Psi_{2\beta} - \omega\Psi_{2\alpha} + \frac{1}{T_2}(\Psi_{2\beta} - L_m i_{1\beta}) = 0$$

整理后得转子磁链的电流模型

$$\Psi_{2\alpha} = \frac{1}{T_2 p + 1}(L_m i_{1\alpha} - \omega T_2 \Psi_{2\beta}) \tag{10.32}$$

$$\Psi_{2\beta} = \frac{1}{T_2 p + 1}(L_m i_{1\beta} + \omega T_2 \Psi_{2\alpha}) \tag{10.33}$$

按式（10.32）和式（10.33）构成转子磁链分量的计算框图如图 10.13 所示。有了 $\Psi_{2\alpha}$ 和 $\Psi_{2\beta}$，要计算 Ψ_2 的幅值和相位就很容易了。

图 10.13 所示的模型适合于模拟控制，用运算放大器和乘法器就可以实现。采用微机数字控制时，由于 $\Psi_{2\alpha}$ 与 $\Psi_{2\beta}$ 之间有交叉反馈关系，离散计算时有可能不收敛，不如采用下述第二种模型。

下面分析在按磁场定向两相旋转坐标系上转子磁链的电流模型

图 10.14 所示是另一种转子磁链电流模型的计算框图。三相定子电流 i_A、i_B、i_C 经 3/2 变换为两相静止坐标系电流 $i_{1\alpha}$ 和 $i_{1\beta}$，再经同步旋转变换并按转子磁链定向，得到 M-T 坐标系上的电流 i_{1m} 和 i_{1t}，利用矢量控制方程式（10.26）和式（10.25）可以获得 Ψ_2 和 ω_s 信号，由 ω_s 与实测转速 ω 相加得到定子频率信号 ω_1，再经积分即为转子磁链的相位角 φ，它也就是同步旋转变换的旋转相位角。和第一种模型相比，这种模型更适合于计算机实时计算，比较准确，易收敛。

上述两种计算转子磁链的电流模型都需

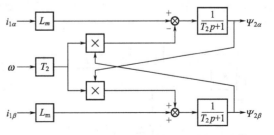

图 10.13 两相静止坐标系上转子磁链的电流模型

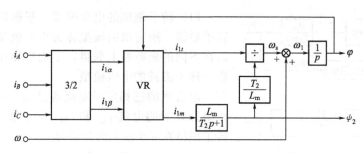

图 10.14　按转子磁链定向两相旋转坐标系磁链的电流模型

要实测的电流和转速信号，不论转速高低都能适用，但都易受电动机参数变化的影响。例如，电机温升和频率变化都会影响转子电阻 R_2，磁路饱和程度将影响电感 L_m 和 L_2，这些都会影响磁链幅值与相位的准确性，使磁链闭环控制系统的性能降低，这是电流模型的不足之处。

（2）转子磁链的电压模型　根据电压方程中感应电动势等于磁链变化率的关系，取电动势的积分就可以得到磁链，这样的模型称为电压模型。

在静止两相坐标，由式（10.8）可得

$$u_{1\alpha} = R_1 i_{1\alpha} + L_1 \frac{di_{1\alpha}}{dt} + L_m \frac{di_{2\alpha}}{dt}$$

$$u_{1\beta} = R_1 i_{1\beta} + L_1 \frac{di_{1\beta}}{dt} + L_m \frac{di_{2\beta}}{dt}$$

再用式（10.30）和式（10.31）把 $i_{2\alpha}$ 和 $i_{2\beta}$ 代入，整理后得

$$\frac{L_m}{L_2} \frac{d\Psi_{2\alpha}}{dt} = u_{1\alpha} - R_1 i_{1\alpha} - \left(L_1 - \frac{L_m^2}{L_2}\right) \frac{di_{1\alpha}}{dt}$$

$$\frac{L_m}{L_2} \frac{d\Psi_{2\beta}}{dt} = u_{1\beta} - R_1 i_{1\beta} - \left(L_1 - \frac{L_m^2}{L_2}\right) \frac{di_{1\beta}}{dt}$$

将漏磁系数 $\sigma = 1 - \dfrac{L_m^2}{L_1 L_2}$ 代入式中，并对等式两边积分，即得转子磁链的电压模型

$$\Psi_{2\alpha} = \frac{L_2}{L_m} \left[\int (u_{1\alpha} - R_1 i_{1\alpha}) dt - \sigma L_1 i_{1\alpha}\right] \tag{10.34}$$

$$\Psi_{2\beta} = \frac{L_2}{L_m} \left[\int (u_{1\beta} - R_1 i_{1\beta}) dt - \sigma L_1 i_{1\beta}\right] \tag{10.35}$$

按式（10.34）、式（10.35）构成转子磁链的电压模型如图 10.15 所示。由图可见，它只需要实测的电压和电流信号，不需要转速信号，且算法与转子电阻 R_2 无关，只与定子电阻 R_1 有关，而 R_1 容易检测。与电流模型相比，电压模型受电动机参数变化的影响较小，而且算法简单，便于应用。但是，由于电压模型包含积分项，积分的初始值和累积误差都影响计算结果，在低速时，定子电阻压降变化的影响也较大。

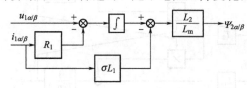

比较而言，电压模型更适合于中、高速范围，而电流模型则适应低速。有时为了提高准确度，把两种模型结合起来，在低速时采用电流模型，在中、高速时采用电压模型。

图 10.15　转子磁链的电压模型

4. 转速和磁链闭环控制的矢量控制系统

图 10.11 用除法环节使 Ψ_2 与 ω 解耦的系统是一种典型的转速、磁链闭环控制的矢量控制系统，Ψ_2 模型在图中略去未画。转速调节器输出带 "$\div\Psi_2$" 环节，使系统简化成完全解耦的 Ψ_2 与 ω 两个子系统。电流控制变频器可以采用电流滞环跟踪控制 PWM 变频器，如图 10.16 所示；也可采用带电流内环的电压源型 PWM 变频器，如图 10.17 所示。转速和磁链闭环控制的矢量控制系统又称直接矢量控制系统。

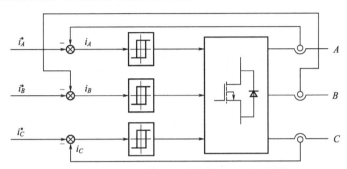

图 10.16 电流滞环跟踪控制 PWM 变频器

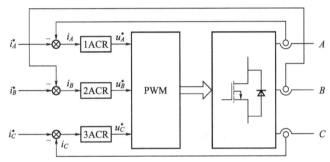

图 10.17 带电流内环的电压源型 PWM 变频器

另外一种提高转速和磁链闭环控制系统解耦性能的办法是在转速环内增设转矩控制内环，如图 10.18 所示。转矩内环之所以有助于解耦，是因为磁链对控制对象的影响相当于一种扰动作用，转矩内环可以抑制这个扰动，从而改进了转速子系统，使它少受磁链变化的影

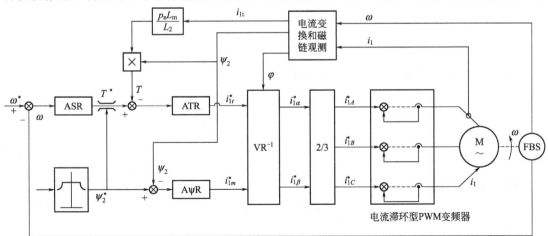

图 10.18 带转矩内环的转速、磁链闭环矢量控制系统

ASR—转速调节器；AΨR—磁链调节器；ATR—转矩调节器；FBS—测速反馈环节

响。在图 10.18 中，主电路选择了电流滞环跟踪控制 PWM 变频器，也可以选择带电流内环控制的电压源型变频器。系统中还画出了转速正、反向和弱磁升速环节，磁链给定信号由函数发生程序获得。转速调节器 ASR 的输出作为转矩给定信号，弱磁时它也受到磁链给定信号的控制。

矢量控制系统具有动态性能好、调速范围宽的优点。动态性能易受电动机参数变化的影响是其主要的不足之处。为了解决这个问题，有学者采用参数辨识、自适应控制、智能控制等方法以提高控制系统鲁棒性，获得了不少成果，具有较好的发展前景。

第二节　直接转矩控制

直接转矩控制技术（direct torque control）是继矢量控制变频调速技术之后发展起来的一种具有高性能的交流变频调速技术。

直接转矩控制不需要解耦和矢量变换，而是通过检测电机定子电压和电流，运用空间电压矢量控制实现磁链和转矩的直接控制。系统实现简捷，控制方法新颖，静态动态性能优良。

一、电机数学模型

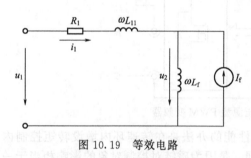

图 10.19　等效电路

图 10.19 为正弦波电机的等效电路，参考坐标系位于定子绕组，且正交，即 α-β 坐标系，电机的电压方程为

$$u_1 = R_1 i_1 + j\omega L_{11} i_1 + j\omega L_f(i_1 + I_f) \tag{10.36}$$

$$u_2 = j\omega L_f(i_1 + I_f) \tag{10.37}$$

式中，u_1 为定子电压；i_1 为定子电流；u_2 为转子等效电压；I_f 为转子等效电流。

磁链方程

$$\Psi_1 = (L_{11} + L_f)i_1 + L_f I_f \tag{10.38}$$

$$\Psi_2 = L_f(i_1 + I_f) \tag{10.39}$$

式中，Ψ_1 为定子磁链；Ψ_2 为转子磁链。

电压方程和磁链方程也可写成矩阵形式：

$$\begin{bmatrix} u_1 \\ u_2 \end{bmatrix} = \begin{bmatrix} R_1 + j\omega(L_{11} + L_f) & j\omega L_f \\ j\omega L_f & j\omega L_f \end{bmatrix} \begin{bmatrix} i_1 \\ I_f \end{bmatrix} \tag{10.40}$$

$$\begin{bmatrix} \Psi_1 \\ \Psi_2 \end{bmatrix} = \begin{bmatrix} L_{11} + L_f & L_f \\ L_f & L_f \end{bmatrix} \begin{bmatrix} i_1 \\ I_f \end{bmatrix} \tag{10.41}$$

电机电磁转矩为

$$T = p(\Psi_{1\alpha} i_{1\beta} - \Psi_{1\beta} i_{1\alpha}) \tag{10.42}$$

由式(10.38)：

$$i_1 = \frac{1}{L_{11} + L_f}(\Psi_1 - L_f I_f) = \frac{1}{L_{11} + L_f}[\Psi_{1\alpha} + j\Psi_{1\beta} - L_f(I_{f\alpha} + jI_{f\beta})]$$

$$= \frac{1}{L_{11}+L_{\mathrm{f}}} \left[\Psi_{1\alpha} - L_{\mathrm{f}} I_{f\alpha} \right] + \frac{\mathrm{j}}{L_{11}+L_{\mathrm{f}}} \left[\Psi_{1\beta} - L_{\mathrm{f}} I_{f\beta} \right] = i_{1\alpha} + \mathrm{j} i_{1\beta}$$

可得

$$i_{1\alpha} = \frac{1}{L_{11}+L_{\mathrm{f}}} \left[\Psi_{1\alpha} - L_{\mathrm{f}} I_{f\alpha} \right] \tag{10.43}$$

$$i_{1\beta} = \frac{1}{L_{11}+L_{\mathrm{f}}} \left[\Psi_{1\beta} - L_{\mathrm{f}} I_{f\beta} \right] \tag{10.44}$$

代入式(10.42) 得

$$T = p \left[\Psi_{1\alpha} (\Psi_{1\beta} - L_{\mathrm{f}} I_{f\beta}) \frac{1}{L_{11}+L_{\mathrm{f}}} - \Psi_{1\beta} (\Psi_{1\alpha} - L_{\mathrm{f}} I_{f\alpha}) \frac{1}{L_{11}+L_{\mathrm{f}}} \right]$$

$$= \frac{L_{\mathrm{f}}}{L_{11}+L_{\mathrm{f}}} p (\Psi_{1\beta} I_{f\alpha} - \Psi_{1\alpha} I_{f\beta}) = \frac{L_{\mathrm{f}} p}{L_{11}+L_{\mathrm{f}}} (\dot{\Psi}_1 \times \dot{I}_{\mathrm{f}}) \tag{10.45}$$

也可写成如下形式:

$$T = \frac{L_{\mathrm{f}} p}{L_{11}+L_{\mathrm{f}}} |\Psi_1| |I_{\mathrm{f}}| \sin\theta \tag{10.46}$$

由上式可知,电机的电磁转矩变化取决于定子磁链、转子等效励磁电流及它们之间的夹角 θ,由于电机为永磁式,故等效励磁电流恒定,为充分利用电机,应保持定子磁链幅值为额定值,因此对电机转矩的直接控制可通过调节 θ 来实现。

二、空间电压矢量法

三相正弦波无刷电机采用 DC/AC 三相桥式逆变器驱动时,其功率电路拓扑如图 10.20 所示。

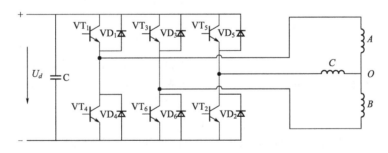

图 10.20　三相桥式逆变器

图 10.20 中,$VT_1 \sim VT_6$ 为高频功率开关器件,$VD_1 \sim VD_6$ 为快速恢复二极管,用于所并联开关器件关断时续流,电容 C 作用有二,其一是为了实现低通滤波,其二用于电机运行时电机电枢中电感能量与电容中容性能量的交换。

图 10.20 中,VT_1、VT_4 构成一个桥臂,其中间点接电机 A 相绕组,称为 A 相桥臂;同理,VT_3、VT_6 为 B 相桥臂,VT_5、VT_2 为 C 相桥臂。从该电路拓扑不难看出,每一个桥臂上下两个开关器件不能同时导通,否则将形成直通短路。所以 $VT_1 \sim VT_6$ 六个开关管共形成八种工作模态。

设每一桥臂工作模式代表一位二进制数,且上管导通记作"1",下管导通记作"0",则三相桥式逆变器工作模式可用三位二进制数来表示,而三位二进制数总共有 $2^3 = 8$ 种状态,正好反映了其八种工作模态。它们分别是:000→001→010→011→100→101→110→111。不难看出，000 和 111 分别是三个桥臂下管全通和三个桥臂上管全通，从图 10.20 知，这两种模态均使电机三相绕组短接于一点，相当于绕组上电压为 0，故称零电压模态。再看其余六个模态，都会使电机绕组上得到电压，为有效工作模态。

对于 001 模态，逆变器中 VT_4、VT_6、VT_5 导通，其余都断开，则直流母线电压 U_d 加在图 10.21(a) 中的网络上，电机三相对称，绕组匝数相同，且规定电压从首端至尾端为正，反之为负。则 A、B 两相绕组并联后电压都等于 $-\dfrac{1}{3}U_d$，而 C 相绕组电压等于 $+\dfrac{2}{3}U_d$，该模态下合成电压矢量如图 10.22(a) 所示。同理可知，在 010 模态，VT_4、VT_3、VT_2 导通，其余都关断，则直流母线电压 U_d 加在图 10.21(b) 中的网络上，该模态下电压矢量合成如图 10.22(b) 所示。

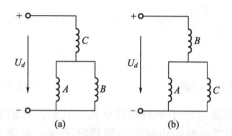

图 10.21 001 和 010 两模态工作图

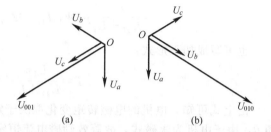

图 10.22 001 和 010 两模态合成电压矢量图

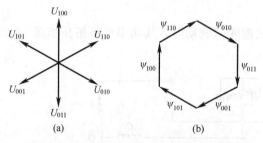

图 10.23 有效电压矢量和磁链矢量图

可以看出，在模态 001 和 010 下，合成电压矢量 U_{001} 和 U_{010} 大小相等，都等于 U_d，依此类推，就可得到其余模态电压矢量，画在一起就得三相桥式逆变器全部六个有效电压矢量，如图 10.23(a) 所示。

图 10.23(a) 中，电压矢量的空间位置分别与三相定子绕组的轴线重合，各矢量模相等，即 $|U| = U_d$，同一轴上的两个矢量方向相反，这六个空间电压矢量常称为六步运行方式。设一个周期为 T，则在输出电压一个周期内，每个电压矢量作用时间为 $T/6$。

根据以上六个基本矢量形成的导通关系，可以得到电机三相绕组相电压波形和线电压波形，如图 10.24 所示。图 10.24 可看出，其线电压为三相对称方波，而相电压为三相对称阶梯波。

从图 10.23(a) 可知，三相桥式逆变器只能获得六个有效电压矢量，其磁链轨迹为正六边形，这与通常交流电动机在圆形磁场驱动下具有最佳运行特性相去甚远。同时从图 10.24 也知，电机供电的相电压波形为六级阶梯波，也与正弦波相差较大，其中含有大量谐波，因此必须对三相桥式逆变器控制方法进行改造，方可得到优良的调速性能。

给电机供电的逆变器八种开关状态可分为两类：一类是六种工作状态，即 011，001，101，100，110，010；另一类是零开关状态，即 000 和 111。逆变器的输出电压可用电压空间矢量表示，构成了以六个工作电压空间矢量为顶点的正六边形，零电压状态位于六边形中心；六种工作状态代表的六个电压空间矢量周期性地顺序出现，相邻两个矢量间相差 60°，各矢量幅值相同。

由式(10.36) 及式(10.38) 得

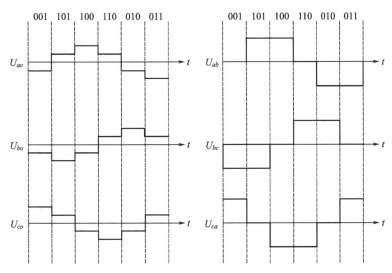

图 10.24 六步运行时逆变器输出到电机上线电压与相电压波形图

$$u_1 = R_1 i_1 + j\omega \left[(L_{11} + L_f) i_1 + L_f I_f \right] \tag{10.47}$$

$$= R_1 i_1 + \dot{\boldsymbol{\Psi}}_1$$

经变换可得

$$\boldsymbol{\Psi}_1(t) = \int \left[u_1(t) - i_1(t) R_1 \right] dt \tag{10.48}$$

忽略定子电阻压降，那么：

$$\boldsymbol{\Psi}_1(t) = \int u_1(t) dt \tag{10.49}$$

在 $\Delta t = \dfrac{T}{6}$ 时间内，U 为恒矢量，则 $\boldsymbol{\Psi} = U \Delta t$，可见，磁链也是一组空间矢量，其方向与所作用的电压空间矢量相同，模为 $|\boldsymbol{\Psi}| = U_d \Delta t$。

式（10.49）表示了定子磁链空间矢量与定子电压空间矢量的关系，由此可知：第一，定子磁链空间矢量顶点的运动方向平行于电压空间矢量的方向，前提是定子电阻压降相对于定子电压可以忽略；第二，六个电压空间矢量顺序出现，那么定子磁链的运动轨迹也将依次沿着六边形的边运动，形成正六边形磁链；第三，正六边形的六条边代表着磁链空间矢量 $\boldsymbol{\Psi}_1(t)$ 一个周期的运行轨迹。

而一个周期内六个基本磁链构成正六边形，如图 10.23(b) 所示。这就是三相桥式逆变器作六步运行时的磁链轨迹。

直接利用逆变器的六种工作开关状态，得到六边形的磁链轨迹以控制电动机，是直接转矩法控制电机的基本思想。

三、电动机转矩的调节

由式（10.46）可知，电动机转矩大小与定子磁链幅值、转子等效励磁电流幅值和它们的夹角（磁通角 θ）成正比。因此，可通过改变磁通角 θ 来实现电动机转矩的调节。

在直接转矩控制中，基本控制方法就是通过电压空间矢量 $u_1(t)$ 来调节定子磁链的旋转速度，使定子磁链走走停停，以改变定子磁链的平均旋转速度，从而改变磁通角 θ 的大小，以控制电动机转矩。

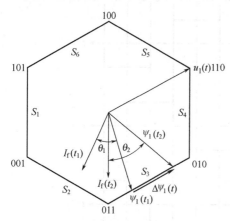

图 10.25 定子磁链空间矢量的运动轨迹

若 $t_1 \sim t_2$ 时段，定子电压空间矢量为 $u_1(t)$ （110），则定子磁链空间矢量的运动轨迹 $\Delta\Psi_1$ 如图 10.25 所示。$I_f(t)$ 亦即转子磁链的位置变化取决于该期间定子频率的影响。磁通角 θ 加大，则转矩增大。若在 t_2 时刻给出零电压空间矢量，定子磁链空间矢量 $\Psi_1(t_2)$ 位置静止不动，而转子磁链空间矢量却继续旋转，磁通角 θ 减小，从而转矩减小。因此通过控制电压空间矢量工作状态和零状态交替出现，就可以动态调节磁通角的大小，获得所要求的具有良好动态品质的转矩特性。

转矩调节的目的是实现转矩的直接控制。转矩调节必须具备以下两个功能：转矩两点式调节器直接控制转矩和采用 P/N 调节器控制定子磁链的旋转方向，以增强转矩调控。

1. 转矩调节器

转矩调节器采用施密特触发器，其容差 $\pm\varepsilon_T$ 可调，结构如图 10.26 所示。其中 T_G 和 T_F 分别为转矩给定值和反馈值，KT 为调节器输出的两状态转矩开关信号，其工作原理如下。

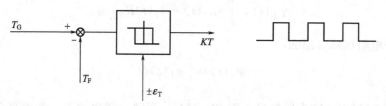

图 10.26 两点式转矩调节器

假定在 t_1 时刻，$\Delta T = T_F - T_G > 0$，转矩上升到调节器容差上限 ε_T，则调节器输出信号为 0，零电压矢量施加于电动机上，定子磁链静止不动，转矩减小，此时，$\Delta\Psi_1$ 为 0。随着转矩的下降，到 t_2 时刻，$\Delta T < 0$，转矩下降到容差下限 $-\varepsilon_T$，那么 KT 变为 1，相应的电压空间矢量加至电动机定子绕组，使定子磁链向前运动，转矩上升。磁链作为对应电压的积分，其增量 $\Delta\Psi_1$ 以一定斜率上升。到了 t_3 时刻，又开始 t_1 时刻的过程，循环往复，如图 10.27 所示。

通过转矩调节器，把转矩波动限定在给定的范围内，实现了转矩的控制。

2. 逆变器频率

根据电磁转矩公式和磁链变化容差，可得转矩的脉动频率

$$f_n = \frac{1}{2\varepsilon_T}\left(\omega - \frac{\omega^2}{\omega_1}\right) \tag{10.50}$$

当 $\omega = \frac{1}{2}\omega_1$ 时，脉动频率达到最大值：

$$f_{nm} = \frac{1}{8}\frac{\omega_1}{\varepsilon_T}$$

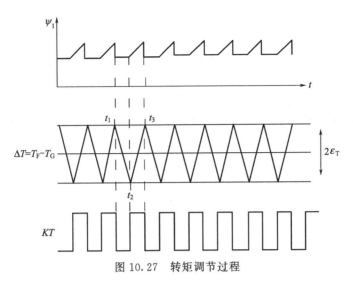

图 10.27　转矩调节过程

上式说明，由转矩调节器产生的转矩脉动频率，与定子磁场同步转速 ω_1 成正比，与转矩容差 ε_T 成反比。当 ω_1 一定时，转矩波动的容差 ε_T 愈小，脉动频率愈高。该脉动频率也就决定了逆变器开关频率。

3. 正/反转调节

为了实现转矩调节的快速性，采用正/反转调节器以控制定子磁链的正/反向旋转。其结构与转矩调节器相同。

完整的转矩调节器是由两点式转矩调节器和正/反转调节器构成的，如图 10.28 所示。需要加速调节过程时，正/反转调节器才参加调节。

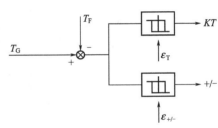

图 10.28　转矩调节器

四、磁链自控制

磁链自控制的目的是：在电机正反转运行时，识别磁链运动轨迹的区段，给出正确的磁链开关信号，产生相应的电压空间矢量，控制磁链按六边形运动轨迹旋转。

定子磁链空间矢量的运行状态取决于定子电压矢量。反之，定子电压空间矢量的顺序和切换时间又决定于定子磁链空间矢量的运动轨迹。分析定子旋转磁链空间矢量在 β 三相坐标系 β_a、β_b、β_c（如图 10.29 所示）轴上投影，可得到三个相差 120°相位的梯形波，如图 10.30（a）所示。

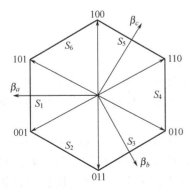

图 10.29　β 三相坐标系

采用三个施密特触发器，其容差为 $\pm\Psi_G$，Ψ_G 为六边形中心到六条边的垂直距离所代表的磁链值，也称为给定值。将给定值 Ψ_G 分别与磁链分量 $\Psi_{\beta a}$、$\Psi_{\beta b}$、$\Psi_{\beta c}$ 进行比较，得到磁链开关信号 $\overline{K\Psi_a}$、$\overline{K\Psi_b}$ 和 $\overline{K\Psi_c}$，由前述磁链开关信号可得到电压开关信号 $\overline{KU_a}$、$\overline{KU_b}$ 和 $\overline{KU_c}$，其相互关系为

$$\overline{K\Psi_a} = \overline{KU_c}$$

$$\overline{K\Psi_b} = \overline{KU_a}$$
$$\overline{K\Psi_c} = \overline{KU_b}$$

将电压开关信号反相，得到电压状态信号 KU_a、KU_b、KU_c。图 10.30(b)、(c)、(d) 分别表示了磁链开关信号、电压开关信号和电压状态信号。由此可知，按顺序依次给出电压空间矢量就可以得到同样旋转方向的正六边形磁链轨迹，同时，由磁链给定值 $\pm\Psi_G$ 通过比较器决定电压空间矢量的切换时刻，即当磁链 β 分量达到 $\pm\Psi_G$ 值时，电压状态信号发生变化，进行切换。

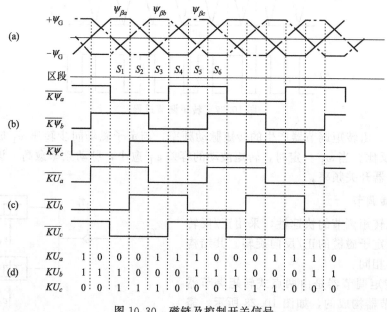

图 10.30 磁链及控制开关信号

由定子磁链在 β 三相坐标系投影得到 β 分量，通过磁链给定比较器比较，得到电压状态信号，以控制逆变器输出电压，得到所需要的六边形磁链。称为磁链自控制过程。

五、磁链观测模型

直接转矩控制的基本方法就是通过空间电压矢量 $u_1(t)$ 对定子磁链进行控制，以实现转矩控制。因此，需要对磁链进行观测。

根据式(10.48)

$$\Psi_1(t) = \int \left[u_1(t) - i_1(t)R_1 \right] \mathrm{d}t$$

可以得到最简单的定子磁链模型，结构图如图 10.31 所示。

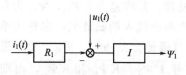

图 10.31 定子磁链模型 I

在该模型中，只需知道定子电阻，且定子电压、电流易于检测，就可以很方便地计算出定子磁链，从而得到电磁转矩。

从式(10.48)可以看出，$\Psi_1(t)$ 取决于定子电压与定子绕组电阻压降的差值。当电机低速时，差值很小，就难以反映真实的定子磁链。因此上述模型在较高转速下，结构简单，精度较高。

下面推导适合低速运行的定子磁链模型。

根据式(10.38)

$$\Psi_1 = (L_{11} + L_f)i_1 + L_f I_f$$

将实部和虚部分离可得

$$\Psi_{1\alpha} = (L_{11} + L_f)i_{1\alpha} + L_f I_{f\alpha} \tag{10.51}$$

$$\Psi_{1\beta} = (L_{11} + L_f)i_{1\beta} + L_f I_{f\beta} \tag{10.52}$$

根据上两式，可得到定子磁链模型如图 10.32 所示。

根据式(10.36) 可得到定子电压与定子电流的关系：

$$i_1 = \frac{u_1 - j\omega L_f I_f}{R_1 + j\omega L_{11} + j\omega L_f} = \frac{u_1 - j\omega L_f I_f}{R_1 + j\omega(L_{11} + L_f)}$$

定子电流 i_1 的两个分量为

$$i_{1\alpha} = \frac{R_1(u_{1\alpha} + \omega L_f I_{f\beta}) + \omega(L_{11} + L_f)(u_{1\beta} - \omega I_{f\alpha})}{R_1^2 + \omega^2(L_{11} + L_f)^2} \tag{10.53}$$

$$i_{1\beta} = \frac{R_1(u_{1\beta} + \omega L_f I_{f\alpha}) + \omega(L_{11} + L_f)(u_{1\alpha} - \omega I_{f\beta})}{R_1^2 + \omega^2(L_{11} + L_f)^2} \tag{10.54}$$

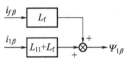

图 10.32　定子磁链模型Ⅱ

电流和电压关系可如图 10.33 结构图表示。

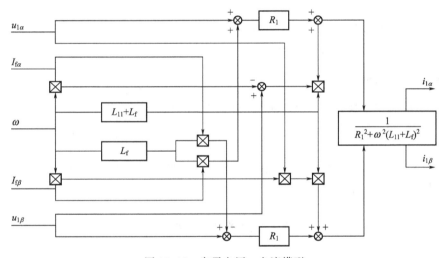

图 10.33　定子电压、电流模型

图 10.32 表述的定子磁链模型Ⅱ受参数（只有 L_{11} 和 L_f）的影响小，且不受电机温升影响（无 R_1），因而精度较高，且对转速不敏感，可在任意转速下应用，定子电流分量可以方便地得到，可实测，亦可根据式(10.53)、式(10.54) 表示的数学关系计算求出。

六、磁链闭环

电机在低速运行时，由于定子电阻压降的影响，定子磁链将减小。为使磁链幅值基本恒定，需要进行磁链闭环调节。通过给出一个定子电压空间矢量，以增强定子磁链，确保其幅值在允差内变化。

磁链闭环调节部分包括调节器和幅值检测器两部分。

1. 磁链调节器

其结构如图 10.34 所示，仍为施密特触发器，可进行幅值的两点式调节，输入信号为磁链给定值 Ψ_G 和磁链反馈值 Ψ_F，输出值为磁链量开关信号 $K\Psi$，调节器的允差为 $\pm\varepsilon_\Psi$。

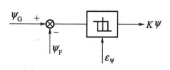

图 10.34 磁链调节器

本文把主要作用是增加定子磁链幅值的定子电压矢量称为磁链电压。

根据六边形电压矢量和磁链矢量的特点，在转速方向一定的条件下，只有两个电压空间矢量能增大磁链，即与磁链运动轨迹成 $-60°$ 和 $-120°$ 的电压空间矢量。

图 10.35 表示了磁链轨迹在 S4 段的调节过程。点 A 和 D 为 S_4 段上的任意两点。由于低速的影响，定子磁链空间矢量的顶点由 A 运动到 B，磁链幅值下降至 $\Psi_G - \varepsilon_\Psi$，达到了磁链调节器允差下限 $-\varepsilon_\Psi$，因而磁链量开关信号变为 1，接通磁链电压 $u(110)$，即成 $-60°$ 的电压矢量。在该磁链电压作用下，定子磁链由 B 点运动到 C 点，幅值上升。在 C 点，定子磁链幅值增大至 $\Psi_G + \varepsilon_\Psi$，到达了磁链调节器允差上限，因而 $K\Psi$ 变为 0，断开磁链电压，转矩电压 $u(100)$ 恢复，定子磁链继续正转，由 C 点运动至 D 点。

由于磁链调节器的作用，使定子磁链幅值始终在 $\Psi_G \pm \varepsilon_\Psi$ 内，基本保持恒定。

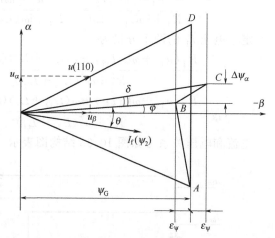

图 10.35 磁链调节

2. 磁链幅值检测单元

对于六边形磁链，磁链的三个分量对称，其幅值为

$$|\Psi| = 0.5(|\Psi_{\beta a}| + |\Psi_{\beta b}| + |\Psi_{\beta c}|)$$

式中，$|\Psi|$ 为定子磁链幅值；$|\Psi_{\beta a}|$、$|\Psi_{\beta b}|$、$|\Psi_{\beta c}|$ 为磁链各 β 分量幅值。

对于圆形磁链，定子磁链幅值为

$$|\Psi| = \sqrt{(\Psi_\alpha)^2 + (\Psi_\beta)^2}$$

七、电压状态选择

前面分别介绍了转矩调节、磁链自控制和磁链闭环。其中，转矩调节产生转矩开关信号，实现转矩的直接控制；磁链自控制产生磁链开关信号，以控制磁链按六边形运动轨迹正确地旋转；磁链闭环提供磁链量开关信号，保证磁链幅值恒定。

开关信号综合单元就是把上述三种开关信号和正/反转信号、零电压状态信号进行综合处理，以实现正确的电压选择。

开关信号综合单元的工作过程是：磁链自控制单元发出磁链开关信号确定区段电压，使定子磁链沿六边形轨迹旋转。转矩开关信号控制区段电压。接通时，定子磁链旋转，转矩加大；不接通时，定子磁链静止，转矩下降。在保证转矩调节的前提下，若磁链减小，则磁链量开关信号接通磁链电压，使磁链增加，实现在沿六边形轨迹运动的过程中，既调节转矩，又调节磁链。正/反转信号控制正反转，反转包括反向旋转和动态反转两种情况。动态反转指转子旋转方向不变时，定子磁链短时反转。动态反转的目的是使转矩快速减小，以加快转矩调节。

八、多电压空间矢量组合

定子磁链空间矢量的运动方向由电压空间矢量的方向决定。而逆变器只有六种工作电压状态，即六个工作电压空间矢量，所以磁链只能在这六个方向上运行。要想使磁链在任意方向上运行，只能通过多个电压空间矢量的不同组合来实现。

六边形磁链轨迹的控制策略使调节器的结构很简单。在六边形的每个边，只需两种电压状态——工作电压状态和零电压状态，采用两点式调节方式即可实现。若在某一边上改变定子磁链方向，则须增加该边上电压状态的种类，通过电压空间矢量的不同组合，实现所需的调节。只要每个边上电压状态数量足够多，用多个电压空间矢量的组合，就可实现近似圆形磁链轨迹的运行方式。

对于定子磁链运动轨迹的六边形的每条边，可以利用的电压空间矢量有四个，代表着定子磁链变化的四个有意义的方向。图 10.36 画出了在 S_1 边上定子磁链的四个有意义的方向和电压状态，分别是：矢量 1、矢量 2、矢量 3、矢量 4。其中，矢量 1 沿着 S_1 边指向磁链旋转的正方向，称为 0°电压矢量；矢量 2 较矢量 1 超前 60°，称为＋60°电压矢量；矢量 3 较矢量 1 滞后 60°，称为－60°电压矢量；矢量 4 较矢量 1 落后 120°，称为－120°电压矢量，这四个电压矢量分别对应了电压空间矢量 $u(011)$、$u(010)$、$u(001)$ 和 $u(101)$。

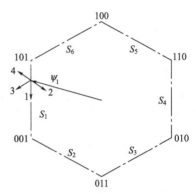

图 10.36　四种电压状态

在图 10.37(a) 和（b）中，分别画出了在六边形和圆形磁链轨迹两种情况下，四种电压空间矢量是如何对定子磁链的大小、方向和角度产生影响的。磁链轨迹两侧的点画线为其容差。下面对各电压空间矢量的作用予以详尽分析。

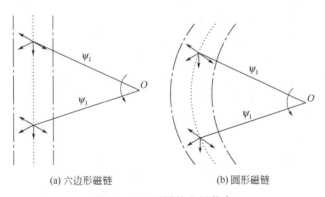

(a) 六边形磁链　　　　　　　(b) 圆形磁链

图 10.37　不同的电压状态

1. 0°电压矢量

磁链轨迹为六边形时，定子绕组接入 $u(011)$，定子磁链空间矢量的顶点沿六边形 S_1 边正方向运行。该电压矢量使磁通角增大，转矩增加，但不改变磁链幅值和运动方向。

磁链轨迹为圆形时。$u(011)$ 对磁链幅值有影响：在 S_1 边上半部分，减小磁链幅值；在下半部分，增大磁链幅值。

2. −60°电压矢量

无论是六边形磁链轨迹还是圆形磁链轨迹，$u(001)$ 的作用是既增加磁链，又增加转矩，增加的幅度与定子磁链空间矢量在该条边上的位置有关。在边长的开始，磁通角增加较大，转矩较大，但磁链量增加较小；在边长的末尾，磁通角增加较小，转矩增加较小，而磁链量增长较多。

3. +60°电压矢量

无论磁链轨迹是六边形还是圆形，电压 $u(010)$ 的作用是增加转矩和减小磁链量。影响的程度与定子磁链空间矢量在区段内的位置有关。在边长的开始，转矩增加较小，磁链减少较多；在边长的末尾，转矩增加较大，磁链减少程度较弱。

4. −120°电压矢量

对于六边形和圆形磁链轨迹，电压矢量 $u(101)$ 的作用是增加磁链和减小转矩。在开始阶段，磁通角减少程度弱，因而转矩削弱作用小，而磁链增加最多；在末尾阶段，转矩减少的程度最甚，磁链增加最少。

−120°电压是唯一的使定子磁链反转的电压，也是唯一使转矩下降的电压。因此可利用它加速转矩调节过程，同时又增加磁链量。它使定子磁链反转的特性，可实现定子磁链平均频率为零时的工作状态，即超低速运行。而其他三个电压矢量则难以做到。交替使用这四个电压，可以使定子磁链的平均频率达到任意值，实现各种工作状态。

九、正弦波无刷电机的直接转矩控制

根据直接转矩控制原理，控制系统由以下单元构成：

（1）正弦波无刷力矩电机数学模型　包括磁链模型和转矩模型。

（2）坐标变换　将定子磁链在 $\alpha-\beta$ 坐标系上的分量 Ψ_α 和 Ψ_β 转换为 β 三相坐标系的三个分量。

（3）磁链自控制　通过电压空间矢量的正确选择，形成六边形磁链。

（4）转矩调节　实现转矩直接自控制。

（5）磁链调节　实现对磁链幅值进行控制。

（6）开关信号综合　对磁链自控制、转矩调节和磁链调节等三种开关控制信号进行综合处理，形成正确的电压开关信号，实现对电压空间矢量的正确选择。

（7）开关频率调节　以控制逆变器的开关频率。

（8）转速调节　实现对转速的调节。

其控制框图如图 10.38 所示。

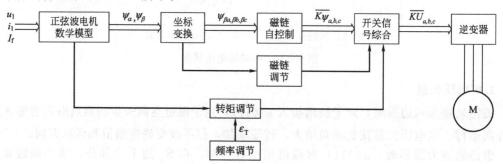

图 10.38　直接转矩控制框图

根据检测信号 u_1、i_1 和 I_f 由正弦波电机数学模型计算出电磁转矩 T_F 和 Ψ_α、Ψ_β，通过坐标变换得到磁链的 β 三相坐标系的三个分量，经磁链自控制单元得到转矩开关信号 $\overline{K\Psi_a}$、$\overline{K\Psi_b}$、$\overline{K\Psi_c}$，电磁转矩实际值 T_F 与给定值经转矩调节单元处理后给出转矩开关信号 TK。磁链调节单元根据磁链给定值和反馈值发出磁链开关信号 ΨK。最后由开关信号综合处理单元根据上述各输入开关信号，产生正确的电压开关信号 $\overline{KU_a}$、$\overline{KU_b}$ 和 $\overline{KU_c}$，去控制逆变器，产生相应的电压空间矢量，实现直接转矩控制。

第三节　绕线式异步电动机双馈调速及串级调速

绕线式异步电动机传统的启动和调速方法是在转子回路中串联电阻，这种调速方法属于有级调速，平滑性不够好，且效率较低。随着电力电子技术的迅速发展，由变频器和绕线式异步电动机组成的双馈调速系统，调速效果好，应用越来越广泛。

所谓双馈，指的是绕线式异步电动机定子绕组接交流电网，而转子绕组接可调节的对称附加电源（其电压幅值、频率和相位可动态调节），使它们可以进行电功率的相互传递。至于电功率是馈入定子绕组或转子绕组，还是由定子绕组或转子绕组馈出，则取决于电机的运行状态。

一、双馈调速原理

异步电动机负载运行时，转子有功电流 I_{2a} 为

$$I_{2a} = I_2\cos\varphi_2 = \frac{sE_2}{\sqrt{R_2^2 + X_{2s}^2}}\frac{R_2}{\sqrt{R_2^2 + X_{2s}^2}} = \frac{sR_2E_2}{R_2^2 + X_{2s}^2}$$

式中，E_2 是转子静止时的感应电动势。

简单起见，忽略转子漏电抗 X_{2s}，在负载转矩恒定的条件下，转子有功电流 I_{2a} 应为常数，即

$$I_{2a} \approx \frac{sE_2}{R_2} = 常数$$

当绕线式异步电动机转子回路接三相对称附加电压 U_2 时，电路原理如图 10.39 所示。根据 $\dot{U}_2$ 与转子电动势 $s\dot{E}_2$ 的相位关系，分为以下几种情况。

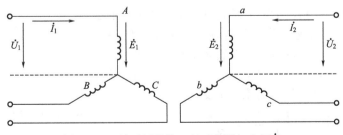

图 10.39　转子回路接三相对称附加电压 $\dot{U}_2$

1. $\dot{U}_2$ 与 $s\dot{E}_2$ 同相位

分成三种情况。

当 $U_2 < sE_2$ 时，由于 $\dot{U}_2$ 与 $s\dot{E}_2$ 同相位，使转子回路电流 $\dot{I}_{2a}$ 增大，电磁转矩增大，转子升速。随着转速的上升，转差率 s 开始下降，最终达到新的转差率 s'，使 $s'E_2 + U_2 = sE_2$，电磁转矩与负载转矩重新达到平衡，电机在转差率 s' 下运行。由于 $s' < s$，电机转速升高。相量图如图 10.40(a) 所示。

当 $U_2 = sE_2$ 时，转差率 $s' = 0$，电机的转速为同步转速，如图 10.40(b) 所示。

当 $U_2 > sE_2$ 时，转差率 $s' < 0$，电机的转速超过同步转速，如图 10.40(c) 所示。

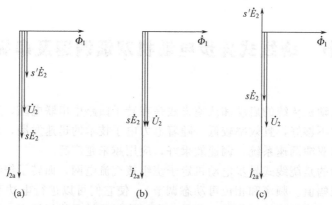

(a)　　　　　(b)　　　　　(c)

图 10.40　绕线式异步电动机转子附加电压 $\dot{U}_2$ 与 $s\dot{E}_2$ 同相位

由于负载转矩不变，转子电流也不变，即

$$I_{2a} = \frac{s'E_2 + U_2}{R_2} = \frac{sE_2}{R_2}$$

转差率 s' 为

$$s' = s - \frac{U_2}{E_2}$$

当电机空载运行时，I_{2a} 接近于零，s 很小，可忽略。

$$s_0' \approx -\frac{U_2}{E_2}$$

即使电机空载运行，通过调节 U_2，可以把电机的转速调节到高于同步转速。

2. $\dot{U}_2$ 与 $s\dot{E}_2$ 反相

相量图如图 10.41 所示。

由于 $\dot{U}_2$ 与 $s\dot{E}_2$ 反相，使转子回路电流 $\dot{I}_{2a}$ 减小，电磁转矩随之减小，转子转速下降。随着转速的降低，转差率增大到 s' 时，使 $s'E_2 - U_2 = sE_2$，电磁转矩与负载转矩重新达到平衡。电机在新的转差率 s' 下运行，$s' > s$，转速下降。

由于负载转矩不变，转子电流也不变，即

$$\dot{I}_{2a} = \frac{s'E_2 - U_2}{R_2} = \frac{sE_2}{R_2}$$

转差率 s' 有

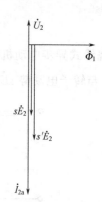

图 10.41　绕线式异步电动机转子附加电压 $\dot{U}_2$ 与 $s\dot{E}_2$ 反相

$$s' = s + \frac{U_2}{E_2}$$

当电机空载运行时，I_{2a} 接近于零，转差率 s 值很小，可忽略。空载转差率 s_0' 为

$$s_0' \approx \frac{U_2}{E_2}$$

即使电机空载运行，通过调节 U_2 也能进行调速。

3. $\dot{U}_2$ 与 $s\dot{E}_2$ 相位差 90°

相量图如图 10.42(a) 所示，$\dot{U}_2$ 领先 $s\dot{E}_2$ 90°。简单起见，忽略转子漏电抗 X_{2s}。则转子电流 $\dot{I}_2$ 与 $s\dot{E}_2 + \dot{U}_2$ 同相。将转子电流 $\dot{I}_2$ 分解为有功电流分量 $\dot{I}_{2a}$ 和无功电流分量 $\dot{I}_{2r}$。

忽略定子边漏阻抗压降。根据相量图可知，定子边的功率因数 $\cos\varphi_1$ 超前，如图 10.42(a) 所示。而异步电动机的功率因数通常都是滞后的，因此，功率因数得到了改善。

如果 $\dot{U}_2$ 与 $s\dot{E}_2$ 的相位差为任意角度，如图 10.42(b) 所示，可以将 $\dot{U}_2$ 分成两个正交的分量 $\dot{U}_2'$ 和 $\dot{U}_2''$，分别按上述方法进行分析。电机运行于次同步速，既能调速，又能提高定子功率因数。

因此，在绕线式异步电动机的转子绕组引入可调的附加电压，就可调节电机的转速。

在调速范围较大时，不能忽略转子漏阻抗的影响，因为它对转子电流 $\dot{I}_2$ 的大小及相位都有影响。

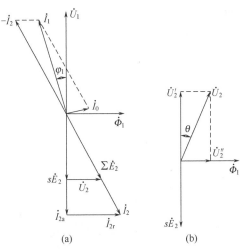

图 10.42　附加电压 $\dot{U}_2$ 与 $s\dot{E}_2$ 相差任意角度

二、双馈调速运行方式分析

忽略异步电机的铁耗、机械损耗和附加损耗，异步电机的功率关系为

$$P_M - p_{Cu2} = (1-s)P_M$$

式中，P_M 为电机的电磁功率；$p_{Cu2} = sP_M$ 为电机电枢回路消耗的功率，也称为转差功率；$(1-s)P_M$ 为电机输出的机械功率。

故有

$$P_M = sP_M + (1-s)P_M$$

双馈调速时，由于转子绕组的附加电压大小和极性的不同，转差率 s 和电磁功率 P_M 可以大于零，也可以小于零。因而，电动机就有不同的运行方式。

1. 电机在次同步速下电动运行

$\dot{U}_2$ 与 $s\dot{E}_2$ 反相，使电机转速下降。当转差率由原来的 s 增大到新的 s' 时，电磁转矩与负载转矩重新达到平衡，电机在转差率 s' 下运行，$s' > s$，即转速向下调节，在零转速与同步转速之间。图 10.43 是电机运行的相量图。

从图 10.43 中可知：电机的输入功率 $P_1 = 3U_1I_1\cos\varphi_1 > 0$，表明电机从电网吸收电功率；机械功率 $P_m = (1-s')P_M > 0$，电机向负载输出机械功率；转差功率 $s'P_M = 3U_2I_2\cos\varphi_2 < 0$，这部分功率扣除转子损耗后从转子侧回馈给转子附加电源了。电机运行方

式为电动运行，电磁转矩为拖动性转矩，如图 10.44 所示。由于电机在低于同步转速下运行，称为次同步速的电动运行。

2. 电机在超同步速下电动运行

电机原来运行在次同步速下的电动状态，当 $U_2 > sE_2$ 时，电机的转速超过同步转速，$s' < 0$，相量图如图 10.45 所示。

电机的输入功率 $P_1 = 3U_1I_1\cos\varphi_1 > 0$，表明电机从电网吸收电功率；机械功率 $P_M = (1-s')P_M > 0$，电机向负载输出机械功率；转差功率 $s'P_M = 3U_2I_2\cos\varphi_2 > 0$，由转子附加电源提供给电机。电机运行方式为电动运行，电磁转矩为拖动性转矩，如图 10.44 所示。

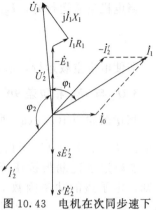

图 10.43　电机在次同步速下
电动运行的相量图

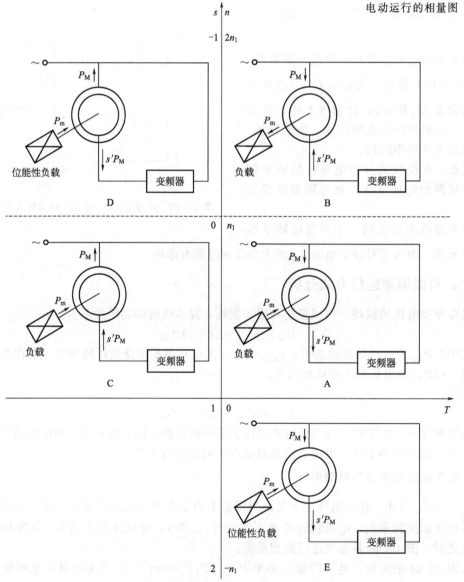

图 10.44　异步电动机双馈调速下各种运行方式功率流向及运行范围

A—次同步速电动运行；B—超同步速电动运行；C—次同步速回馈制动运行；D—超同步速回馈制动运行；E—倒位反转

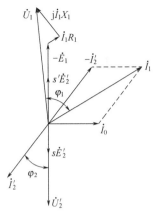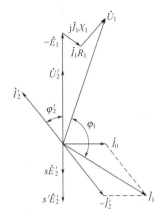

图 10.45　电机在超同步速下电动运行的相量图　图 10.46　电机在次同步速下回馈制动运行的相量图

3. 电机在次同步速下回馈制动运行

$\dot{U}_2$ 与 $s\dot{E}_2$ 反相，且 $|U_2| > |sE_2|$，转子回路电流 $\dot{I}_{2a}$ 减小直至为负值，电磁转矩随之反向，电机进入制动状态，在第二象限工作。此时，$0 < s' < 1$。在制动转矩的作用下，电机不断地减速。电机的相量图如图 10.46 所示。

电机的输入功率 $P_1 = 3U_1I_1\cos\varphi_1 < 0$，电机向电网回馈电能；机械功率 $P_\mathrm{m} = (1-s')P_\mathrm{M} < 0$，电机吸收负载的机械功率，即动能；转差功率 $s'P_\mathrm{M} = 3U_2I_2\cos\varphi_2' > 0$，由转子附加电源提供给电机，电磁转矩为制动性转矩，如图 10.44 所示。

4. 电机在超同步速下回馈制动运行

当异步电动机拖动位能性负载时（如电动机拖动车辆下坡），在位能作用下，电机转速超过了同步转速，电机就运行在回馈制动状态，其转差率 $s < 0$。若转子再外接附加电压 U_2，与 sE_2 反相，则能将电机转速进一步升高，电机就在转速更高的状态下回馈制动运行。相量图如图 10.47 所示。

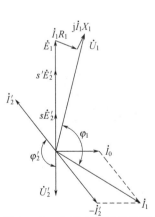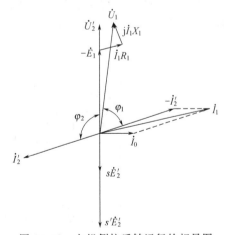

图 10.47　电机在超同步速下
回馈制动运行的相量图

图 10.48　电机倒拉反转运行的相量图

电机的输入功率 $P_1 = 3U_1I_1\cos\varphi_1 < 0$，电机向电网回馈电能；机械功率 $P_\mathrm{m} = (1-s')P_\mathrm{M} < 0$，电机吸收负载的机械功率，即动能；转差功率 $s'P_\mathrm{M} = 3U_2I_2\cos\varphi_2' < 0$，回馈给转子外接附加电源。这种情况下电磁转矩是制动性质的。如图 10.44 所示。

5. 电机运行于倒拉反转

当异步电动机拖动位能性负载时，$\dot{U}_2$ 与 $s\dot{E}_2$ 反相，使电机转速下降。继续增大 $\dot{U}_2$ 的值，电机的转速持续下降，停转后开始反转，即 $s'>1$。进入倒拉反转运行状态，这种情况下电磁转矩为拖动性。由于 $X_2 \gg R_2$，转子功率因数角 φ_2 接近 $90°$，相量图如图 10.48 所示。

电机的输入功率 $P_1 = 3U_1 I_1 \cos\varphi_1 > 0$，表明电机从电网吸收电功率；机械功率 $P_m = (1-s')P_M < 0$，电机吸收负载的机械功率，即位能；转差功率 $s'P_M = 3U_2 I_2 \cos\varphi_2 < 0$，由电动机回馈给转子外接附加电源。

上述五种情况下的功率流向及运行区间归纳在图 10.44 中。

三、异步电动机双馈调速系统的组成

双馈电机转子回路要求幅值、频率及相位可调的电源。采用交/交变频器，如图 10.49 所示。

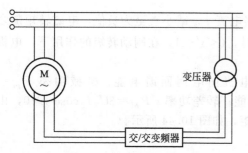

当异步电动机转速发生变化时，转子感应电动势的频率也随之而变，因此，变频器的输出电压 $\dot{U}_2$ 应与转子感应电动势始终保持同频率。具体实现的方法如下。

在绕线式异步电动机的转轴上装转子频率检测器，实时检测转子频率，利用该信号控制变频器输出电压 $\dot{U}_2$ 的频率，使其能自动跟踪转子感应电动势的频率。这种控制方式的异步电动机可以拖动冲击性负载。其过载能力及抗干扰能力都很强。

图 10.49　异步电动机双馈调速系统

图 10.50 是绕线式异步电动机双馈调速系统框图。异步电动机启动时，先将开关 K 合到下边，转子绕组接入启动电阻 R，以减小启动电流，增大启动转矩。待电动机转速上升到额定值时，将开关 K 合到上边，交/交变频器接入，双馈运行。

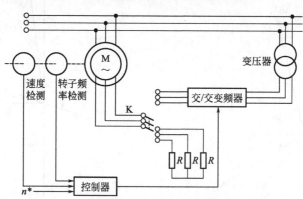

图 10.50　绕线式异步电动机双馈调速系统框图

四、串级调速原理

为满足异步电机转子感应电动势和转子附加电压同频率的要求，也可以把它们同时变换为直流量进行调速，即为串级调速。

图 10.51 是异步电动机串级调速框图。整流桥把异步电动机转子的感应电动势变成直流电动势，电流变成直流电流；逆变器给电机转子回路提供直流电动势，进行调速。

异步电动机转子相电动势 E_{2s} 经三相整流器后变为直流电动势 E_d。

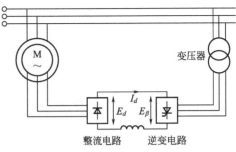

$$E_d = k_1 E_{2s} = k_1 s E_2$$

式中，k_1 为整流系数。

逆变器直流侧直流电动势 E_β 为

$$E_\beta = k_2 U_2 \cos\beta$$

式中，k_2 为逆变系数；U_2 为变压器二次侧相电压；β 为逆变角。

图 10.51　异步电动机串级调速

在转子回路中，有

$$E_d = E_\beta + I_d R$$

式中，R 为直流回路等效电阻；I_d 为直流回路电流。

忽略电阻 R 的压降，上式就变为

$$E_d = E_\beta = k_1 s E_2 = k_2 U_2 \cos\beta$$

当整流器、逆变器都为三相桥式电路时，$k_1 = k_2$，转差率 s 为

$$s = \frac{U_2}{E_2} \cos\beta$$

由此可知，改变逆变角 β 的大小，就能改变电动机的转差率 s，从而实现调速。

小　结

本章介绍了交流电机常用的三种现代调速方法。

矢量控制采用等效坐标变换的方法，将三相静止坐标系等效为两相静止坐标系，再通过变换，等效为两相旋转坐标系，最终将三相对称交流电 i_A、i_B、i_C 等效为直流电 i_d 和 i_q，从而将交流电机等效为直流电机进行控制，因而可获得与直流电机同样优越的调速性能和特性。

直接转矩控制把电机与逆变器作为一个整体，采用空间电压矢量的方法，在定子坐标系进行磁通和转矩的计算，通过转矩调节、磁链调节、电压状态选择等环节，实现对转速的控制。

绕线式异步电动机双馈调速，是将定子绕组接交流电网，而在转子绕组中引入可调的附加电压，从而调节电机的转速。而串级调速是把绕线式异步电机转子感应电动势变换为直流电动势，同时把转子附加电压变换为可调节的直流电压，实现调速。

思　考　题

10.1　简述交流电机矢量控制的基本原理。

10.2　交流电机矢量控制系统有什么特点？矢量控制的基本变换有哪些？

10.3　转子磁链定向的精度受哪些因素的影响？

10.4　简述交流电机直接转矩控制的工作原理。

10.5　交流电机直接转矩控制系统有什么特点？

10.6　试比较矢量控制和直接转矩控制有什么异同。

10.7　简述绕线式异步电动机双馈调速基本原理和异步电动机双馈调速的五种工况。

10.8　串级调速系统的组成原理是什么？

习　题

10.1　矢量控制采用等效坐标变换的方法，将三相静止坐标系等效为两相静止坐标系，再等效为两相旋转坐标系。试推导上述过程的变换矩阵。

10.2　简述永磁交流电机直接转矩控制的基本原理，包括哪几个主要环节及作用是什么。

10.3　永磁直流无刷电机采用 DC/AC 三相桥式逆变器驱动时，其功率电路拓扑如图 10.52 所示。试分析三相桥式逆变器做六步运行时的电压空间矢量和磁链轨迹。

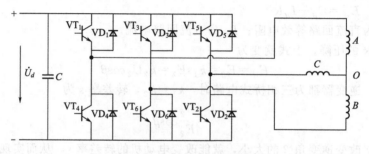

图 10.52　三相桥式逆变器

10.4　绕线式三相异步电动机拖动恒转矩负载运行时，在转子回路接入一个与转子绕组感应电动势同频率、同相位的外加电动势，试分析电动机的转速将如何变化。

10.5　画出异步电动机串级调速框图，并分析工作原理。

第十一章 微特电机

在电力拖动和自动控制系统中，应用着大量的各种各样的小功率特种电机，其作用是驱动、执行、检测和放大等。这些特种电机都是在普通旋转电机的理论基础之上发展演变而来的，具有特殊的性能，称为微特电机。它们与普通旋转电机没有本质的区别，但普通旋转电机的功能主要是进行能量转换，具有较高的力能指标，而微特电机主要功能是完成控制信号的传递和转换，具有性能特殊、快速响应及高精度等特点。

目前已应用的微特电机种类繁多，不胜枚举。本章就常用的微特电机进行介绍。

第一节 伺服电动机

伺服电动机将输入的电信号转换为转轴上的角位移或角速度输出，以执行控制任务，其转速和转向随输入信号的大小和方向而变化，并具有一定的带负载能力，在各类自动控制系统中广泛用作执行元件。

伺服电动机分为直流伺服电动机和交流伺服电动机两类。直流伺服电动机输出功率范围较大，从几瓦到几万瓦；而交流伺服电动机输出功率较小，一般为几十瓦。

一、直流伺服电动机

直流伺服电动机的原理及结构形式与他励直流电动机相似，励磁方式为他励式或永磁式。

自动控制系统对直流伺服电动机的基本要求如下：

（1）转速和转向由控制电压的大小和极性决定，且其控制特性呈线性；

（2）线性的机械特性；

（3）快速性好。

常采用电压信号对直流伺服电动机进行控制。

改变电枢绕组电压 U_a 的大小与方向的控制方式，称为电枢控制；改变电励磁式直流伺服电动机励磁绕组电压 U_f 的大小与方向的控制方式，称为磁场控制。后者性能不如前者，很少采用。

直流伺服电动机最重要的特性是机械特性和调节特性。下面分别进行介绍。

1. 机械特性

直流伺服电动机的机械特性表达式为

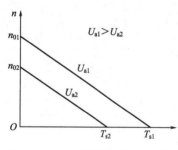

图 11.1　直流伺服电动机机械特性

$$n = \frac{U_a}{C_e \Phi} - \frac{R_a}{C_e C_T \Phi^2} T$$

其机械特性如图 11.1 所示。直流伺服电动机的理想空载转速为

$$n_0 = \frac{U_a}{C_e \Phi}$$

启动转矩为

$$T_S = C_T \Phi \frac{U_a}{R_a} \tag{11.1}$$

随着控制电压的变化，机械特性也发生变化，为一组平行直线。其理想空载转速和启动转矩与控制电压呈线性关系。

2. 调节特性

当直流伺服电动机的转矩一定时，转速与控制电压的变化关系称为调节特性。其数学表达式为

$$n = \frac{U_a}{C_e \Phi} - \frac{T R_a}{C_e C_T \Phi^2}$$

（1）负载为常数时的调节特性　调节特性如图 11.2 所示。

调节特性的斜率为

$$k = \frac{1}{C_e \Phi} \tag{11.2}$$

斜率仅与直流伺服电动机的参数有关，与负载转矩无关。

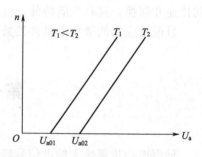

图 11.2　直流伺服电动机调节特性

调节特性在横轴上的截距为

$$U_{a0} = \frac{T R_a}{C_T \Phi} \tag{11.3}$$

称为直流伺服电动机的始动电压，当负载力矩为零时，称为空载始动电压。当负载力矩增大时，调节特性向右平移，其斜率不变，始动电压增大。

（2）可变负载时的调节特性　在自动控制系统中，有时负载是变化的。例如当负载转矩是由空气摩擦造成的阻转矩时，转矩随转速的增加而增加，且转速越高，转矩增加得越快。

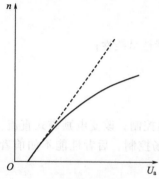

图 11.3　可变负载时的调节特性

在变负载的情况下，调节特性不再是一条直线了。在不同转速时，由于负载转矩 T_L 不同，相应的电枢电流 $I_a = T/(C_T \Phi)$ 也不同。根据电压平衡方程式可知，当电枢电压 U_a 改变时，电枢电阻压降不再保持为常数，因此，感应电势 E_a 的变化不再与电枢电压的变化成正比。随着转速的增加，负载转矩的增量越来越大，电阻压降的增量也越来越大，感应电势 E_a 的增量越来越小，而 $E_a \propto n$，所以，随着控制信号的增加，转速的增量越来越小，调节特性如图 11.3 所示。当然，调节特性还与负载特性的形状有关。

二、交流伺服电动机

交流伺服电动机在自动控制系统中常作为执行元件。系统对交流伺服电动机有以下要求：

（1）机械特性呈线性；

（2）控制信号消失时，立即停转，无自转现象；

（3）控制功率小，启动转矩大；

（4）机电时间常数小，快速响应，始动电压低。

1. 工作原理

交流伺服电动机是一种两相的交流电动机。定子中安放着两相绕组，互差 90°电角度。其中，$l_1 - l_2$ 为励磁绕组，$k_1 - k_2$ 为控制绕组。如图 11.4 所示。转子有笼型转子和非磁性杯形转子。杯形转子可视为笼型转子的特殊形式，笼型转子的导条数趋向无穷大时即成为杯形转子。笼型转子与三相笼型异步电动机的转子类似。

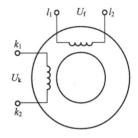

图 11.4 交流伺服电动机电气原理图

电机中的旋转磁场是由两相绕组通入交流电产生的，励磁绕组加幅值恒定的交流励磁电压，控制绕组加控制电压。在旋转磁场的作用下，转子就会产生电磁转矩，使电机运转。

改变 $\dot{U}_k$ 的大小与相位即实现对交流伺服电动机的控制，控制方法主要有三种：幅值控制、相位控制和幅值-相位控制。

2. 幅值控制

通常，交流伺服电动机采用幅值控制方式。所谓幅值控制，是指励磁绕组接额定励磁电压，励磁电压 $\dot{U}_f$ 与控制电压 $\dot{U}_k$ 之间相位差保持 90°，而控制电压的幅值在变化。

将控制电压用相对值表示，称为有效信号系数：

$$\alpha_e = \frac{U_k}{U_{kN}} \tag{11.4}$$

式中，U_k 为实际控制电压；U_{kN} 为额定控制电压。有效信号系数在 0~1 间变化。

有效信号系数不但可以表示控制电压的大小，还可以表示电机不对称运行的程度。当有效信号系数为 1，气隙合成磁场为圆形旋转磁场；当有效信号系数为 0，气隙合成磁场为脉振磁场；在 0~1 间变化时，气隙合成磁场为椭圆形旋转磁场。有效信号系数越接近 0，磁场的椭圆度越大。

改变控制电压，即改变 α_e 的大小，也就改变了电机合成磁场的不对称度，所以，两相交流伺服电动机靠改变电机运行的不对称度来达到控制的目的。

由磁场分析可知，椭圆磁场可用正转和反转的两个圆磁场代替，转速均等于同步转速。

转子对正转磁场的转差率为

$$s_{正} = \frac{n_1 - n}{n_1}$$

转子对反转磁场的转差率为

$$s_{反} = \frac{n_1 + n}{n_1} = \frac{2n_1 - (n_1 - n)}{n_1} = 2 - s_{正}$$

电磁转矩的方向总是与旋转磁场的方向相同，力图使转子沿着旋转磁场的方向旋转。反向旋转磁场产生的电磁转矩方向与转子转向相反，为阻力矩。因此，电机的总转矩：

$$T = T_正 - T_反$$

交流伺服电动机的机械特性如图 11.5 所示。随着电机控制电压的变化，即有效信号系数的变化，电机的机械特性也不同。

作出各种控制电压下的机械特性曲线。当 α_e 变小时，正转磁场的转矩 $T_正$ 减小，反转磁场的转矩 $T_反$ 增大，合成转矩 T 曲线下移。在理想空载转速下，转子转速已不能达到同步速 n_1。显然，有效信号系数越小，磁场椭圆度越大，反向转矩就越大，理想空载转速就越低。

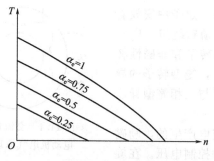
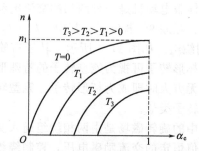

图 11.5　交流伺服电动机的机械特性　　图 11.6　交流伺服电动机的调节特性

为了能更清楚地表示转速随控制信号的变化关系，常采用调节特性。调节特性表示输出转矩一定的情况下，转速与有效信号系数 α_e 的变化关系。交流伺服电动机的调节特性如图 11.6 所示。从图 11.6 中可以看出，调节特性已不是直线。

交流伺服电动机还有一条很重要的机械特性，即零信号的机械特性，如图 11.7 所示。

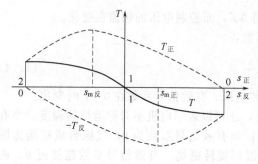

图 11.7　交流伺服电动机的零信号机械特性

零信号，就是控制电压为零。此时，磁场为脉振，可分解为两个正转和反转的圆磁场。相当于两对相同大小的磁极在空间以相反方向旋转。

其机械特性的形状与转子电阻值有关。当转子电阻较大时，使临界转差率 $s_{m正} > 1$。在电机运行范围内，合成转矩为负，为制动性质。如果电机的控制电压突然降至零，电机立即产生制动转矩，与负载转矩一道使电机停转。不会产生自转现象。

3. 相位控制

由加在控制绕组上的信号电压的相位来控制交流伺服电动机转速的方法称为相位控制。

相位控制接线如图 11.8 所示。励磁绕组接在交流电源上，为额定电压；控制绕组所加信号电压的数值为额定值，但是相位可以调节。$\dot{U}_f$ 与 $\dot{U}_k$ 同频率，二者相位差为 β_e，$\beta_e = 0 \sim 90°$。这样，$\sin\beta_e = 0 \sim 1$，$\sin\beta_e$ 称为相位控制的信号系数。

4. 幅值-相位控制

交流伺服电动机幅值-相位控制原理图如图 11.9 所示。励磁绕组串联电容器后再接交流电源，控制电压为 $\dot{U}_k$，$\dot{U}_k$ 与电源电压同频率、同相位，大小可以调节。

相位控制、幅值-相位控制的交流伺服电动机的控制信号发生变化时，合成磁动势的椭圆度也随之改变，从而具有不同的机械特性。这两种控制方法的机械特性和调节特性与幅值控制的相似，为非线性，在转速标幺值较小时线性度好。

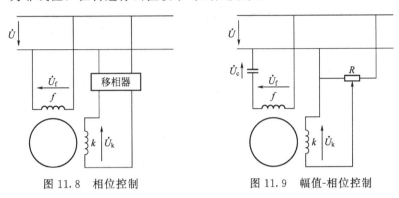

图 11.8　相位控制　　　　　　　图 11.9　幅值-相位控制

第二节　力矩电动机

在一些自动控制系统中，被控对象的运转速度比较低，如雷达天线、低速转台等。而一般的伺服电机转速通常都在 1000r/min 以上，转速较高。这就需要通过减速器带动负载，但减速器的齿轮间隙会导致系统精度和刚度的降低。希望有一种低转速、大转矩的电动机能够直接驱动负载。在这种情况下，力矩电动机就应运而生了。它具有低转速、大转矩的特点，可直接拖动负载运行，且响应快速、精度高、机械特性及调节特性线性好、结构紧凑、运行可靠，特别适合在位置伺服系统和低速伺服系统中作执行元件。

力矩电动机分为直流力矩电动机和交流力矩电动机两大类，其中应用广泛的是直流力矩电动机。

一、结构特点

直流力矩电动机的工作原理与直流伺服电动机相同，只是结构和外形尺寸的比例上有所不同。直流伺服电动机为了提高快速性，减小转动惯量，通常设计为细长型。而直流力矩电动机为获得低转速和大转矩，通常做成扁平型或盘式。励磁方式一般为永磁式，极对数较多。为了降低转矩脉动，采用多槽结构。总体结构形式有分装式和组装式两种。分装式结构有定子、转子和刷架三大部件，转轴和机壳按负载要求配制。组装式为一个完整的电机，与一般电机相同。图 11.10 为分装式直流力矩电动机的结构示意图。

二、结构与性能之间的关系

1. 电枢外形对电磁转矩的影响

图 11.11 给出了形状不同的两个直流力矩电动机的结构示意图，分别是细长型和扁平型。图 11.11(a) 所示的电动机的电磁转矩为

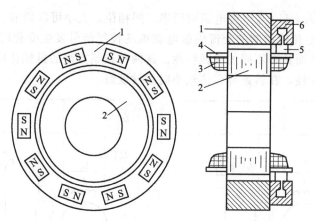

图 11.10 分装式直流力矩电动机的结构示意图

1—定子铁芯；2—转子铁芯；3—绕组；4—槽楔；5—电刷；6—刷架

$$T_a = N_a B l_a i_a \frac{D_a}{2}$$

式中，N_a 为图 11.11(a) 电动机的总导体数；B 为平均气隙磁密；l_a 为导体有效长度；i_a 为电枢导体的电流；D_a 为图 11.11(a) 电动机电枢直径。

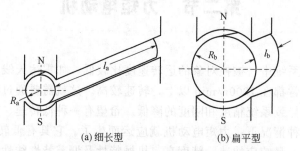

(a) 细长型 (b) 扁平型

图 11.11 形状不同的直流力矩电动机的结构示意图

保持电枢体积不变，将电动机电枢直径增大 1 倍，电动机形状如图 11.11(b) 所示。则有

$$D_b = 2D_a$$

$$l_b = \frac{1}{4}l_a$$

设导体电流不变，那么，导体直径也不变，但图 11.11(b) 电机的电枢截面积增大为 4 倍，槽满率不变条件下，总导体数也为原来的 4 倍，即

$$N_b = 4N_a$$

图 11.11(b) 所示的电动机的电磁转矩为

$$T_b = N_b B l_b i_b \frac{D_b}{2} = 4N_a B \frac{1}{4} l_a i_a \frac{2D_a}{2} = 2T_a$$

上式说明，在体积、气隙磁密和电流不变的情况下，电磁转矩和电枢直径成正比。

2. 电枢外形对理想空载转速的影响

图 11.11(a) 所示的电动机的空载转速为

$$n_{0a} = \frac{U}{C_e \Phi} = \frac{U}{\frac{pN_a}{60a}B \cdot \frac{\pi D_a}{p}l_a} = \frac{60a}{\pi} \cdot \frac{U}{N_a D_a l_a B}$$

考虑到图 11.11(a) 电机和图 11.11(b) 电机的结构参数的关系，可得后者的空载转速

$$n_{0b} = \frac{60a}{\pi} \cdot \frac{U}{N_b D_b l_b B} = \frac{60a}{\pi} \cdot \frac{U}{4N_a 2D_a \frac{1}{4}l_a B} = \frac{1}{2}n_{0a}$$

上式说明，在体积、气隙磁密和电流不变的情况下，理想空载转速和电枢直径成反比。

从以上分析可知，增大电枢直径，就可以提高电磁转矩，降低空载转速。这就是力矩电动机做成盘式结构的原因所在。

三、性能特点

(1) 力矩波动小，低速下能稳定运行。

采用盘式结构电枢，可增加槽数、元件数和换向片数。适当加大气隙、使用斜槽等措施都可以减小力矩波动。

(2) 响应迅速，动态性能好。

虽然直流力矩电动机的电枢直径大，转动惯量大，但它的堵转力矩很大，空载转速很低，机电时间常数还是比较小的。

(3) 峰值堵转转矩和峰值堵转电流。

由于电枢反应对磁场的去磁作用随着电枢电流的增加而增加，峰值堵转电流是磁钢不产生去磁的最大电枢电流，相应的堵转转矩称为峰值堵转转矩。

第三节　直流测速发电机

直流测速发电机是一种把机械角速度信号转换为电信号的直流发电机。其输出电压与转速成正比，在自动控制系统中广泛用作检测元件或解算元件，如自动控制系统中的速度检测、模拟量的积分和微分计算等。

直流测速发电机有他励和永磁两种励磁方式，永磁式应用更为普遍。

自动控制系统对直流测速发电机的基本要求是：

(1) 输出电压与转速的关系曲线为线性；

(2) 输出特性的斜率大；

(3) 输出电压波形的波纹小；

(4) 正反两方向输出特性一致；

(5) 温度变化对输出特性的影响小。

一、输出特性

直流测速发电机接线图如图 11.12 所示。励磁电压 U_f 恒定，负载电阻 R_L 固定不变。

空载时电压与转速的关系式为

$$E = C_e \Phi n$$

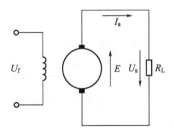

图 11.12　直流测速发电机原理图

带负载电阻 R_L 后，有

$$U_a = E - I_a R_a = C_e \Phi n - \frac{U_a}{R_L} R_a$$

化简后，可求得端电压为

$$U_a = \frac{C_e \Phi}{1 + R_a/R_L} n \tag{11.5}$$

不考虑电枢反应，忽略电阻的温度效应，输出特性为直线。如图 11.13 所示。

由图 11.13 可知，随着负载电阻的增加，输出特性的斜率随之增大。

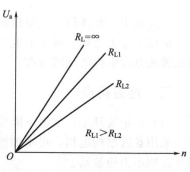

图 11.13 直流测速发电机输出特性

二、误差分析

实际上，直流测速发电机的输出特性并不是严格呈线性，存在着一定的误差，需要采取一定的措施进行抑制。

1. 温度影响

电机周围环境温度的变化以及电机自身发热，都会导致电机绕组电阻的变化。当温度升高时，励磁绕组电阻增大，励磁电流减小，磁通也随之减小，输出电压就会降低。若为永磁式直流测速发电机，永磁磁场也会随温度升高而有所下降，输出电压降低。

为了减少温度变化对输出特性的影响，直流测速发电机的磁路通常设计得比较饱和。

2. 电枢反应影响

直流测速发电机负载运行时，电枢电流会产生电枢反应，必然会影响到直流测速发电机的磁场，使得输出电压降低。

为了减小电枢反应对输出特性的影响，直流测速发电机的电枢电流必须进行限制，直流测速发电机的技术条件规定了最小负载电阻和最大转速。

3. 电刷接触电阻影响

电刷与换向器之间的接触电阻随着电枢电流的变化而变化，当转速发生变化时，输出电压及负载电流均会发生变化，从而引起接触电阻的变化，影响了输出特性。

为了减小电刷接触电阻对输出特性的影响，直流测速发电机常采用接触电阻小的电刷。

4. 纹波影响

当直流测速发电机的磁场和转速恒定时，电刷两端应该输出不随时间变化的稳定的直流电势。然而，实际情况并非如此。其输出的电势总是带有微弱的脉动，称为纹波。

纹波主要是由电机本身固有的结构及加工误差引起的。由于电枢槽数及元件数有限，在输出电势中将引起脉动。增加槽数、元件数和换向片数可以减小纹波。但由于结构及工艺所限，电机槽数、元件数和换向片数的增加是有限的，产生纹波是不可避免的。由于电枢铁芯有齿槽，以及铁芯加工的椭圆度和偏心等，也会使纹波幅值增大。

采用无槽电枢的直流测速发电机可以大大减小因齿槽效应而引起的输出电压纹波幅值。

第四节 交流异步测速发电机

交流异步测速发电机与直流测速发电机一样，是一种测量转速或传感转速信号的元件，它可以将转速信号变为电压信号。理想的测速发电机的输出电压 U_2 与其转速 n 成线性关系，即

$$U_2 = kn$$

式中，k 为比例系数。

在自动控制系统中，交流异步测速发电机的主要用途有两种：一种是计算解答装置中作为解算元件；另一种是在伺服系统中作为阻尼元件。

作为解算元件时，要求交流测速发电机具有很好的线性度，温升变化引起的变温误差要小，转速为零时的剩余电压要低。但对输出斜率要求不高。

作为阻尼元件时，要求交流测速发电机输出斜率要大，这样阻尼作用就大，而对线性度等精度指标的要求是次要的。

一、结构

交流异步测速发电机的结构与交流伺服电动机的结构完全一样。它的转子可以是非磁性杯形，也可以是笼型。笼型交流异步测速发电机斜率大，但特性差、误差大，转子惯量大，一般只用在精度不高的系统中。非磁性杯形转子交流异步测速发电机精度较高，转子惯量较小，应用最为广泛。本书主要介绍这种结构的交流异步测速发电机。

杯形转子异步测速发电机定子上有两相互相垂直的分布绕组，其中一相为励磁绕组，另一相为输出绕组。转子是杯形转子，用电阻率较大的硅锰青铜或锡锌青铜制成，属于非磁性材料。图11.14为其结构示意图。

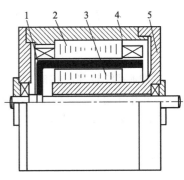

图 11.14 空心杯转子异步发电机
1—杯形转子；2—外定子；
3—内定子；4—机壳；5—端盖

二、工作原理

异步测速发电机励磁绕组的轴线为 d 轴，输出绕组的轴线为 q 轴。工作时，励磁绕组接单相交流电源 U_1，频率为 f，d 轴方向产生脉振磁通 $\dot{\Phi}_d$，电机转子逆时针方向旋转，转速为 n，如图11.15所示。

交流异步测速发电机工作时，杯形转子上产生的电动势，包括变压器电动势和旋转电动势。

变压器电动势，是由于 d 轴磁通 $\dot{\Phi}_d$ 交变，在杯形转子上感应的电动势。由于转子结构是对称的，可以把杯形转子等效为无数多个并联的两相或三相对称绕组，这样在杯形转子中，由于变压器电动势而引起的转子磁动势，大小是一个与转子位置无关的常数，方向始终在 d 轴上。这样一来，励磁绕组磁动势与转子变压器电动势引起的磁动势相叠加形成合成磁动势 $\dot{F}_d$，并产生 d 轴磁通 $\dot{\Phi}_d$。励磁绕组磁动势与 F_d 数值上只相差一个常数。

旋转电动势，是指转子旋转时，转子与 d 轴磁通 Φ_d 有相对运动产生的电动势。杯形转

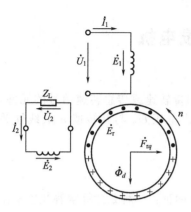

图 11.15　杯形转子异步测速发电机原理图

子转速为 n，逆时针方向，旋转电动势 $\dot{E}_r$ 的方向用右手定则确定，如图 11.15 中所示。分析旋转电动势时，可以把转子看成为无数根并联的导条，每根导条旋转电动势的大小与导条和磁密的相对运动速度及导条所在处的磁密成正比。设杯形转子轴向长度为 l，所在处磁密 $B_d \propto \Phi_d$，导条与磁密相对运动速度即转子旋转的线速度 $v \propto n$，且 Φ_d、l 和 v 三者方向互相垂直，旋转电动势大小为

$$E_r \propto \Phi_d n$$

异步测速发电机杯形转子的材料，是具有高电阻率的非磁性材料，因此转子漏磁通和漏电抗均很小，而转子电阻却很大，这样可以忽略转子漏阻抗中的漏电抗，而认为只有电阻存在。因此，旋转电动势 E_r 在转子中产生的电流，与电动势 $\dot{E}_r$ 同相位，该电流建立的磁动势在 q 轴方向，用 $\dot{F}_{rq}$ 表示，其大小正比于 E_r。即

$$F_{rq} \propto E_r \propto \Phi_d n$$

磁动势 $\dot{F}_{rq}$ 产生 q 轴方向的磁通，交链 q 轴上的输出绕组，并在其中感应电动势 $\dot{E}_2$，由于 $\dot{\Phi}_d$ 以频率 f 交变，$\dot{E}_r$、$\dot{F}_{rq}$ 和 $\dot{E}_2$ 也都是时间变量，频率也都是 f。输出绕组感应电动势 E_2 的大小与 F_{rq} 成正比，即

$$E_2 \propto F_{rq} \propto \Phi_d n$$

忽略励磁绕组漏阻抗时，$U_1 = E_1$，只要电源电压 $\dot{U}_1$ 不变，纵轴磁通 Φ_d 为常数。测速发电机输出电动势 E_2 只与电机转速 n 成正比。因此输出电压 U_2 也只与转速 n 成正比。

因此，交流异步测速发电机就很好地将转速信号转变为电压信号，实现测速的目的。

第五节　自整角机

自整角机属于自动控制系统中的测位用微特电机。按照使用要求可分为控制式自整角机和力矩式自整角机两大类。

无论运行方式是控制式或者力矩式，自整角机必须是成对（或两个以上）组合使用，不能单机使用。若作为成对使用的控制式自整角机，一个是控制式发送机 ZKF，另一个是控制式变压器 ZKB；若作为成对使用的力矩式自整角机，一个是力矩式发送机 ZLF，另一个是力矩式接收机 ZLJ。

自整角机是一种两极的交流电机。通常，单相励磁绕组嵌放在电机转子上。电机定子铁芯中嵌放三相对称的整步绕组，又称同步绕组。图 11.16(a) 为凸极式结构，图 11.16(b) 为隐极式结构。三相整步绕组是分布绕组，星形联结，有三个引出端。转子上的绕组经滑环与电刷引出来。这种形式的自整角机称为接触式自整角机。还有一种无接触式自整角机，没有滑环与电刷，励磁绕组和整步绕组都安装在定子上，结构比较复杂，但具有不产生无线电干扰等优点。

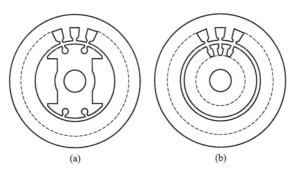

图 11.16 自整角机结构形式

一、控制式自整角机

控制式自整角机原理图如图 11.17 所示。左边为控制式发送机 ZKF，右边是控制式变压器 ZKB。ZKF 和 ZKB 的定子绕组 D_1、D_2、D_3 和 D_1'、D_2'、D_3' 对应相连，ZKF 的转子绕组 Z_1Z_2 为励磁绕组，接励磁电源。ZKB 的转子绕组 $Z_1'Z_2'$ 为输出绕组。设 ZKF 励磁绕组 Z_1Z_2 的轴线与定子 D_1 相绕组轴线的夹角为 θ_1，ZKB 转子输出绕组 $Z_1'Z_2'$ 的轴线与定子 D_1' 相绕组轴线的夹角为 θ_2，且 $\theta_2 > \theta_1$。

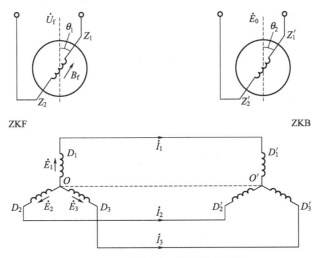

图 11.17 控制式自整角机原理图

1. 转子励磁绕组产生的脉振磁场

控制式发送机 ZKF 转子励磁绕组接入单相电压 U_f，则励磁电流为

$$i_f = I_{fm}\sin\omega t$$

励磁电流产生交变磁通。由于励磁电流随时间正弦变化，则磁场大小和方向也随之变化，性质为脉振磁场，如图 11.18 所示。其特点为：某一时刻，磁场大小沿定子内圆周长方向作余弦（正弦）分布；气隙上某一点，磁场大小随时间作正弦（余弦）变化。

2. 定子绕组产生的磁场

励磁绕组产生的脉振磁场，交链定子绕组并产生感应电势。如图 11.19 所示为定子绕组交链的转子励磁磁场。

定子三相绕组的感应电势在时间上相位相同，大小则与定子绕组在空间的位置有关。

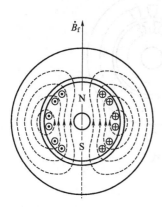

图 11.18 转子励磁绕组产生的脉振磁场

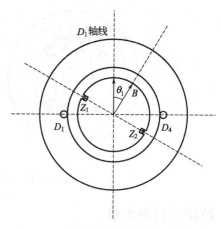

图 11.19 定子绕组交链的转子励磁磁场

设三相绕组所交链的磁通为

$$\Phi_1 = \Phi_m \cos\theta_1$$
$$\Phi_2 = \Phi_m \cos(\theta_1 + 120°)$$
$$\Phi_3 = \Phi_m \cos(\theta_1 + 240°)$$

那么，三相绕组感应的电势为

$$E_1 = 4.44 f N \Phi_1 = E \cos\theta_1$$
$$E_2 = 4.44 f N \Phi_2 = E \cos(\theta_1 + 120°)$$
$$E_3 = 4.44 f N \Phi_3 = E \cos(\theta_1 + 240°)$$

由于控制式发送机 ZKF 和控制式变压器 ZKB 定子绕组对应相连，回路中有电流流过。设每相总阻抗为

$$Z_Z = Z_F + Z_B + Z_i$$

式中，Z_F 为 ZKF 每相定子绕组阻抗；Z_B 为 ZKB 每相定子绕组阻抗；Z_i 为连接线阻抗。

故三相电流的有效值为

$$I_1 = \frac{E_1}{Z_Z} = I \cos\theta_1$$

$$I_2 = \frac{E_2}{Z_Z} = I \cos(\theta_1 + 120°)$$

$$I_3 = \frac{E_3}{Z_Z} = I \cos(\theta_1 + 240°)$$

由于定子绕组产生的电流在时间上同相位，则三相电流瞬时值：

$$i_1 = \sqrt{2} I \cos\theta_1 \sin\omega t_1$$
$$i_2 = \sqrt{2} I \cos(\theta_1 + 120°) \sin\omega t_1$$
$$i_3 = \sqrt{2} I \cos(\theta_1 + 240°) \sin\omega t_1$$

设磁路线性，气隙各点磁密与产生它的电流成正比。因此，三相定子磁密空间矢量的大小为

$$B_1 = K i_1 = B_m \cos\theta_1 \sin\omega t_1$$
$$B_2 = K i_2 = B_m \cos(\theta_1 + 120°) \sin\omega t$$

$$B_3 = Ki_3 = B_m \cos(\theta_1 + 240°)\sin\omega t$$

定子各相电流均产生脉振磁场。合成磁场用空间矢量的分解来分析，如图 11.20 所示。

设发送机转子相对于 D_1 相轴线夹角为 θ_1。作 d、q 坐标系，将三相定子磁密空间矢量在 d、q 轴上分解可得：

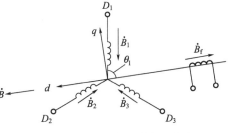

图 11.20 定子磁场的分解与合成

d 轴方向总磁密分量为

$$B_d = B_{1d} + B_{2d} + B_{3d}$$
$$= B_m \left[\cos^2\theta_1 + \cos^2(\theta_1 + 120°) + \cos^2(\theta_1 + 240°)\right]\sin\omega t$$
$$= \frac{3}{2}B_m \sin\omega t$$

q 轴方向：

$$B_q = B_{1q} + B_{2q} + B_{3q} = 0$$

因此，三相定子合成磁场为

$$B = B_d = \frac{3}{2}B_m \sin\omega t \tag{11.6}$$

由此可知，合成磁密在空间幅值位置不变，幅值是时间的正弦（余弦）函数，性质为脉振磁场；合成磁密矢量在 d 轴方向，和励磁绕组轴线重合，但与 B_f 反向。

由于 ZKB 和 ZKF 相电流大小相等，方向相反，因此 ZKB 定子合成磁场与 ZKF 恰好相反，与 D_1' 相轴线夹角为 θ_1。如图 11.21 所示。

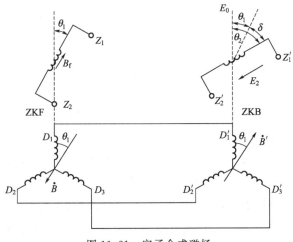

图 11.21 定子合成磁场

3. ZKB 转子输出绕组电势

ZKF 转子绕组轴线与定子 D_1 相绕组空间夹角为 θ_1，励磁磁通感应的变压器电势为

$$E_1 = E\cos\theta_1$$

同理，ZKB 定子合成磁场轴线与输出绕组轴线空间夹角 $\delta = \theta_2 - \theta_1$，则合成磁场在输出绕组中感应的变压器电势有效值：

$$E_2 = E_{2m}\cos\delta \tag{11.7}$$

上式说明，输出绕组电势有效值与两轴的差角的余弦成正比。

当自整角机变压器 ZKB 定子磁场 B' 方向与输出绕组轴线垂直，无耦合，则输出电势

E_2为零，此时的转子绕组轴线称为控制式自整角机的协调位置。如图11.22所示。

转子偏离此位置的角度定义为失调角γ。

$$E_2 = E_{2m}\cos(90° - \gamma) = E_{2m}\sin\gamma \qquad (11.8)$$

当γ以弧度为单位，且γ很小时，有

$$\sin\gamma = \gamma$$

输出电势的大小反映了发送机和接收机转轴之间角度差值的大小。

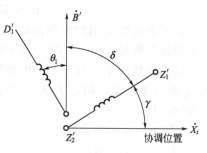

图11.22　协调位置

二、力矩式自整角机

力矩式自整角机原理图如图11.23所示。力矩式发送机 ZLF 转子励磁绕组 Z_1Z_2 的轴线与定子 D_1 相绕组轴线一致，力矩式接收机 ZLJ 转子励磁绕组 $Z'_1Z'_2$ 的轴线与定子 D'_1 相绕组轴线的夹角为δ。

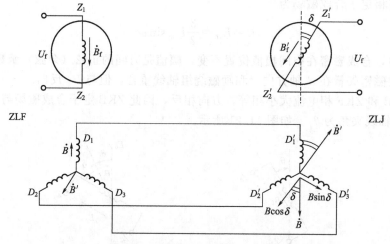

图11.23　力矩式自整角机原理图

忽略磁路饱和，利用叠加原理进行分析。

（1）力矩式发送机 ZLF 转子励磁绕组 Z_1Z_2 单独励磁，力矩式接收机 ZLJ 转子励磁绕组 $Z'_1Z'_2$ 开路。此时，情况与控制式运行类似，即发送机转子励磁磁动势在发送机定子绕组中感应电势，在两机定子绕组回路中产生电流，三相电流在发送机气隙中产生合成磁密 $\dot{B}$，方向与发送机励磁 $\dot{B}_f$ 相反，而在接收机气隙中产生与发送机方向相反的合成磁密 $\dot{B}$。

（2）力矩式接收机 ZLJ 转子励磁绕组 $Z'_1Z'_2$ 单独励磁，力矩式发送机 ZLF 转子励磁绕组 Z_1Z_2 开路。同理可知，三相电流在接收机气隙中产生合成磁密 $\dot{B}'$，方向与接收机励磁 $\dot{B}'_f$ 相反，而在发送机气隙中产生与接收机方向相反的合成磁密 $\dot{B}'$。

（3）力矩式自整角机工作时，发送机和接收机同时励磁，发送机和接收机定子绕组同时产生磁密 $\dot{B}$ 和 $\dot{B}'$。利用叠加原理进行合成。将接收机中由发送机励磁产生的磁密 $\dot{B}$ 沿 $\dot{B}'$ 方向分解成两个分量：$\dot{B}_d$ 和 $\dot{B}_q$。

其中，$\dot{B}_d$ 和转子绕组轴线一致，大小为 $B\cos\delta$。在转子绕组轴线方向，定子合成磁密为 $B'_d = B' - B\cos\delta = B(1 - \cos\delta)$，与接收机励磁磁密 $\dot{B}'_f$ 方向相反，起去磁作用。

$\dot{B}_q$ 和转子绕组轴线垂直，大小为 $B_q = B\sin\delta$。$\dot{B}'_f$ 与 $\dot{B}_q$ 相互作用要产生转矩。根据载流线圈在磁场中受到电磁力的作用原理，受力情况如图 11.24 所示。两个磁场 $\dot{B}'_f$ 与 $\dot{B}_q$ 的相互作用转化成接收机励磁线圈和磁密 $\dot{B}_q$ 之间的作用。转矩的方向力图使载流线圈所产生的磁场方向与外磁场方向一致，即使转子绕组受到逆时针方向的转矩，使 δ 趋向于零。

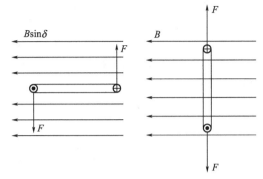

图 11.24　力矩式自整角机接收机励磁线圈受力图

也就是说，发送机转子一旦旋转一个角度 δ，即发送机与接收机转子轴线之间相差角度 δ，接收机就会朝着 δ 减小的方向转动，当 δ 减小到零时，转矩为零，停止转动，以达到协调或同步。如果发送机转子连续旋转，则接收机转子就会跟着转动，实现转角随动。

第六节　旋转变压器

旋转变压器是一种精密的位置信号检测元件，在伺服系统和随动系统中应用广泛。

从原理上讲，旋转变压器为一种能旋转的变压器。其一次、二次绕组分别装在定、转子上，一次、二次侧的耦合程度由转子的转角决定，故转子绕组的输出电压大小及相位与转子转角有关。

按照旋转变压器的输出电压与转子转角间的函数关系，旋转变压器可分为正余弦旋转变压器、线性旋转变压器和比例式旋转变压器。

按照旋转变压器的极对数来划分，可分为单对极和多对极两类。多对极可以提高精度。

旋转变压器的定子绕组有两个，分别为励磁绕组 D_1D_2 和定子交轴绕组 D_3D_4，其结构相同，轴线在空间上互为正交。

旋转变压器的转子绕组也有两个，分别为余弦输出绕组 Z_1Z_2 和正弦输出绕组 Z_3Z_4。其结构相同，轴线在空间上也互为正交。如图 11.25 所示。

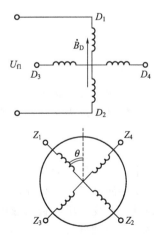

一、正余弦旋转变压器

正余弦旋转变压器输出电压与转子转角满足正弦和余弦的函数关系。

1. 空载运行

旋转变压器的励磁绕组 D_1D_2 加交流励磁电压 U_{f1}，其余绕组均开路。如图 11.25 所示。

励磁绕组将产生脉振磁场 $\dot{B}_D$，方向在定子励磁绕组轴线上。

图 11.25　正余弦旋转变压器原理图

输出绕组交链脉振磁场 $\dot{B}_{\mathrm{D}}$，产生感应电势。余弦绕组 $Z_1 Z_2$ 和正弦绕组 $Z_3 Z_4$ 产生的感应电势分别为

$$E_{\mathrm{R1}} = E_{\mathrm{R}}\cos\theta$$
$$E_{\mathrm{R2}} = E_{\mathrm{R}}\cos(\theta + 90°) = -E_{\mathrm{R}}\sin\theta$$

式中，E_{R} 为转子输出绕组轴线与定子励磁绕组轴线重合时，脉振磁通 Φ_{D} 在输出绕组中感应的电势。

旋转变压器变比为

$$k_{\mathrm{u}} = \frac{E_{\mathrm{R}}}{E_{\mathrm{D}}} = \frac{N_{\mathrm{R}}}{N_{\mathrm{D}}} \tag{11.9}$$

式中，E_{D} 为 Φ_{D} 在励磁绕组 $D_1 D_2$ 中感应的电势；N_{R}、N_{D} 分别为输出绕组和励磁绕组的有效匝数。

将上式代入输出绕组电势中：

$$E_{\mathrm{R1}} = k_{\mathrm{u}} E_{\mathrm{D}}\cos\theta$$
$$E_{\mathrm{R2}} = -k_{\mathrm{u}} E_{\mathrm{D}}\sin\theta$$

忽略定子励磁绕组电阻和漏电抗，则 $E_{\mathrm{D}} = U_{\mathrm{f1}}$

$$U_{\mathrm{R1}} = k_{\mathrm{u}} U_{\mathrm{f1}}\cos\theta$$
$$U_{\mathrm{R2}} = -k_{\mathrm{u}} U_{\mathrm{f1}}\sin\theta \tag{11.10}$$

上式说明，空载时，输出绕组的电压分别与转子转角 θ 成严格的正余弦关系。

2. 负载运行

旋转变压器运行时要带负载，如图 11.26 所示。正弦输出绕组 $Z_3 Z_4$ 接入负载阻抗 Z_{L} 后，输出电压随转角的变化关系已不再为正弦，负载输出特性产生了畸变，如图 11.27 所示。

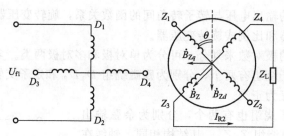

图 11.26　正弦输出绕组接负载

产生畸变的原因分析如下：

输出绕组 $Z_3 Z_4$ 接入负载 Z_{L} 后，就有电流 I_{R2} 流过，产生的脉振磁场为 $\dot{B}_{\mathrm{Z}}$。为便于分析，可将其分解为交轴和直轴两个分量：

$$B_{Zq} = B_{\mathrm{Z}}\cos\theta$$
$$B_{Zd} = B_{\mathrm{Z}}\sin\theta$$

其中，直轴磁场分量与励磁磁场均沿励磁绕组 $D_1 D_2$ 轴线，相当于普通变压器磁场。根据变压器磁动势平衡原理，二次侧流过电流，一次侧电流也将增加一个负载分量，以保持主磁通基本不变。所以直轴磁场基本不影响输出特性。

那么，交轴分量 B_{Zq} 就是导致输出电压畸变的主要原因。交轴磁通为

$$\Phi_q = SB_{Zq} = SB_{\mathrm{Z}}\cos\theta \propto B_{\mathrm{Z}}\cos\theta$$

Φ_q 交链 $Z_3 Z_4$ 的磁通 Φ_{q34}：

$$\Phi_{q34} = \Phi_q \cos\theta = SB_Z \cos^2\theta \propto B_Z \cos^2\theta$$

Φ_{q34} 在 Z_3Z_4 绕组中感应电势：

$$E_{q34} = 4.44 f N_R \Phi_{34} \propto B_Z \cos^2\theta$$

所以，输出绕组 Z_3Z_4 上的电势就有 $E_{R2} = -k_u U_{f1} \sin\theta$ 和 $E_{q34} \propto B_Z \cos^2\theta$，因而，输出电压随 θ 正弦变化的规律被打破，出现畸变。且由于 $E_{q34} \propto B_Z \propto I_{R2}$，电流 I_{R2} 愈大，E_{q34} 愈大，畸变就愈大。

因而，交轴磁场是引起负载输出特性畸变的主要原因，应设法进行消除或补偿。

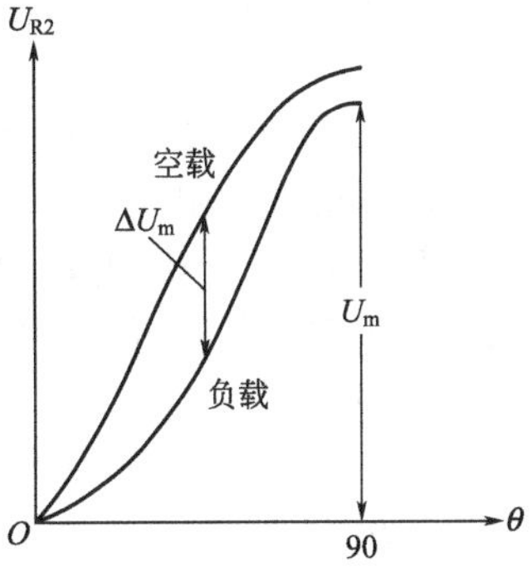

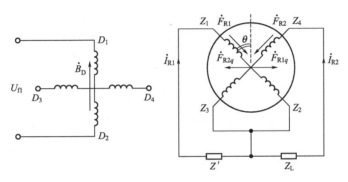

图 11.27　负载输出特性畸变

3. 补偿措施

为改善输出特性，应设法消除交轴磁场的影响。常用的补偿方法有以下三种。

（1）二次侧补偿　转子绕组 Z_1Z_2 接阻抗 Z'，Z_3Z_4 接阻抗 Z_L，且有 $Z' = Z_L$，如图 11.28 所示。

图 11.28　二次侧补偿

设流过 Z_1Z_2 和 Z_3Z_4 的电流分别为 I_{R1} 和 I_{R2}，产生的磁动势：

$$F_{R1} = K I_{R1}$$
$$F_{R2} = K I_{R2}$$

交轴磁动势：

$$F_{R1q} = F_{R1} \sin\theta = K I_{R1} \sin\theta$$
$$F_{R2q} = F_{R2} \cos\theta = K I_{R2} \cos\theta$$

又：

$$I_{R2} = \frac{U_{R2}}{Z_L + Z_2} = -\frac{k_u U_{f1}}{Z_L + Z_2} \sin\theta$$

$$I_{R1} = \frac{U_{R1}}{Z' + Z_2} = \frac{k_u U_{f1}}{Z' + Z_2} \cos\theta$$

式中，Z_2 为输出绕组的阻抗。

所以：

$$F_{R1q} = K I_{R1} \sin\theta = K \frac{k_u U_{f1} \cos\theta}{Z' + Z_2} \sin\theta$$

$$F_{R2q} = K I_{R2} \cos\theta = -K \frac{k_u U_{f1} \sin\theta}{Z_L + Z_2} \cos\theta$$

当 $Z'=Z_L$ 时，$F_{R1q}=F_{R2q}$，即正余弦输出绕组产生的交轴磁动势大小相等，方向相反，全补偿，从而消除了输出特性的畸变。

（2）一次侧补偿　一次侧交轴绕组 D_3D_4 接阻抗 Z，并使它等于励磁电源内阻 Z_n，如图 11.29 所示。

交轴磁通 Φ_{q34} 在 D_3D_4 绕组中感应电流，根据楞次定律，该电流产生的磁场对 Φ_{q34} 具有去磁作用，从而补偿了由 Φ_{q34} 引起的输出畸变。

当 $Z=Z_n$ 时，可完全补偿。由于 Z_n 很小，实际应用时，可直接短接 D_3D_4。

（3）一、二次侧均补偿　定子绕组 D_3D_4 短接，转子绕组 Z_1Z_2 接 Z'，允许 $Z'\neq Z_L$，如图 11.30 所示。

对于变动的负载 Z_L，单纯二次侧补偿不易完全补偿。同时一、二次侧补偿，效果更好。

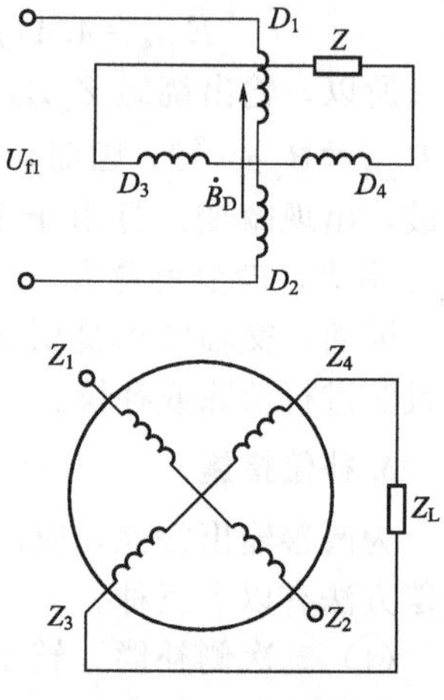

图 11.29　一次侧补偿

二、线性旋转变压器

线性旋转变压器是由正余弦旋转变压器改接而成。将正余弦旋转变压器的定子绕组 D_1D_2 和转子绕组 Z_1Z_2 串联，作为励磁绕组。定子绕组 D_3D_4 短接补偿。如图 11.31 所示。

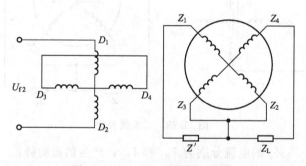

图 11.30　一、二次侧同时补偿

由于采用了一次侧补偿，交轴磁通可以认为完全补偿，只存在直轴磁通 Φ_D。

直轴磁通 Φ_D 在定子绕组 D_1D_2 中感应电势 E_D，在转子绕组 Z_3Z_4 中感应电势 E_{R2}。

$$E_{R2}=-k_uE_D\sin\theta$$

在转子绕组 Z_1Z_2 中感应电势 E_{R1}。

$$E_{R1}=k_uE_D\cos\theta$$

因 D_1D_2 和 Z_1Z_2 串联，忽略绕组的漏阻抗时，有

$$U_{f1}=E_D+k_uE_D\cos\theta$$

转子绕组 Z_3Z_4 输出电压在忽略阻抗压降时就等于 E_{R2}，即

$$U_{R2}=-E_{R2}=k_uE_D\sin\theta$$

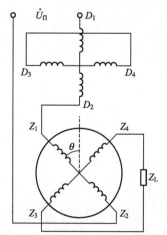

图 11.31　线性旋转变压器原理图　　因而：

$$\frac{U_{R2}}{U_{f1}}=\frac{k_u\sin\theta}{1+k_u\cos\theta}$$

即

$$U_{R2}=\frac{k_uU_{f1}\sin\theta}{1+k_u\cos\theta} \tag{11.11}$$

当电源电压 U_{f1} 一定时，输出电压 U_{R2} 随转角变化曲线如图 11.32 所示。

当 $\theta=\pm60°$ 范围内，且 $k_u=0.56$ 时，输出电压和转角 θ 呈线性，误差远小于 0.1%，可满足系统要求。

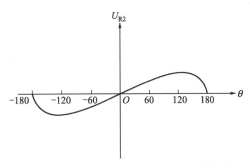

图 11.32　输出电压 U_{R2} 随转角变化曲线

三、比例式旋转变压器

比例式旋转变压器的用途是匹配阻抗和调节电压。

在定子绕组 D_1D_2 端加励磁电压 U_{f1}，定子绕组 D_3D_4 短接，转子绕组 Z_3Z_4 开路，转子绕组 Z_1Z_2 轴线从基准电压零位逆时针转过 θ 角。则转子绕组 Z_1Z_2 输出电压为

$$U_{R1}=k_uU_{f1}\cos\theta$$

即

$$\frac{U_{R1}}{U_{f1}}=k_u\cos\theta$$

若 θ 恒定，则 $\dfrac{U_{R1}}{U_{f1}}=k_u\cos\theta$ 为恒定值，即输出电压与输入电压成比例。

在控制系统中，若前级装置的输出电压与后级装置的输入电压不同，则可以在两者之间放置一个比例式旋转变压器，将前级装置的输出电压加在比例式旋转变压器的输入端，调节 θ 到适当值，即可得到后级所需的输入信号电压。

第七节　无刷直流电动机

无刷直流电动机是典型的机电一体化产品，近年来发展迅速。电力电子技术、微型计算机、控制理论、永磁材料等领域的技术进步为其奠定了基础。无刷直流电动机具有一系列优点，以电子换向取代了机械换向，大大提高了可靠性，维护方便，特性优异，调速方便，可四象限运行，等等。

无刷直流电动机按照驱动方式可分为方波电机和正弦波电机。

无刷直流电动机由电动机本体、控制器、转子位置传感器等构成，如图 11.33 所示。

一、工作原理

无刷直流电机的定子铁芯嵌放三相对称绕组，星形（Y）或三角形（△）联结，通常为星形联结。转子为永磁式，磁钢形式有表贴式和内嵌式结构。

图 11.34 为无刷直流电动机系统图，控制电路对转子位置传感器检测的信号进行逻辑变

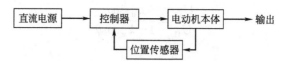

图 11.33 无刷直流电动机构成框图

换后产生脉宽调制 PWM 信号，经过放大送至逆变器各功率开关管，控制电动机各相绕组按照一定顺序导通，在电机气隙中产生跳跃式旋转磁场，从而带动转子旋转。

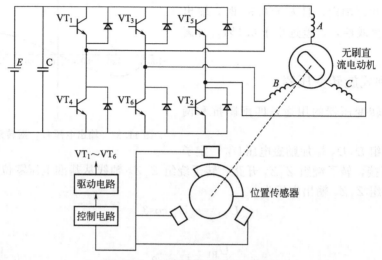

图 11.34 无刷直流电动机原理图

当转子位于图 11.35(a) 位置，转子位置传感器输出信号，功率管 VT_1 和 VT_6 导通，绕组 A、B 通电，A 进 B 出，电枢合成磁动势 F_a 如图 11.35(a) 所示，与励磁磁动势 F_f 相互作用，使转子顺时针旋转；当转子转过 60°电角度，位置传感器输出信号经逻辑变换使 VT_6 截止，VT_2 导通，绕组 A、C 通电，电枢合成磁动势 F_a 如图 11.35(b) 所示，与励磁磁动势 F_f 相互作用，使转子继续顺时针旋转；依此类推，功率管导通顺序依次为 $VT_3 VT_2$ $-VT_3 VT_4 - VT_5 VT_4 - VT_5 VT_6 - VT_1 VT_6 \cdots\cdots$，转子始终受到定子合成磁场的作用顺时针连续转动。

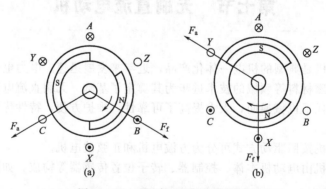

图 11.35 无刷直流电机工作原理

转子每转过 60°电角度，逆变器开关管就进行一次导通切换，定子绕组导通的状态发生一次变化（换流），电枢合成磁动势 F_a 的方向（磁状态）就改变一次。电机共有六个磁状态，每一个状态都是两相导通，每相绕组中流过电流时间相当于转子旋转 120°电角度，每个开关管的导通角120°，所以，逆变器为120°导通型，该无刷直流电机为二相导通星形三相六状态。

二相导通星形三相六状态无刷直流电机三相绕组与各开关管导通顺序如图11.36所示。

二、性能

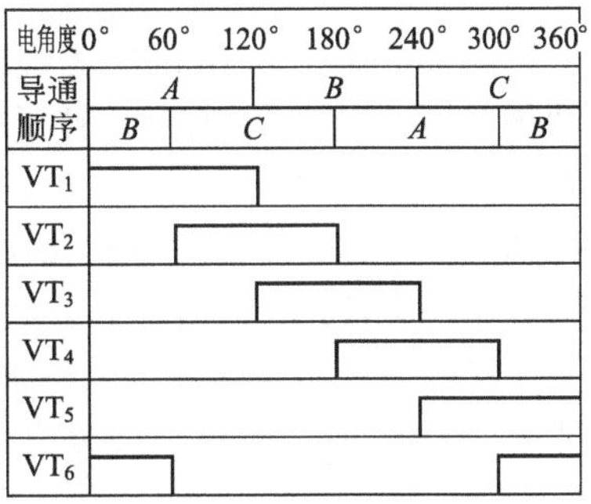

无刷直流电动机的性能与气隙磁场分布、绕组形式相关。气隙磁场波形可以为方波，也可以为正弦波，根据磁路结构和永磁体形状的不同而不同。下面以二相导通星形三相六状态为例，分析方波电动机的电磁转矩、电枢电流和反电势等特性。为了便于分析，假设不考虑开关管开关动作的过渡过程和电枢绕组的电感。

对于方波电机而言，气隙磁场波形为方波（图11.37），其宽度大于120°电角度，绕组为集中整距式绕组，感应的电势为梯形波，其平顶宽度大于120°电角度，采用方波电流驱动，即与120°导通型三相逆变器匹配，提供三相对称宽度为120°电角度的方波电流（图11.38）。

电角度 0°	60°	120°	180°	240°	300°	360°
导通顺序	A		B		C	
	B	C		A		B
VT₁						
VT₂						
VT₃						
VT₄						
VT₅						
VT₆						

图 11.36　绕组与各开关管导通顺序

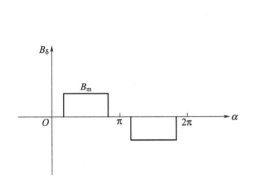

图 11.37　方波气隙磁场

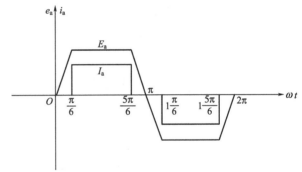

图 11.38　反电势与方波电流

相电势

$$E = \frac{p}{15\alpha_i} N\Phi n = C_e \Phi n \tag{11.12}$$

式中，N 为每相串联匝数；α_i 为计算极弧系数。

电枢电流

$$I_a = \frac{U - 2\Delta U - 2E}{2R_a} \tag{11.13}$$

式中，ΔU 为开关管的饱和管压降。

电磁转矩

$$T = \frac{2EI_a}{\Omega} = \frac{4p}{\pi\alpha_i} N\Phi I_a = C_T \Phi I_a \tag{11.14}$$

式中，$C_T = \frac{4p}{\pi\alpha_i} N$ 为转矩常数。

根据电枢感应电势和电压平衡方程式，可得转速

$$n = \frac{U - 2\Delta U - 2I_a R_a}{C_e \Phi} \tag{11.15}$$

理想空载转速

$$n_0 = \frac{U - 2\Delta U}{C_e \Phi} = 7.5\alpha_i \frac{U - 2\Delta U}{pN\Phi} \tag{11.16}$$

三、电枢反应

设电机工作在 A 相和 B 绕组导通的磁状态范围，A 相绕组和 B 相绕组在空间的合成磁动势 F_a 如图 11.39 所示。转子顺时针旋转时，对应于该磁状态的转子边界如图 11.39 中 Ⅰ 和 Ⅱ 位置。为便于分析，将电枢磁动势 F_a 分解为直轴分量 F_{ad} 和交轴分量 F_{aq}。当转子磁极轴线处于位置Ⅰ时，电枢磁动势直轴分量 F_{ad} 对转子主磁极产生最大去磁作用。当转子磁极轴线旋转到位置Ⅱ时，如图 11.39(b) 所示，电枢磁动势直轴分量 F_{ad} 对转子主磁极产生最强增磁作用。当转子磁极轴线位于Ⅰ和Ⅱ位置的正中间，即转子主磁极与电枢合成磁动势 F_a 成 90°时，电枢磁动势直轴分量 F_{ad} 等于零。可见，在一个磁状态范围内，电枢磁动势在刚开始时为最大去磁，然后逐渐减小，在 $\frac{1}{2}$ 磁状态时不去磁不增磁，后半个磁状态逐渐增磁并达到最大值。

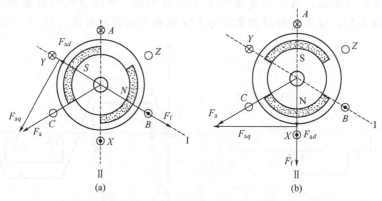

图 11.39　无刷直流电机的电枢反应

交轴电枢磁动势 F_{aq} 对主磁场的作用是使气隙磁场波形畸变。对于表贴式永磁体，由于永磁体本身的磁阻很大，故交轴电枢磁动势引起气隙磁场畸变较小。对于内嵌式永磁体，由于转子磁极磁阻很小，故交轴电枢磁动势 F_{aq} 可导致气隙磁场产生较大畸变，产生一定的去磁作用。

四、正反转的实现

采用改变逆变器开关管导通的逻辑，使电枢绕组导通顺序发生变化进而改变电枢磁场旋转方向，实现电机的正反转。为了使电机正反转均能产生最大平均电磁转矩和对称运行，必须精确设计转子位置传感器与转子主磁极和定子绕组的位置关系，以及正确的逻辑关系。

仍以二相导通星形三相六状态无刷直流电动机为例说明。

采用霍尔元件位置传感器（霍尔传感器）。三个霍尔元件沿圆周均布，互差 120°电角度，且分别与定子三相绕组首端槽中心对齐，霍尔传感器转子磁钢为 180°电角度，其轴线与主极轴线垂直，如图 11.40 所示。

1. 正转（顺时针）

设电机处于 A、B 相绕组导通的初始磁状态位置，如图 11.41(a) 所示。此时，霍尔元件 A、B 在传感器转子磁钢作用下，输出高电平；而霍尔元件 C 不受磁场作用，低电平输出。定转子磁场相互作用，转子顺时针转动。所以，A、B 相绕组导通的磁状态对应的霍尔

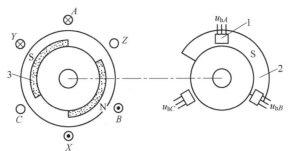

图 11.40 霍尔传感器与定子三相绕组及磁极的位置

1—霍尔元件；2—传感器转子磁钢；3—转子主磁极

元件信号逻辑为 $u_{hA} u_{hB} \bar{u}_{hC}$。

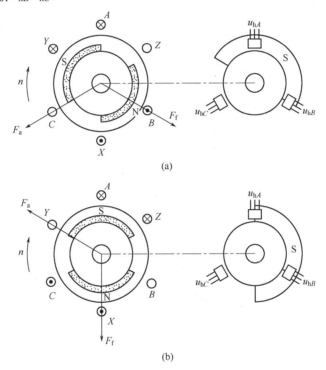

(a)

(b)

图 11.41 正转时相互位置关系

当转子转过 $60°$ 电角度，到达 A、C 相导通的磁状态初始位置时，如图 11.41(b) 所示。此时，霍尔元件 B 处于传感器转子磁钢作用下，高电平输出；霍尔元件 A、C 不受磁场作用，低电平输出。定转子磁场相互作用，转子继续顺时针转动。A、C 相绕组导通的磁状态对应的霍尔元件信号逻辑为 $\bar{u}_{hA} u_{hB} \bar{u}_{hC}$。

依次类推，定子绕组循环导通，转子就连续顺时针运转。电机正转运行一周所对应的各相绕组导通顺序与三个霍尔元件输出信号的逻辑关系如表 11.1 所示。

表 11.1 各相绕组导通顺序与霍尔元件输出信号逻辑的关系

霍尔元件信号	正转		反转	
	导通绕组	导通管子	导通绕组	导通管子
u_{hA} u_{hB} $\bar{u}_{hC}$	$A\bar{B}$	VT_1 VT_6	$B\bar{A}$	VT_3 VT_4
$\bar{u}_{hA}$ u_{hB} $\bar{u}_{hC}$	$A\bar{C}$	VT_1 VT_2	$C\bar{A}$	VT_5 VT_4

续表

霍尔元件信号			正转		反转	
			导通绕组	导通管子	导通绕组	导通管子
$\overline{u}_{hA}$	u_{hB}	u_{hC}	$B\overline{C}$	VT$_3$ VT$_2$	$C\overline{B}$	VT$_5$ VT$_6$
$\overline{u}_{hA}$	u_{hB}	u_{hC}	$B\overline{A}$	VT$_3$ VT$_4$	$A\overline{B}$	VT$_1$ VT$_6$
u_{hA}	$\overline{u}_{hB}$	u_{hC}	$C\overline{A}$	VT$_5$ VT$_4$	$A\overline{C}$	VT$_1$ VT$_2$
u_{hA}	$\overline{u}_{hB}$	$\overline{u}_{hC}$	$C\overline{B}$	VT$_5$ VT$_6$	$B\overline{C}$	VT$_3$ VT$_2$

2. 反转（逆时针）

设电机的初始位置仍如图 11.41(a) 所示，即与正转时相同。但 B、C 相绕组导通，对应的定转子磁动势关系如图 11.42(a) 所示。此时，霍尔元件 A 在传感器转子磁钢作用下，高电平输出，霍尔元件 B、C 不受磁场作用，低电平输出。定转子磁场相互作用，转子逆时针转动，如图 11.42(a) 所示。此时 B、C 相绕组导通的磁状态对应的霍尔元件信号逻辑为 $u_{hA}\overline{u}_{hB}\overline{u}_{hC}$。

当转子逆时针转过 60°电角度，到达 A、C 相绕组导通的磁状态初始位置时，霍尔元件 A、C 处于传感器转子磁钢作用下，高电平输出，霍尔元件 B 不受磁场作用，低电平输出。定转子磁场相互作用，转子继续逆时针转动，如图 11.42(b) 所示。A、C 相绕组导通的磁状态对应的霍尔元件信号逻辑为 $u_{hA}\overline{u}_{hB}u_{hC}$。

依此类推，定子绕组循环导通，转子就连续逆时针运转。电机反转运行一周所对应的各相绕组导通顺序与三个霍尔元件输出信号的逻辑关系如表 11.1 所示。

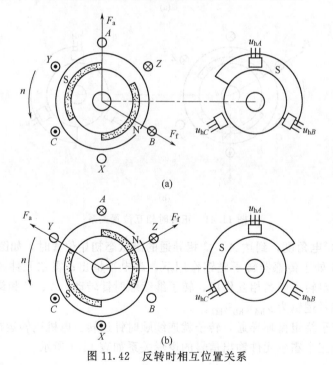

(a)

(b)

图 11.42 反转时相互位置关系

五、运行特性

1. 机械特性

永磁无刷直流电动机的机械特性为

$$n = \frac{U - 2\Delta U}{C_e \Phi} - \frac{2R_a}{C_e \Phi} I_a = \frac{U - 2\Delta U}{C_e \Phi} - \frac{2R_a}{C_e C_T \Phi^2} T \qquad (11.17)$$

无刷直流电动机与有刷直流电动机的机械特性表达式类似，说明，采用了电子换向的无刷直流电动机具有同样优越的调速性能。机械特性示例如图 11.43 所示。

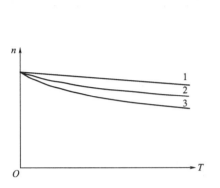

图 11.43　稀土永磁无刷直流电动机的机械特性　　　图 11.44　机械特性曲线簇

图 11.43 中，曲线 1 的特性硬，对应于转子为表贴式永磁体结构的无刷直流电动机；一般情况下，电机的电感不应忽略，对应于曲线 2；曲线 3 的特性软，对应于转子为内嵌式永磁体结构的无刷直流电动机。

不同的供电电压下，可得到机械特性曲线簇，如图 11.44 所示。

图 11.44 中低速时产生的弯曲现象，是由于此时流过开关管的电流较大，管压降 ΔU 增加较快，使电机电枢绕组上的电压下降，转速进一步降低，因此机械特性向下弯曲。

2. 调节特性

调节特性的始动电压为

$$U_0 = \frac{2R_a T}{C_T \Phi} + 2\Delta U \qquad (11.18)$$

斜率

$$K = \frac{1}{C_e \Phi} \qquad (11.19)$$

调节特性曲线如图 11.45 所示。

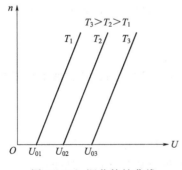
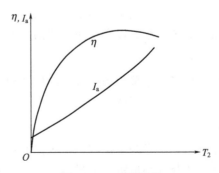

图 11.45　调节特性曲线　　　　　　　图 11.46　工作特性

3. 工作特性

电枢电流与输出转矩的关系、电机效率和输出转矩的关系如图 11.46 所示。

六、方波电机与正弦波电机比较

两种电机主要从定子电流和相电势的波形加以区分。为产生恒定电磁转矩，方波电机输入电流的波形为方波，相感应电势为梯形波；正弦波电机输入电流的波形为正弦波，相感应电势为正弦波。图 11.47 为两种电机感应电势、定子电流、相转矩、总转矩波形对比。

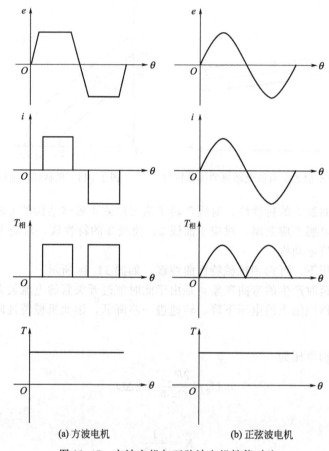

(a) 方波电机 　　　　　　　　　　　(b) 正弦波电机

图 11.47　方波电机与正弦波电机性能对比

1. 绕组

方波电机通常采用集中整距绕组，以产生梯形波的反电势；正弦波电机通常采用短距分布式绕组或分数槽绕组，以产生正弦波的反电势。

2. 转子结构

方波电机转子通常采用表贴式永磁体结构，以产生方波磁场；正弦波电机通常采用内嵌式永磁体结构，以产生正弦波磁场。

3. 磁场

方波驱动时，定子绕组按照一定规律循环通电，电枢磁场在电枢圆周分为若干个磁场状态，每种状态磁场大小恒定。电机运行一个周期，电枢磁场为非连续跳变式。

正弦波驱动时，定子绕组通入三相对称交流电，电枢磁场为圆形旋转磁场，连续旋转。

4. 感应电势

方波驱动时，定子绕组为集中整距式，气隙磁场为方波，感应电势为梯形波；正弦波驱动时，定子绕组为分布式，气隙磁场为正弦波，感应电势为正弦波。

5. 转矩脉动

理论上，转矩脉动可以完全消除。实际上，方波电机由于极弧系数的限制，不可能彻底消除转矩脉动。正弦波电机的转矩脉动较小，更适合于低速运行。

6. 力能

由于方波可分解为基波（正弦波）和谐波，电磁转矩不仅由基波产生，谐波同样产生电磁转矩，因而在同样体积下，方波电机比正弦波电机产生更大的电磁转矩。

7. 控制器

方波电机比正弦波电机控制简单。

第八节　步进电动机

步进电动机又称脉冲电动机，在自动控制系统中作为执行元件。它将脉冲电信号变换为相应的角位移或直线位移，其位移量与脉冲数成正比，转速与脉冲频率成正比。

按照励磁方式的不同，步进电动机可分为反应式、永磁式和混合式（感应子式）。本节将以反应式为例，介绍步进电动机的工作原理。

一、反应式步进电动机工作原理

反应式步进电动机的定子由若干磁极（大齿）构成，磁极上又有许多小齿，控制绕组（励磁绕组）嵌放在定子上；转子均匀分布着一系列小齿，定转子齿距相同。

图 11.48 是一个三相反应式步进电动机，定子有六个极，不带小齿，每两个相对的极上绕有一相励磁绕组，转子有四个齿。

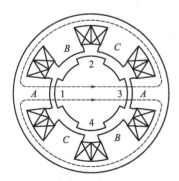

(a) 三相反应式步进电动机A相通电　　(b) 三相反应式步进电动机B相通电　　(c) 三相反应式步进电动机C相通电

图 11.48　三相反应式步进电动机

当 A 相控制绕组通电，B 相和 C 相不通电，转子齿 1 和 3 的轴线与定子 A 相磁极轴线对齐。同理可知，断开 A 相，B 相通电时，转子逆时针转过 $30°$，转子齿 2 和 4 的轴线与定子 B 相磁极轴线对齐。断开 B 相，C 相通电时，转子逆时针再转过 $30°$，转子齿 1 和 3 的轴线与定子 C 相磁极轴线对齐。如此按照 A—B—C—A……循环往复通电，转子就逆时针连续转动。

若改变通电顺序，$A—C—B—A\cdots$，则转动方向改变，转子就顺时针连续转动。

这种运行方式为三相单三拍运行。"单"含义是每次只有一相绕组通电，"三拍"指通电三次为一个循环。三相单三拍运行时，每一步转过的角度为30°，即步距角为30°。

如果改变通电方式为三相六拍，$A—AB—B—BC—C—CA—A\cdots$，运行状况如图11.49所示。

当A相控制绕组通电，B相和C相不通电时，转子齿1和3的轴线与定子A相磁极轴线对齐。A相和B相同时通电时，转子逆时针转过15°，断开A相，B相通电时，转子逆时针再转过15°，转子齿2和4的轴线与定子B相磁极轴线对齐。如此循环往复通电，转子就逆时针连续转动，步距角为15°。

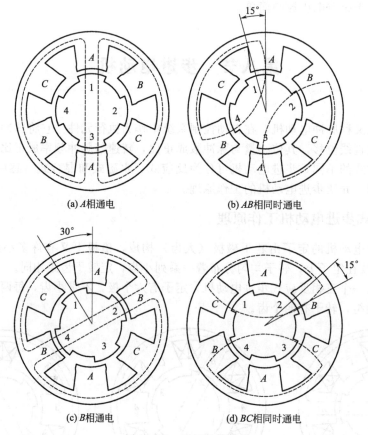

(a) A相通电　　　　　　　　　(b) AB相同时通电

(c) B相通电　　　　　　　　　(d) BC相同时通电

图11.49　三相六拍运行

由此可知，采用不同的通电方式，可以得到不同的步距角。为了提高步进电动机运行平稳性，满足高精度、高分辨率的要求，定子多采用大齿上带小齿结构。

二、主要性能指标

1. 步距角

根据上面的分析可知，步进电动机每输入一个脉冲电信号，转子转过的角度 θ_b 称为步距角。

步进电动机的齿距角为

$$\theta_t = \frac{360°}{Z_R} \tag{11.20}$$

式中，Z_R 为转子齿数。

由于步进电动机运行一个循环，即 N 拍，转子转过一个齿距，即

$$\theta_t = N\theta_b$$

因此，步进电动机的步距角（机械角度）：

$$\theta_b = \frac{\theta_t}{N} = \frac{360°}{Z_R N} \tag{11.21}$$

由上式可知，为了提高运行的分辨率，减小步距角，需要增加拍数和增大转子齿数。

也可以用电角度表示步距角。

将转子齿数视为转子极对数，则一个齿对应 360°电角度。用电角度表示的齿距角为

$$\theta_{te} = 360° 或 2\pi rad$$

相应的步距角：

$$\theta_{be} = \frac{\theta_{te}}{N} = \frac{360°}{N} \quad 或 \frac{2\pi}{N}$$

即

$$\theta_{be} = \frac{360°}{N} \frac{Z_R}{Z_R} = \theta_b Z_R \tag{11.22}$$

即电角度等于机械角度乘以极对数，与普通电动机一致。

2. 转速

根据 $\theta_b = \frac{360°}{Z_R N}$ 可知，每输入一个脉冲，转子转过的角度是整个圆周的 $\frac{1}{Z_R N}$。因此，每分钟转子转过的圆周数，即转速（单位 r/min）为

$$n = \frac{60f}{Z_R N} \tag{11.23}$$

由此可知，转速（r/min）取决于脉冲频率、转子齿数和拍数。

$$n = \frac{60f}{Z_R N} = \frac{60f \times 360}{Z_R N \times 360} = \frac{f}{6}\theta_b \tag{11.24}$$

可见，转速与通电频率和步距角成正比。当脉冲频率 f 一定时，步距角越小，电动机转速越低。

三、矩角特性和静态转矩

当控制脉冲不断输入，各相绕组按一定规律轮流通电时，步进电动机就一步步转动。当控制脉冲停止时，若相绕组仍通入恒定不变的电流，则转子将固定某一位置保持不动，称为静止状态。在静止状态，即使有小的扰动使转子偏离此位置，磁拉力也能把转子拉回。

对于多相步进电动机，定子控制绕组可单相通电，也可几相同时通电。

1. 单相通电

以一对定子齿、转子齿进行说明，电动机总转矩等于通电相极下的各定子齿产生的转矩之和。

定子齿轴线与转子齿轴线间的夹角 θ_e 为转子失调角（电角度），如图 11.50 所示，θ_t 为齿距角，若用电角度则表示为 θ_{te}，$\theta_{te} = 2\pi$。

若 $\theta_e = 0$，定、转子齿轴线重合，定、转子间吸力方向垂直，不产生圆周方向的力，故电动机转矩为 0，如图 11.51(a) 所示。该处为稳定平衡位置或协调位置。

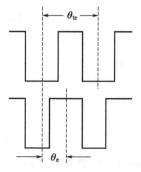

图 11.50 定转子齿相对位置

若偏离该位置，转过某一角度，定、转子齿间的吸引力有了切向分量，形成转矩，称为静态转矩。

随着失调角增加（顺时针为正），转矩增大，当失调角 $\theta_e \approx +\frac{\pi}{2}$ 时（1/4 齿距角），转矩最大。转矩方向为逆时针，故转矩为负。如图 11.51(b) 所示。

当失调角 $\theta_e \approx \pi$ 时（1/2 齿距角），转子齿对准定子槽，吸引力相互抵消，转矩为零。如图 11.51(c) 所示。

当失调角 $\theta_e > \pi$ 时，转子齿转到下一个定子齿下，受该定子齿的作用，转矩方向力图使转子齿与该定子齿对齐，为顺时针方向，为正。如图 11.51(d) 所示。

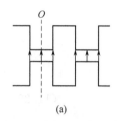
(a)
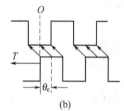
(b)
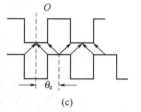
(c)
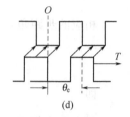
(d)

图 11.51 定转子间作用力

当失调角 $\theta_e = 2\pi$ 时，转子齿轴线又与下一个定子齿轴线对齐，转矩为 0。

如此反复，呈周期性变化，步进电动机的静转矩 T 随失调角 θ_e 的变化规律称为矩角特性，近似正弦曲线。如图 11.52 所示。

静态转矩最大值 T_{jmax} 表示了步进电动机承受负载的能力，为步进电动机的最主要的指标之一。

忽略气隙比磁导中的高次谐波，可得静转矩，即矩角特性。

$$T = -(N_\Phi I)^2 Z_S Z_R l G_1 \sin\theta_e$$
(11.25)

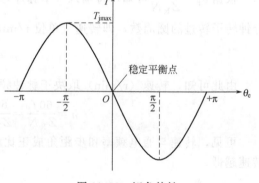

图 11.52 矩角特性

式中，N_Φ 为每相每极控制绕组匝数；Z_S 为定子每极下的小齿数；G_1 为气隙比磁导 G 的基波分量，气隙比磁导为单位轴向长度、一个齿距下的气隙磁导，$G = G(\theta_e)$ 用傅里叶级数表示：$G = G_0 + \sum_{n=1}^{\infty} G_n \cos n\theta_e$；$l$ 为转子轴向长度。

当 $\theta_e = 90°$ 时，静态转矩最大，即

$$T_{jmax} = (N_\Phi I)^2 Z_S Z_R l G_1$$
(11.26)

2. 多相通电

通常，多相通电时的矩角特性和最大静态转矩与单相通电时不同。根据叠加原理，矩角特性可近似地由每相单独通电时的矩角特性叠加起来得到。

　　按照叠加原理，可以分析三相步进电动机单相、两相通电，五相步进电动机单相、两相、三相通电时的矩角特性。其中，三相步进电动机两相通电时，静转矩与单相通电时一样，没有增加。而五相步进电动机两相通电时静转矩最大值比一相通电时大，因而，两相通电不但转矩加大，而且矩角特性形状相同，这对步进电动机的稳定运行十分有利。如图11.53 所示。

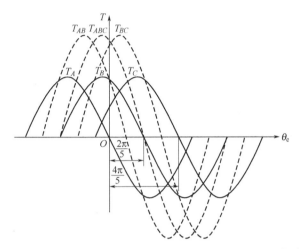

图 11.53　五相步进电动机单相、两相、三相通电时的矩角特性

一般，m 相电动机，n 相同时通电的矩角特性：

$$T_1 = -T_{jmax}\sin\theta_e$$
$$T_2 = -T_{jmax}\sin(\theta_e - \theta_{be})$$
$$\cdots$$
$$T_n = -T_{jmax}\sin[\theta_e - (n-1)\theta_{be}]$$

n 相同时通电时的转矩：

$$
\begin{aligned}
T_{1-n} &= T_1 + T_2 + \cdots + T_n \\
&= -T_{jmax}\{\sin\theta_e + \sin(\theta_e - \theta_{be}) + \cdots + \sin[\theta_e - (n-1)\theta_{be}]\} \\
&= -T_{jmax}\frac{\sin\left(\dfrac{n}{2}\theta_{be}\right)}{\sin\left(\dfrac{1}{2}\theta_{be}\right)}\sin\left(\theta_e - \frac{n-1}{2}\theta_{be}\right)
\end{aligned}
$$

式中，$\theta_{be} = 2\pi/m$ 为单拍制运行时的步距角（电角度）。

所以：

$$T_{1-n} = -T_{jmax}\frac{\sin\left(\dfrac{n}{m}\pi\right)}{\sin\left(\dfrac{\pi}{m}\right)}\sin\left(\theta_e - \frac{n-1}{m}\pi\right)$$

故 m 相电动机 n 相同时通电时转矩最大值与单相通电转矩最大值之比：

$$\frac{T_{jmax(1-n)}}{T_{jmax}} = \frac{\sin\left(\dfrac{n}{m}\pi\right)}{\sin\left(\dfrac{\pi}{m}\right)} \tag{11.27}$$

例如，五相步进电动机两相通电时最大转矩为

$$T_{jmax(AB)} = \frac{\sin\left(\frac{2}{5}\pi\right)}{\sin\dfrac{\pi}{5}} T_{jmax} = 1.618 T_{jmax}$$

三相通电时

$$T_{jmax(ABC)} = \frac{\sin\left(\frac{3}{5}\pi\right)}{\sin\dfrac{\pi}{5}} T_{jmax} = 1.618 T_{jmax}$$

一般来说，除三相电动机外，多相电动机的多相通电都可提高输出转矩，一般功率大的步进电动机都采用大于三相的电动机，且采用多相通电的分配方式。

四、其他类型的步进电动机

1. 永磁式步进电动机

永磁式步进电动机的典型结构如图 11.54 所示。定子上有两相或多相绕组，转子为一对或几对极的星形磁钢，转子的极数与定子每相的极数相同。

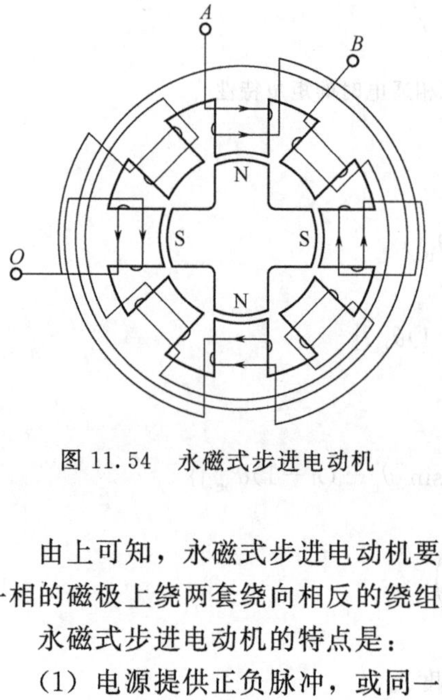

图 11.54　永磁式步进电动机

图 11.54 所示的永磁式步进电动机，定子绕组为两相，每相为两对极。当定子以 $A—B—(—A)—(—B)$……轮流通以直流电时，转子将按照顺时针方向转动。

永磁式步进电动机的步距角：

$$\theta_b = \frac{360°}{2mp}$$

用电角度表示：

$$\theta_{be} = \frac{2\pi}{2m} = \frac{\pi}{m}$$

式中，p 为转子极对数；m 为相数。

由上可知，永磁式步进电动机要求电源供给正负脉冲，这就使电源比较复杂。可以在同一相的磁极上绕两套绕向相反的绕组来解决。

永磁式步进电动机的特点是：

(1) 电源提供正负脉冲，或同一磁极绕制两套绕向相反的绕组。

(2) 步距角大，为一个定子齿距。

(3) 启动频率较低。

(4) 控制功率小。

(5) 断电后有定位转矩。

2. 感应子式步进电动机

也称为混合式步进电动机。图 11.55 所示为其典型结构。定子铁芯与反应式步进电动机相同，分成若干大极，每个极上有小齿及控制绕组；转子铁芯分成两段或多段（为偶数），转子铁芯上开有齿槽，其齿距与定子齿距相同，两段铁芯错开半个齿距。转子铁芯之间有永磁体，两段铁芯齿呈不同极性。

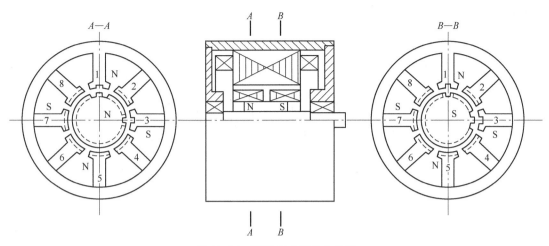

图 11.55　感应子式步进电动机

转子的一端如 A 端为 N 极，则 A 端转子铁芯圆周上的所有齿都呈现 N 极，B 端转子铁芯圆周上的所有齿都呈现 S 极。当定子 A 相通电时，定子 1-3-5-7 极上的极性为 N-S-N-S，这时转子的稳定平衡位置就是图 11.55 所示的位置。即定子磁极 1 和 5 上的齿在 B 端与转子齿对齐，在 A 端则与转子槽对齐；磁极 3 和 7 上的齿与 A 端转子齿对齐，与 B 端转子槽对齐。而 B 相的 4 个极（2、4、6、8）上的齿与转子齿都错开 1/4 齿距。由于定子同一个极两端极性相同，转子两端极性相反，但错开半个齿距，所以当转子偏离平衡位置时，两端作用的转矩方向一致。在同一端，定子第 1 极和第 3 极的极性相反，转子同一端极性相同，但第 1 极和第 3 极下定、转子小齿的相对位置错开了半个齿距，所以作用的转矩方向也是一致的。当定子各相绕组按顺序通以直流脉冲时，转子每次将转过一个步距角。

感应子式步进电动机的特点是：

（1）步距角小。

（2）控制功率小。

（3）启动频率高。

（4）有定位转矩。

（5）电动机结构较复杂。

第九节　小功率同步电动机

在一些自动控制系统中，当负载和电压变化时，要求电动机具有恒定的转速，同步电动机就是具有这种特性的电动机。

小功率同步电动机的定子结构与异步电动机的定子相同，定子绕组通电后建立气隙旋转磁动势。依据转子不同的类型，小功率同步电动机可分为永磁式、磁阻式和磁滞式。

一、永磁式同步电动机

永磁式同步电动机的转子由永久磁钢构成，其极对数根据需要可做成 1 对极或多对极。其转子结构根据永久磁钢的不同排列而有多种形式，可将其分为两大类：表贴式和内嵌式。

如图 11.56 所示。

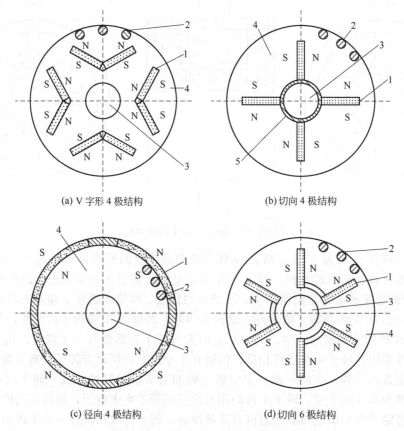

(a) V 字形 4 极结构　　　　　　　(b) 切向 4 极结构

(c) 径向 4 极结构　　　　　　　(d) 切向 6 极结构

图 11.56　永磁式同步电动机转子结构

1—磁钢；2—启动笼条；3—转轴；4—转子铁芯—5—隔磁块

当电动机通电运行时，定子绕组产生速度为同步转速的旋转磁动势，转子则被旋转磁场吸引以同步转速旋转。

由于永磁式同步电动机启动困难，常采用异步启动的方法。在转子上安装笼条作为启动绕组，启动时笼条与同步旋转的磁场有相对运动，产生电磁转矩，使电动机启动。当转子转速接近同步转速后，由于旋转磁动势与转子相对速度很小，转子便被牵入同步。此时，启动绕组不再起作用。

二、磁阻式同步电动机

磁阻式同步电动机又称为反应式同步电动机。普通的同步电动机都装有励磁绕组或永磁体，但小容量的凸极同步电动机在转子上可不必进行励磁。

由第九章可知，由于凸极转子的磁路不对称，即 $X_d \neq X_q$，因此会产生磁阻转矩。在该转矩的作用下，电动机就可运行。

磁阻式同步电机多作为电动机运行，用于驱动各种自动和遥控装置、仪表和放映机等，功率从百分之一瓦到数百瓦。近年来用于交流传动系统，功率等级已达数十千瓦。

磁阻式同步电动机的转矩产生原理可由图 11.57 进行说明。图中，N、S 表示定子绕组产生旋转磁场的等效磁极。

图 11.57(a) 所示是一个隐极转子。当转子没有励磁时，由于磁路各向同性，无论转子

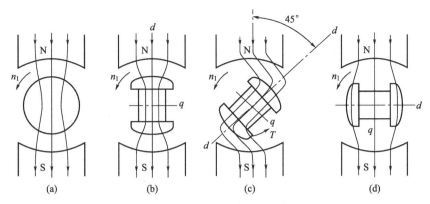

图 11.57 磁阻式同步电动机的运行原理图

直轴与定子旋转磁场轴线相差多大角度，磁力线都不会产生非对称性扭曲变化，因而也就不会产生电磁力和电磁转矩。图 11.57(b) 为凸极转子磁阻式电动机模型，电动机处于空转状况，忽略机械损耗，$T=0$，于是定子旋转磁场轴线与转子磁极轴线重合，磁力线也不发生扭曲。给磁阻式电动机加上负载，则由于转矩瞬时不平衡而致使转子发生瞬时减速，转子直轴落后于定子旋转磁场轴线一个角度 θ，如图 11.57(c) 所示。图中 θ 为 45°，是电动机稳定运行允许的最大值。从图 11.57(c) 中可知，由于直轴磁路的磁阻远小于交轴，故磁力线将从直轴处的极靴进入转子，产生明显扭曲，并由此产生与定子旋转磁场相同转向的磁拉力，产生电磁转矩 T 与负载转矩平衡。如 θ 继续增大，设增大至 90°，如图 11.57(d) 所示，此时，气隙磁场又回归对称分布，转子不承受切向电磁力和电磁转矩作用，T 又变成零。

三相磁阻式同步电动机的电磁转矩为

$$T = \frac{3U^2(X_d - X_q)}{2X_d X_q \Omega} \sin 2\theta \tag{11.28}$$

电磁功率为

$$P_M = \frac{3U^2(X_d - X_q)}{2X_d X_q} \sin 2\theta \tag{11.29}$$

电磁转矩和电磁功率的最大值分别为

$$T_m = \frac{3U^2}{2\Omega X_d}\left(\frac{X_d}{X_q} - 1\right) \tag{11.30}$$

$$P_{Mm} = \frac{3U^2}{2X_d}\left(\frac{X_d}{X_q} - 1\right) \tag{11.31}$$

在式(11.30) 和式(11.31) 中，参数 X_d/X_q 称为凸极比，是衡量磁阻式同步电动机性能的一个重要参数。

显然，凸极比越大，电动机的力能指标就越高。因此，增大凸极比，是提高磁阻式同步电动机性能的重要措施。沿轴向采用导磁材料钢板或硅钢片与非导磁材料铝、铜片等交替镶嵌的结构，如图 11.58 所示，可使凸极比达到 10 甚至更大，会显著提高磁阻式同步电动机的性能。

磁阻式同步电动机一般靠实心转子中感应的涡流或镶嵌于导磁材料之间的导电材料作为笼条启动，单相式时还会采用罩极绕组。当转速接近于同步速时，磁阻转矩开始起作用，将转子牵入同步。在现代交流变速传动系统中，磁阻式同步电动机由变频方式启动，转子设计已不太考虑启动问题，主要考虑提高凸极比。

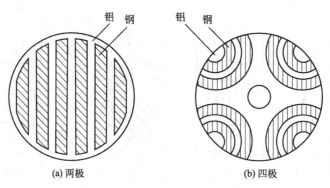

图 11.58　增大凸极比的转子截面示意图

三、磁滞式同步电动机

磁滞式同步电动机是依靠磁滞转矩启动和工作的。

磁滞式同步电动机的定子与普通同步电动机相同，转子则由硬磁材料制成。

当定子三相绕组通入电流后，就会产生一个同步速旋转的磁场。在转子速度未达到同步转速时，定子磁场与转子之间存在相对运动，故转子处于旋转磁场的交变磁化之下，交变频率为转差频率 sf_1。如果转子由理想的软磁材料制成，即转子上没有磁滞损耗，则被磁化了的转子中的磁场将与定子磁场同相位，转子上没有转矩作用，如图 11.59(a) 所示。如果转子采用硬磁材料制造，其磁滞回线如图 11.60 所示，则转子磁场将滞后于定子磁场一个磁滞角 α_h，磁力线发生扭曲如图 11.59(b) 所示，转子就会受到电磁转矩的作用，称之为磁滞转矩，其大小为

$$T_h = T_m \sin\alpha_h \tag{11.32}$$

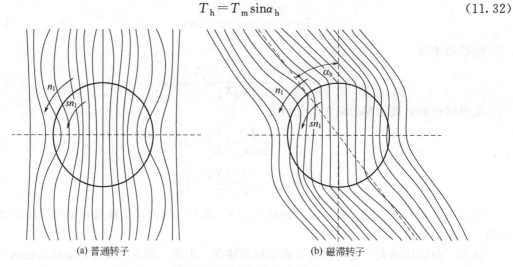

(a) 普通转子　　　　　(b) 磁滞转子

图 11.59　磁场分布示意图

由于磁滞角 α_h 仅与材料性能相关，即硬磁材料的磁滞角大于软磁材料的磁滞角，而与磁化频率无关，因此，只要转子和旋转磁场之间有相对运动，则不论转子速度如何，磁滞转矩的大小总是恒定的，即

$$T_h = 常数 \quad (0 < n < n_1) \tag{11.33}$$

事实上，由于交变磁场的作用，转子上还存在着涡流转矩，故当合成转矩大于负载转矩时，转子会不断加速并最终进入同步。同步运行后，涡流等于零，电动机仅靠磁滞效应保留

的剩磁和定子磁场相互作用产生的转矩来工作。

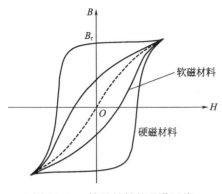

图 11.60 转子材料的磁滞回线

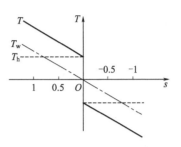

图 11.61 $T = f(s)$ 曲线

异步运行时，涡流转矩为 T_w，磁滞转矩为 T_h，则合成电磁转矩为

$$T = T_w + T_h \tag{11.34}$$

磁滞式同步电动机的电磁转矩与转差率的关系如图 11.61 所示。

转子的磁滞损耗越大，磁滞转矩也就越大，从磁场角度看，也就是磁滞角越大。因此，磁滞式同步电动机转子的外圆一般采用环形的硬磁材料制造，内圈套筒采用磁性或非磁性材料，如图 11.62 所示。由于磁滞式同步电动机本身具有启动转矩，所以转子上不再安装启动绕组。此外，为简化结构，定子一般也做成单相，采用罩极或电容启动方式。

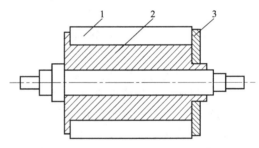

图 11.62 磁滞式同步电动机转子结构
1—硬磁材料；2—套筒；3—挡圈

磁滞式同步电动机在计时装置、电唱机、自动控制设备及仪表中有广泛应用，而其良好启动性能及在大惯量负载情况下的自同步能力，被陀螺仪表所广泛采用。

第十节 单相异步电动机

单相异步电动机具有结构简单、运行可靠、成本低廉等特点。由于只需要单相电源供电，使用便利，因此广泛应用于工业领域和日常生活，特别是在家用电器、电动工具、医疗器械、航空等领域。与相同容量的三相异步电动机相比较，单相异步电动机的体积、重量较大，运行性能较差，因此一般只有小容量的产品，功率从几瓦到几千瓦。

单相异步电动机的运行原理和三相异步电动机基本相同，但有其自身的特点。单相异步电动机在定子上通常有两相绕组，即主绕组和副绕组，也称为工作绕组和启动绕组；转子是笼型的。根据定子两个绕组在定子上的分布及功能的不同，对电动机的磁场有不同的影响，从而产生不同的运行特性。单相异步电动机有以下几种类型：电容启动异步电动机，电阻启动异步电动机，电容运转异步电动机，电容启动与运转异步电动机和罩极式异步电动机。

一、工作原理

1. 单绕组通电产生脉振磁场

通常，单相异步电动机定子有两相绕组：工作绕组和启动绕组，它们的轴线位置相差 90°空间电角度。

从第六章交流电动机绕组产生磁动势的原理可知，若单相异步电动机只有一个绕组通入单相交流电流时，就产生空间正弦分布的脉振磁动势 $\dot{F}$。该脉振磁动势可以分解成两个幅值相等、转速相同、转向相反的旋转磁动势，其中，正向旋转的磁动势为 $\dot{F}^+$，反向旋转的磁动势为 $\dot{F}^-$。

单相异步电动机转子在该脉振磁动势的作用下产生的电磁转矩，等于正转磁动势 $\dot{F}^+$ 和反转磁动势 $\dot{F}^-$ 分别作用产生电磁转矩的叠加。

假设正转磁动势和反转磁动势作用下产生的电磁转矩分别为 T^+ 和 T^-，相应的机械特性为 $T^+=f(s)$ 和 $T^-=f(s)$，如图 11.63 所示。因此，单相异步电动机转子在脉振磁动势作用下产生的转矩为 $T=T^++T^-$，两条曲线的合成曲线 $T=f(s)$ 就是单绕组通电时的机械特性曲线，如图 11.63 所示。特性具有下列特点：

(1) 当转差率 $s=1$ 时，即转速 $n=0$ 时，启动转矩为零，电动机不能自启动。

(2) 当转差率 $0<s<1$ 时，即转速 $0<n<n_1$ 时，转矩 $T>0$，电磁转矩是拖动性质的转矩，状态为电动运行，机械特性在第Ⅰ象限；当转速 $n<0$，$T<0$，T 仍为拖动性质，反向电动运行，机械特性在第Ⅲ象限。

(3) 启动后，具有一定的负载能力，但过载能力小。

(4) 理想空载转速 $n_0<n_1$，单相异步电动机额定转差率比三相异步电动机的略大一些。

因此，单相异步电动机定子上如果只有单绕组，可以运行但不能启动，必须有两相绕组才能正常启动。

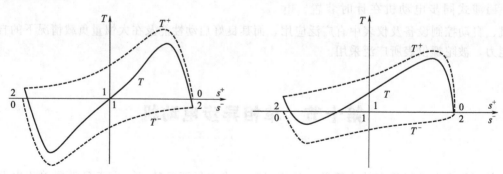

图 11.63　脉振磁场作用下的机械特性　　　　图 11.64　椭圆磁场作用下的机械特性

2. 双绕组通电产生椭圆磁场

当单相异步电动机主绕组与副绕组同时通入不同相位的两相交流电流时，通常会产生椭圆旋转磁动势 $\dot{F}$（圆形旋转磁动势只是特殊情况。如果满足对称条件，可产生圆形旋转磁动势）。椭圆旋转磁动势也可以分解成两个旋转磁动势，正转磁动势 $\dot{F}^+$ 和反转磁动势 $\dot{F}^-$，但两者幅值不等。

转子在 $\dot{F}^+$ 和 $\dot{F}^-$ 的作用下产生的电磁转矩分别为 T^+ 和 T^-，$T^+=f(s)$ 和 $T^-=f$

(s)是相应的机械特性，$T=f(s)$为合成机械特性。当正转磁动势幅值大于反转磁动势幅值时，电动机的机械特性如图11.64所示。

从图中可知：

（1）当转差率$s=1$时，即转速$n=0$时，电动机启动转矩大于零，电动机具有启动能力。

（2）当转差率$0<s<1$时，即转速$0<n<n_1$时，转矩$T>0$，电磁转矩是拖动性质的转矩，状态为电动运行，机械特性在第 I 象限。

（3）正转磁动势幅值小于反转磁动势幅值，即$F^+<F^-$时，当$1<s<2$时，即转速$n<0$，$T<0$，机械特性在第 III 象限，T仍是拖动性质，可以反向电动运行。

（4）椭圆磁场作用下的负载能力优于脉振磁场作用下的负载能力。

（5）理想空载转速$n_0<n_1$。

如果两相对称绕组通入相位相差90°的两相对称电流，则产生圆形旋转磁动势，就没有负序磁场的作用，负载能力得到最大程度的体现，其机械特性$T=f(s)$与三相异步电动机机械特性形状相同，启动转矩也得到了提高。

从上面分析的结果看出，单相异步电动机正常运行必须解决启动问题，而要具有启动能力，定子绕组通电产生的合成磁场必须是椭圆或圆形旋转磁场。这就要求电动机具有空间位置不同的两个绕组，并通入不同相位的交流电流。

实际上，单相异步电动机主绕组是工作绕组（或称运行绕组），与之差90°空间电角度的副绕组是启动绕组。工作绕组在电动机启动与运行时都一直通电，而启动绕组只是在启动时通电，以产生椭圆磁场，提供启动转矩。

二、单相电容启动异步电动机

单相电容分相启动异步电动机接线图如图11.65(a)所示，其启动绕组回路串联一个电容器和一个启动开关，和工作绕组并联到同一个电源上。

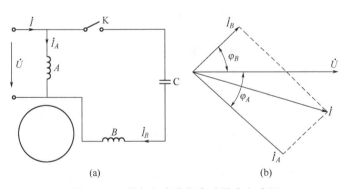

图 11.65 单相电容分相启动异步电动机

启动开关的作用是，当转子转速上升到75%～80%的同步转速时，开关断开，启动绕组退出，使电动机运行在只有工作绕组通电的情况下。离心开关是一种常用的启动开关，装在电动机的转轴上随着转子一起旋转。当转速升到一定值时，依靠离心块的离心力克服弹簧的拉力（或压力），使动触头与静触头脱离接触，切断启动绕组电路。

电容器的作用是使启动绕组回路的阻抗呈容性，从而使启动绕组在启动时的电流领先电源电压$\dot{U}$一个相位角。由于工作绕组的阻抗是感性的，它的启动电流滞后电源电压$\dot{U}$一个相位角。因此电动机启动时，启动绕组启动电流$\dot{I}_B$领先工作绕组启动电流$\dot{I}_A$一个较大的相位角。如图 11.65(b) 所示。两个绕组流过不同相位的交流电便可形成椭圆旋转磁场，产生启动转矩，电动机就能够启动进入运行状态。

三、单相电阻启动异步电动机

单相电阻分相启动异步电动机的启动绕组通过一个启动开关和工作绕组并联接到单相电源上，如图 11.66(a) 所示。

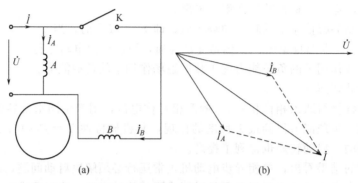

(a)　　　　　　　　　(b)

图 11.66　单相电阻分相启动异步电动机

为了使启动时工作绕组中的电流与启动绕组中的电流之间有相位差，从而产生启动转矩，通常启动绕组匝数比工作绕组的少，启动绕组的导线截面积比工作绕组的小得多。这样，启动绕组的电抗就比工作绕组的小，而电阻却比工作绕组的大，即启动绕组的阻抗角小。当两个绕组并联接入电源时，启动绕组的启动电流 $\dot{I}_B$ 则比工作绕组的启动电流 $\dot{I}_A$ 相位领先，如图 11.66(b) 所示。电源电压为 $\dot{U}$，电流为 $\dot{I}$，$\dot{I} = \dot{I}_A + \dot{I}_B$。

由于两相绕组中电流的相位差不大，气隙磁动势椭圆度较大，其启动转矩较小。

电阻分相启动的单相异步电动机改变转向的方法是，把工作绕组或者启动绕组中的任何一个绕组接电源的两出线端对调，也就是把气隙旋转磁动势旋转方向改变，因而转向就随之改变。

对上述两种电动机的特点进行分析可知，与电阻启动电动机相比，电容启动电动机具有以下优点：

(1) 如果电容量合适，启动绕组电流 $\dot{I}_B$ 比工作绕组电流 $\dot{I}_A$ 领先接近 $90°$ 电角度。

(2) 启动绕组回路的容抗可以抵消部分绕组感抗。启动绕组的匝数不像电阻分相时受到限制，可以增加，从而可以增大启动绕组的磁动势。因而可使得电动机在启动时能产生接近圆形的旋转磁动势，得到较大的启动转矩。

(3) 由于 $\dot{I}_A$ 和 $\dot{I}_B$ 接近 $90°$ 电角度，总电流 $\dot{I}$ 比较小。就使得启动电流较小，而启动转矩却比较大。

四、单相电容运转异步电动机

在单相电容运转异步电动机中，启动绕组不仅在启动时起作用，而且在电动机运转时也处于工作状态，电动机接线如图 11.67 所示。

电容运转异步电动机实际上是个两相电动机，运行时电动机气隙中产生较强的旋转磁动势，其运行性能较

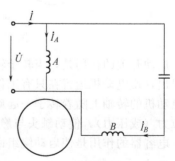

图 11.67　单相电容运转异步电动机

好，功率因数、效率、过载能力都比电阻启动和电容启动的异步电动机要好。电容运转电动机中电容器的电容量选取原则为运行时产生接近圆形的旋转磁动势，以提高电动机运行性能。由于异步电动机的总阻抗是随转差率变化的，而电容器的电容量一定，即容抗为常数，因此运行时接近圆形磁动势，就不能同时使启动时的磁动势也接近圆形，而变成了椭圆磁动势。这样，造成了启动转矩较小、启动电流较大，启动性能不如单相电容分相启动异步电动机。

五、单相电容启动与运转异步电动机

为了使电动机在启动和运转时都能得到比较好的性能，在启动绕组中采用了两个并联的电容器，如图 11.68 所示。电容器 C 是运转时的电容，电容器 C_Q 是启动时使用的，它与一个启动开关串联后再与电容 C 并联。启动时，串联在启动绕组回路中的总电容为 $C+C_Q$，可以使电动机中产生接近圆形的磁动势。当转速升到一定值时，启动开关断开，将启动电容器 C_Q 从启动绕组回路中切除，这样使电动机运行时的磁动势也接近圆形磁动势。

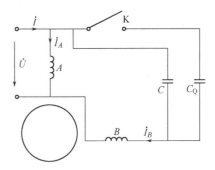

电容启动与运转的单相异步电动机，与电容启动单相异步电动机比较，启动转矩和最大转矩

图 11.68　单相电容启动与运转异步电动机

有了增加，功率因数和效率有了提高，所以它在单相异步电动机中性能最好。

六、单相罩极式异步电动机

单相罩极式异步电动机的结构可分为凸极式和隐极式两种，原理完全一样，只是凸极式结构更为简单一些。凸极式单相罩极异步电动机的结构如图 11.69(a) 所示，其转子为普通的笼型转子，定子上有凸起的磁极。在每个磁极上有集中绕组，即为工作绕组。

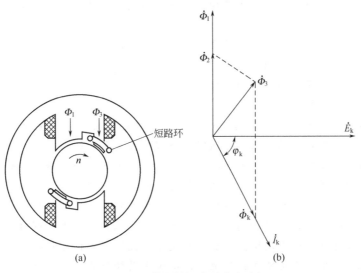

(a)　　　　　　　　　　(b)

图 11.69　单相罩极式异步电动机

在磁极极靴一边开一小槽，槽内嵌有短路铜环，该铜环称为罩极线圈，把部分磁极罩起来，故称为罩极式异步电动机。

当工作绕组中通入交流电时，产生的脉振磁通分为两部分：一部分是磁通 $\dot{\Phi}_1$，它不穿过短路环；另一部分是磁通 $\dot{\Phi}_2$，它穿过短路环。显然 $\dot{\Phi}_1$ 与 $\dot{\Phi}_2$ 应同相位。磁通 $\dot{\Phi}_2$ 在短路环中产生感应电动势 $\dot{E}_k$ 和感应电流 $\dot{I}_k$，$\dot{I}_k$ 在被短路环罩着的部分产生磁通 $\dot{\Phi}_k$，$\dot{\Phi}_k$ 与 $\dot{I}_k$ 同相位。因此，穿过短路环的磁通为 $\dot{\Phi}_2$ 与 $\dot{\Phi}_k$ 之和 $\dot{\Phi}_3$。短路环中感应电动势 $\dot{E}_k$ 滞后于 $\dot{\Phi}_3$ 90°电角度，电流 $\dot{I}_k$ 滞后于 $\dot{E}_k$，如图 11.69(b) 所示。

由图 11.69 可知，由于短路环的作用，被罩部分磁通 $\dot{\Phi}_3$ 与未罩部分磁通 $\dot{\Phi}_1$ 之间存在一定的时间相位差，且两者轴线又相差一定的空间电角度，相当于两相不对称绕组中通以不对称电流，在气隙中产生椭圆形旋转磁场，并能产生一定大小的启动转矩。由于旋转磁场是由超前相磁通 $\dot{\Phi}_1$ 所在的绕组轴线转向滞后相磁通 $\dot{\Phi}_3$ 所在的绕组轴线，故转子总是由未被罩部分转向被罩部分。

由于 $\dot{\Phi}_1$ 与 $\dot{\Phi}_3$ 轴线相差的空间电角度小于等于半个磁极极面所占的空间电角度，比较小，而且 $\dot{\Phi}_3$ 本身也较小，因此启动转矩很小，一般只能用于轻载启动，且容量一般不超过40W。但是由于其结构简单、制造方便、成本低廉，罩极式单相异步电动机常用于小型风扇、电唱机等启动转矩要求不大的场合。

小 结

伺服电动机分为直流伺服电动机和交流伺服电动机两类。直流伺服电动机的原理及结构形式与他励直流电动机相似，其最重要的特性是机械特性和调节特性。交流伺服电动机是一种两相的交流电动机，其控制方式有：幅值控制、相位控制和幅值-相位控制。

直流力矩电动机通常为盘式结构。这种结构可以提高电磁转矩，降低空载转速，适合对负载进行直接驱动。

直流测速发电机是一种把机械角速度信号转换为电信号的直流发电机，其输出电压与转速成正比。

交流异步测速发电机可以将转速信号变为电压信号，输出电压与转速成正比。

自整角机是一种测位用的微特电机，输出绕组电势有效值与发送机和接收机轴差角的余弦成正比。可分为控制式自整角机和力矩式自整角机两大类。自整角机必须成对（或两个以上）组合使用，不能单机使用。

旋转变压器是一种精密的位置信号检测元件。它实质上是一种能旋转的变压器，其一次、二次绕组分别装在定、转子上，绕组间耦合程度由转子的转角决定，故转子绕组的输出电压大小及相位与转子转角有关。为改善输出特性，需要采取补偿措施消除交轴磁场影响的输出特性畸变，常用的补偿方法有：二次侧补偿、一次侧补偿和一二次侧同时补偿。

无刷直流电动机是典型的机电一体化产品，近年来发展迅速。无刷直流电动机由电动机本体、控制器、转子位置传感器等构成。控制器对转子位置信号进行逻辑变换后产生脉宽调制 PWM 信号，经过放大送至逆变器各功率开关管，控制电动机各相绕组按照一定顺序循环导通，在电动机气隙中产生跳跃式旋转磁场，从而带动转子旋转。按照驱动方式可分为方波电动机和正弦波电动机。

步进电动机又称脉冲电机，它将脉冲电信号变换为相应的角位移或直线位移，每输入一个脉冲就前进一步，因此而得名。其位移量与脉冲数成正比，转速与脉冲频率成正比。按照励磁方式的不同，步进电动机可分为反应式、永磁式和混合式（感应子式）。

小功率同步电动机的定子结构与异步电动机的定子相同，定子绕组通电后建立气隙旋转磁动势，带动转子旋转。依据转子类型的不同，小功率同步电动机可分为永磁式、反应式和磁滞式。

单相异步电动机在定子上通常有两相绕组，即主绕组和副绕组，也称为工作绕组和启动绕组，转子是笼型的。工作绕组在电动机启动与运行时都一直通电，而启动绕组只在启动时通电，以产生椭圆磁场，提供启动转矩。

思 考 题

11.1 直流伺服电动机为什么有始动电压？与负载的大小有什么关系？

11.2 交流伺服电动机控制信号降到零后，为什么转速为零而不继续旋转？

11.3 幅值控制的交流伺服电动机在什么条件下磁动势为圆形旋转磁动势？

11.4 交流伺服电动机额定频率为 $400Hz$，调速范围却只有 $0\sim4000r/min$，这是为什么？

11.5 力矩电动机与一般伺服电动机的主要不同点是什么？

11.6 为什么直流测速发电机的转速不得超过规定的最高转速？负载电阻不能小于给定值？

11.7 交流测速发电机的输出绕组移到与励磁绕组相同的位置上，输出电压与转速有什么关系？

11.8 自整角变压器转子绕组能否产生磁动势？如果能，是什么性质？

11.9 自整角变压器输出绕组如果不放在横轴位置上而放在纵轴位置上，其输出电压 U_2 与失调角之间是什么关系？

11.10 旋转变压器与常规变压器有何不同？

11.11 消除旋转变压器输出特性曲线畸变的方法是什么？

11.12 正余弦旋转变压器二次侧全补偿的条件是什么？一次侧全补偿的条件又是什么？

11.13 试比较无刷直流电动机与有刷直流电动机，分析它们的相同和不同点。

11.14 试比较无刷直流电动机与同步电动机的区别。

11.15 如何改变无刷直流电动机的转向？

11.16 步进电动机的原理是怎样的？步进电动机的相数与极数有何联系？

11.17 三相反应式步进电动机按照 $A—B—C—A$ 方式通电时，电动机顺时针旋转，步距角为 $1.5°$。填空：

(1) 顺时针旋转，步距角为 $0.75°$，通电方式应为_____；

(2) 递时针旋转，步距角为 $0.75°$，通电方式应为_____；

(3) 递时针旋转，步距角为 $1.5°$，通电方式可以是_____，也可以是_____。

11.18 步进电动机转速的高低与负载大小有关系吗？

11.19 小型同步电动机转速与负载大小有关吗？

11.20 如何改变永磁式同步电动机的转向？

11.21 磁阻式同步电动机的转矩是怎样产生的？为什么隐极转子不产生这种转矩？

11.22 磁滞式同步电动机的磁滞转矩为什么在启动过程中始终为一常数？

11.23 磁滞式同步电动机主要优点是什么？

11.24 同步电动机转子上的笼型绕组的作用是什么？

11.25 下列电动机中哪些应装笼型绕组，为什么？

A.永磁式同步电动机；

B.反应式同步电动机；

C.磁滞式同步电动机。

11.26 填空：

(1) 单相异步电动机若无启动绕组，通电启动时，启动转矩_____，_____启动。

(2) 定子绕组 Y 接的三相异步电动机轻载运行时，若一相引出线突然断掉，电动机_____继续运行。若停下来后，再重新通电启动运行，电动机_____。

(3) 改变电容启动单相异步电动机转向的方法是_____。

11.27 怎样改变单相电容运转电动机的旋转方向？对单极式电动机，如不改变其内部结构，它的旋转方向能改变吗？

习 题

11.1 正余弦旋转变压器负载运行时输出特性会发生畸变，试推导二次侧进行全补偿的条件。

11.2 分析推导二相导通星形三相六状态无刷直流电动机三相绕组与各开关管导通顺序。

11.3 步距角为 $1.5°/0.75°$ 的反应式三相六极步进电动机转子有多少齿？若通电频率为 500Hz，电动机转速是多少？

11.4 六相十二极反应式步进电动机步距角为 $1.2°/0.6°$，求每极下转子的齿数。负载启动时，频率是 400Hz，电动机启动转速是多少？

11.5 三相磁阻式同步电动机的电磁功率与凸极比 X_d/X_q 之间有什么内在联系？用凸极比表示的电磁功率最大值是多少？

第十二章 电动机的选择

电力拖动系统中电动机的选择主要包括电动机的工作方式（制式）、种类、形式、额定功率、额定电压以及额定转速等。

选择电动机的原则，是在电动机能够拖动生产机械负载的前提下，经济合理地确定电动机的功率。

合理地确定电动机的功率具有重要的意义。如果功率选择过大，电动机轻载运行，能力没有充分发挥，性能不能达到良好状态，就会造成资源浪费。如果功率选择不够，电动机过载运行，就会造成电动机发热严重，降低了可靠性及寿命。

决定电动机的功率，要考虑工作方式、发热、过载能力及启动能力等因素。工作方式最终也反映在发热方面。所以，一般情况下主要考虑发热问题。

第一节　电动机的发热与绝缘材料

一、电动机的发热

电动机运行时，会产生损耗，最终以热能的形式散发出去，就会使电动机温度升高，超过周围的环境温度。超出的部分称为温升。有了温升，电动机就要向周围散热，当单位时间发出的热量等于散出的热量时，电动机的温度就不再增加，而保持着一个稳定不变的温升，即处于发热与散热平衡的状态。

电动机是由许多物理性质不同的部件组成的，内部的发热和传热过程本质上是一个温度场问题，很复杂。但实践表明，将其作为一个均质等温体来进行分析可以简化问题，得到的分析结果能够满足工程精度要求。

所谓均质等温体，是指物体各点温度相同，表面散热能力也一致。设电动机在时刻 t 的温升为 τ，而单位时间内产生的热量为 Q，dt 时间间隔内电动机的温升增量为 $d\tau$，则由能量守恒定律有

$$Q dt = Q_s dt + cm d\tau \tag{12.1}$$

式中，m 为均质等温体的质量；c 为比热容；Q_s 为单位时间内经电动机表面散发到周围空间的热量。

根据传热学原理，有

$$Q_s = \lambda S \tau \tag{12.2}$$

式中，λ 为散热系数；S 为均质等温体的表面积。

将式(12.2) 代入式(12.1) 并整理后可得

$$\frac{\mathrm{d}\tau}{\mathrm{d}t}+\frac{\lambda S}{cm}\tau=\frac{Q}{cm} \tag{12.3}$$

解得电动机的温升为

$$\tau=\tau_{\infty}(1-\mathrm{e}^{-t/T})+\tau_0\mathrm{e}^{-t/T} \tag{12.4}$$

式中，$\tau_{\infty}=Q/\lambda S$ 为稳态温升；τ_0 为初始温升；$T=cm/\lambda S$ 为时间常数。

时间常数一般约为十几分钟到几十分钟，电动机容量越大，时间常数也越大。热容量越大，热惯性越大，时间常数也越大，达到稳定温升的时间就越长；反之，时间常数则越小，达到稳定温升的时间就越短。

若电动机发热过程从冷态开始，起始温度为环境温度，初始温升 $\tau_0=0$，则温升为

$$\tau=\tau_{\infty}(1-\mathrm{e}^{-t/T}) \tag{12.5}$$

温升变化的曲线如图 12.1 所示。

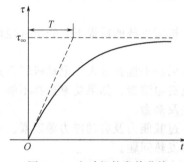 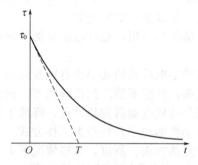

图 12.1　电动机的发热曲线　　　　图 12.2　电动机的冷却曲线

用同样的方法，可以分析电动机的冷却过程，即 $Q=0$，电动机的最终温度为环境温度，稳态温升 $\tau_{\infty}=0$，则冷却曲线为

$$\tau=\tau_0\mathrm{e}^{-t/T} \tag{12.6}$$

冷却曲线如图 12.2 所示。

虽然实际电机的发热和冷却过程较均质等温体复杂得多，但实验表明，实际情况与图 12.1 和图 12.2 所示曲线差别不大，因此，上述方法及规律基本上适用于电机发热和冷却过程的研究。

二、电机的绝缘材料和允许温升

电机中常用绝缘材料的绝缘等级、允许温度和温升如表 12.1 所示。

表 12.1　绝缘等级与绝缘材料

绝缘等级	绝缘材料	允许温度/℃	允许温升/℃
A	经过浸渍处理的棉、丝、纸板、木材等，普通绝缘漆	105	65
E	环氧树脂，聚酯薄膜，青壳纸，三醋酸纤维薄膜，高强度绝缘漆	120	80
B	用提高了耐热性能的有机漆作黏合剂的云母、石棉和玻璃纤维组合物	130	90
F	用耐热优良的环氧树脂黏合或浸渍的云母、石棉和玻璃纤维组合物	155	115

绝缘等级	绝缘材料	允许温度/℃	允许温升/℃
H	用硅有机树脂黏合或浸渍的云母、石棉和玻璃纤维组合物，硅有机橡胶	180	140
C	无黏合剂云母、石英、玻璃等，聚酰亚胺薄膜、聚酰亚胺浸渍石棉等	>180	>140

当绝缘材料在表中规定的允许温度范围内使用时，电机的使用寿命为 15～20 年；若高于规定的温度连续运行，寿命会迅速下降。

绝缘材料的允许温度只是确定了电机的最高工作温度，温升则取决于环境温度。为适应我国大部分地区不同季节的运行环境，国家统一制定的环境温度标准是 40℃（介质为空气）。因此绝缘材料或电动机的允许温度减去 40℃ 即为允许温升，用 $\tau_{\max}$ 表示。

现代电机中应用最多的是 E 级和 B 级绝缘。在比较重要的场合，特别是对体积重量有很高要求时，常采用 F 级、H 级或 C 级绝缘。

第二节　电动机的工作制与额定功率

一、电动机的工作制

电动机的工作制分为以下三种。

1. 连续工作制

电动机的工作时间很长，其温升可达稳定值。显然，工作时间 $t_g>(3：4)T$。电动机铭牌上对工作方式没有特别标注的电动机都属于连续工作方式。属于这一类工作方式的生产机械包括水泵、鼓风机、纺织机、造纸机、机床主轴等。

2. 短时工作制

电动机的工作时间较短，$t_g<(3：4)T$，在此时间内其温升达不到稳定值，而停歇时间又较长，$t_0>(3：4)T$，电动机的温度又降到周围介质的温度。属于这一类工作方式的生产机械包括机床的辅助运动机械、某些冶金辅助机械、水闸闸门等。我国规定的短时工作的标准时间有 15min、30min、60min 和 90min 四种。

3. 断续周期工作制

电动机的工作时间 t_g 和停歇时间 t_0 轮流交替，两段时间都较短，即 $t_g<(3：4)T$，$t_0<(3：4)T$。在工作时间内温升达不到稳定值，而在停歇时间内电动机的温度也来不及降到周围介质的温度。这样，经过每一周期 t_g+t_0，温升有所上升，最后温升将在某一范围内波动。

在断续周期工作制中，负载工作时间与整个周期之比称为负载持续率，又称为暂载率（单位：%），即

$$FS=\frac{t_g}{t_g+t_0}\times100\%$$

我国规定的标准负载持续率有 15%、25%、40% 和 60% 四种。

起重机械、电梯、自动机床等生产机械属于周期性断续工作方式。但许多生产机械周期断续工作的周期性并不很严格，这时负载持续率只是大体而言。

不同的工作制下电动机功率选择的方法是不同的。

二、连续工作制下电动机的额定功率

连续工作方式下，电动机输出功率以后，电动机温升达到一个与负载大小相对应的稳态值，如图 12.3 所示。图 12.3 表示当电动机输出功率 P 稳定不变时，则电动机温升必然达到由 P 决定的稳态值 τ_∞；若 P 的大小发生变化，则 τ_∞ 也随之变化。

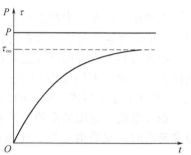

图 12.3 连续工作制电动机的
功率与温升曲线

要充分发挥电动机的效能，就要使它在长期负载运行时达到的稳态温升等于其允许温升。因此，我们就取使稳态温升 τ_∞ 等于（或接近）允许温升 τ_{max} 时的输出功率 P 作为电动机的额定功率。

三、短时工作制下电动机的额定功率

短时工作制下，电动机每次运行，其温升都达不到稳态值 τ_∞，而停下来后，温升却都下降到零。其温升与输出功率之间的关系如图 12.4 所示。可以看出，在工作时间 t_g 内，电动机实际达到的最高温升 τ_m 低于稳态温升 τ_∞。

由于 $\tau_m < \tau_\infty$，其额定功率要依据实际达到的最高温升 τ_m 来确定，即在规定的工作时间内，电动机负载运行达到的实际最高温升恰好等于（或接近于）允许温升，即 $\tau_m = \tau_{max}$ 时，电动机的输出功率则定为额定功率 P_N。

短时工作制的电动机额定功率 P_N 是与规定的工作时间 t_g 相对应的。这一点与连续工作方式的情况不完全一样。这是因为若电动机输出同样大小的功率，工作时间短的，实际达到的最高温升 τ_m 要低；工作时间长的，τ_m 则高。因此只有在规定的工作时间内，输出额定功率时，其 τ_m 才正好等于允许温升 τ_{max}。

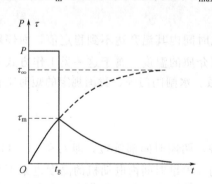

图 12.4 短时工作制电动机的功率与温升曲线

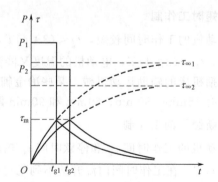

图 12.5 不同短时工作制的功率与温升

对于同一台短时工作制的电动机，如果工作时间不同，其额定功率大小也就不同。工作时间 t_g 长的，额定功率 P_N 小；工作时间 t_g 短的，额定功率 P_N 大。定量确定工作时间与额定功率的原则是：在不同的规定时间内，各自输出额定功率时所达到的实际最高温升 τ_m 都等于允许温升 τ_{max}。图 12.5 中给出了两种规定工作时间内，同一台电动机达到同一最高温升 τ_m 的情况。允许温升 τ_{max} 相同，发热时间常数相同，工作时间短的，稳态温升高，额

定输出功率也大；工作时间长的，稳态温升低，额定输出功率也低。但是由于是短时工作制，在工作时间内，不可能达到稳态温升。

四、断续周期工作制下电动机的额定功率

断续周期工作制的电动机，负载时温度升高，但还达不到稳态温升；停歇时温度下降，但降不到环境温度。每经过一个周期，电动机的温升都升一次降一次，但一个周期过后温升有所上升，最后温升将在某一范围内波动，如图 12.6 所示，电动机实际达到的最高温升为 τ_m。当 τ_m 等于（或接近于）电动机允许温升 τ_{max} 时，相应的输出功率则规定为电动机的额定功率。

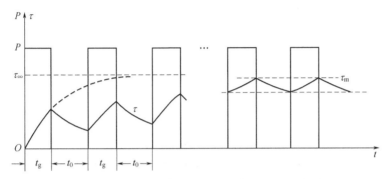

图 12.6　周期性断续工作制电动机的功率与温升曲线

显然，与短时工作制的情况相似，断续周期工作制下的电动机额定功率是对应于某一负载持续率 FS 的。因为电机在相同输出功率情况下，负载持续率大的，最高温升 τ_m 高，负载持续率小的，最高温升 τ_m 低，只有在规定的负载持续率下，τ_m 才恰好等于电动机的允许温升 τ_{max}。

同一台电动机，负载持续率不同时，其额定功率也不同。只是在各自的负载持续率上，输出各自不同的额定功率，其最后达到的温升都等于电动机的允许温升。FS 值大的，额定功率小；FS 值小的，额定功率大。

第三节　电动机额定功率的选择

电动机额定功率的选择非常重要。如果功率过大，电动机就处于轻载运行，电动机的容量得不到充分发挥，运行效率低，性能差，增加运行费用。如果电动机功率不够，电流就会超过额定电流，电机损耗增加，效率降低，发热严重，影响电机的可靠性和寿命。

本节主要介绍电动机额定功率选择的一般原则和步骤。

一、电动机额定功率选择的步骤

电动机额定功率选择一般分成以下三步：

第一步，根据负载性质，计算负载功率 P_L；

第二步，根据负载功率，预选电动机的额定功率及其他参数；

第三步，校核所选的电动机的性能，包括发热温升、过载能力和启动能力。

在满足生产机械要求的前提下，电动机额定功率越小越经济。

二、负载功率计算

负载种类不同，负载功率的计算方法也不同，可参阅相关的设计手册。下面简单介绍几种常见的负载功率的计算方法。

1. 旋转运动负载

$$P_L = \frac{Tn}{9.55\eta}$$

式中，T 为负载转矩，Nm；n 为负载旋转速度，r/min；η 为传动机构的效率。

2. 直线运动负载

$$P_L = \frac{Fv}{\eta}$$

式中，F 为负载阻力，N；v 为负载运动速度，m/s；η 为传动机构的效率。

3. 泵类负载

$$P_L = \frac{QH\rho g}{\eta_b \eta}$$

式中，Q 为泵的流量，m^3/s；H 为液体的扬程，m；ρ 为液体的密度，kg/m^3；g 为重力加速度，m/s^2；η_b 为泵的效率；η 为传动机构的效率。

4. 风机类负载

$$P_L = \frac{Qp}{\eta_1 \eta}$$

式中，Q 为风机的流量，m^3/s；p 为风机的压力，N/m^2；η 为传动机构的效率；η_1 为泵的效率。

5. 周期性变化负载

$$P_L = \frac{1}{t_t} \sum_{i=1}^{n} P_{Li} t_i$$

式中，t_t 为一个周期的时间；P_{Li} 为第 i 段负载功率；t_i 为第 i 段的时间，一周期共有 n 段。

负载功率的计算是选择电动机额定功率的前提，只能根据具体生产机械工作实际情况进行计算。

三、常值负载时电动机额定功率的选择

常值负载是指在工作时间内负载大小不变，包括连续和短时两种工作方式。

1. 标准工作时间

所谓标准工作时间就是指电动机三种工作方式中所规定的时间。如连续工作方式标准工作时间是 3～4 倍以上发热时间常数，短时工作方式标准工作时间是 15、30、60 和 90min。

在环境温度为 40℃、电动机不调速的前提下，按照工作方式及工作时间选择电动机，电动机的额定功率应满足

$$P_N \geqslant P_L$$

还需校核过载能力，必要时还要校核启动能力。

2. 非标准工作时间

所谓非标准工作时间是指电动机的工作时间与标准工作时间不同。例如短时工作时间为 40min 就属于非标准工作时间。预选电动机额定功率时，按发热和温升等效的原则先把负载功率由非标准工作时间折算成标准工作时间，然后按标准工作时间预选额定功率，结果如下。

短时工作方式负载工作时间为 t_g，最接近的标准工作时间为 t_{gb}，预选电动机额定功率应满足：

$$P_N \geqslant P_L \sqrt{\frac{t_g}{t_{gb}}}$$

式中，$\sqrt{\dfrac{t_g}{t_{gb}}}$ 为折算系数。

由于折算系数本身就是从发热和温升等效的原则推导而来的，因此经过向标准工作时间折算后，预选电动机肯定通过温升，不必再进行校核。

3. 短时工作负载选连续工作电动机

根据发热与温升等效的原则，电动机在短时工作方式下应该输出比连续工作方式时要大的功率，才能充分发挥电动机的能力。

设电动机中不变损耗（空载损耗）为 p_0，额定负载运行时可变损耗（即定转子绕组铜损耗）为 p_{Cu}，前者与后者比值为 α，预选电动机额定功率应满足：

$$P_N \geqslant P_L \sqrt{(1-e^{-t_g/T})/(1+\alpha e^{-t_g/T})}$$

式中，T 为发热时间常数；t_g 为短时工作时间，s。α 数值因电动机而异。

一般地说，普通直流电动机 $\alpha = 1:1.5$，冶金专用直流电动机 $\alpha = 0.5:0.9$，冶金专用中小型三相绕线式异步电动机 $\alpha = 0.45:0.6$，冶金专用大型三相绕线式异步电动机 $\alpha = 0.9:1.0$，普通笼型三相异步电动机 $\alpha = 0.5:0.7$。对于具体电动机，T 和 α 可以从技术数据中找出或估算。

若实际工作时间极短，$t_g < (0.3:0.4)T$，只需从过载能力及启动能力选择电动机连续工作方式的额定功率，发热温升的矛盾已经不是主要的了。

短时工作方式折算到连续工作方式预选电动机额定功率后，也不需再进行温升校核了。

4. 过载能力校核

过载能力指电动机负载运行时，可以在短时间内出现的电流或转矩过载的允许倍数，不同类型的电动机不完全一样。

对直流电动机而言，制约其过载能力的是换向，因此它的过载能力就是电枢允许电流的倍数 λ。λI_N 为允许电流，应比可能出现的最大电流大。

异步电动机和同步电动机的过载能力即最大转矩倍数 λ，但校核过载能力时要考虑到交流电网电压可能向下波动 $10\% \sim 15\%$，因此最大转矩按 $(0.81:0.72)\lambda T_N$ 来校核，它应比负载可能出现的最大转矩大。

若预选的电动机过载能力不够，则需要重选电动机及其额定功率。

5. 启动能力校核

若电动机为笼型三相异步电动机，最后还要校核启动能力是否满足。

发热、过载能力及启动能力都通过了，则电动机额定功率就确定了。

6. 温度修正

以上额定功率选择都是在国家标准环境温度为 40℃ 前提下进行的。若环境温度长年都比较低或比较高，为了充分利用电动机的容量，应对电动机的额定功率进行修正。例如常年温度偏低，电动机实际额定功率应比标准规定的 P_N 高。反之，常年温度偏高的，应降低额定功率使用。电机允许输出功率为

$$P \approx P_N \sqrt{1 + \frac{40 - \theta}{\tau_{max}}(\alpha + 1)}$$

式中，τ_{max} 为电动机环境温度为 40℃ 时的允许温升。

【例 12.1】 一台笼型三相异步电动机，额定功率为 $P_N = 15\text{kW}$，过载能力 $\lambda = 2$，发热时间常数 $T = 15\text{min}$，额定负载时铁损耗与铜损耗之比 $\alpha = 0.5$。试校核下列两种情况下能否使用该电动机：

(1) 短时负载，$t_g = 10\text{min}$，$P_L = 20\text{kW}$。

(2) 短时负载，$t_g = 7\text{min}$，$P_L = 32\text{kW}$。

解： (1) 折算成连续工作方式下负载功率为

$$P = P_L \sqrt{\frac{1 - e^{-\frac{t_g}{T}}}{1 + \alpha e^{-\frac{t_g}{T}}}} = 20 \times \sqrt{\frac{1 - e^{-\frac{10}{15}}}{1 + 0.5 e^{-\frac{10}{15}}}} = 12.45 (\text{kW})$$

$P_N = 15\text{kW} > P$

实际过载倍数为

$$\frac{P_L}{P_N} = \frac{20}{15} = 1.33 < \lambda = 2$$

过载能力足够，可以使用。

(2) 折算成连续工作方式下负载功率为

$$P = 32 \times \sqrt{\frac{1 - e^{-\frac{7}{15}}}{1 + 0.5 e^{-\frac{7}{15}}}} = 17.05 (\text{kW})$$

$P_N = 15\text{kW} < P$，不能使用。

【例 12.2】 一台与电动机直接连接的离心式水泵，流量为 $85\text{m}^3/\text{h}$，扬程为 20m，吸程为 5m，转速为 2900r/min，泵的效率为 70%。试选择电动机。

解 负载功率为

$$P_L = \frac{QH\rho g}{\eta_b \eta} = \frac{\frac{85}{3600} \times (20 + 5) \times 1000 \times 9.8}{0.70 \times 1} = 8264 (\text{W})$$

式中，η 为直接连接，传动机构的效率取 1.0。

电动机的参数选择如下：功率 10kW，转速 2920r/min，电压 380V。

四、负载变化时电动机额定功率的选择

变化负载下使用的电动机一般是为常值负载而设计的。变动负载的情况包括周期性变化负载连续工作方式及周期断续工作方式。

1. 周期性变化负载连续工作方式

负载变化时，电动机的电流也随之变化，而电机中的可变损耗（绕组铜损耗）与电流平

方成正比，因此负载增大，损耗会更大。考虑到电动机使用的可靠性，把计算出来的一个周期内负载平均功率再乘以 1.1～1.6 的系数来预选电动机的额定功率，即

$$P_N \geqslant (1.1 \div 1.6) \frac{1}{t_t} \sum_{i=1}^n P_{Li} t_i$$

用负载转矩表示如下：

$$P_N \geqslant (1.1 \div 1.6) \frac{n_N}{9550 t_t} \sum_{i=1}^n T_{Li} t_i$$

式中，n_N 为电动机的额定转速；T_{Li} 为一周期内第 i 段的负载转矩。

校核电动机发热的方法很多，这里只介绍一种常用的等效转矩法。

在电动机气隙磁通恒定的条件下，在一个周期内发热相同，等效转矩 T_d 与电磁转矩之间的关系是

$$T_d = \sqrt{\frac{1}{t_t} \sum_{i=1}^n T_i^2 t_i}$$

式中，T_i 指第 i 段电动机的电磁转矩。若 $T_d < T_N$，T_N 为预选电动机额定转矩，则发热校核通过。

2. 周期断续工作方式

周期断续工作方式电动机需要每个周期都启动和制动，在工作时间 t_g 内是变化负载，因此预选电动机额定功率时要按一个周期的平均功率 1.1～1.6 倍进行。

若为标准负载持续率，预选电动机额定功率应满足：

$$P_N \geqslant (1.1 \div 1.6) \frac{1}{t_g} \sum_{i=1}^n P_{Li} t_i$$

或

$$P_N \geqslant (1.1 \div 1.6) \frac{n_N}{9550 t_g} \sum_{i=1}^n T_{Li} t_i$$

若为非标准负载持续率，应向最接近的标准负载持续率 FS_b 进行折算，再预选额定功率。

$$P_N \geqslant (1.1 \div 1.6) \frac{1}{t_g} \sum_{i=1}^n P_{Li} t_i \sqrt{\frac{FS}{FS_b}}$$

FS_b 应尽量接近负载实际的 FS。

进行发热温升校核仍采用等效转矩法，首先把电动机在工作时间内电磁转矩与时间关系找出来，再计算等效转矩 T_d。

周期断续工作方式下，若负载持续率 $FS \leqslant 10\%$，可按短时工作方式处理。按过载及启动能力选择电机额定功率。

若 $FS \geqslant 70\%$，则按连续工作方式处理，选择连续工作方式电动机。其负载性质属于一个周期性变化负载，而且每个周期中都有一次启动、制动和停歇。

周期性变化负载预选电动机额定功率及校核发热通过后，还需要校核过载能力，必要时还要校核启动转矩，这些都与常值负载一样。

小　结

电动机的选择关系到电动机是否能够合理经济地运行。

电动机的选择要考虑电动机发热、绝缘等级、工作制与额定功率等问题。

电动机额定功率的选择需要综合考虑负载性质与负载功率，既不能功率过大，容量得不到充分发挥，也不能功率不足，处于过载运行状态，影响可靠性和寿命。

思　考　题

12.1　电动机的选择要考虑哪些因素？

12.2　电动机的温升取决于哪些因素？

12.3　电机运行时温升的变化规律怎样？两台同样的电动机，在下列条件下拖动负载运行时，它们的起始温升、稳定温升是否相同？发热时间常数是否相同？

(1) 相同的负载，但一台环境温度为室温，另一台为高温环境；

(2) 相同的负载，相同的环境，一台原来没运行，一台是运行刚停下后又接着运行；

(3) 同一个环境下，一台轻载，另一台满载；

(4) 同样的环境温度，一台自然冷却，另一台用冷风吹，都是满载运行。

12.4　同一台电动机，在下列条件下拖动负载运行时，为充分利用电动机，它的输出功率是否一样？哪个大？哪个小？

(1) 自然冷却，环境温度为 40℃；

(2) 强迫通风，环境温度为 40℃；

(3) 自然冷却，高温环境。

12.5　一台电动机绝缘材料等级为 B 级，额定功率为 P_N，若把绝缘材料改成为 F 级，其额定功率如何变化？

12.6　对一台绝缘等级为 E 级的电动机进行改型设计，保持额定功率不变，希望体积减小，则所用绝缘材料性质如何调整？

12.7　一台连续工作方式的电动机额定功率为 P_N，在短时工作方式下运行时额定功率该如何变化？

12.8　短时工作制运行的电动机能否连续工作？如果能，应满足什么条件？

12.9　选择电动机额定功率时，应该考虑哪些因素？

习　题

12.1　选择正确答案：

(1) 电动机若周期性地工作 15min、停歇 85min，则工作方式应属于（　　）。

A.周期断续工作方式，$FS=15\%$　　　　B.连续工作方式

C.短时工作方式

(2) 电动机若周期性地额定负载运行 5min，空载运行 5min，则工作方式属于（　　）。

A.周期断续工作方式，$FS=50\%$　　　　B.连续工作方式

C.短时工作方式

(3) 连续工作方式的绕线式三相异步电动机运行于短时工作方式时，若工作时间极短（$T_g<0.4T$），选择其额定功率主要考虑（　　）。

A.电动机的发热与温升　　　　　　　B.过载能力与启动能力

C.过载能力　　　　　　　　　　　　D.启动能力。

(4) 绕线式三相异步电动机额定负载长期运行时，其最高温升 τ_m 等于允许温升 τ_{max}。

现采用转子回路串电阻调速方法，拖动恒转矩负载 $T_L = T_N$ 运行，若不考虑低速时散热条件恶化的因素，那么长期运行时（　　）。

A. 由于经常处于低速运行，转差功率 P_s 大，总损耗大，会使得 $\tau_m > \tau_{max}$，不可行

B. 由于经常处于低速运行，转差功率 P_s 大，输出功率 P_2 变小，因而 $\tau_m < \tau_{max}$，电动机没有充分利用

C. 由于转子电流恒定不变，$I_2 = I_{2N}$，因而正好达到 $\tau_m = \tau_{max}$

（5）确定电动机在某一工作方式下额定功率的大小，是电动机在这种工作方式下运行时实际达到的最高温升应满足（　　）。

A. 等于绝缘材料的允许温升　　　　　　B. 高于绝缘材料的允许温升

C. 必须低于绝缘材料的允许温升　　　　D. 与绝缘材料允许温升无关

（6）一台电动机连续工作方式额定功率为 40kW，短时工作方式 15min 工作时间额定功率为 P_{N1}，30min 工作时间额定功率为 P_{N2}，则（　　）。

A. $P_{N1} = P_{N2} = 40kW$　　　　　　　　B. $P_{N1} < P_{N2} < 40kW$

C. $P_{N1} > P_{N2} > 40kW$

12.2 试比较普通三相笼型异步电动机 $FS = 10\%$、$P_N = 25kW$ 与 $FS = 40\%$、$P_N = 20kW$ 的电动机，哪一台实际功率大？

12.3 建立一个抽水站，须将水送到 25m 高的渠道中去，泵的流量是 $400m^3/h$，效率为 0.5，泵与电机直接连接。水的密度 $\rho = 1000kg/m^3$。选用电机的容量等级有：20、28、40、55、75、100kW 等。不变损耗与额定可变损耗之比为 0.6，试选择合适的电动机。

12.4 一台 35kW、30min 的短时工作电机突然发生故障。现有一台 22kW 连续工作制电机，已知其发热时间常数 $T = 70min$，不变损耗与额定可变损耗比 $\alpha = 0.65$。短时过载能力 $\lambda = 2$。这台电机能否代用？

12.5 需要用一台电动机来拖动 $t_g = 5min$ 的短时工作的负载，负载功率 $P_L = 18kW$，空载启动。现有两台笼型电动机可供选用，它们是：

（1）$P_N = 10kW$，$n_N = 1460r/min$，$\lambda = 2.1$，$K_T = 1.2$，连续工作方式；

（2）$P_N = 14kW$，$n_N = 1460r/min$，$\lambda = 1.8$，$K_T = 1.2$，连续工作方式。

请确定哪一台能用。

参考文献

[1] 李发海，王岩.电机与拖动基础.3版.北京：清华大学出版社，2005.

[2] 辜承林，陈乔夫，熊永前.电机学.2版.武汉：华中科技大学出版社，2005.

[3] 朱耀忠，刘景林，等.电机与电力拖动，北京：北京航空航天大学出版社，2005.

[4] 陈隆昌，阎治安，刘新正.控制电机.3版.西安：西安电子科技大学出版社，2000.

[5] 陈伯时.电力拖动自动控制系统.3版.北京：机械工业出版社，2003.

[6] 李岚.异步电动机直接转矩控制.北京：机械工业出版社，1994.

[7] 胡崇岳.现代交流调速技术.北京：机械工业出版社，1998.

[8] 李钟明，刘卫国，刘景林，等.稀土永磁电机.北京：国防工业出版社，1999.

[9] 顾绳谷.电机及拖动基础.3版.北京：机械工业出版社，2007.

[10] 李发海，朱东起.电机学.3版.北京：科学出版社，2001.

[11] 戈宝军，梁艳萍，温嘉斌.电机学.3版.北京：中国电力出版社，2016.

[12] 孙旭东，王善铭.电机学.北京：清华大学出版社，2006.

[13] 阎治安，苏少平，崔新艺.电机学.3版.西安：西安交通大学出版社，2016.